Probability at Saint-Flour

Editorial Committee: Jean Bertoin, Erwin Bolthausen, K. David Elworthy

For further volumes:
http://www.springer.com/series/10212

Saint-Flour Probability Summer School

Founded in 1971, the Saint-Flour Probability Summer School is organised every year by the mathematics department of the Université Blaise Pascal at Clermont-Ferrand, France, and held in the pleasant surroundings of an 18th century seminary building in the city of Saint-Flour, located in the French Massif Central, at an altitude of 900 m.

It attracts a mixed audience of up to 70 PhD students, instructors and researchers interested in probability theory, statistics, and their applications, and lasts 2 weeks. Each summer it provides, in three high-level courses presented by international specialists, a comprehensive study of some subfields in probability theory or statistics. The participants thus have the opportunity to interact with these specialists and also to present their own research work in short lectures.

The lecture courses are written up by their authors for publication in the LNM series.

The Saint-Flour Probability Summer School is supported by:

– Université Blaise Pascal
– Centre National de la Recherche Scientifique (C.N.R.S.)
– Ministère délégué à l'Enseignement supérieur et à la Recherche

For more information, see back pages of the book and
http://math.univ-bpclermont.fr/stflour/

Jean Picard
Summer School Chairman
Laboratoire de Mathématiques
Université Blaise Pascal
63177 Aubière Cedex
France

Dominique Bakry • Michel Ledoux
Laurent Saloff-Coste

Markov Semigroups
at Saint-Flour

 Springer

Dominique Bakry
Université Toulouse III
Labo. Statistiques et Probabilities
route de Narbonne 118
31062 Toulouse
France

Michel Ledoux
Université Paul Sabatier
Institut de Mathématiques de Toulouse
route de Narbonne 118
31062 Toulouse
France

Laurent Saloff-Coste
Cornell University
Department of Mathematics
Malott Hall
14853-4201 Ithaca New York
USA

Reprint of lectures originally published in the Lecture Notes in Mathematics volumes 1581 (1994), 1648 (1996) and 1665 (1997).

ISBN 978-3-642-25937-1
Springer Heidelberg Dordrecht London New York

Library of Congress Control Number: 2011944819

Mathematics Subject Classification (2010): 60J27; 60J10; 60B05; 60-02; 60G15; 47D07; 47D06; 35K15

Printed on acid-free paper

Springer is part of Springer Science+Business Media (www.springer.com)

Preface

The *École d'Été de Saint-Flour*, founded in 1971 is organised every year by the *Laboratoire de Mathématiques* of the *Université Blaise Pascal* (Clermont-Ferrand II) and the *CNRS*. It is intended for PhD students, teachers and researchers who are interested in probability theory, statistics, and in applications of stochastic techniques. The summer school has been so successful in its 40 years of existence that it has long since become one of the institutions of probability as a field of scholarship.

The school has always had three main simultaneous goals:
1. to provide, in three high-level courses, a comprehensive study of 3 fields of probability theory or statistics;
2. to facilitate exchange and interaction between junior and senior participants;
3. to enable the participants to explain their own work in lectures.

The lecturers and topics of each year are chosen by the Scientific Board of the school. Further information may be found at http://math.univ-bpclermont.fr/stflour/

The published courses of Saint-Flour have, since the school's beginnings, been published in the *Lecture Notes in Mathematics* series, originally and for many years in a single annual volume, collecting 3 courses. More recently, as lecturers chose to write up their courses at greater length, they were published as individual, single-author volumes. See www.springer.com/series/7098. These books have become standard references in many subjects and are cited frequently in the literature.
As probability and statistics evolve over time, and as generations of mathematicians succeed each other, some important subtopics have been revisited more than once at Saint-Flour, at intervals of 10 years or so.

On the occasion of the 40th anniversary of the *École d'Été de Saint-Flour,* a small ad hoc committee was formed to create selections of some courses on related topics from different decades of the school's existence that would seem interesting viewed and read together. As a result Springer is releasing a number of such theme volumes under the collective name "Probability at Saint-Flour".

Jean Bertoin, Erwin Bolthausen and K. David Elworthy

Jean Picard, Pierre Bernard, Paul-Louis Hennequin
  (current and past Directors of the *École d'Été de Saint-Flour*)

September 2011

Table of Contents

L'hypercontractivité et son utilisation en théorie des semigroupes.

Dominique Bakry

Dominique Bakry
Laboratoire de Statistiques et Probabilités
Université PAUL SABATIER
118, route de Narbonne,
31062, TOULOUSE Cedex.
FRANCE

Originally published in: *Ecole d'Eté de Probabilités de Saint-Flour XXII – 1992*, Lecture Notes in
Mathematics, Vol. **1581**, 1–114, DOI: 10.1007/BFb0073872, © Springer-Verlag Berlin Heidelberg 1994,
Reprint by Springer-Verlag Berlin Heidelberg 2012

0— Introduction.

Un semigroupe markovien sur un espace mesuré $(E, \mathcal{F}, \mu)$ est le noyau de transition d'un processus de MARKOV sur cet espace, qu'on considère comme une transformation agissant sur les fonctions boréliennes bornées. Dans certaines conditions, cet opérateur est hypercontractif, c'est à dire que, pour des valeurs assez grandes du paramètre t, il envoie $\mathbf{L}^2(\mu)$ dans $\mathbf{L}^4(\mu)$. Les valeurs 2 et 4 ne sont bien sûr choisies ici que pour fixer les idées. Cette propriété d'hypercontractivité, tout d'abord établie pour le processus d'ORN-STEIN-UHLENBECK, s'est avérée par la suite être une propriété partagée par de nombreux semigroupes et extrêmement utile dans l'étude de ceux-ci.

L'article fondamental de GROSS [G] a établi le lien qu'il y a entre hypercontractivité et inégalités de SOBOLEV logarithmiques. Depuis, une littérature considérable s'est développée sur le sujet, et les quelques références que nous donnons à la fin du cours n'en donnent qu'un faible aperçu. Tant du point de vue de l'établissement des inégalités de SOBOLEV logarithmiques que pour l'usage qu'on peut en faire, cette notion a pris une place de plus en plus importante dans l'étude des semigroupes, et, par conséquent, des problèmes liés à l'étude des générateurs des processus de MARKOV dans les situations les plus diverses.

À l'origine, l'objet de ce cours était de donner un panorama le plus exhaustif possible des méthodes utilisées autour de cette notion : estimations du noyau de la chaleur, en temps grand et en temps petit, liens entre géométrie et inégalités de SOBOLEV sur les variétés compactes, utilisation des inégalités de SOBOLEV logarithmiques en mécanique statistique et dans l'étude des processus liés aux algorithmes de recuit simulé, etc. Très vite, je me suis aperçu qu'il faudrait pour celà beaucoup plus de temps que ce dont je disposais, et j'ai donc décidé de me limiter à des aspects particuliers de l'hypercontractivité. Les points choisis ne sont pas nécessairement les plus importants, ni les plus nouveaux, mais essentiellement ceux qui me tenaient le plus à coeur, pour une raison ou pour une autre, ou ceux que j'ai eu le temps de traiter pendant que j'écrivais ce cours. En particulier, et contrairement à ce que j'avais annoncé, je ne parlerai ici ni de mécanique statistique, ni de recuit simulé. Enfin, je tiens à remercier toutes les personnes qui m'ont aidé à rédiger ce cours, et tout particulièrement M. LEDOUX, sans qui ces notes auraient été beaucoup moins complètes, ainsi que tous les auditeurs de l'école d'été dont les remarques et les critiques m'ont été précieuses pour leur rédaction définitive.

Ce cours est divisé en 6 chapitres, qui se composent comme suit :

Dans le premier chapitre, nous nous intéressons au semigroupe d'ORNSTEIN-UHLEN-BECK, qui est à l'origine de l'étude de l'hypercontractivité. Après l'avoir défini, nous montrons les relations qu'il a avec la transformation de FOURIER dans $\mathbb{R}$, et comment on l'approxime à partir d'un processus de pile ou face. Puis nous donnons le théorème d'hypercontractivité de NELSON [N], avec une démonstration proche de celle de GROSS, qui est liée à cette approximation. Nous donnons ensuite la version de ce théorème pour un paramètre t complexe, due à BECKNER [Be], et une conséquence importante de ce résultat qui est l'inégalité de BABENKO sur la transformation de FOURIER.

Le chapitre 2 est une introduction aux semigroupes à noyaux positifs, et en particulier aux semigroupes de MARKOV. Nous introduisons les notions de symétrie, d'invariance, de générateur. Dans la suite, les semigroupes qui nous intéresseront seront ceux qui possèdent un opérateur carré du champ, qui est la notion importante introduite dans ce chapitre, et qui permet de définir ensuite la notion de diffusion abstraite. Ce chapitre se termine par une exposition détaillée des deux exemples fondamentaux (et triviaux) qui nous serviront de guide par la suite, les semigroupes de MARKOV sur un espace fini d'une part et les semigroupes de diffusion elliptiques sur les variétés compactes de l'autre.

Dans le troisième chapitre, nous exposons le théorème fondamental de GROSS, qui fait le lien entre propriétés d'hypercontractivité d'un semigroupe et inégalités de SOBOLEV logarithmiques. Nous mettons ici en lumière les différences qu'il existe entre les semigroupes de diffusion et les autres quant au comportement vis à vis des inégalités de SOBOLEV logarithmiques. Nous donnons aussi le résultat fondamental, dû à ROTHAUS, liant les inégalités de SOBOLEV logarithmiques à l'existence d'un trou spectral. Puis nous montrons que, pour les diffusions, la propriété d'hypercontractivité est équivalente à la décroissance exponentielle de l'entropie le long du semigroupe, et nous donnons un critère pour obtenir l'hypercontractivité redonnant le théorème de NELSON. Enfin, nous nous intéressons à l'hypercontractivité dans le domaine complexe, en exhibant des relations entre le résultat de BECKNER et les inégalités de SOBOLEV logarithmiques.

Dans le chapitre 4, nous introduisons les inégalités de SOBOLEV ordinaires, et montrons comment elles se transforment en une famille d'inégalités de SOBOLEV logarithmiques. La méthode que nous exposons alors, due à DAVIES et SIMON, permet de déduire d'une inégalité de SOBOLEV des estimations uniformes sur le noyau du semigroupe de la chaleur. Nous donnons aussi la réciproque de ce résultat, due à VAROPOULOS, établissant ainsi l'équivalence entre comportement polynomial du semigroupe au voisinage de 0 et inégalités de SOBOLEV. Cette méthode repose en fait sur l'introduction d'inégalités intermédiaires, que nous appelons inégalités de SOBOLEV faibles, et permettent d'obtenir des minorations uniformes aussi bien que des majorations.

Dans le chapitre 5, nous exposons une méthode similaire à celle du chapitre précédent due à DAVIES, permettant d'obtenir des majorations non uniformes sur le noyau du semigroupe, dans le cas des diffusions. Ces majorations s'expriment en fonction d'une distance intrinsèque associée aux diffusions, et qui n'est rien d'autre que la distance riemannienne dans le cas des diffusions elliptiques sur les variétés. La même méthode appliquée dans le cas des minorations permet d'obtenir une estimation sur le diamètre de l'espace, en termes de la distance évoquée plus haut. Enfin, ce chapitre se conclut par quelques considérations élémentaires sur les relations entre inégalités de SOBOLEV et croissance du volume des boules.

Le dernier chapitre est consacré à l'étude de l'opérateur Γ_2 associé aux diffusions. Cet opérateur permet d'introduire une courbure et une dimension intrinsèques liées aux semigroupes. Après avoir montré comment se calculent ces courbures et dimensions dans le cas des diffusions elliptiques sur les variétés, nous montrons comment ces notions permettent d'établir des inégalités de SOBOLEV logarithmiques, de SOBOLEV faibles, et même des inégalités de SOBOLEV, tous ces résultats menant à des constantes que nous savons être optimales dans le cas des laplaciens des sphères, ainsi que dans le cas du semigroupe d'ORNSTEIN-UHLENBECK, où nous retrouvons le théorème de GROSS.

I.— Le semigroupe d'ORNSTEIN-UHLENBECK sur $\mathbb{R}$ et le théorème de NELSON.

Dans tout ce chapitre, nous nous intéresserons à la mesure gaussienne standard μ sur $\mathbb{R}$: $\mu(dx) = \dfrac{1}{\sqrt{2\pi}}\exp(-x^2/2)\,dx$. Nous noterons $\langle f \rangle$ l'intégrale d'une fonction f par rapport à cette mesure, et, pour $p \in [1, \infty[$, nous noterons L^p l'espace des fonctions f telles que $\langle |f|^p \rangle < \infty$. La norme dans cet espace sera notée $\|f\|_p$. D'autre part, le produit scalaire de deux fonctions f et g dans l'espace L^2 sera noté $\langle f, g \rangle$. Si f est une fonction numérique bornée définie sur $\mathbb{R}$, nous noterons $\|f\|_u$ sa norme uniforme: $\|f\|_u = \sup_{\mathbb{R}} |f(x)|$. Si f est une fonction de classe C^k sur $\mathbb{R}$, ayant k dérivées bornées (on dira alors qu'elle est de classe C_b^k), nous noterons $\|f\|_{(k)}$ la quantité $\sum_{i=0}^{k} \|f^{(i)}\|_u$. Nous espérons qu'il n'y aura pas de confusion avec la norme $\| \ \|_k$ définie plus haut.

De façon générale, si f est une fonction numérique bornée définie sur un ensemble E, nous noterons $\|f\|_u$ sa norme uniforme: $\|f\|_u = \sup_E |f(x)|$. De même, lorsque $(E, \mathcal{F}, \nu)$ est un espace mesuré, nous noterons $\|f\|_p$ la norme d'une fonction f définie dans l'espace $\mathbf{L}^p(\nu)$: $\|f\|_p = [\int_E |f(y)|^p \, d\nu(y)]^{1/p}$, lorsqu'il n'y aura aucune ambiguïté sur la mesure ν.

Nous renvoyons à l'article de MEYER [M1] pour une présentation plus détaillée du semigroupe d'ORNSTEIN-UHLENBECK sur $\mathbb{R}$ ou sur $\mathbb{R}^n$. On pourra également consulter le livre de N. BOULEAU et F.HIRSCH [BH]. Le semigroupe d'ORNSTEIN-UHLENBECK sur $\mathbb{R}$ est défini par la famille $\mathbf{P}_t$ ($t \geq 0$) d'opérateurs agissant sur les fonctions boréliennes bornées par

$$
\begin{aligned}
\mathbf{P}_t(f)(x) &= \int_{\mathbb{R}} f(e^{-t}x + \sqrt{1 - e^{-2t}}\,y)\,\mu(dy) \\
&= E[f(e^{-t}x + \sqrt{1 - e^{-2t}}\,Y)],
\end{aligned}
\tag{1.1}
$$

où Y est une variable gaussienne centrée réduite $N(0,1)$. Nous noterons le plus souvent cette nouvelle fonction $\mathbf{P}_t f(x)$ pour alléger les notations.

En d'autres termes, si l'on considère deux variables gaussiennes indépendantes X et Y, et si l'on pose $X_t = c_t X + s_t Y$, avec $c_t = \exp(-t)$ et $s_t = \sqrt{1 - e^{-2t}}$, alors

$$
P_t(f)(x) = E[f(X_t)/X = x].
\tag{1.2}
$$

Le semigroupe d'ORNSTEIN-UHLENBECK sur $\mathbb{R}^n$ est défini de façon analogue.

Avec cette définition, il est facile de vérifier les propriétés suivantes:

(1) Générateur infinitésimal.

Si la fonction f admet trois dérivées bornées sur $\mathbb{R}$ ($f \in C_b^3$), alors

$$
\lim_{t \to 0} \frac{1}{t}(\mathbf{P}_t f - f)(x) = f''(x) - x f'(x).
$$

On obtient ceci immédiatement en écrivant un développement limité de f à l'ordre 2 au voisinage de x, avec un reste borné grâce à l'hypothèse $f \in C_b^3$. (On peut bien entendu alléger considérablement les conditions sur f pour obtenir ce résultat, mais nous n'en aurons pas besoin dans la suite.)

Nous appellerons désormais **L** cet opérateur, défini sur les fonctions deux fois dérivables sur $\mathbb{R}$:

$$Lf(x) = f''(x) - xf'(x). \tag{1.3}$$

(2) Propriété de semigroupe : $\mathbf{P}_t \circ \mathbf{P}_s = \mathbf{P}_{t+s}$.

Pour voir cette propriété, prenons trois variables gaussiennes $N(0,1)$ indépendantes X, Y et Z, et posons $c_t = e^{-t}$, $s_t = \sqrt{1 - e^{-2t}}$, $c_s = e^{-s}$, et $s_s = \sqrt{1 - e^{-2s}}$. Nous poserons $X_t = c_t X + s_t Y$ et $U = c_s X_t + s_s Z$. Nous avons

$$\mathbf{P}_t \circ \mathbf{P}_s(f)(x) = E\left[E[f(U)/X_t]/X = x\right].$$

Mais $E[f(U)/X_t] = E[f(U)/(X, Y)]$, et donc

$$\mathbf{P}_t \circ \mathbf{P}_s(f)(x) = E[f(U)/X = x].$$

Pour calculer cette loi conditionnelle d'un couple de gaussiennes centrées réduites, il suffit d'observer que $E(UX) = e^{-(t+s)}$, et donc que

$$U = e^{-(t+s)}X + \sqrt{1 - e^{-2(t+s)}}Y',$$

où Y' est une variable gaussienne centrée réduite indépendante de X. Finalement, il nous reste

$$E[f(U)/X = x] = \mathbf{P}_{t+s}f(x).$$

(3) Propriété de symétrie :

pour deux fonctions boréliennes bornées f et g, on a toujours

$$\langle g, \mathbf{P}_t f \rangle = \langle \mathbf{P}_t g, f \rangle.$$

En effet, si l'on désigne par X et Y deux variables gaussiennes standard indépendantes, alors, d'après la formule (1.2), on a

$$\langle f, \mathbf{P}_t g \rangle = E[g(X)\mathbf{P}_t f(X)] = E[g(X)f(e^{-t}X + \sqrt{1 - e^{-2t}}Y)].$$

Or, le couple le variables $(X, e^{-t}X + \sqrt{1 - e^{-2t}}Y)$ a une loi symétrique, et on peut donc échanger les rôles de f et g dans la formule précédente.

Remarquons que la propriété de symétrie précédente montre l'invariance de l'opérateur $\mathbf{P}_t$:

$$\langle \mathbf{P}_t f \rangle = \langle f \rangle.$$

Il suffit pour le voir d'appliquer la propriété de symétrie avec $g = 1$, puisque, d'après (1.1), $\mathbf{P}_t 1 = 1$.

De la définition, il découle immédiatement que $\|\mathbf{P}_t f\|_u \leq \|f\|_u$. D'autre part, il est clair que, si f est une fonction dérivable à dérivée bornée, il en va de même de $\mathbf{P}_t f$, et l'on a $(\mathbf{P}_t f)' = e^{-t}\mathbf{P}_t(f')$. En particulier, si f est de classe $\mathcal{C}_b^k$, nous avons

$$\|\mathbf{P}_t f\|_{(k)} \leq \|f\|_{(k)}. \tag{1.4}$$

De la propriété de semigroupe (2), on déduit immédiatement que les opérateurs $\mathbf{P}_t$ et $\mathbf{P}_s$ commutent. Si on utilise alors la propriété (1) ainsi que la remarque précédente, on voit que, si f est une fonction de classe $\mathcal{C}_b^3$, alors

$$\frac{\partial}{\partial t}\mathbf{P}_t f = \mathbf{L}(\mathbf{P}_t f) = \mathbf{P}_t(\mathbf{L}f).$$

Ceci nous montre que, si f est de classe $\mathcal{C}_b^3$, alors la fonction $\hat{f}(x,t)$ définie sur $\mathbb{R} \times [0,\infty[$ par $\hat{f}(x,t) = \mathbf{P}_t f(x)$ est la solution de l'équation de la chaleur(*)

$$\begin{cases} \partial/\partial t\, \hat{f}(x,t) = \mathbf{L}\hat{f}(x,t) \\ \hat{f}(x,0) = f(x). \end{cases}$$

Nous voyons directement sur la définition que l'opérateur $\mathbf{P}_t$ se représente par un noyau de mesures de probabilité (noyau de MEHLER):

$$\mathbf{P}_t f(x) = \int_{\mathbb{R}} f(y) p_t(y,x)\, \mu(dy), \text{ avec}$$

$$p_t(y,x) = (1 - e^{-2t})^{-1/2} \exp[-1/2\,(e^{2t} - 1)^{-1}(y^2 - 2e^t xy + x^2)].$$

On voit donc immédiatement qu'un tel opérateur est une contraction de $\mathbf{L}^\infty(\mu)$:

$$\|\mathbf{P}_t f\|_\infty \le \|f\|_\infty.$$

D'autre part, il préserve la positivité des fonctions. Ceci, joint à la propriété d'invariance de la mesure μ, montre que $\mathbf{P}_t$ est une contraction de $\mathbf{L}^1(\mu)$. En effet

$$\|\mathbf{P}_t f\|_1 = \langle |\mathbf{P}_t f| \rangle \le \langle \mathbf{P}_t |f| \rangle = \langle |f| \rangle = \|f\|_1.$$

De même, $\mathbf{P}_t$ est une contraction dans tous les espaces $\mathbf{L}^p(\mu)$:

$$\forall p \in [1,\infty], \|\mathbf{P}_t f\|_p \le \|f\|_p.$$

Le but principal de ce chapitre est d'améliorer ce résultat.

Polynômes de HERMITE.

Rappelons tout d'abord que les polynômes forment un sous-espace dense de $\mathbf{L}^2(\mu)$: c'est le cas pour toute mesure ν sur $\mathbb{R}$ ayant au moins un moment exponentiel, comme la mesure gaussienne. En effet, si une fonction f de $\mathbf{L}^2(\nu)$ est orthogonale à tous les polynômes, la mesure $\nu_1 = f\nu$ admet également au moins un moment exponentiel (inégalité de SCHWARZ), et donc sa transformée de LAPLACE est analytique au voisinage de 0. Maintenant, l'hypothèse faite sur f montre que cette transformée a en 0 toutes ses dérivées nulles, et est donc nulle. On en déduit la nullité de f, et par suite la densité des polynômes.

(*) Il est un peu abusif de parler de "la solution" de l'équation de la chaleur dans la mesure où nous n'avons pas pour l'instant d'unicité.

Les polynômes d'HERMITE $H_n(x)$ forment une famille de polynômes orthogonale pour cette mesure. On peut les définir à partir de leur série génératrice :

$$\exp(tx - t^2/2) = \sum_n \frac{t^n}{n!} H_n(x).$$

En introduisant une variable gaussienne standard Y, nous avons

$$\mathbf{P}_t(\exp(s \bullet -s^2/2))(x) = \exp(-s^2/2) E\left[\exp[s(e^{-t}x + \sqrt{1 - e^{-2t}}Y)]\right]$$

$$= \exp(sxe^{-t} - s^2/2) E\left[\exp[s\sqrt{1 - e^{-2t}}Y]\right].$$

Sachant que $E[e^{\alpha Y}] = \exp(\alpha^2/2)$, on obtient donc

$$\mathbf{P}_t(\exp(s \bullet -s^2/2))(x) = \exp(se^{-t}x - s^2 e^{-2t}/2).$$

En identifiant les séries, il vient immédiatement

$$\mathbf{P}_t(H_n) = e^{-nt} H_n. \tag{1.5}$$

Les polynômes H_n sont donc vecteurs propres de $\mathbf{P}_t$, de valeur propre e^{-nt}.

L'opérateur $\mathbf{P}_t$ étant symétrique dans l'espace L^2 (propriété (3)), les polynômes de HERMITE sont donc orthogonaux dans cet espace. Pour calculer leur norme, il suffit alors d'écrire

$$\langle \exp(2t \bullet -t^2) \rangle = \sum_n \frac{t^{2n}}{(n!)^2} \|H_n\|_2^2 = \exp(t^2).$$

En identifiant les séries, il vient $\|H_n\|_2^2 = n!$ Les polynômes $H_n/\sqrt{n!}$ forment ainsi une base hilbertienne de $\mathbf{L}^2(\mu)$. La formule (1.5) décrit donc la décomposition spectrale de l'opérateur $\mathbf{P}_t$:

Si une fonction f de $\mathbf{L}^2(\mu)$ se décompose sous la forme $\sum_n a_n H_n$, avec $\sum_n n! a_n^2 < \infty$, alors $\mathbf{P}_t f = \sum_n e^{-nt} a_n H_n$.

Ceci nous permet de définir l'opérateur $\mathbf{P}_t$ pour des valeurs complexes du paramètre t : lorsque $t = t_1 + it_2$ est un nombre complexe à partie réelle t_1 positive ou nulle, $\omega = \exp(-t)$ est un complexe de module inférieur ou égal à 1. On peut alors définir, pour $f = \sum_n a_n H_n$,

$$\mathbf{P}_t(f) = \sum_n \omega^n a_n H_n, \tag{1.6}$$

et cet opérateur est une contraction de $\mathbf{L}^2(\mu)$.

D'autre part, la formule (1.1) peut se réécrire

$$\mathbf{P}_t(f)(x) = \int_{\mathbf{R}} f(y) \exp\left(-\frac{(y - \omega x)^2}{2(1 - \omega^2)}\right) \frac{dy}{\sqrt{2\pi(1 - \omega^2)}}, \tag{1.7}$$

lorsque $\omega = \exp(-t)$. Cette formule se prolonge évidemment au cas complexe, à condition de choisir la détermination principale de $\sqrt{z}$ dans le demiplan $\mathcal{R}e(z) > 0$.

Liens avec la transformation de FOURIER.

Désignons par **F** la transformation de FOURIER de $\mathbb{R}$.

$$\mathbf{F}(f)(x) = \int f(y) \exp(ixy) \frac{dy}{\sqrt{2\pi}}.$$

(Attention à la normalisation dans cette définition.)

Alors, d'après la formule classique de la transformation de FOURIER de la loi gaussienne, on a

$$\mathbf{F}(\exp(t \bullet - \bullet^2/2))(x) = \exp(-(x-it)^2/2).$$

Appelons **M** l'opérateur de multiplication par la fonction $\exp(-x^2/2)$, et $\mathbf{F}_1$ l'opérateur $\mathbf{M}^{-1}\mathbf{F}\mathbf{M}$. Il vient

$$\mathbf{F}_1(\exp(t\bullet))(x) = \exp(t^2/2 + ixt).$$

Nous en déduisons que

$$\mathbf{F}_1(\exp(\sqrt{2}t \bullet -t^2/2) = \exp(i\sqrt{2}t \bullet +t^2/2),$$

ce qui donne, en identifiant les séries

$$\mathbf{F}_1(H_n(\sqrt{2}\bullet)) = i^n H_n(\sqrt{2}\bullet).$$

En d'autres termes, en appelant $\mathbf{T}_{\sqrt{2}}$ l'homothétie de rapport $\sqrt{2}$: $\mathbf{T}_{\sqrt{2}}f(x) = f(\sqrt{2}x)$, nous avons

$$\mathbf{T}_{\sqrt{2}}^{-1}\mathbf{F}_1\mathbf{T}_{\sqrt{2}}(H_n) = i^n H_n.$$

Si nous comparons cette formule à celle donnant la décomposition spectrale de $\mathbf{P}_t$ (1.5), nous obtenons

$$(\mathbf{M}\mathbf{T}_{\sqrt{2}})^{-1}\mathbf{F}\mathbf{M}\mathbf{T}_{\sqrt{2}} = \mathbf{P}_{-i\pi/2}. \tag{1.8}$$

Approximation du semigroupe d'ORNSTEIN-UHLENBECK.

Considérons l'espace à deux points $E_1 = \{-1, 1\}$, que nous munissons de la mesure uniforme $dx = \frac{1}{2}\{\delta_{-1} + \delta_1\}$. Sur cet espace, introduisons l'opérateur $\mathbf{P}_t^1$ défini par

$$\mathbf{P}_t^1 f(x) = \int f(y)(1 + e^{-t}xy)\, dy.$$

Remarquons que toute fonction sur cet espace à deux points se représente de façon unique sous la forme $f(x) = a + bx$, et alors

$$\mathbf{P}_t^1(a + bx) = a + e^{-t}bx.$$

Cette famille d'opérateurs forme un semigroupe

$$\mathbf{P}_t^1 \circ \mathbf{P}_s^1 = \mathbf{P}_{t+s}^1. \tag{1.9}$$

Le générateur infinitésimal de ce semigroupe,

$$L^1 = \frac{\partial}{\partial t} P_t^1|_{t=0} \tag{1.10}$$

est l'opérateur

$$L^1(a + bx) = -bx,$$

ce qui s'écrit encore, en plongeant $\{-1, +1\}$ dans $\mathbb{R}$,

$$L^1 f(x) = \frac{1-x}{4}(f(x+2) - f(x)) + \frac{1+x}{4}(f(x-2) - f(x)). \tag{1.11}$$

Ces opérateurs P_t^1 et L^1 opérant sur l'espace des fonctions numériques définies sur E_1 (espace vectoriel de dimension 2), les relations (1.9) et (1.10) donnent immédiatement la relation

$$P_t^1 = \exp(tL^1), \tag{1.12}$$

l'exponentielle étant ici l'exponentielle usuelle des opérateurs linéaires bornés.

Considérons alors l'espace produit E_1^n, que nous munissons de la mesure produit $dx = \otimes_{i=1}^n dx_i$. Sur cet espace, nous avons le semigroupe produit $P_t^{(n)} = (P_t^1)^{\otimes n}$: il est défini, pour une fonction f définie sur E_1^n, par

$$P_t^{(n)}(f)(x) = \int_{E_1^n} f(y) \prod_{i=1}^n (1 + e^{-t} x_i y_i) \, dy,$$

où l'on a posé $x = (x_1, \ldots, x_n)$ et $y = (y_1, \ldots, y_n)$. Ces opérateurs forment un semigroupe de générateur

$$L^{(n)} = \sum_i I \otimes \cdots \otimes L^1 \otimes I \otimes \cdots \otimes I,$$

c'est à dire que

$$L^{(n)} f(x_1, \ldots, x_n) = \sum_i L_i^{(1)} f(x_1, \ldots, x_n),$$

chaque opérateur $L_i^{(1)}$ étant l'analogue de l'opérateur $L^{(1)}$ agissant sur la seule variable x_i. On a bien évidemment $P_t^{(n)} = \exp(tL^{(n)})$.

Considérons alors la fonction $\Phi : E_1^n \to \mathbb{R}$ définie par

$$\Phi(x) = \frac{\sum_{i=1}^n x_i}{\sqrt{n}}.$$

Son image est l'ensemble $E^n = \{-\sqrt{n}, \frac{-n+2}{\sqrt{n}}, \ldots, \sqrt{n}\}$. Sur cet ensemble fini, considérons l'opérateur linéaire, défini pour une fonction f bornée par

$$\hat{L}^{(n)}(f)(x) = \frac{n}{4}\{f(x + 2/\sqrt{n}) + f(x - 2/\sqrt{n}) - 2f(x)\} - \frac{x}{4}\sqrt{n}\{f(x + 2/\sqrt{n}) - f(x - 2/\sqrt{n})\}.$$

Nous appelons $\hat{P}_t^{(n)}$ l'opérateur $\exp(t\hat{L}^{(n)})$. Nous avons alors le résultat suivant :

Théorème 1.1.—*Soit f une fonction réelle bornée. Alors*
(1) $\mathbf{P}_t^{(n)}(f \circ \Phi) = \hat{\mathbf{P}}_t^{(n)}(f) \circ \Phi$.

(2) $\|\hat{\mathbf{P}}_t^{(n)}(f)\|_u \le \|f\|_u$.

(3) *Si* $f : \mathbb{R} \to \mathbb{R}$ *est de classe* $\mathcal{C}_b^3$, *alors*

$$\lim_{n \to \infty} \|\hat{\mathbf{P}}_t^{(n)} f - \mathbf{P}_t f\|_u = 0.$$

Remarque.—

Ce semigroupe est celui du modèle d'ERHENFEST du mouvement des particules de gaz entre deux récipients. L'opérateur $\hat{\mathbf{P}}_t^{(n)}$ est l'image de l'opérateur $\mathbf{P}_t^{(n)}$ par l'application Φ. D'autre part, la mesure de référence que nous avons choisie, qui est la mesure produit sur $\{-1, 1\}^n$, a une image par Φ qui converge étroitement vers la mesure gaussienne standard sur $\mathbb{R}$, lorsque $n \to \infty$ (théorème de la limite centrale). Ainsi qu'on le verra au prochain chapitre, cette mesure et l'opérateur $\mathbf{P}_t^{(n)}$ sont liés par le fait que c'est la mesure invariante pour l'opérateur, et il en va de même de la mesure gaussienne pour le processus d'ORNSTEIN-UHLENBECK. Ainsi, le résultat d'approximation établi dans le point (3) du théorème précédent est finalement assez naturel.

Preuve. Pour prouver (1), il suffit de montrer que $\mathbf{L}^{(n)}(f \circ \Phi) = \hat{\mathbf{L}}^{(n)}(f) \circ \Phi$, car alors les exponentielles de ces opérateurs coincideront automatiquement. Appelons s la fonction $\sum_n x_i$, et considérons une fonction définie sur E_1^n ne dépendant que de s : $g = f(s)$. Si nous écrivons l'action du générateur $\mathbf{L}^{(n)}$ sur g, nous obtenons, d'après la formule (1.1), et en un point $x = (x_1, \dots, x_n)$,

$$\mathbf{L}^{(n)}(g)(x) = \sum_i \frac{1 - x_i}{4}(f(s+2) - f(s)) + \frac{1 + x_i}{4}(f(s-2) - f(s))$$

$$= \frac{n - s}{4}(f(s+2) - f(s)) + \frac{n + s}{4}(f(s-2) - f(s))$$

$$= n\{f(s+2) + f(s-2) - 2f(s)\} - \frac{s}{4}\{f(s+2) - f(s-2)\}.$$

De cette formule, si on se rappelle que $\Phi(x) = s/\sqrt{n}$, nous déduisons immédiatement que

$$\mathbf{L}^{(n)}(f \circ \Phi) = \hat{\mathbf{L}}^{(n)}(f) \circ \Phi.$$

L'affirmation (2) est une conséquence de (1) puisqu'il suffit d'écrire, pour $g(x) = f(s)$

$$\|\hat{\mathbf{P}}_t^{(n)}(f)\|_u = \|\mathbf{P}_t^{(n)}(g)\|_u \le \|g\|_u = \|f\|_u.$$

Pour montrer (3), en écrivant un développement limité de f à l'ordre 2, nous obtenons, pour une fonction f dans $\mathcal{C}_b^3$,

$$\|\hat{\mathbf{L}}^{(n)}(f) - \mathbf{L}f\|_u \le \frac{C}{\sqrt{n}}\{\|f^{(3)}\|_u + \|f^{(2)}\|_u\} \le \frac{C}{\sqrt{n}}\|f\|_{(3)},$$

où C est une constante universelle. Nous pouvons alors écrire

$$\|\mathbf{P}_t^{(n)}(f) - \mathbf{P}_t(f)\|_u = \| \int_0^t \frac{d}{ds} \{\mathbf{P}_s^{(n)} \circ \mathbf{P}_{t-s}(f)\} \, ds \|_u$$

$$= \| \int_0^t \mathbf{P}_s^{(n)}(\hat{\mathbf{L}}^{(n)} - \mathbf{L})\mathbf{P}_{t-s}(f) \, ds \|_u \le \int_0^t \|(\hat{\mathbf{L}}^{(n)} - \mathbf{L})\mathbf{P}_{t-s}(f)\|_u \, ds$$

$$\le \frac{C}{\sqrt{n}} \int_0^t \|\mathbf{P}_{t-s}(f)\|_{(3)} \, ds \le \frac{Ct}{\sqrt{n}} \|f\|_{(3)}.$$

$\Box$

Le théorème d'hypercontractivité de NELSON.

Nous pouvons maintenant énoncer le principal résultat de cette section. Une première version de ce résultat est due à NELSON [N], dans le cadre de l'étude de la théorie quantique des champs de bosons. La présentation que nous en donnons ici est inspirée de celle de GROSS [G].

Théorème 1.2.—
(1) Soient p et q deux réels de l'intervalle $]1, \infty[$, tels que $q - 1 \le e^{2t}(p - 1)$. L'opérateur $\mathbf{P}_t$ est une contraction de L^p dans L^q : $\|\mathbf{P}_t f\|_q \le \|f\|_p$.

(2) Si $q - 1 > e^{2t}(p - 1)$, l'opérateur $\mathbf{P}_t$ n'est pas borné de L^p dans L^q.

Preuve. Avant de nous intéresser à l'assertion (1), qui est le résultat principal, montrons d'abord (2). Pour cela, considérons la fonction $f_\lambda(x) = \exp(\lambda x)$. En utilisant la formule $\langle \exp(\lambda x) \rangle = \exp(\lambda^2/2)$, nous obtenons $\|f_\lambda\|_p = \exp(p\lambda^2/2)$, ainsi que

$$\mathbf{P}_t(f_\lambda) = \exp\{\lambda^2(1 - e^{-2t})/2\} f_{\lambda \exp(-t)}.$$

Nous voyons donc que

$$\|\mathbf{P}_t(f_\lambda)\|_q / \|f_\lambda\|_p = \exp\{\frac{\lambda^2}{2}[e^{-2t}(q - 1) + 1 - p]\}.$$

Cette quantité est donc non bornée (en λ), dès que $q - 1 > e^{2t}(p - 1)$.(*) $\Box$

Pour démontrer (1), nous allons suivre la méthode de GROSS, qui consiste à démontrer d'abord l'assertion analogue pour l'opérateur $\mathbf{P}_t^{(n)}$, puis, en prenant l'image par la fonction Φ, à obtenir le même résultat pour l'opérateur $\hat{\mathbf{P}}_t^{(n)}$, et enfin de passer à la limite en n pour obtenir le théorème pour $\mathbf{P}_t$. L'intérêt de cette méthode repose sur le fait qu'il est très simple de passer du résultat sur $\mathbf{P}_t^1$ au résultat sur $\mathbf{P}_t^{(n)}$, en vertu du lemme suivant (lemme de tensorisation), que nous recopions de [Be]:

(*) M. LEDOUX m'a signalé que seules les fonctions f_λ réalisent l'égalité $\|\mathbf{P}_t f_\lambda\|_q = \|f_\lambda\|_p$, pour $q = 1 + \exp(2t)(p - 1)$.

Lemme 1.3.—*Considérons deux opérateurs K_i, $i = 1,2$ opérant sur des espaces mesurés σ-finis séparables ; $K_i : (E_i, \mathcal{E}_i, \mu_i) \to (F_i, \mathcal{F}_i, \nu_i)$. Nous supposerons que ces opérateurs se représentent par des noyaux positifs*

$$K_i(f)(x) = \int_{E_i} f(y) k_i(x, dy),$$

que nous supposerons finis pour simplifier : $\forall x \in F_i$, $\int_{E_i} k_i(x, dy) < \infty$. Nous ne supposerons pas par contre que ces noyaux sont positifs. Supposons que, pour deux réels p et q quelquonques de $[1, \infty[$, avec $p \leq q$, on ait $\|K_i f\|_q \leq M_i \|f\|_p$. Alors, l'opérateur $K_1 \otimes K_2$, défini sur l'espace produit $(E_1 \times E_2, \mathcal{E}_1 \otimes \mathcal{E}_2, \mu_1 \otimes \mu_2)$ par

$$K_1 \otimes K_2(f)(x_1, x_2) = \int_{E_1 \times E_2} f(y_1, y_2) k_1(x_1, dy_1) k_2(x_2, dy_2),$$

satisfait à l'inégalité

$$\|(K_1 \otimes K_2)(f)\|_q \leq M_1 M_2 \|f\|_p.$$

Preuve. La preuve utilise l'inégalité de MINKOWSKI pour les intégrales que nous énonçons ci-dessous sous forme d'un lemme :

Lemme 1.4.—*Si $(E_i, \mathcal{E}_i, \mu_i)$, $i = 1,2$ sont deux espaces mesurés $\sigma - finis$, alors, pour tout $r \geq 1$, et pour toute fonction $f(x_1, x_2)$ mesurable dans le produit telle que*

$$\int_{E_1} \{ \int_{E_2} |f(x_1, x_2)| \, d\mu_2(x_2) \}^r \, d\mu_1(x_1) < \infty, \text{ on a}$$

$$[\int_{E_1} | \int_{E_2} f(x_1, x_2) \, d\mu_2(x_2)|^r \, d\mu_1(x_1)]^{1/r} \leq \int_{E_2} [\int_{E_1} |f(x_1, x_2)|^r \, d\mu_1(x_1)]^{1/r} \, d\mu_2(x_2)].$$

Admettons pour l'instant cette inégalité, qui n'est rien d'autre que l'inégalité triangulaire dans $\mathbf{L}^p$ lorsque les intégrales se réduisent à des sommes, et déduisons-en le lemme de tensorisation.

On se ramène immédiatement au cas où $M_1 = M_2 = 1$. Puis, par un argument de convergence monotone, on se ramène au cas où la fonction f est bornée et à support dans un pavé $A_1 \times A_2$, avec $\mu_i(A_i) < \infty$. Pour une telle fonction, les deux membres de l'inégalité ont un sens, et nous pouvons alors écrire :

$$\int_{F_1 \times F_2} |K_1 \otimes K_2(f)|^q(x_1, x_2) \, \nu_1(dx_1) \nu_2(dx_2)$$

$$= \int_{F_1} \{ \int_{F_2} | \int_{E_2} \{ \int_{E_1} f(y_1, y_2) k_1(x_1, dy_1) \} k_2(x_2, dy_2)|^q \, \nu_2(dx_2) \} \nu_1(dx_1)$$

$$= \int_{F_1} \int_{F_2} |K_2(g(x_1, \cdot)(x_2)|^q \, \mu_2(dx_2) \} \mu_1(dx_1),$$

où $g(x_1, y_2) = K_1(f(\cdot, y_2))(x_1)$. En appliquant l'hypothèse faite sur l'opérateur K_2, nous obtenons

$$A := \int_{F_1 \times F_2} |K_1 \otimes K_2(f)|^p (x_1, x_2)\, \nu_1(dx_1)\nu_2(dx_2)$$

$$\leq \int_{F_1} \{\int_{E_2} |g(x_1, x_2)|^p\, \nu_2(dx_2)\}^{q/p} \mu_1(dx_1). \qquad (1.11)$$

Par l'inégalité de MINKOWSKI avec l'exposant $r = q/p$, il vient

$$A \leq \{\int_{E_2} [\int_{F_1} |g|^q\, d\nu_1]^{p/q}\, d\mu_2\}^{q/p}.$$

Il nous reste à utiliser l'hypothèse faite sur K_1 pour obtenir

$$A \leq \int_{E_2} \int_{E_1} |f|^p\, d\mu_1\, d\mu_2\}^{q/p}.$$

$\square$

Il nous reste à démontrer l'inégalité de MINKOWSKI. On se ramène immédiatement au cas où f est positive et où le second membre de l'inégalité est fini. Ensuite, les mesures μ_1 et μ_2 étant σ-finies, on se ramène au cas où elles sont finies en utilisant un argument de convergence dominée dans les deux membres de l'inégalité. Les mesures μ_1 et μ_2 étant maintenant supposées finies, ont peut sans perdre de généralité supposer que ce sont des probabilités. Enfin, puisque le second membre est fini, on sait que, pour μ_2-presque tout x_2, $\int_{E_1} f(x_1, x_2)^r\, \mu_1(dx_1) < \infty$. En choisissant alors une suite de fonctions (f_n) dense dans $L^r(E_1)(^*)$, on construit aisément, pour tout $\varepsilon > 0$, une partition A_n^ε de E_2 telle que, pour μ_2-presque tout x_2, on ait

$$\|f(x_2, \cdot) - \sum_n 1_{A_n^\varepsilon}(x_2) f_n(\cdot)\|_r \leq \varepsilon,$$

la norme étant prise dans $\mathbf{L}^r(\mu_1)$. Pour s'en convaincre, appelons $B(f, \varepsilon)$ la boule de centre f et de rayon ε dans $\mathbf{L}^r(\mu_1)$), et appelons

$$\hat{A}_n^\varepsilon = \{f(x^2, \cdot) \in B(f_n, \varepsilon)\}.$$

Il suffit alors de choisir

$$A_n^\varepsilon = \hat{A}_n^\varepsilon \setminus \bigcup_{i=1}^{n-1} \hat{A}_i^\varepsilon.$$

Alors, en choisissant $\varepsilon = 1/m$ et en posant

_____

(*) C'est là qu'intervient l'hypothèse de séparabilité de la tribu; on aurait le même résultat, avec une plus grande généralité, en supposant seulement que la tribu est séparable aux ensembles de mesure nulle près.

$\sum_n 1_{A_n^\varepsilon}(x_2) f_n(x_1) = g_m(x_1, x_2)$, on saura que

$$\lim_{m \to \infty} \int_{E_2} \{ \int_{E_1} |g_m|^r (x_1, x_2)\, \mu_1(dx_1) \}^{1/r}\, \mu_2(dx_2) =$$
$$\int_{E_2} \{ \int_{E_1} |f|^r (x_1, x_2)\, \mu_1(dx_1) \}^{1/r}\, \mu_2(dx_2).$$

De plus, pour presque tout x_2 de E_2, et pour tout $\eta > 0$, on aura

$$\mu_1 \{ |f - g_m|(\cdot, x_2) > \eta \} \le \frac{1}{m\eta}.$$

μ_1 et μ_2 étant des probabilités, ceci entraîne que

$$\mu_1 \otimes \mu_2 \{ |f - g_m| > \eta \} < \frac{1}{m\eta}.$$

La suite g_m converge donc en probabilité vers f sur $E_1 \times E_2$, et on peut en extraire une sous suite g_{m_k} qui converge presque sûrement. Le lemme de FATOU nous donne alors

$$\{ \int_{E_1} [\int_{E_2} f\, d\mu_2]^r\, d\mu_1 \}^{1/r} \le \liminf_k \{ \int_{E_1} [\int_{E_2} |g_{m_k}|\, d\mu_2]^r\, d\mu_1 \}^{1/r}.$$

Ceci nous montre qu'il suffit d'établir l'inégalité lorsque la fonction f s'écrit $\sum_n 1_{A_n}(x_2) f_n(x_1)$, où A_n est une partition de E_2. On se ramène immédiatement au cas où cette somme est finie, et il s'agit alors de l'inégalité de MINKOWSKI ordinaire. □

Remarque.—
Lorsque l'un des noyaux K_1 ou K_2 est positif, ce lemme reste valable sans l'hypothèse $q \ge p$. En reprenant les mêmes notations que dans la démonstration précédente, et en supposant par exemple que c'est l'opérateur K_1 qui est positif, l'inégalité de MINKOWSKI donne alors la majoration

$$[| \int_{E_2} g(x_1, x_2)|^p\, \nu_2(dx_2) \}^{1/p} \le K_1(h)(x_1),$$

où $h(y_1) = \{ \int |f(y_1, y_2)|^p\, \mu_2(dy_2) \}^{1/p}$. On peut alors suivre la même démonstration jusqu'à l'inégalité (1.11), puis poursuivre en écrivant la majoration $\int_{F_1} K_1(h)^q\, d\nu_1 \le \{ \int_{E_1} |h|^p\, d\mu_1 \}^{q/p}$. On obtient ainsi le même résultat.

Il nous reste à établir le résultat analogue au théorème 1.2 en remplaçant $\mathbb{R}$ par $\{-1, +1\}$, la mesure gaussienne par la mesure uniforme dx et l'opérateur $\mathbf{P}_t$ par l'opérateur $\mathbf{P}_t^1$. On est donc amené à démontrer la proposition suivante :

Proposition 1.5.—_Pour toute fonction f définie sur $\{-1, +1\}$, et pour tout réel $p > 1$, on a, si $q - 1 \le \exp(2t)(p - 1)$_
$$\|\mathbf{P}_t^1 f\|_q \le \|f\|_p.$$

Preuve. Puisque la mesure dx est une probabilité, la norme $\|f\|_q$ est une fonction croissante de q, et il suffit de démontrer le résultat lorsque $q = q(t) = 1 + \exp(2t)(p-1)$.

Ensuite, puisque $|\mathbf{P}_t^1 f| \le \mathbf{P}_t^1 |f|$, on peut se ramener au cas où la fonction f est positive, et par homogénéité au cas où $\langle f \rangle = 1$. La fonction f s'écrit alors $f(x) = 1 + bx$, avec $|b| \le 1$, et $\mathbf{P}_t^1(f)(x) = 1 + \exp(-t)bx$. L'inégalité que nous voulons démontrer se réduit à

$$\left[\frac{(1 + e^{-t}b)^{q(t)} + (1 - e^{-t}b)^{q(t)}}{2} \right]^{1/q(t)} \le \left[\frac{(1+b)^p + (1-b)^p}{2} \right]^{1/p}. \qquad (1.14)$$

Nous voyons qu'on peut se ramener par symétrie au cas $b \ge 0$, puis par continuité au cas $0 < b < 1$. Bien qu'élémentaire, cette inégalité n'est pas si facile à démontrer. Nous allons utiliser pour l'établir la méthode de GROSS, qui se généralisera à un semigroupe quelquonque. Posons

$$\varphi(t) = \left[\frac{(1 + e^{-t}b)^{q(t)} + (1 - e^{-t}b)^{q(t)}}{2} \right]^{1/q(t)}.$$

L'inégalité (1.14) s'écrit alors $\varphi(t) \le \varphi(0)$, et la fonction φ étant dérivable comme cela se voit sur la définition, il suffit de démontrer que $\varphi'(t) \le 0$. Un calcul simple montre que, pour une famille de fonctions $t \to f_t$, strictement positives, dérivable en t, et une famille de paramètres $t \to q(t)$, dérivable en t, avec $q(t) \ge 1$,

$$\frac{d}{dt} \log(\|f_t\|_{q(t)}) = \frac{q'}{q^2} \frac{1}{\|f_t\|_{q(t)}^{q(t)}} A(f, f', q, q'),$$

où l'expression $A(f, g, q, r)$ vaut

$$A(f, g, q, r) = \langle f^q \log f^q \rangle - \langle f^q \rangle \log \langle f^q \rangle + \frac{q^2}{r} \langle g, f^{q-1} \rangle.$$

Dans notre cas, la fonction f_t vaut $\mathbf{P}_t^1(f)$, et $f_t' = \mathbf{L}^1 f_t$. D'autre part,

$$q(t) = 1 + \exp(2t)(p-1), \text{ et } q'(t) = 2(q - 1).$$

On aura donc démontré (1.14) dès que l'on aura démontré que, pour toute fonction f de la forme $f = 1 + bx$, avec $0 < b < 1$, et pour tout $p > 1$, on a

$$\langle f^p \log f^p \rangle - \langle f^p \rangle \log \langle f^p \rangle \le - \frac{p^2}{2(p-1)} \langle \mathbf{L}^1 f, f^{p-1} \rangle. \qquad (1.15)$$

Nous allons prouver (1.15) en deux étapes: tout d'abord, on se ramène au cas $p = 2$, en changeant f en $f^{p/2}$, en utilisant l'inégalité

$$\langle -\mathbf{L}^1 f^{p/2}, f^{p/2} \rangle \le \frac{p^2}{4(p-1)} \langle -\mathbf{L}^1 f, f^{p-1} \rangle. \qquad (1.16)$$

Puis il nous restera à démontrer l'inégalité (1.15) pour $p = 2$.

Commençons par (1.16): si f s'écrit $1 + bx$, alors

$$-\mathbf{L}^1(f^{p/2}) = x\left(\frac{(1+b)^{p/2} - (1-b)^{p/2}}{2}\right).$$

Nous avons donc

$$\langle -\mathbf{L}^1 f^{p/2}, f^{p/2}\rangle = \left[\frac{(1+b)^{p/2} - (1-b)^{p/2}}{2}\right]^2.$$

D'autre part,

$$\langle -\mathbf{L}^1 f, f^{p-1}\rangle = \frac{1}{2}b\left[(1+b)^{p-1} - (1-b)^{p-1}\right].$$

Tout revient donc à démontrer que, pour tout $|b| < 1$, nous avons

$$\left[(1+b)^{p/2} - (1-b)^{p/2}\right]^2 \le \frac{bp^2}{2(p-1)}\left[(1+b)^{p-1} - (1-b)^{p-1}\right].$$

On se ramène comme plus haut au cas $b \in]0,1[$, et l'on a

$$\left[(1+b)^{p/2} - (1-b)^{p/2}\right]^2 = \left[\frac{p}{2}\int_{1-b}^{1+b} t^{p/2-1}\, dt\right]^2 \le$$

$$2b\frac{p^2}{4}\left[\int_{1-b}^{1+b} t^{p-2}\, dt\right] = \frac{bp^2}{2(p-1)}\left[(1+b)^{p-1} - (1-b)^{p-1}\right],$$

l'inégalité utilisée n'étant rien d'autre que l'inégalité de SCHWARZ.

Remarquons que l'inégalité que nous venons d'établir est en fait valable pour tout p réel , $p \ne 1$.

Il nous reste à prouver l'inégalité (1.15) pour $p = 2$. Toujours pour $b \in]0,1[$, cela s'écrit

$$\frac{(1+b)^2 \log(1+b)^2 + (1-b)^2 \log(1-b)^2}{2}$$

$$\le 2b^2 + \frac{(1+b)^2 + (1-b)^2}{2}\log\frac{(1+b)^2 + (1-b)^2}{2}.$$

Si l'on pose $\alpha = (1+b)^2$, $\beta = (1-b)^2$, et $\Phi(x) = x\log(x)$, cela s'écrit

$$\frac{\Phi(\alpha) + \Phi(\beta)}{2} \le \Phi(\frac{\alpha + \beta}{2}) + \frac{(\alpha - \beta)^2}{8}.$$

Posons alors $\sigma = \frac{\alpha + \beta}{2} \ge 1$ et $\delta = \frac{\alpha - \beta}{2}$. L'inégalité précédente devient

$$\Phi(\sigma + \delta) + \Phi(\sigma - \delta) - 2\Phi(\sigma) \le \delta^2.$$

Or, nous avons

$$\Phi(\alpha) + \Phi(\beta) - 2\Phi(\sigma) = \int_0^\delta [\Phi''(\sigma + u) + \Phi''(\sigma - u)](\delta - u)\, du.$$

La fonction Φ'' vaut $1/x$, et est donc convexe sur le domaine qui nous intéresse. Nous avons

$$\Phi''(\sigma + u) + \Phi''(\sigma - u) \le 2\Phi''(\sigma) = \frac{2}{\sigma} \le 2,$$

ce qui nous donne le résultat annoncé. □

Ceci achève la démonstration du théorème de NELSON. Remarquons qu'au passage, nous avons démontré le résultat équivalent sur l'espace $\{-1, +1\}^n$, en remplaçant le semi-groupe d'ORNSTEIN-UHLENBECK par le semigroupe tensorisé $\mathbf{P}_t^{1 \otimes n}$. Ce résultat admet comme conséquence un résultat bien connu :

Corollaire 1.6.—*(Inégalité de* KHINTCHINE.*) Soit* (ε_n) *une suite de variables de* BERNOULLI *symétriques indépendantes. Alors, pour toute suite* (α_n) *de réels, on a,* $p \in]2, \infty[$,

$$\begin{cases} \{E|\sum_n \alpha_n \varepsilon_n|^p\}^{1/p} \le \sqrt{p-1}\{\sum_n \alpha_n^2\}^{1/2} & \text{si } p \ge 2, \\ \{\sum_n \alpha_n^2\}^{1/2} \le (1/\sqrt{p-1})\{E|\sum_n \alpha_n \varepsilon_n|^p\}^{1/p} & \text{si } 1 < p \le 2. \end{cases}$$

Remarque.—

Les coefficients qui apparaissent dans les inégalités du corollaire sont les meilleurs possibles.

Preuve. On se ramène immédiatement au cas où il n'y a qu'un nombre fini n de variables. Dans ce cas, sur l'espace $\{-1, 1\}^n$, muni de la mesure produit, les applications coordonnées $\omega \to \omega_i$ forment une suite finie de variables de BERNOULLI indépendantes. Si nous appelons $f(\omega)$ la fonction $\sum_i \alpha_i \omega_i$, nous avons $\mathbf{P}_t^{1 \otimes n}(f) = e^{-t} f$, et le résultat d'hypercontractivité donne, pour $p_2 = 1 + e^{2t}(p_1 - 1)$,

$$e^{-t} \|f\|_{p_2} \le \|f\|_{p_1}.$$

L'inégalité de KINTCHINE pour $p \ge 2$ découle des choix $p_1 = 2$, $p_2 = p$, tandis que l'autre inégalité découle des choix $p_2 = 2$, $p_1 = p$. □

Remarquons que l'inégalité du corollaire précédent s'obtient en appliquant le théorème d'hypercontractivité à l'espace propre du générateur de $\mathbf{P}_t^{1 \otimes n}$ associé à la première valeur propre non nulle (le premier chaos). Nous obtiendrions un résultat semblable (avec d'autres constantes) sur n'importe quel espace propre : ceux-ci sont formés dans cet exemple des polynômes homogènes de degré k en les variables ω_i (Chaos d'ordre k). Un résultat analogue est bien sûr également vrai pour la mesure gaussienne.

L'inégalité de BABENKO

Les liens que nous avons montré plus haut entre le semigroupe d'ORNSTEIN-UHLEN-BENCK et la transformation de FOURIER permettent de ramener certaines inégalités de l'analyse de $\mathbb{R}^n$ à des propriétés de ce semigroupe. Nous allons exposer ici une illustration de cette méthode due à BECKNER. On commence par énoncer un résultat analogue au théorème de NELSON pour un paramètre complexe :

Théorème 1.7.—*Soit p un réel de $]1,2]$. Pour $t = -\frac{1}{2}\log(p-1) + i\pi/2$, et si q désigne l'exposant conjugué de p : $q = p/(p-1)$, on a*

$$\|\mathbf{P}_t f\|_q \leq \|f\|_p.$$

Preuve. Ce résultat est analogue au théorème de NELSON, bien qu'en fait il soit tout à fait spécifique au semigroupe envisagé. Nous verrons dans la suite du cours de nombreuses démonstrations différentes du théorème de NELSON, se prêtant à différentes généralisations. Aucune de celles-ci ne s'appliquera à ce résultat de BECKNER, qui reste finalement assez mystérieux.

Nous nous contenterons d'exquisser les grandes lignes de la preuve de BECKNER : on suit la même méthode que celle employée pour le théorème de NELSON, et on se ramène à démontrer l'inégalité analogue pour le semigroupe $\mathbf{P}_t^1$ sur l'espace $\{-1,1\}$. Cela revient alors à voir que, pour deux exposants conjugués p et q, en posant $z = \dfrac{i}{\sqrt{p-1}}$, on a, pour tout couple (a,b) de nombres complexes,

$$\left[\frac{|a+zb|^q + |a-zb|^q}{2}\right]^{1/q} \leq \left[\frac{|a+b|^p + |a-b|^p}{2}\right]^{1/p}.$$

Le lemme de tensorisation permet alors de passer à $\{-1,+1\}^n$, puis on prend l'image par l'application $(\omega_i) \to \frac{1}{\sqrt{n}}\sum_{i=1}^n \omega_i$. Le passage à la limite dans l'inégalité ainsi obtenue est beaucoup plus délicat que dans le cas réel : nous nous sommes en effet servis pour le justifier plus haut d'un argument utilisant la positivité des opérateurs $\mathbf{P}_t$, qui devient caduque dans le cas complexe. Nous renvoyons à [Be] pour les détails.

Le résultat précédent permet d'établir l'inégalité de BABENKO. Dans l'énoncé qui suit, la norme $\|\cdot\|_p$ désigne la norme d'une fonction dans $\mathbf{L}^p(\mathbb{R}^n, dx/(\sqrt{2\pi})^n)$. L'opérateur $\mathbf{F}$ est la transformation de FOURIER que nous avons introduite plus haut.

Théorème 1.8.—*Si $p \in]1,2]$, et si q désigne l'exposant conjugué de p, on a*

$$\|\mathbf{F}f\|_q \leq \{\frac{p^{1/p}}{q^{1/q}}\}^{n/2}\|f\|_p.$$

L'intérêt principal de cette inégalité est que la constante qui apparaît ici est la meilleure possible. Nous renvoyons à [Be] pour plus de détails sur l'inégalité de BABENKO et ses liens avec l'inégalité de YOUNG.

Preuve. On se ramène immédiatement au cas $n = 1$ grâce au lemme de tensorisation. Ensuite, pour éviter les confusions, nous noterons $\| \cdot \|_{p,G}$ la norme L^p pour la mesure gaussienne et $\| \cdot \|_{p,L}$ celle associée à la mesure de LEBESGUE normalisée :

$$\|f\|_{p,G} = \{ \int f(x)^p \exp(-x^2/2) \frac{dx}{\sqrt{2\pi}} \}^{1/p}; \ \|f\|_{p,L} = \{ \int f(x)^p \frac{dx}{\sqrt{2\pi}} \}^{1/p}.$$

Rappelons d'autre part que nous avons appelé M l'opérateur de multiplication par $\exp(-x^2/2)$, et désignons par T_α l'homothétie de rapport α : $T_\alpha(f)(x) = f(\alpha x)$. Nous avons déjà vu que

$$P_{-i\pi/2} = T_{\sqrt{2}}^{-1} M^{-1} F M T_{\sqrt{2}}.$$

Nous voyons immédiatement que

$$\|T_{1/\sqrt{p}} M^{-1} f\|_{p,G} = p^{1/2p} \|f\|_{p,L}.$$

D'un autre côté, la formule 1.7 nous montre que

$$P_t T_\alpha = T_\beta P_{t'},$$

pourvu que les coefficients α, β, t, t' soient liés par les relations :

$$\beta = \alpha \exp(t' - t); \ 1 - \exp(-2t') = \alpha^2 (1 - \exp(-2t)).$$

Ceci reste bien entendu vrai lorsque t et $'$ sont complexes, à condition que les coefficients α et β restent réels. En particulier, pour, $t' = -i\pi/2$ et $0 < \beta < 2$, nous avons $\alpha = \sqrt{2 - \beta^2}$ et $t = -i\pi/2 + \lambda$, avec $\exp(\lambda) = \alpha/\beta$.

Choisissons $p \in]1, 2]$ et posons $q = p/(p - 1)$. Nous allons appliquer la formule précédente avec $\beta = \sqrt{2/q}$, auquel cas $\alpha = \sqrt{2/p}$ et $\lambda = -\frac{1}{2} \log(p - 1)$. Nous écrivons alors

$$\sqrt{q^{1/q}} \|F f\|_{q,L} = \|T_{1/\sqrt{q}} M^{-1} F f\|_{q,G}$$
$$= \|T_{1/\sqrt{q}} T_{\sqrt{2}} P_{-i\pi/2} T_{1/\sqrt{2}} M^{-1} f\|_{p,L}$$
$$= \|P_{-i\pi/2+\lambda} T_{1/\sqrt{p}} M^{-1} f\|_{p,L}$$
$$\leq \|T_{1/\sqrt{p}} M^{-1} f\|_{p,G} = \sqrt{p^{1/p}} \|f\|_{p,L}.$$

C'est le résultat que nous voulions démontrer. $\qquad\qquad\qquad\qquad\qquad\qquad$ □

Une autre démonstration du théorème de NELSON.

Signalons enfin, pour terminer ce chapitre, une démonstration très simple du théorème de NELSON, due à NEVEU [Nev]. Nous recopions rapidement sa démonstration, dans $\mathbb{R}$.

Partons de la formule $P_t f(x) = E[f(X_t)/X_0 = x]$, où le couple (X_t, X_0) est gaussien, centré, de matrice de covariance

$$\begin{pmatrix} 1 & e^{-t} \\ e^{-t} & 1 \end{pmatrix}.$$

Tout revient donc à démontrer que, si (X, Y) est un couple gaussien centré ayant cette covariance, et si f et g sont deux fonctions bornées, on a

$$E[f(X)g(Y)] \le \|f(X)\|_p \|g(Y)\|_{q'},$$

où q' est l'exposant conjugué de $q = 1 + \exp(2t)(p - 1)$. On se ramène immédiatement au cas où les fonctions f et g sont positives, bornées supérieurement et inférieurement. Dans ce cas, posons pour simplifier $\theta = \exp(-t)$, $r = 1/p$, $r' = 1/q'$, et $f_1 = f^p$, $g_1 = g^{q'}$. On est donc amené à montrer que

$$E[f_1^r(X)g_1^{r'}(Y)] \le \{E[f_1(X)]\}^r \{E[g_1(Y)]\}^{r'}.$$

Considérons alors deux mouvements browniens sur la même filtration, (X_s, Y_s), de crochet $\langle X_s, Y_s \rangle = \theta s$. Nous pouvons sans perdre de généralité supposer que $X = X_1$ et $Y = Y_1$. Appliquons le théorème de représentation prévisible à chacun de ces deux browniens : il existe deux processus prévisibles H_s et K_s, tels que

$$f_1(X_1) = E[f_1(X_1)] + \int_0^1 H_s \, dX_s \; ; \; g_1(Y_1) = E[g_1(Y_1)] + \int_0^1 K_s \, dY_s.$$

Considérons alors les martingales M_s et N_s définies par

$$M_s = E[f_1(X_1)] + \int_0^s H_u \, dX_u \; ; \; N_s = E[g_1(Y_1)] + \int_0^s K_u \, dY_u \; :$$

ces sont des martingales positives bornées supérieurement et inférieurement. Appelons $\Phi(x, y)$ la fonction $x^r y^{r'}$. La formule à démontrer s'écrit

$$E[\Phi(M_1, N_1)] \le E[\Phi(M_0, N_0)].$$

Il suffit donc de montrer que le processus $\Phi(M_s, N_s)$ est une surmartingale. Pour cela, appliquons la formule d'ITO. Il vient

$$d\Phi(M_s, N_s) = \Phi_x'(M_s, N_s)H_s \, dX_s + \Phi_y'(M_s, N_s)K_s \, dY_s$$
$$+ \frac{1}{2}\{\Phi_{xx}''(M_s, N_s)H_s^2 + 2\theta \Phi_{xy}''(M_s, N_s)H_s K_s + \Phi_{yy}''(M_s, N_s)K_s^2\} \, ds.$$

Compte tenu de la valeur de la fonction Φ, la partie à variation finie de la décomposition précédente s'écrit

$$\frac{1}{2} M_s^{r-2} N_s^{r'-2} \{r(r - 1)N_s^2 H_s^2 + 2\theta r r' N_s H_s M_s K_s + r'(r' - 1)K_s^2 M_s^2\}.$$

Il suffit donc pour savoir que notre processus est une surmartingale que la forme quadratique

$$r(r - 1)X^2 + 2\theta r r' XY + r'(r' - 1)Y^2$$

soit négative. Compte tenu de ce que $r \in [0,1]$, cela se ramène à l'inégalité

$$\theta^2 rr' \le (r-1)(r'-1).$$

Ceci s'écrit encore $q - 1 \le \exp(2t)(p-1)$, ce qui est la valeur donnée par le théorème de NELSON. □

2— Semigroupes à noyaux positifs.

Dans ce chapitre, nous décrivons le cadre général des semigroupes à noyaux positifs dans lequel nous travaillerons par la suite. Bien qu'on ne s'intéressera plus tard qu'aux semigroupes markoviens en mesure invariante, nous serons, pour des raisons techniques, amenés à travailler en fait avec des semigroupes plus généraux.

Nous exposerons en outre les deux exemples fondamentaux les plus simples que nous avons en tête : les semigroupes de MARKOV irréductibles sur les espaces finis et les semigroupes de diffusion elliptiques sur les variétés compactes. Dans ces deux cadres, toutes les difficultés liées aux problèmes d'analyse des opérateurs non bornés sont évacués. Ils permettent aussi de suivre les distinctions importantes qu'il y a entre les semigroupes de diffusion et les autres.

Dans toute la suite, nous considérerons un espace probabilisé $(\mathbf{E}, \mathcal{F}, \mu)$. Dans de nombreux cas, nous pourrions remplacer cet espace par un espace muni d'une mesure σ-finie. Nous ne le ferons pas pour ne pas compliquer les choses. On notera $\langle f \rangle$ l'intégrale $\int_{\mathbf{E}} f \, d\mu$ d'une fonction mesurable intégrable réelle ou complexe. De même, nous noterons $\langle f, g \rangle$ le produit scalaire $\langle fg \rangle$ de deux fonctions de $\mathbf{L}^2(\mu)$. De plus, la norme d'une fonction f de $\mathbf{L}^p(\mu)$ sera notée $\|f\|_p$.

L'objet fondamental auquel nous nous intéresserons est un semigroupe d'opérateurs $\mathbf{P}_t$, agissant sur les fonctions mesurables bornées définies sur $\mathbf{E}$ à l'aide d'un noyau de transition $p_t(x, dy)$:

$$\mathbf{P}_t(f)(x) = \int_{\mathbf{E}} f(y) \, p_t(x, dy).$$

Nous supposerons toujours que les mesures $p_t(x, dy)$ sont positives et bornées. Pour éviter les complications nous demanderons aussi à ces mesures d'être bornées inférieurement et supérieurement : il existe deux fonctions continues $0 < c(t) \leq C(t) < \infty$ telles que

$$\forall t, \quad c(t) < \int_{\mathbf{E}} p_t(x, dy) < C(t).$$

Nous demanderons aux opérateurs $\mathbf{P}_t$ de se prolonger en opérateurs bornés sur $\mathbf{L}^2(\mu)$: $\|\mathbf{P}_t f\|_2 \leq C_1(t)\|f\|_2$. Nous supposerons de plus que les deux propriétés suivantes sont satisfaites :

1) (Propriété de semigroupe) $\mathbf{P}_t \circ \mathbf{P}_s = \mathbf{P}_{t+s}$; $\mathbf{P}_0 = \mathbf{I}$.

2) (Continuité dans $\mathbf{L}^2(\mu)$): $\forall f \in \mathbf{L}^2(\mu)$, $\mathbf{P}_t f \underset{\mathbf{L}^2(\mu)}{\to} f$, lorsque $t \to 0$.

Remarque.—

La propriété de semigroupe montre qu'on peut alors choisir $C_1(t)$ de la forme $M \exp(mt)$ (voir par exemple [Yos]).

Parmi les semigroupes qui nous intéressent, il y a ceux qui se représentent par des mesures de probabilité :

Nous dirons qu'un semigroupe est **markovien** si $\mathbf{P}_t(1) = 1$. Nous dirons qu'il est **sous-markovien** si $\mathbf{P}_t(1) \leq 1$.

Les semigroupes markoviens sont naturellement associés aux processus de MARKOV (X_t) vivant sur l'espace $\mathbf{E}$ par la formule

$$E[f(X_t)/X_0 = x] = \mathbf{P}_t(f)(x).$$

De même, les semigroupes sous-markoviens sont associés aux processus à durée de vie finie. Si τ désigne la durée de vie du processus, la relation s'écrit alors

$$E[f(X_t)1_{t < \tau}/X_0 = x] = \mathbf{P}_t(f)(x).$$

Nous renvoyons à n'importe quel ouvrage d'introduction aux processus de MARKOV pour la construction du processus (X_t) à partir du semigroupe $\mathbf{P}_t$ (voir par exempe [BG]).

Bien qu'on s'intéresse principalement ici aux semigroupes markoviens, nous serons amenés pour des raisons techniques à travailler avec des semigroupes qui ne sont pas sous-markoviens, et pour lesquels nous ne disposons pas d'interprétation probabiliste aussi simple.

Domaines.

Nous noterons $\mathcal{D}_2(\mathbf{L})$ le domaine dans $\mathbf{L}^2(\mu)$ du générateur $\mathbf{L}$ de $\mathbf{P}_t$: $\mathcal{D}_2(\mathbf{L})$ est l'espace des fonctions f de $\mathbf{L}^2(\mu)$ pour lesquelles la limite

$$\mathbf{L}(f) = \lim_{t \to 0} \frac{1}{t}(\mathbf{P}_t f - f)$$

existe. On sait, grâce à la théorie des semigroupes bornés dans un espace de BANACH que le domaine est un sous-espace dense de $\mathbf{L}^2(\mu)$ (voir par exemple [Yos]). La topologie du domaine est alors définie par

$$\|f\|_{\mathcal{D}_2} = \|f\|_2 + \|\mathbf{L}f\|_2.$$

On sait que le semigroupe $\mathbf{P}_t$ laisse stable $\mathcal{D}_2(\mathbf{L})$, et que, pour toute fonction f du domaine, on a, au sens de $\mathbf{L}^2(\mu)$,

$$\frac{\partial}{\partial t}\mathbf{P}_t f = \mathbf{P}_t \mathbf{L}f = \mathbf{L}\mathbf{P}_t f. \tag{2.1}$$

Réciproquement, l'opérateur $\mathbf{L}$ et son domaine $\mathcal{D}_2(\mathbf{L})$ déterminent entièrement le semigroupe $\mathbf{P}_t$: il y a un unique semigroupe $\mathbf{P}_t$ d'opérateurs bornés sur $\mathbf{L}^2(\mu)$ satisfaisant à l'équation (2.1) pour toutes les fonctions f de $\mathcal{D}_2(\mathbf{L})$.

La description précédente explique le rôle joué par l'équation de la chaleur associée $\mathbf{L}$ dans la construction du semigroupe. C'est en résolvant l'équation

$$\frac{\partial}{\partial t}\hat{f}(x,t) = \mathbf{L}\hat{f}(x,t) \; ; \; \hat{f}(x,0) = f(x) \tag{2.2}$$

que l'on détermine $P_t(f)(x) = \hat{f}(x,t)$. Ici il faut faire attention à ce que le semigroupe n'est déterminé qu'à condition de résoudre cette équation pour toutes les fonctions f du domaine : deux opérateurs L_1 et L_2 peuvent coïncider sur un sous-espace dense de $L^2(\mu)$, et donner naissance à des semigroupes différents. Il suffit pour s'en convaincre de considérer le cas de l'opérateur $L = \dfrac{\partial^2}{\partial x^2}$ sur l'intervalle $]-1,1[$, muni de la mesure de LEBESGUE : les semigroupes du mouvement brownien tué au bord et réfléchi au bord sont différents, et pourtant leurs générateurs coincident avec $\dfrac{\partial^2}{\partial x^2}$ sur les fonctions de classe $\mathcal{C}^\infty$ à support compact sur $]-1,1[$. Ce qui différentie ces deux semigroupes, c'est la classe des fonctions qui sont dans le domaine : l'un ne contient que des fonctions nulles au bord, tandis que l'autre ne contient que des fonctions à dérivée nulle au bord.

En fait, il suffit pour déterminer P_t de connaître l'opérateur L sur une partie de $\mathcal{D}_2(L)$, dense pour la topologie du domaine. C'est ainsi que nous sont en général donnés les semigroupes.

En effet, c'est l'opérateur L que l'on connait, et non le semigroupe lui même, pour lequel il est rare d'avoir des formules exactes comme au chapitre précédent. De plus, on ne connait pas en général le domaine de façon explicite, mais seulement une partie dense de celui-ci. L'hypothèse que nous ferons désormais est la suivante :

Hypothèse (A1).

Il existe une classe $\mathcal{A}$ de fonctions bornées, contenant les constantes, dense dans $\mathcal{D}_2(L)$, dense dans tous les espaces $L^p(\mu)$, $p \in [1, \infty[$, stable par L et stable par composition avec les fonctions de classe $\mathcal{C}^\infty$ de plusieurs variables. De plus, nous demanderons à $\mathcal{A}$ de satisfaire l'hypothèse technique suivante :

(HT) *Si f_n est une suite de fonctions de $\mathcal{A}$ qui converge vers f dans $\mathcal{D}_2$, et si Φ : $\mathbb{R} \to \mathbb{R}$ est une fonction bornée de classe $\mathcal{C}^\infty$ ayant toutes ses dérivées bornées, on peut extraire de la suite $\Phi(f_n)$ une sous-suite $\Phi(f_{n_k})$ qui converge vers $\Phi(f)$ dans $L^1(\mu)$ tandis que $L\Phi(f_{n_k})$ converge dans $L^1(\mu)$ vers $L\Phi(f)$.*

Dans l'exemple du semigroupe d'ORNSTEIN-UHLENBECK étudié au chapitre précédent, on peut choisir pour $\mathcal{A}$ la classe des fonctions de classe $\mathcal{C}^\infty$ sur $\mathbb{R}^n$ dont les dérivées sont à décroissance rapide. Remarquons que cette algèbre est aussi stable par l'opérateur P_t. Le seul point délicat est de montrer que cette classe est dense dans le domaine. Ceci découle d'une propriété très générale que nous énoncerons plus bas. Nous aurions aussi pu choisir pour $\mathcal{A}$ la classe des fonctions somme d'une constante et d'une fonction $\mathcal{C}^\infty$ à support compact. Celle-ci n'aurait pas été stable pour P_t.

Remarques.—

1- Les hypothèses impliquent que $\mathcal{A}$ est une algèbre de fonctions. D'autre part, la fonction 1 étant dans $\mathcal{A}$, on voit immédiatement que le semigroupe est markovien si et seulement si $L(1) = 0$.

2– L'hypothèse que $\mathcal{A}$ contienne les constantes n'est bien sûr raisonnable que lorsque μ est une probabilité. Si μ est une mesure de masse infinie, il faut la supprimer. Dans ce cas, nous ne demanderons pas à $\mathcal{A}$ d'être stable par composition avec les fonctions $\mathcal{C}^\infty$, mais seulement avec les fonctions $\mathcal{C}^\infty$ qui sont nulles en 0. (Penser au cas où $\mathcal{A}$ est l'algèbre des fonctions $\mathcal{C}^\infty$ à support compact sur une variété non compacte.) Nous appelerons cette hypothèse (**A2**).

Il n'est pas facile en général de déterminer si une famille donnée est dense dans le domaine. Nous nous servirons souvent de la propriété suivante :

Proposition 2.1.—*Si un sous-espace vectoriel $\mathcal{A}$ de $\mathcal{D}_2$ dense dans $\mathbf{L}^2(\mu)$ est stable par* $\mathbf{L}$ *et par* $\mathbf{P}_t$, *alors il est dense dans* $\mathcal{D}_2$.

Preuve. Rappelons tout d'abord que $\|\mathbf{P}_t f\| \leq M \exp(mt)\|f\|$. Choisissons alors un réel $\lambda > m$, et considérons le λ-potentiel $\mathcal{R}_\lambda(f) = \int_0^\infty \mathbf{P}_t(f) \exp(-\lambda t)\,dt$. On sait que cet opérateur est borné de $\mathbf{L}^2(\mu)$ dans $\mathcal{D}_2$, et qu'on a

$$\mathbf{L}\mathcal{R}_\lambda = \mathcal{R}_\lambda \mathbf{L} = \lambda \mathcal{R}_\lambda - I.$$

(Voir par exemple [Yos].) Le sous espace $\mathcal{A}$ étant dense dans $\mathbf{L}^2(\mu)$, $\mathcal{R}_\lambda(\mathcal{A})$ est dense dans $\mathcal{D}_2$. Pour un élément f de $\mathcal{D}_2$, considérons alors une suite (g_n) d'éléments de $\mathcal{A}$, telle que $\mathcal{R}_\lambda(g_n)$ converge vers f dans $\mathbf{L}^2(\mu)$, tandis que $\mathcal{R}_\lambda(\mathbf{L}g_n)$ converge vers $\mathbf{L}f$. Les fonctions $\mathcal{R}_\lambda(g_n)$ et $\mathcal{R}_\lambda(\mathbf{L}g_n)$ étant définies par des intégrales, on peut les approcher dans $\mathbf{L}^2(\mu)$ par des sommes de RIEMANN

$$U_n = \sum_{k \leq 2^{2^{m_n}}} \frac{1}{2^{m_n}} \mathbf{P}_{k/2^{m_n}}(g_n) \exp(-\lambda k/2^{m_n}) \text{ et}$$

$$\mathbf{L}(U_n) = \sum_{k \leq 2^{2^{m_n}}} \frac{1}{2^{m_n}} \mathbf{P}_{k/2^{m_n}}(\mathbf{L}g_n) \exp(-\lambda k/2^{m_n})$$

respectivement. Le sous-espace vectoriel $\mathcal{A}$ étant stable par $\mathbf{L}$ et par $\mathbf{P}_t$, les fonctions U_n et $\mathbf{L}U_n$ sont dans $\mathcal{A}$. C'est donc une suite d'éléments de $\mathcal{A}$ qui converge vers f au sens du domaine. □

Remarque.—
Le même raisonnement (en plus simple), montre que $\mathcal{A}$ est dense dans le domaine dès que $\mathcal{A}$ est stable par $\mathcal{R}_\lambda$.

Parmi les semigroupes markoviens, une classe importante est composée des semi-groupes de diffusion. Nous en donnerons ici une définition en termes de l'algèbre $\mathcal{A}$. Pour cela, nous introduisons une nouvelle notion, associée à un semigroupe markovien :

Opérateur carré du champ.

Pour tout couple (f, g) de fonctions de $\mathcal{A}$, le carré du champ de f et g est la quantité

$$\Gamma(f, g) = \frac{1}{2}\{\mathbf{L}(fg) - f\mathbf{L}g - g\mathbf{L}f\}.$$

Propriété de diffusion.

Définition.— *On dit que* $\mathbf{P}_t$ *est un semigroupe de diffusion si, pour toute famille finie* $(f_1, \ldots, f_n)$ *d'éléments de* $\mathcal{A}$, *et pour toute fonction de classe* $\mathcal{C}^\infty$ $\Phi : \mathbb{R}^n \to \mathbb{R}$, *on a*

$$\mathbf{L}\Phi(f_1, \ldots, f_n) = \sum_i \frac{\partial\Phi}{\partial x_i}(f_1, \cdots, f_n)\mathbf{L}f_i + \sum_{ij} \frac{\partial^2\Phi}{\partial x_i \partial x_j}(f_1, \ldots, f_n)\Gamma(f_i, f_j). \quad (2.3)$$

Nous voyons que, par définition, un semigroupe de diffusion vérifie nécessairement $\mathbf{L}(1) = 0$, et donc est markovien. Cette définition signifie simplement qu'en tant qu'opérateur sur l'algèbre $\mathcal{A}$, $\mathbf{L}$ est un opérateur différentiel du second ordre sans terme constant.

Si nous appliquons la formule (2.3) à $\Phi(f, g, h) = fgh$, nous voyons qu'alors l'opérateur $\Gamma(f, g)$ est une dérivation de chacun de ses arguments :

$$\Gamma(fg, h) = f\Gamma(g, h) + g\Gamma(f, h).$$

Réciproquement, cette propriété de l'opérateur Γ permet d'établir (2.3) pour toutes les fonctions Φ qui sont des polynômes.

Plus généralement, si $\mathbf{P}_t$ est un semigroupe de diffusion, alors on a

$$\Gamma(\Phi(f), g) = \Phi'(f)\Gamma(f, g).$$

Dans tout ce qui va suivre, l'opérateur carré du champ va jouer un rôle important, même lorsque le semigroupe n'est pas une diffusion. En effet, une propriété fondamentale des semigroupes markoviens est la positivité du carré du champ :

$$\forall f \in \mathcal{A}, \quad \Gamma(f, f) \geq 0.$$

Pour le voir, rappelons que si le semigroupe est markovien, l'opérateur $\mathbf{P}_t$ se représente par un noyau de probabilités. Pour tout x, $p_t(x, dy)$ est une probabilité. On a donc

$$\mathbf{P}_t(f^2) \geq (\mathbf{P}_t f)^2. \quad (2.4)$$

D'autre part, on voit sur la définition du carré du champ que

$$\Gamma(f, g) = \lim_{t \to 0} \frac{1}{2t}\{\mathbf{P}_t(fg) - \mathbf{P}_t(f)\mathbf{P}_t(g)\}. \quad (2.5)$$

En comparant (2.4) et (2.5), nous voyons donc que, pour tout f de $\mathcal{A}$, on a $\Gamma(f, f) \geq 0$.

Ceci explique le rôle particulier joué par les opérateurs du second ordre dans l'étude des semigroupes markoviens. Les seuls opérateurs différentiels **L** sur l'algèbre $\mathcal{A}$ qui sont tels que l'opérateur associé Γ soit positif sont les opérateurs différentiels du second

La positivité du carré du champ est en fait un cas particulier d'une propriété plus générale. Pour toute fonction convexe Φ dérivable et tout élément f de $\mathcal{A}$, on a

$$\mathbf{L}(\Phi(f)) \geq \Phi'(f)\mathbf{L}(f). \tag{2.6}$$

En effet, l'inégalité de JENSEN pour les mesures de probabilité $p_t(x, dy)$ permet d'écrire

$$\mathbf{P}_t(\Phi(f)) \geq \Phi(\mathbf{P}_t(f)).$$

En $t = 0$, les deux membres de l'inégalité précédente sont égaux, et on obtient le résultat en dérivant en $t = 0$. La positivité de l'opérateur carré du champ n'est rien d'autre que (2.6) pour $\Phi(x) = x^2$. (*)

La propriété de diffusion est liée aux propriétés de régularité des trajectoires du processus (X_t) associé à $\mathbf{P}_t$. Dans la mesure où nous n'avons pas mis sur $\mathbf{E}$ de topologie, la régularité des trajectoires se lit sur les fonctions f de $\mathcal{A}$. Si $\mathbf{P}_t$ est un semigroupe de diffusion, alors les processus $f(X_t)$ sont à trajectoires continues (voir [BE3], par exemple).

Voici les deux exemples génériques que nous avons en tête.

Exemple 1.

L'espace $(\mathbf{E}, \mathcal{F}, \mu)$ est un espace fini, muni de la tribu formée de toutes ses parties, μ est une mesure qui charge tous les points. Appelons N le nombre de points de $\mathbf{E}$. L'algèbre $\mathcal{A}$ est l'espace vectoriel de toutes les fonctions numériques définies sur $\mathbf{E}$: c'est un espace vectoriel de dimension N. L'opérateur **L** se décrit par une matrice $(L_{ij}), (i, j) \in \mathbf{E} \times \mathbf{E}$, de telle façon que

$$\mathbf{L}(f)(i) = \sum_j L_{ij} f(j).$$

L'opérateur $\mathbf{P}_t$ se représente de même par une matrice $P_{t,ij}$, et l'équation (2.1) montre qu'en fait, $\mathbf{P}_t = \exp(t\mathbf{L})$, l'exponentielle étant ici l'exponentielle usuelle d'une matrice. Le caractère positif de $\mathbf{P}_t$ se traduit par le fait que tous les éléments $P_{t,ij}$ de $\mathbf{P}_t$ sont positifs. C'est alors un exercice élémentaire sur les matrices de voir que cette propriété est équivalente à

$$\forall i \neq j, \; L_{ij} \geq 0.$$

(*) Il y a là une question simple à laquelle je ne sais pas répondre en toute généralité: étant donné un opérateur **L** agissant sur une algèbre de fonctions réelles, contenant les constantes, avec $\mathbf{L}(1) = 0$, est-ce que la propriété (2.6), qui garde un sens pour tous les polynômes Φ convexes, est une conséquence de la positivité de l'opérateur Γ? C'est vrai lorsque l'algèbre est celle de toutes les fonctions sur un ensemble fini, ou bien lorsque la propriété de diffusion a lieu, mais je n'ai réussi à l'établir en toute généralité que pour les polynômes convexes Φ de degré inférieur ou égal à 6.

Le semigroupe est markovien (resp. sous-markovien) ssi, pour tout i de $\mathbf{E}$, $\sum_i L_{ij} = 0$ (resp $\sum_i L_{ij} \leq 0$). Le carré du champ s'écrit alors, pour un semigroupe markovien,

$$\Gamma(f,g)(i) = \frac{1}{2} \sum_j L_{ij}\{f(i) - f(j)\}\{g(i) - g(j)\}.$$

Remarquons que cette formule est valable pour tout opérateur L tel que $L(1) = 0$, et donc que, pour un tel opérateur, la positivité du carré du champ est équivalente à la positivité du semigroupe associé à L. Remarquons aussi que, dans ce cas, le seul opérateur de diffusion est $L = 0$.

Exemple 2.

L'espace $(\mathbf{E}, \mathcal{F}, \mu)$ est une variété de classe $\mathcal{C}^\infty$, compacte connexe, de dimension n, munie de sa tribu borélienne et d'une mesure équivalente à la mesure de LEBESGUE. L'algèbre $\mathcal{A}$ est la classe de toutes les fonctions $\mathcal{C}^\infty$, et l'opérateur L est un opérateur différentiel du second ordre, qui s'écrit dans un système de coordonnées

$$\mathbf{L}(f)(x) = \sum_{ij} g^{ij}(x) \frac{\partial^2 f}{\partial x^i \partial x^j} + \sum_i b^i(x) \frac{\partial f}{\partial x^i} + V(x)f(x),$$

où les fonctions $g^{ij}(x)$, $b^i(x)$ et $V(x)$ sont de classe $\mathcal{C}^\infty$, et où la matrice $(g^{ij}(x))$ est en tout point x positive non dégénérée. Dans ces conditions, l'opérateur L est elliptique, et toute solution de l'équation (2.1) avec f dans $\mathcal{A}$ est telle que $\mathbf{P}_t f$ est dans $\mathcal{A}$. D'après la proposition 2.1, $\mathcal{A}$ est dense dans $\mathcal{D}_2$. Le semigroupe est markovien (resp. sous-markovien) ssi $V(x) = 0$ (resp $V(x) \leq 0$) et, lorsque le semigroupe est markovien, le carré du champ s'écrit

$$\Gamma(f,g) = \sum_{ij} g^{ij} \frac{\partial f}{\partial x^i} \frac{\partial g}{\partial x^j}.$$

C'est de cette expression que vient l'appellation "carré du champ". En effet, la matrice $(g^{ij}(x))$ fournit, lorsqu'elle est non dégénérée, un champ de tenseurs symétriques sur $\mathbf{E}$. Le tenseur inverse $(g_{ij}(x))$ définit alors sur $\mathbf{E}$ une métrique riemannienne, et $\Gamma(f,f)$ est le carré de la longueur du champ de gradients ∇f calculé dans cette métrique.

Dans cet exemple, le semigroupe $\mathbf{P}_t$, entièrement décrit à partir de $\mathbf{L}$ grâce à la densité de $\mathcal{A}$ dans $\mathcal{D}_2$, est bien évidemment un semigroupe de diffusion.

Remarque.—

Comme dans l'exemple précédent, il est équivalent d'avoir la positivité du carré du champ et l'inégalité (2.6). Nous verrons plus bas que cette propriété elle même est (presque) équivalente à la préservation de la positivité par l'équation de la chaleur. Il serait donc intéressant de savoir si cette équivalence reste vraie en toute généralité, ce qui explique l'origine de la question posée dans la note en bas de la page précédente.

Invariance et réversibilité.

Jusqu'ici, le choix de la mesure μ n'est intervenu qu'à travers l'espace $\mathbf{L}^2(\mu)$. Nous demanderons en fait le plus souvent que μ soit en relation avec le semigroupe à travers l'une des deux propriétés suivantes :

1— On dit que μ est **invariante** par $\mathbf{P}_t$ si, pour toute fonction f de $\mathbf{L}^1(\mu)$, $\mathbf{P}_t f$ est encore dans $\mathbf{L}^1(\mu)$ et $\langle \mathbf{P}_t f \rangle = \langle f \rangle$.

2— On dit que la mesure μ est **réversible** pour $\mathbf{P}_t$ si, pour tout couple de fonctions (f, g) de $\mathbf{L}^2(\mu)$, on a $\langle \mathbf{P}_t f, g \rangle = \langle f, \mathbf{P}_t g \rangle$. (On dit alors également que le semigroupe est symétrique par rapport à μ.)

En fait, la notion de mesure invariante ne sera intéressante pour nous que lorsque le semigroupe $\mathbf{P}_t$ est markovien. Dans ce cas, on a toujours

$$|\mathbf{P}_t f| \leq \mathbf{P}_t |f| \leq \mathbf{P}_t \|f\|_\infty = \|f\|_\infty,$$

et on voit donc que le semigroupe $\mathbf{P}_t$ est une contraction de $\mathbf{L}^\infty(\mu)$. De même, pour $p \in [1, \infty[$, et pour une fonction f de $\mathbf{L}^p(\mu)$, on a

$$\langle |\mathbf{P}_t f|^p \rangle \leq \langle \mathbf{P}_t(|f|^p) \rangle = \langle |f|^p \rangle.$$

On voit donc que $\mathbf{P}_t$ est une contraction de $\mathbf{L}^p(\mu)$, pour tout p dans $[1, \infty]$.

La notion correspondant à celle de mesure invariante pour les semigroupes sous-markoviens serait celle de mesure excessive :

$$\forall f \geq 0, \ \langle \mathbf{P}_t f \rangle \leq \langle f \rangle.$$

Nous n'en aurons pas besoin.

On peut voir sur l'opérateur $\mathbf{L}$ l'invariance de la mesure : μ est invariante si et seulement si, pour toute fonction f de $\mathcal{A}$, $\langle \mathbf{L} f \rangle = 0$. En effet, pour f dans $\mathcal{A}$,

$$\langle \mathbf{L} f \rangle = \frac{d}{dt} \langle \mathbf{P}_t f \rangle|_{t=0},$$

tandis qu'on peut écrire d'un autre côté

$$\langle \mathbf{P}_t f \rangle - \langle f \rangle = \int_0^t \langle \mathbf{P}_s \mathbf{L} f \rangle \, ds.$$

On passe ensuite de $f \in \mathcal{A}$ à $f \in \mathbf{L}^1(\mu)$ par densité de $\mathcal{A}$ dans $\mathbf{L}^1(\mu)$. En particulier, en mesure invariante, on a $\langle \mathbf{L} f^2 \rangle = 0$, pour toute fonction f de $\mathcal{A}$. En appliquant la définition de l'opérateur carré du champ, nous obtenons

$$-\langle \Gamma(f, f) \rangle = \langle f, \mathbf{L} f \rangle \leq 0. \tag{2.7}$$

Ceci permet de voir que, si f_n est une suite d'éléments de $\mathcal{A}$ qui converge vers f dans $\mathcal{D}_2$, alors $\Gamma(f_n - f_m, f_n - f_m)$ converge vers 0 quand n et m tendent vers l'infini. Or, l'opérateur carré du champ est une forme quadratique positive, et on a donc

$$|\Gamma(f,f)^{1/2} - \Gamma(g,g)^{1/2}|^2 \leq \Gamma(f-g, f-g).$$

Donc, la suite $\Gamma(f_n, f_n)$ est de CAUCHY dans $L^1(\mu)$, et ceci permet de définir l'opérateur carré du champ pour toutes les fonctions f de $\mathcal{D}_2$.

L'argument précédent permet en outre de voir que, dans le cas des diffusions en mesure invariante finie, l'hypothèse technique (**HT**) faite sur $\mathcal{A}$ est toujours satisfaite. En effet, considérons une suite (f_n) de fonctions de $\mathcal{A}$ qui converge vers f dans $\mathcal{D}_2$, et soit $\Phi : \mathbb{R} \to \mathbb{R}$ une fonction de classe $\mathcal{C}^\infty$ telle que Φ'' soit bornée. Alors,

$$\mathbf{L}\Phi(f_n) = \Phi'(f_n)\mathbf{L}f_n + \Phi''(f_n)\Gamma(f_n, f_n).$$

Quitte à extraire une sous-suite, on peut supposer que (f_n) converge presque sûrement vers f. Φ'' étant bornée, Φ' est uniformément lipchitzienne, et $\Phi'(f_n)\mathbf{L}f_n$ converge vers $\Phi'(f)\mathbf{L}f$ dans $L^1(\mu)$. De même, $\Gamma(f_n, f_n)$ converge vers $\Gamma(f, f)$ dans $L^1(\mu)$ et donc $\Phi''(f_n)\Gamma(f_n, f_n)$ converge vers $\Phi''(f)\Gamma(f, f)$ dans $L^1(\mu)$. C'est ce qu'on voulait démontrer.

Dans le cas markovien, une mesure symétrique est nécessairement invariante :

$$\langle \mathbf{P}_t f \rangle = \langle \mathbf{P}_t f, 1 \rangle = \langle f, \mathbf{P}_t 1 \rangle = \langle f, 1 \rangle = \langle f \rangle.$$

De même que l'invariance, la réversibilité se lit sur l'opérateur $\mathcal{A}$: μ est une mesure réversible si et seulement si, pour tout couple de fonctions (f, g) de $\mathcal{A}$, on a $\langle \mathbf{L}f, g \rangle = \langle f, \mathbf{L}g \rangle$. Ceci découle du même argument utilisé que pour l'invariance.

Pour un semigroupe markovien, ainsi qu'on le verra sur les exemples, l'existence d'une mesure invariante est une propriété générique. Celle-ci sera unique en général, mais ne sera pas nécessairement une probabilité. Cette mesure ne sera réversible que lorsque le générateur aura une structure particulière.

Si μ est une mesure réversible, le semigroupe est symétrique dans $L^2(\mu)$, et son générateur est un opérateur autoadjoint (cf [Yos], par exemple). Cela signifie deux choses :

a) Tout d'abord, l'opérateur $\mathbf{L}$ est symétrique sur son domaine $\mathcal{D}_2$:

$$\forall f, g \in \mathcal{D}_2, \quad \langle \mathbf{L}f, g \rangle = \langle g, \mathbf{L}f \rangle.$$

b) $\mathcal{D}_2$ est le domaine de l'adjoint $\mathbf{L}^*$ de $\mathbf{L}$:

$$\{\forall f \in \mathcal{D}_2, |\langle \mathbf{L}f, g \rangle| \leq c(g)\|f\|_2\} \quad \Rightarrow \quad g \in \mathcal{D}_2.$$

Un opérateur autoadjoint admet une décomposition spectrale

$$\mathbf{L} = \int_{\mathbf{R}} \lambda \, dE_\lambda,$$

où E_λ est une résolution de l'identité (c'est à dire une famille croissante continue à droite de projecteurs orthogonaux).

Pour un semigroupe markovien, on a, pour tout couple (f,g) de $\mathcal{A}$,

$$2\langle \mathbf{\Gamma}(f,g)\rangle = \langle \mathbf{L}(fg)\rangle - \langle f, \mathbf{L}g\rangle - \langle g, \mathbf{L}f\rangle.$$

Puisque qu'une mesure réversible est invariante, on a $\langle \mathbf{L}(fg)\rangle = 0$, et donc

$$\langle \mathbf{\Gamma}(f,g)\rangle = -\langle f, \mathbf{L}g\rangle = -\langle g, \mathbf{L}f\rangle. \tag{2.8}$$

L'inégalité (2.7) nous donne, pour toute fonction f de $\mathcal{A}$, $\langle f, \mathbf{L}f\rangle \leq 0$. Puisque $\mathcal{A}$ est dense dans le domaine, la dernière inégalité se prolonge à toutes les fonctions f de celui-ci, et ceci montre que le spectre de $\mathbf{L}$ (le support de la mesure dE_λ) est porté par $[0,\infty[$. Remarquons que 0 est toujours valeur propre, de vecteur propre 1.

Quitte à changer λ en $-\lambda$ dans la décomposition spectrale précédente, on a donc

$$\mathbf{L} = -\int_0^\infty \lambda\, dE_\lambda \;;\quad \mathbf{P}_t = \int_0^\infty \exp(-\lambda t)\, dE_\lambda,$$

et, au sens des opérateurs autoadjoints, $\mathbf{P}_t$ est bien l'exponentielle de $t\mathbf{L}$. Cette formule montre que, lorsque t converge vers l'infini, $\mathbf{P}_t(f)$ converge dans $L^2(\mu)$ vers $E_0(f)$, c'est à dire vers la projection de f sur l'espace propre associé à la valeur propre 0. On appelle cet espace l'espace des fonctions invariantes car c'est l'ensemble des fonctions f de $L^2(\mu)$ telles que $\mathbf{P}_t(f) = f$. Si cet espace est réduit aux fonctions constantes, alors cette projection vaut $\langle f\rangle$, et donc $\mathbf{P}_t(f) \to \langle f\rangle$, lorsque $t \to \infty$, dans $L^2(\mu)$. Le critère élémentaire suivant est alors bien utile pour établir que l'espace des fonctions invariantes est réduit aux constantes :

Proposition 2.2.—*Soit $\mathbf{P}_t$ un semigroupe markovien symétrique par rapport à la mesure μ dont toutes les fonctions invariantes sont dans $\mathcal{A}$. Si les seules fonctions de $\mathcal{A}$ telles que $\mathbf{\Gamma}(f,f) = 0$ sont les fonctions constantes, alors les fonctions invariantes sont constantes.*

Preuve. Soit f une fonction invariante : f est dans $\mathcal{A}$ et $\mathbf{L}f = 0$. D'après (2.8), on a alors $\langle \mathbf{\Gamma}(f,f)\rangle = 0$. Puisque cette fonction est positive, ceci implique que $\mathbf{\Gamma}(f,f) = 0$ et donc par hypothèse que f est constante. ☐

De façon générale, lorsque le semigroupe est markovien et que la mesure μ est invariante, nous dirons que le semigroupe est ergodique si $\mathbf{P}_t(f)$ converge vers $\langle f\rangle$, dans $L^2(\mu)$, lorsque $t \to \infty$.

Parmi les semigroupes symétriques ergodiques, certains le sont mieux que d'autres : ce sont ceux pour lesquels il y a un trou dans le spectre de $\mathbf{L}$. Ceci signifie qu'il existe une constante $\lambda_0 > 0$ telle que le spectre de $\mathbf{L}$ soit inclus dans $\{0\}\bigcup[\lambda_0, \infty[$. Dans ce cas, la convergence a lieu de façon exponentielle

$$\forall f \in \mathbf{L}^2(\mu), \quad \|\mathbf{P}_t(f) - \langle f\rangle\|_2 \leq \exp(-\lambda_0 t)\|f\|_2, \tag{TS1}$$

et cette inégalité est équivalente au trou spectral. Le plus grand réel λ_0 satisfaisant cette inégalité s'appelle le trou spectral. L'inégalité (TS1) peut bien sûr s'énoncer lorsque la mesure μ est seulement invariante. On a dans tous les cas l'équivalence suivante

Proposition 2.3.—*Soit* $\mathbf{P}_t$ *un semigroupe markovien pour lequel la mesure* μ *est invariante . L'inégalité* (TS1) *est équivalente à l'inégalité suivante :*

$$\forall f \in \mathcal{A}, \quad \langle f^2 \rangle - \langle f \rangle^2 \leq -\frac{1}{\lambda_0} \langle f, \mathbf{L}f \rangle. \tag{TS2}$$

Preuve. On peut bien sûr se ramener dans tous les cas à $\langle f \rangle = 0$. Montrons d'abord que (TS2) $\Rightarrow$ (TS1). Par densité de $\mathcal{D}_2$ dans $\mathbf{L}^2(\mu)$, on peut se ramener au cas où $f \in \mathcal{D}_2$, tandis que, puisque $\mathcal{A}$ est dense dans $\mathcal{D}_2$, l'inégalité (TS2) s'étend à toutes les fonctions de $\mathcal{D}_2$. Soit alors f un élément de $\mathcal{D}_2$. Posons $\varphi(t) = \langle (\mathbf{P}_t f)^2 \rangle$. L'opérateur $\mathbf{P}_t$ laissant stable le domaine $\mathcal{D}_2$, la fonction $\varphi(t)$ est dérivable et $\varphi'(t) = 2 \langle \mathbf{P}_t f, \mathbf{L} \mathbf{P}_t f \rangle$. L'inégalité (TS2) s'applique à $\mathbf{P}_t f$, et s'écrit alors, puisque $\langle \mathbf{P}_t f \rangle = 0$, $\varphi(t) \leq -(1/2\lambda)\varphi'(t)$. On en déduit que la fonction $\varphi(t) \exp(2\lambda t)$ est décroissante, et donc que $\varphi(t) \leq \exp(-2\lambda t)\varphi(0)$, ce qui est (TS1).

Réciproquement, si nous reprenons les notations précédentes pour une fonction f de $\mathcal{A}$ d'intégrale nulle, on a $\varphi(t) \leq \exp(-2\lambda t)\varphi(0)$, ce qui entraîne $\varphi'(0) + 2\lambda\varphi(0) \leq 0$. Ceci n'est rien d'autre que (TS2). $\qquad\qquad\qquad\qquad\qquad\qquad\qquad\qquad\qquad\qquad\qquad\qquad\quad$ □

Reprenons sur les exemples précédents les notions d'invariance et de symétrie.

Exemple 1.

Sur un espace fini $\mathbf{E}$, une mesure μ se représente par un vecteur $(\mu(i))_{i \in \mathbf{E}}$. Si $\mathbf{L}$ se représente par la matrice (L_{ij}), alors l'invariance de μ s'écrit $\forall j, \sum_i \mu(i) L_{ij} = 0$, ou encore, en notation matricielle, $\mathbf{L}^*\mu = 0$. Il est clair que 0 est une valeur propre de $\mathbf{L}^*$ puisque c'est une valeur propre de $\mathbf{L}$ ($\mathbf{L}\mathbf{1} = 0$). Ce qui est moins clair, c'est l'existence d'un vecteur propre dont toutes les coordonnées soient positives. Pour se convaincre de l'existence, prenons n'importe quelle mesure invariante μ_0, et regardons la famille $\mu_n = \frac{1}{n} \int_0^n \mathbf{P}_s^*(\mu_0) \, ds$. C'est une suite de mesures de probabilités sur un espace fini, donc une suite de points dans un espace compact. La limite de n'importe quelle sous-suite fournit une mesure invariante.

Le problème de l'unicité de la mesure invariante est plus délicat à traiter. Nous utiliserons le critère suivant :

Proposition 2.4.—*Supposons que, pour tous couple de points* (i, j), *on puisse trouver une suite de points* $(i = i_0, i_1, \ldots, i_n = j)$ *tels que* $L_{i_p i_{p+1}} > 0$ *(hypothèse d'irréductibilité). Alors la probabilité invariante est unique.*

Preuve. Nous nous contenterons d'exquisser le démonstration. On va dire que i est avant j si $L_{ij} > 0$. Alors, si μ est invariante et que $\mu_i = 0$, l'équation $\mathbf{L}^*\mu = 0$ montre que $\mu_j = 0$ si j est avant i. Ceci, joint à l'hypothèse d'irréductibilité, montre que toute mesure invariante non nulle charge tous les points.

Ensuite, il suffit de montrer que sous l'hypothèse d'irréductibilité, 0 est valeur propre simple de $\mathbf{L}$, car c'est alors une valeur propre simple de $\mathbf{L}^*$, et il n'y aura alors qu'une seule probabilité invariante. Pour cela, il suffit de montrer que $\mathbf{L}f = 0 \Rightarrow f = \text{cste}$. Soit alors μ_0 une probabilité invariante. Par un argument déjà utilisé, si $\mathbf{L}f = 0$, alors $\int \Gamma(f, f) \, d\mu_0 = 0$. Puisque μ_0 charge tous les points, alors $\Gamma(f, f) = 0$ et l'hypothèse d'irréductibilité, jointe à l'expression de $\Gamma(f,f)$ donnée plus haut, montre que les fonctions telles que $\Gamma(f,f) = 0$ sont constantes. □

Remarques.—

1– En fait, il est bien connu que la condition nécessaire et suffisante pour avoir unicité de la mesure invariante dans ce cas est qu'il n'existe qu'une seule classe de récurrence.

2– Il ne faudrait pas croire que la seule hypothèse $\Gamma(f,f) = 0 \Rightarrow f = $ cste suffit à assurer l'unicité de la mesure invariante, comme on peut le voir avec trois points et

$$\mathbf{L} = \begin{pmatrix} -1 & 1/2 & 1/2 \\ 0 & 0 & 0 \\ 0 & 0 & 0 \end{pmatrix}.$$

Une mesure μ est réversible lorsque, pour tout couple (i,j) de points, $\mu(i)L_{ij} = \mu(j)L_{ji}$. Pour connaître la mesure réversible, il suffit donc de connaître les coefficients L_{ij}, sans avoir besoin de résoudre une système linéaire comme pour les mesures invariantes. C'est dans la pratique un énorme avantage.

Exemple 2.

Dans le cas où **E** est une variété compacte et **L** est opérateur différentiel du second ordre sans termes constant et elliptique, on construit comme plus haut les mesures invariantes en résolvant l'équation $\mathbf{L}^*(\mu) = 0$, l'adjoint étant ici compris au sens des distributions. L'opérateur étant elliptique, les solutions de cette équation sont nécessairement des mesures à densité $\mathcal{C}^\infty$ sur **E**. L'existence se prouve comme dans l'exemple précédent en extrayant une sous-suite convergente de $\frac{1}{t}\int_0^t \mathbf{P}_s^*(\mu_0)\,ds$, la possibilité de le faire provenant de ce que, **E** étant compact, topologie étroite et topologie faible coïncident sur l'espace des mesures de probabilité. L'ellipticité et la connexité de **E** permettent de montrer comme plus haut qu'une mesure invariante charge tous les ouverts (mais c'est plus difficile que dans le cas fini), et on conclut à l'unicité de la mesure comme dans le cas précédent.

Pour permettre de repérer parmi les opérateurs **L** sur **E** ceux qui ont une mesure réversible, il faut faire un peu de géométrie différentielle. Dans un système de coordonnées locales, l'opérateur différentiel **L** s'écrit

$$\mathbf{L}f(x) = \sum_{ij} g^{ij}(x)\frac{\partial^2 f}{\partial x^i \partial x^j} + \sum_i b^i(x)\frac{\partial f}{\partial x^i}.$$

Le tenseur $(g^{ij}(x))$ est une matrice symétrique dont on notera l'inverse $(g_{ij}(x))$. Ce tenseur définit sur **E** une structure riemannienne, à laquelle est attachée une connexion, que nous noterons ∇. L'action de cette connexion sur un champ de vecteurs de coordonnées $(X^i)(x)$ s'écrit

$$\nabla_i X^j = \frac{\partial X^j}{\partial x^i} + \sum_k \Gamma_{ik}^j X^k,$$

où les nombres Γ^i_{jk}, appelés les symboles de CHRISTOFFEL de la connexion, valent

$$\Gamma^i_{jk} = \frac{1}{2}\sum_p g^{ip}\left(\frac{\partial}{\partial x^k}g_{pj} + \frac{\partial}{\partial x^j}g_{pk} - \frac{\partial}{\partial x^p}g_{kj}\right).$$

L'action de cette connexion sur un champ de 1-formes de coordonnées (ω_j) s'écrit alors

$$\nabla_i\omega_j = \nabla_i\omega_j = \frac{\partial \omega_j}{\partial x^i} - \sum_k \Gamma^k_{ij}\omega_k,$$

de manière à avoir, lorsqu'on a une 1-forme ω et un champ de vecteurs X,

$$\nabla(\omega.X) = (\nabla\omega).X + \omega.(\nabla X),$$

$\omega.X$ désignant la fonction $f = \sum_i \omega_i X^i$, la connexion ∇ étant par définition définie sur les fonctions par

$$\nabla_i f = \left(\frac{\partial f}{\partial x^i}\right).$$

On prolonge cette connexion à toutes les formes de tenseurs en posant

$$\nabla(X\otimes Y) = X\otimes\nabla Y + \nabla X\otimes Y.$$

Le choix de la connexion ∇ est ainsi fait pour avoir les deux propriétés suivantes: si f est une fonction, $\nabla\nabla f$ est un tenseur symétrique (la connexion est sans torsion), et si g désigne le tenseur métrique, alors $\nabla g = 0$. Cette connexion ∇ est la seule vérifiant cette propriété.

À l'aide de la connexion ∇, nous pouvons maintenant décomposer $\mathbf{L}$ sous la forme $\mathbf{L} = \Delta + X$, où Δ désigne le laplacien

$$\Delta f = \sum_{ij} g^{ij}\nabla_i\nabla_j f.$$

La différence $X = \mathbf{L}-\Delta$ est alors un champ de vecteurs, c'est à dire un opérateur différentiel d'ordre 1 sur $\mathbf{E}$. (Nous invitons le lecteur courageux à calculer les coordonnées de X dans un système de coordonnées locales à l'aide des formules précédentes.)

L'opérateur Δ admet comme mesure réversible la mesure riemannienne, dont l'expression dans un système de coordonnées locales s'écrit

$$m(dx) = \sqrt{\det(g)}\,dx^1\cdots dx^n,$$

g étant ici le tenseur métrique (celui avec les indices en bas). L'opérateur $\mathbf{L}$ admet alors comme mesure réversible la mesure μ de densité $\rho(x) > 0$ par rapport à m si et seulement si $X = \nabla\log(\rho)$, plus exactement

$$X^i = \sum_j g^{ij}\nabla_j\log(\rho).$$

(On dit alors que X est un champ de gradients, ou bien qu'il dérive du potentiel $\log\rho$.)

On voit donc qu'une fois de plus, les opérateurs admettant une mesure réversible ont une structure bien particulière, et que, dans ce cas, la mesure réversible est facile à calculer, alors que la mesure invariante est en général hors d'atteinte.

Distance intrinsèque.

Une variété riemannienne est en particulier un espace métrique : la distance de x à y est la borne inférieure des longueurs des courbes différentiables qui joignent x à y. On peut aussi la définir à partir des fonctions C^∞ :

$$d(x, y) = \sup_{\{f \in C^\infty, \Gamma(f, f) \leq 1\}} \{|f(x) - f(y)|\}.$$

Cette définition peut bien sûr se prolonger au cas général, à condition de remplacer $\{f \in C^\infty\}$ par $\{f \in \mathcal{A}\}$, et le sup par un esssup, les fonctions de $\mathcal{A}$ n'étant à priori définies qu'à un ensemble de mesure nulle près. Remarquons que dans le cas général, rien ne nous prouve à priori que cette distance soit finie (nous verrons d'ailleurs à la fin de ce chapitre un exemple de cette situation), mais si elle est finie, c'est une distance dès que $\mathcal{A}$ sépare les points.

Probèmes de domaine.

Enfin, dans le cas des variétés non compactes, il est en général difficile de déterminer si une algèbre $\mathcal{A}$ donnée est dense dans le domaine (ou, plus exactement, si la donnée de $\mathbf{L}$ sur $\mathcal{A}$ détermine entièrement le semigroupe $\mathbf{P}_t$). Dans le cas des opérateurs elliptiques de la forme précédente, à condition qu'ils soient symétriques, une réponse simple est donnée lorsque la variété, munie de cette distance, est complète. En effet, plaçons nous dans la situation où $\mathbf{L} = \Delta + \nabla h$, Δ étant le laplacien d'une structure riemannienne complète, h désignant une fonction de classe C^∞ sur E. Dans ce cas, l'opérateur $\mathbf{L}$, défini sur les fonction C_c^∞ (c'est à dire de classe C^∞ et à support compact) est symétrique par rapport à la mesure $d\mu = \exp(h) \, dm$, et est négatif : $\forall f \in C_c^\infty$, $\langle f, \mathbf{L}f \rangle \leq 0$. L'opérateur $\mathbf{L}$ admet alors au moins une extension autoadjointe dans $L^2(\mu)$, (l'extension de FRIEDRICHS), et il suffit de savoir que C_c^∞ est dense pour la topologie du domaine de cette extension. (On dit alors que $\mathbf{L}$ est essentiellement autoadjoint sur C_c^∞.) Pour le voir, nous allons utiliser un argument développé par [Str] dans le cas où $h = 0$. L'argument utilisé reste valable même si la mesure μ n'est pas finie, c'est à dire même si la fonction $\exp(h)$ n'est pas intégrable par rapport à m.

La complétion de E est équivalente à l'existence d'une suite (h_n) de fonctions positives de C_c^∞ qui tendent en croissant vers 1, telles que $\Gamma(h_n, h_n) \leq \frac{1}{n}$. (Voir par exemple [Bal].) Ensuite, un argument de REED et SIMON [RS, page 137] montre qu'un opérateur négatif comme $\mathbf{L}$ est essentiellement autoadjoint dès qu'il existe un réel positif qui n'est pas valeur propre de l'adjoint $\mathbf{L}^*$ de $\mathbf{L}$. Il suffit donc d'établir que toute solution f_λ de l'équation $\mathbf{L}^* f_\lambda = \lambda f_\lambda$, avec $\lambda > 0$, est nécessairement nulle. En utilisant l'ellipticité de $\mathbf{L}$, il est facile de voir qu'une telle solution est de classe C^∞. Soit alors h un élément de C_c^∞ ; on a

$$0 \leq \lambda \langle f_\lambda^2, h^2 \rangle = \langle \mathbf{L}^* f_\lambda, h^2 f_\lambda \rangle = \langle f_\lambda, \mathbf{L}(h^2 f_\lambda) \rangle =$$
$$= -\langle \Gamma(f_\lambda, h^2 f_\lambda) \rangle = -\langle h^2, \Gamma(f_\lambda, f_\lambda) \rangle - 2\langle f_\lambda h, \Gamma(f_\lambda, h) \rangle.$$

On en déduit que

$$\langle h^2, \Gamma(f_\lambda, f_\lambda)\rangle \leq -2\langle f_\lambda h, \Gamma(f_\lambda, h)\rangle.$$

Or, $\Gamma(f,g)^2 \leq \Gamma(f,f)\Gamma(g,g)$, et donc, en utilisant cette inégalité ainsi que l'inégalité de SHWARZ, nous avons

$$\langle h^2, \Gamma(f_\lambda, f_\lambda)\rangle \leq \langle h^2, \Gamma(f_\lambda, f_\lambda)\rangle^{1/2} \|f_\lambda\|_2 \|\Gamma(h,h)^{1/2}\|_\infty.$$

Nous en déduisons que

$$\langle h^2, \Gamma(f_\lambda, f_\lambda)\rangle^{1/2} \leq 2\|f\|_2 \|\Gamma(h,h)\|_\infty^{1/2}.$$

En remplaçant dans l'inégalité précédente la fonction h par l'un des éléments de la suite h_n liée à la complétion de l'espace $\mathbf{E}$, et en passant à la limite, nous obtenons

$$\langle \Gamma(f_\lambda, f_\lambda)\rangle = 0.$$

Ceci montre que f_λ est constante donc nulle.

Cet argument peut s'employer par exemple dans le cas du semigroupe d'ORNSTEIN-UHLENBECK, pour démontrer que l'algèbre des fonctions $\mathcal{C}_c^\infty$ de $\mathbb{R}^n$ est dense dans le domaine du semigroupe (car $\mathbb{R}^n$ est une variété riemannienne complète). On pourrait également développer l'argument précédent dans un cadre abstrait, pour un opérateur de diffusion. Mais nous ne savons pas à l'heure actuelle identifier les deux notions de complétion : l'une associée à la métrique donnée par l'opérateur carré du champ Γ, et l'autre liée à l'existence d'une suite h_n comme celle que nous avons utilisée plus haut.

Un exemple compact de diamètre infini.

Pour conclure ce chapitre, donnons un exemple de situation où la distance entre deux points, définie plus haut, n'est pas toujours finie. Pour cela, considérons l'espace $\Omega = \{-1, 1\}^{\mathbb{N}}$, muni de la mesure uniforme $\mu(d\omega) = \otimes_n\{1/2\delta_{+1} + 1/2\delta_{-1}\}$. Sur cet espace, l'algèbre $\mathcal{A}$ est constituée des fonctions ne dépendant que d'un nombre fini de coordonnées. L'opérateur $\mathbf{L}$ que nous considérons est l'analogue à une infinité de variables de celui que nous avons considéré dans le premier chapitre. On peut le définir plus succinctement de la manière suivante : un élément ω de Ω est repéré par ses coordonnées $(\omega_i, i \in \mathbb{N})$. Pour $i \in \mathbb{N}$, on appelle $\tau_i : \Omega \to \Omega$ l'application définie par $\tau_i(\omega_j) = \omega_i$ si $i \neq j$, et $\tau_i(\omega_i) = \omega_i$. Alors, si $\nabla_i(f)(\omega) = f(\tau_i\omega) - f(\omega)$, l'opérateur $\mathbf{L} = \sum_i \nabla_i$, défini sur $\mathcal{A}$, est le générateur d'un unique semigroupe markovien sur Ω, symétrique par rapport à μ. Mais, par un exercice facile, on peut voir que, pour la distance définie plus haut, si deux configurations ω et ω' coïncident sauf en un nombre n de points i de $\mathbb{N}$, alors la distance $d(\omega, \omega')$ vaut $\sqrt{2n}$, tandis que la distance est infinie si les configurations diffèrent en un nombre infini de sites. Remarquons que sur cet exemple, on peut munir Ω d'une topologie (la topologie produit des topologies discrètes sur $\{-1, 1\}$) pour laquelle l'espace est compact, le semigroupe $\mathbf{P}_t$ préservant les fonctions continues, alors que la mesure μ met une masse 0 sur toutes les boules.

3— Inégalités de SOBOLEV logarithmiques.

Dans ce chapitre, nous exposons les résultats de GROSS [G] qui établissent le lien entre propriétés d'hypercontractivité pour un semigroupe et inégalités de SOBOLEV logarithmiques.

Nous supposons que nous sommes dans la situation du chapitre précédent, c'est à dire que nous disposons d'un espace de probabilité $(\mathbf{E}, \mathcal{F}, \mu)$, sur lequel nous avons un semigroupe $\mathbf{P}_t$ à noyaux positifs. Commençons par introduire quelques notations. Si une fonction f est strictement positive, et p un réel quelconque, nous noterons $E_p(f)$ la quantité

$$E_p(f) = \int_{\mathbf{E}} f^p \log f^p \, d\mu - \int_{\mathbf{E}} f^p \, d\mu \log(\int_{\mathbf{E}} f^p \, d\mu).$$

La fonction $x \log x$ étant convexe, c'est toujours une quantité positive, qui ne s'annule que si f est constante μ-presque sûrement. Remarquons également que, pour $\lambda > 0$, on a

$$E_p(\lambda f) = \lambda^p E_p(f).$$

De même, si f est positive et dans $\mathcal{D}_2$, que f^{p-1} est dans $\mathbf{L}^2(\mu)$, nous noterons $\mathcal{E}_p(f)$ la quantité

$$\mathcal{E}_p(f) = -\langle f^{p-1}, \mathbf{L}f \rangle.$$

Remarquons que, si $p \geq 1$, alors la fonction x^p est convexe et donc $(\mathbf{P}_t f)^p \leq \mathbf{P}_t(f^p)$. Nous en déduisons que si la fonction f est dans $\mathcal{A}$ (donc bornée), si le semigroupe est markovien et que la mesure μ est invariante, alors

$$\langle (\mathbf{P}_t f)^p \rangle \leq \langle f^p \rangle.$$

L'inégalité ci-dessus s'écrit $\Phi(t) \leq \Phi(0)$, et donc $\Phi'(0) \leq 0$. Or, $\Phi'(0) = p\langle f^{p-1}, \mathbf{L}f \rangle$. Ceci montre que, dans ce cas, $\mathcal{E}_p(f) \geq 0$. Un argument identique prouverait que, si f est minorée et $p \leq 1$, alors $\mathcal{E}_p(f) \leq 0$. Remarquons que, quelle que soit la valeur de p, les quantités $E_p(f)$ et $\mathcal{E}_p(f)$ sont définies pour toutes les fonctions positives de $\mathcal{A}$ minorées par une constante positive. Nous noterons $\mathcal{A}^+$ l'ensemble de ces fonctions.

Définition.— *Soit p un réel, $p \neq 1$. On dit que le semigroupe $\mathbf{P}_t$ satisfait à une p-inégalité de SOBOLEV logarithmique, de constantes $c(p)$ et $m(p)$ si, pour toutes les fonctions de $\mathcal{A}^+$, on a*

$$E_p(f) \leq c(p)\{\mathcal{E}_p(f) + m(p)\langle f^p \rangle\}. \qquad \text{LogS(p)}$$

Remarquons que, pour $p = 2$, $\mathcal{E}_2(f) = \langle \Gamma(f, f) \rangle$. Si l'on se rappelle que, dans le cas des variétés, $\Gamma(f, f) = |\nabla f|^2$, cette inégalité affirme que, dès qu'une fonction f est dans $\mathbf{L}^2(\mu)$ ainsi que son gradient, $f^2 \log f^2$ est intégrable. Il faut comparer cette inégalité aux inégalités de SOBOLEV classiques (que nous verrons dans le prochain chapitre), qui affirment que, dans une variété compacte de dimension $n > 2$, dès qu'une fonction est dans $\mathbf{L}^2(\mu)$ ainsi que son gradient, $f^{2n/(n-2)}$ est intégrable. On voit qu'une telle inégalité devient de plus en plus faible lorsque $n \to \infty$, et les inégalités de SOBOLEV logarithmiques apparaissent ainsi comme des analogues infini-dimensionnels des inégalités de SOBOLEV.

Notre premier travail va être de comparer les inégalités LogS(p) pour différentes valeurs de p :

Proposition 3.1.—*Supposons que le semigroupe soit markovien et satisfasse l'une des deux conditions suivantes :*

1- La mesure μ est réversible.

2- La mesure μ est invariante et le semigroupe est de diffusion.

Alors, l'inégalité LogS(2) implique pour tout p réel l'inégalité LogS(p) avec comme constantes

$$c(p) = c(2)\frac{p^2}{4(p-1)}; \quad m(p) = m(2)\frac{4(p-1)}{p^2}.$$

Réciproquement, dans le cas des diffusions en mesure invariante, l'inégalité LogS(p) entraîne LogS(2).

Preuve. Commençons tout d'abord par le cas des semigroupes de diffusion. Nous savons que, pour toutes les fonctions f de $\mathcal{A}$, $\langle L(f) \rangle = 0$. Appliquons ceci à $\Phi(f)$, où Φ est une fonction $\mathcal{C}^\infty$ sur l'image de f. D'après la propriété de diffusion, on a

$$\langle \mathbf{L}(\Phi(f)) \rangle = \langle \Phi'(f), \mathbf{L}f \rangle + \langle \Phi''(f), \Gamma(f, f) \rangle = 0.$$

Ceci montre que, pour une fonction f de $\mathcal{A}^+$,

$$\mathcal{E}_p(f) = (p-1)\langle f^{p-2}, \Gamma(f, f) \rangle.$$

De même

$$\mathcal{E}_2(f^{p/2}) = \langle \Gamma(f^{p/2}, f^{p/2}) \rangle = \frac{p^2}{4}\langle f^{p-2}, \Gamma(f, f) \rangle,$$

la dernière égalité provenant de ce que le semigroupe est de diffusion. Nous voyons donc que, pour des diffusions en mesure invariante, nous avons

$$\mathcal{E}_p(f) = \frac{p^2}{4(p-1)}\mathcal{E}_2(f^{p/2}).$$

La proposition dans ce cas découle alors immédiatement du changement de f en $f^{p/2}$ dans l'inégalité LogS(2).

Traitons maintenant le cas des semigroupes généraux en mesure réversible.

Nous allons utiliser le même changement de f en $f^{p/2}$ et tout le problème est de comparer $\mathcal{E}_p(f)$ à $\mathcal{E}_2(f^{p/2})$(*).

(*) Je remercie D.CONCORDET de m'avoir signalé cette démonstration valable pour tous les p réels.

Tout d'abord, rappelons que $p_t(x, dy)$ désigne le noyau de l'opérateur $\mathbf{P}_t$. D'après la définition des opérateurs $\mathbf{L}$ et Γ, nous voyons que, pour tout couple (f, g) de fonctions de $\mathcal{A}$, on a

$$\Gamma(f, g) = \lim_{t \to 0} \frac{1}{2t} \int_{\mathbf{E}} \{f(x) - f(y)\}\{g(x) - g(y)\} \, p_t(x, dy),$$

la limite précédente ayant lieu dans $\mathbf{L}^2(\mu)$. D'autre part, d'après ce que nous avons vu au chapitre précédent, nous avons, dans le cas des semigroupes symétriques,

$$\langle -f, \mathbf{L}g \rangle = \langle \Gamma(f, g) \rangle.$$

Ceci nous montre que, pour toute fonction f de $\mathcal{A}^+$,

$$\mathcal{E}_p(f) = \lim_{t \to 0} \frac{1}{2t} \int \int_{\mathbf{E} \times \mathbf{E}} \{f^{p-1}(x) - f^{p-1}(y)\}\{f(x) - f(y)\} \, p_t(x, dy)\mu(dy),$$

tandis que

$$\mathcal{E}_2(f^{p/2}) = \lim_{t \to 0} \frac{1}{2t} \int \int_{\mathbf{E} \times \mathbf{E}} \{f^{p/2}(x) - f^{p/2}(y)\}^2 \, p_t(x, dy)\mu(dy).$$

Or, pour tout couple (X, Y) de réels tels que $Y < X$, on a

$$
\begin{aligned}
(\frac{X^{p/2} - Y^{p/2}}{X - Y})^2 &= \frac{p^2}{4}\{\frac{1}{X - Y} \int_Y^X t^{p/2-1} \, dt\}^2 \leq \frac{p^2}{4} \frac{1}{X - Y} \int_Y^X t^{p-2} \, dt \\
&= \frac{p^2}{4(p-1)} \frac{X^{p-1} - Y^{p-1}}{X - Y}.
\end{aligned}
$$

Ceci nous donne

$$(X^{p/2} - Y^{p/2})^2 \leq \frac{p^2}{4(p-1)}(X^{p-1} - Y^{p-1})(X - Y).$$

Ceci reste bien entendu vrai pour tous les couples (X, Y) de réels. En appliquant cette inégalité à $f(x)$ et $f(y)$, ceci montre que, pour tout p réel et toute fonction f de $\mathcal{A}^+$, on a

$$\mathcal{E}_2(f) \leq \frac{p^2}{4(p-1)} \mathcal{E}_p(f).$$

Cette inégalité entraîne la proposition.
$\qquad\qquad\qquad\qquad\qquad\qquad\qquad\qquad\qquad\qquad\qquad\qquad\qquad\qquad$ □

Le rapport entre inégalités de SOBOLEV logarithmiques et hypercontractivité tient dans le théorème suivant, dû à L. GROSS :

Théorème 3.2.—*Soit $\mathbf{P}_t$ un semigroupe à noyaux positifs sur $(\mathbf{E}, \mathcal{F}, \mu)$. Supposons que, pour tout p dans un intervalle $I \subset [1, \infty]$, $\mathbf{P}_t$ satisfasse à une inégalité LogS(p), avec des constantes $c(p) > 0$ et $m(p)$ continues en p. Pour tout couple (p, q) de points de I tel que*

$(p < q)$, *posons*

$$t = \int_p^q \frac{c(u)}{u^2}\, du; \quad \hat{m} = \int_p^q m(u)\frac{c(u)}{u^2}\, du.$$

Alors, pour toutes les fonctions f bornées sur **E**, *on a*

$$\|\mathbf{P}_t f\|_q \leq \exp(\hat{m})\|f\|_p.$$

Réciproquement, supposons qu'il existe une fonction croissante continue $t \to p(t)$ à valeurs dans $[1, \infty]$ et une fonction continue $\hat{m}(t)$ nulle en 0, toutes les deux définies sur un intervalle non vide $[0, T[$ et dérivables en $t = 0$, avec $p'(0) > 0$, telles que, pour toute fonction f de $\mathcal{A}$, on ait

$$\|\mathbf{P}_t f\|_{p(t)} \leq \exp(\hat{m}(t))\|f\|_{p(0)},$$

alors le semigroupe satisfait à une inégalité LogS($p(0)$), avec constantes

$$c(p(0)) = \frac{p(0)^2}{p'(0)}\ ; \quad m(p(0)) = \hat{m}'(0).$$

Preuve. Montrons d'abord la première implication. Pour un élément p_0 de I, appelons $\hat{p}(t)$ et $\hat{m}(t)$ les solutions du système différentiel

$$(3.1) \qquad \begin{cases} \dfrac{c(\hat{p})}{\hat{p}^2}\, dp = dt & \hat{p}(0) = p_0\ ; \\[2mm] \dfrac{d\hat{m}}{dt} = m(\hat{p}(t)) & \hat{m}(0) = 0\ ; \end{cases}$$

Les fonctions $\hat{p}(t)$ et $\hat{m}$ sont définies dans un voisinage $[0, T[$ de 0, qui dépend de I et des fonctions $c(p)$ et $m(p)$.

Avec ces notations, on est amené à démontrer que, pour toutes les fonctions f bornées, on a

$$\|\mathbf{P}_t f\|_{p(t)} \leq \exp(\hat{m}(t)\|f\|_{p_0}.$$

La densité de $\mathcal{A}$ dans les espaces $\mathbf{L}^p(\mu)$ permet de se ramener au cas où f est dans $\mathcal{A}$. Ensuite, puisque le semigroupe est à noyaux positifs, on peut démontrer le résultat pour $(f^2 + \varepsilon)^{1/2}$ et faire tendre ensuite ε vers 0. Enfin, la stabilité de $\mathcal{A}$ par l'action des fonctions C^∞ montre que si f est dans $\mathcal{A}$, alors $(f^2 + \varepsilon)^{1/2}$ est dans $\mathcal{A}^+$. Il suffit donc de démontrer l'inégalité pour une fonction f de $\mathcal{A}^+$. Posons alors $\hat{f}(t) = \mathbf{P}_t(f)$ et

$$U(t) = \exp(-\hat{m}(t))\langle \hat{f}(t)^{p(t)}\rangle^{1/p(t)}.$$

$\hat{f}$ étant une fonction majorée et minorée du domaine $\mathcal{D}_2$, nous pouvons écrire $\frac{d}{dt}\hat{f}(t) = \mathbf{L}\hat{f}(t)$, et ceci nous donne, en écrivant p pour $p(t)$ pour alléger les notations,

$$\frac{d}{dt}U(t) = \frac{U(t)}{\langle \hat{f}^p\rangle}\frac{p'}{p^2}\{E_p(\hat{f}) - \frac{p^2}{p'}[\mathcal{E}_p(\hat{f}) + \hat{m}'\langle \hat{f}^p\rangle]\}. \qquad (3.2)$$

Le choix que nous avons fait des fonctions $p(t)$ et $\hat{m}(t)$ est tel que $p^2/p' = c(p)$, $\hat{m}' = m(p)$. La décroissance de la fonction $U(t)$ est alors assurée dès lors que nous pouvons appliquer l'inégalité LogS(p) à la fonction $\hat{f}(t)$. Mais cette inégalité est vraie pour toutes les fonctions de $\mathcal{A}^+$. On voit donc que notre résultat est acquis, à condition de pouvoir étendre l'inégalité LogS(p) à toutes les fonctions du domaine, qui sont positives, majorées et minorées par des constantes. C'est à celà que va nous servir l'hypothèse technique (HT) faite sur $\mathcal{A}$. En effet, soit f une fonction du domaine, positive, majorée et minorée. Considérons alors une suite (f_n) de fonctions de $\mathcal{A}$ qui converge vers f dans $\mathcal{D}_2$. Alors, nous pouvons trouver une fonction $\mathcal{C}^\infty$ Φ : $\mathbb{R} \to [a, b] \subset]0, \infty[$, ayant ses deux premières dérivées bornées et coïncidant avec la fonction $x \to x$ sur un voisinage de l'ensemble où f prend ses valeurs. Nous pouvons alors extraire de $\Phi(f_n)$ une sous-suite qui converge vers f, presque partout et telle que $\mathbf{L}\Phi(f_{n_k})$ converge vers $\mathbf{L}f$, dans $\mathbf{L}^1(\mu)$. La suite étant uniformément bornée, on peut passer à la limite dans tous les termes de l'inégalité LogS(p) et obtenir le résultat pour f.

Réciproquement, l'expression précédente que nous avons donnée pour la dérivée de la fonction U montre que, si $\mathbf{P}_t$ est bornée de $\mathbf{L}^{p(0)}(\mu)$ dans $\mathbf{L}^{p(t)}(\mu)$ avec norme $\exp(\hat{m}(t))$, alors la dérivée en 0 de la fonction U existe et est négative. Ceci donne l'inégalité de SOBOLEV logarithmique. □

Le même théorème a lieu sur l'intervalle $p \in I \subset [-\infty, 1]$, avec un renversement de signes. Le résultat est le suivant :

Théorème 3.3.— *Supposons que, pour tout p dans un intervalle $I \subset [-\infty, 1]$, $\mathbf{P}_t$ satisfasse à une inégalité LogS(p), avec des constantes $c(p) < 0$ et $m(p)$ continues en p. Pour tout couple (p, q) de points de I avec $(q < p)$, posons*

$$t = \int_q^p \frac{-c(u)}{u^2}\, du; \quad \hat{m} = \int_q^p m(u)\frac{-c(u)}{u^2}\, du.$$

Alors, pour toutes les fonctions f positives sur $\mathbf{E}$, bornées inférieurement et supérieurement par des constantes, on a

$$\langle(\mathbf{P}_t f)^q\rangle^{1/q} \geq \exp(\hat{m})\langle f^p\rangle^{1/p}.$$

Réciproquement, s'il existe une fonction décroissante continue $t \to p(t)$ et une fonction continue $\hat{m}(t)$ nulle en 0, toutes les deux définies sur un intervalle non vide $[0, T[$ et dérivables en $t = 0$, avec $p'(0) < 0$, telles que, pour toute fonction f de $\mathcal{A}^+$, on ait

$$\langle(\mathbf{P}_t f)^{p(t)}\rangle^{1/p(t)} \geq \exp(\hat{m}(t))\langle f^{p(0)}\rangle^{1/p(0)},$$

alors le semigroupe satisfait à une inégalité LogS(p(0)), avec constantes

$$c(p(0)) = \frac{p(0)^2}{p'(0)}\,; \quad m(p(0)) = \hat{m}'(0).$$

Preuve. La démonstration donnée dans le cas précédent s'applique sans presque rien changer. Il faut évidemment que la fonction $-c(u)/u^2$ soit intégrable sur l'intervalle $[p, q]$.

42

(C'est en particulier une restriction importante lorsque $0 \in \lfloor p, q \rfloor$.) Ensuite, il faut remarquer que, si la fonction f est bornée supérieurement et inférieurement par des constantes strictement positives, il en va de même de la fonction $\hat{f}(t)$, en vertu des hypothèses faites sur le semigroupe. Puis, en prenant pour $p(t)$ et $\hat{m}(t)$ les solutions du système (3.1), nous voyons que, compte tenu du signe de $c(u)$, $p(t)$ est décroissante, et que la fonction $t \to U(t)$ est continue, y compris si $p(t) = 0$, car on a affaire à un espace de probabilité. Si t_0 est l'unique point tel que $p(t_0) = 0$, alors, la fonction est dérivable, sauf peut être en t_0, et sa dérivée est donnée par la formule (3.2). Cette dérivée est alors positive et nous obtenons notre résultat. □

Nous verrons au prochain chapitre des applications du theorème 3.3. Pour l'instant, contentons nous d'énoncer quelques applications du théorème 3.2. Pour cela, supposons que $\mathbf{P}_t$ soit un semigroupe markovien symétrique, ou que ce soit un semigroupe de diffusion en mesure invariante. Notons $\|P\|_{p,q}$ la norme d'un opérateur P de $\mathbf{L}^p(\mu)$ dans $\mathbf{L}^q(\mu)$, c'est à dire

$$\|P\|_{p,q} = \sup_{\{\|f\|_p \leq 1\}} \|Pf\|_q.$$

Nous obtenons

Proposition 3.4.—*Soit λ un réel positif, m_0 un réel quelconque, et posons, pour $p > 1$,*

$$\begin{cases} q(t,p) = 1 + (p-1)\exp(\lambda t) \\ m(t,p) = \dfrac{m_0}{4\lambda}\{\dfrac{1}{p} - \dfrac{1}{q(t,p)}\}. \end{cases}$$

Alors il y a équivalence entre

1- $\forall p > 1$, $\forall t > 0$, $\|\mathbf{P}_t\|_{p,q(t,p)} \leq \exp(m(t,p))$.

2- $\forall f \in \mathcal{A}^+$, $E_2(f) \leq \dfrac{4}{\lambda}\{\mathcal{E}_2(f) + m_0\langle f^2\rangle\}$.

De plus, lorsque $\mathbf{P}_t$ est un semigroupe de diffusion en mesure invariante, ces inégalités sont encore équivalentes à

3- $\forall t > 0$, $\|\mathbf{P}_t\|_{2,q(t,2)} \leq \exp(m(t,2))$.

4- $\exists p > 1$, $\forall f \in \mathcal{A}^+$, $E_p(f) \leq \dfrac{p^2}{\lambda(p-1)}\{\mathcal{E}_p(f) + m_0\dfrac{4(p-1)}{p^2}\langle f^p\rangle\}$.

Preuve. L'implication (1) $\Rightarrow$ (2) est une application directe du théorème avec $p = 2$. Ensuite, pour voir que (2) $\Rightarrow$ (1), il suffit d'utiliser la proposition 3.1, qui montre que, si (2) est réalisée, alors l'inégalité LogS(p) a lieu, avec constantes

$$c(p) = \dfrac{p^2}{\lambda(p-1)} \quad \text{et} \quad m(p) = m_0 \dfrac{4(p-1)}{p^2}.$$

Dans ce cas, le système (3.1) s'écrit

$$\begin{cases} \dfrac{dq}{dt} = \lambda(q-1) & ; \; q(0) = p; \\[2mm] \dfrac{dm}{dt} = m_0 \dfrac{4(q-1)}{q^2} & ; \; m(0) = 0. \end{cases}$$

Les solutions de ce système sont données par les fonctions $q(t,p)$ et $m(t,p)$ de l'énoncé. Le théorème 3.2 nous donne alors le résultat.

Le cas particulier des diffusions provient de ce que, dans ce cas, il y a pour tout p réel équivalence entre les inégalités LogS(2) et LogS(p). □

Remarquons que, dans le cas particulier où $m_0 = 0$, alors l'opérateur P_t est pour tout t une contraction de $L^p(\mu)$ dans $L^{q(t,p)}(\mu)$. Si nous appliquons ce que l'on vient de voir au résultat du chapitre 1 sur le processus d'ORNSTEIN-UHLENBECK, nous obtenons l'inégalité de SOBOLEV logarithmique de GROSS :

Corollaire 3.5.—*Soit f une fonction de classe C^∞ à support compact sur $\mathbb{R}^n$, et soit μ la mesure gaussienne standard. Alors,*

$$\int f^2 \log f^2 \, d\mu \leq \int f^2 \, d\mu \log \int f^2 \, d\mu + 2 \int |\nabla f|^2 \, d\mu. \tag{3.3}$$

Réciproquement, l'inégalité (3.3) entraîne le théorème d'hypercontractivité de NELSON du chapitre 1.

Preuve. Il n'y a rien à démontrer : il suffit de traduire le résultat précédent en termes du semigroupe d'ORNSTEIN-UHLENBECK. Le carré du champ de cet opérateur est $\Gamma(f,f) = |\nabla f|^2$, où cette dernière expression désigne la norme euclidienne du vecteur ∇f, calculé en coordonnées cartésiennes de $\mathbb{R}^n$. Le seul point à remarquer, c'est que le théorème ne nous donne à priori l'inégalité que pour des fonctions f, de classe C^∞, positives et minorées par une constante. Un passage à la limite trivial permet d'étendre l'inégalité à toutes les fonctions de classe C^∞ et à support compact. En fait, un argument de densité déjà utilisé dans le cadre général permet d'étendre l'inégalité (3.3) à toutes les fonctions C^∞, qui sont dans $L^2(\mu)$ ainsi que $|\nabla f|.(^*)$ □

Remarques.—

1- Si l'on regarde attentivement la démonstration du théorème de NELSON du premier chapitre, on voit qu'on s'est ramené à démontrer en fait l'inégalité LogS(2) sur l'espace $\{-1, 1\}$, avec le carré du champ associé au semigroupe P_t^1. Nous verrons plus bas une démonstration directe de l'inégalité (3.3), et donc une nouvelle démonstration du théorème de NELSON.

$(^*)$ Dans le premier chapitre, nous n'avons pour simplifier travaillé que sur $\mathbb{R}$. Mais il n'y a aucune difficulté à étendre ses résultats à $\mathbb{R}^n$ grâce au lemme de tensorisation 1.4.

2– Supposons qu'on ait en général deux fonctions continues $c(p)$ et $m(p)$ définies sur un intervalle I, pour lesquelles l'inégalité LogS(p) est vérifiée. Regardons alors la solution du système (3.1) associé, avec comme valeur initiale p_0, et plaçons nous dans un domaine où ce système admette une solution unique : appelons cette solution $\{p(t, p_0), m(t, p_0)\}$. C'est la solution d'un système dynamique dans le plan (p, m), et il est facile de voir que

$$\begin{cases} p(t, p(s, p_0)) = p(t + s, p_0); \\ m(t, p(s, p_0)) + m(s, p_0) = m(s + t, p_0). \end{cases} \tag{3.4}$$

Nous savons alors que $\|\mathbf{P}_t\|_{p_0, p(t,p_0)} \le \exp(m(t, p_0))$. Or, si nous avons $p < r < q$, nous savons que

$$\|\mathbf{P}_{t+s}\|_{p,q} = \|\mathbf{P}_t \circ \mathbf{P}_s\|_{p,q} \le \|\mathbf{P}_s\|_{p,r} \|\mathbf{P}_t\|_{r,q}.$$

Nous voyons donc que les résultats donnés par le théorème 3.2 sont compatibles avec la propriété de semigroupe.

Dans le cas des semigroupes markoviens symétriques, il suffit que, pour une valeur de $t > 0$, et deux valeurs $1 < p < q$, on ait $\|\mathbf{P}_t\|_{p,q} < \infty$ pour s'assurer de l'existence d'une inégalité LogS(2). Nous avons le résultat suivant, dû à [HKS] :

Théorème 3.6.— *Supposons que le semigroupe soit markovien symétrique, et que, pour un $t_0 > 0$ et deux réels $1 < p < q < \infty$, on ait $\|\mathbf{P}_{t_0}\|_{p,q} \le M$. Alors, le semigroupe $\mathbf{P}_t$ satisfait à une inégalité LogS(2) avec*

$$c(2) = 2t_0 \frac{\hat{q}}{\hat{q} - 2}; \quad m(2) = \frac{1}{t_0} \theta \log M,$$

où les constantes $\hat{q}$ et θ valent

$$\begin{cases} \hat{q} = \dfrac{2q(p-1)}{q(p-1) + p - q}, & \theta = \dfrac{p}{2(p-1)}, & \text{si } p \ge 2 \\[2mm] \hat{q} = 2\dfrac{q}{p}, & \theta = p/2, & \text{si } 1 < p \le 2. \end{cases}$$

Preuve. Montrons tout d'abord qu'on peut se ramener au cas $p = 2$, quitte à remplacer q par $\hat{q}$, et M par M^θ. En effet, pour le voir, nous pouvons appliquer le théorème d'interpolation de RIESZ-THORIN que nous rappelons succinctement (voir par exemple [Ste]) :

Soient p_1, q_1 p_2, q_2 4 réels de $[1, \infty]$ et soit P est un opérateur borné de $\mathbf{L}^{p_1}(\mu)$ dans $\mathbf{L}^{q_1}(\mu)$ et de $\mathbf{L}^{p_2}(\mu)$ dans $\mathbf{L}^{q_2}(\mu)$ avec $\|P\|_{p_1, q_1} \le M_1$ et $\|P\|_{p_2, q_2} \le M_2$. Alors, pour tout $\theta \in [0, 1]$, P est borné de $\mathbf{L}^{p_\theta}(\mu)$ dans $\mathbf{L}^{q_\theta}(\mu)$, avec norme M_θ, où

$$\frac{1}{p_\theta} = \frac{\theta}{p_1} + \frac{1-\theta}{p_2}; \quad \frac{1}{q_\theta} = \frac{\theta}{q_1} + \frac{1-\theta}{q_2}; \quad M_\theta = M_1^\theta M_2^{1-\theta}.$$

Or, nous savons que, si $\mathbf{P}_t$ est un semigroupe markovien en mesure invariante (donc en particulier en mesure symétrique), alors c'est une contraction de tous les espaces $\mathbf{L}^p(\mu)$,

$\forall p \in [1, \infty]$. Si $p > 2$, nous nous ramenons au cas $p = 2$ en interpolant le couple (p, q) avec le couple $(1, 1)$, et, si $p < 2$, nous interpolons avec le couple (∞, ∞).

Pour passer du cas $p = 2$ à l'inégalité LogS(2), nous aurons besoin de l'hypothèse de symétrie, et du théorème d'interpolation complexe. Rappelons que, dans le cas symétrique, le générateur est autoadjoint et a son spectre contenu dans $]-\infty, 0]$:

$$\mathbf{L} = -\int_0^\infty \lambda \, dE_\lambda.$$

Ceci nous autorise à définir, pour tout nombre complexe $z = t + iy$ avec $t \geq 0$, l'opérateur .

$$\mathbf{P}_z = \int_0^\infty \exp(-z\lambda) \, dE_\lambda,$$

qui est une contraction de $\mathbf{L}^2(\mu)$ puisque $|\exp(-\lambda z)| \leq 1$. Cet opérateur coïncide avec $\mathbf{P}_t$ lorsque $y = 0$. Cette famille d'opérateurs est un semigroupe au sens où $\mathbf{P}_{z_1} \circ \mathbf{P}_{z_2} = \mathbf{P}_{z_1 + z_2}$. De plus, c'est une famille analytique d'opérateurs, au moins dans le sens faible suivant :

$$\forall f, g \in \mathbf{L}^2(\mu), \ z \to \langle f, \mathbf{P}_z g \rangle$$

est une fonction analytique. Dans ce cas, nous pouvons appliquer le théorème d'interpolation complexe de STEIN ([Ste]) :

Si $z \to P_z$ est une famille analytique d'opérateurs au sens précédent, définie dans la bande $0 \leq \mathcal{R}e(z) \leq t_0$, et telle que

$$\|P_{iy}\|_{p_1, q_1} \leq M_1 ; \ \|P_{t_0 + iy}\|_{p_2, q_2} \leq M_2 ;$$

alors, avec les mêmes valeurs p_θ, q_θ, M_θ que dans le théorème de RIESZ-THORIN, on a

$$\|P_{\theta t_0 + iy}\|_{p_\theta, q_\theta} \leq M_\theta.$$

Nous pouvons ici appliquer ce théorème au semigroupe $\mathbf{P}_z$. Puisque $\|\mathbf{P}_{iy}\|_{2,2} \leq 1$ si y est réel, alors, si $\|\mathbf{P}_{t_0}\|_{2,\hat{q}} \leq M$,

$$\|\mathbf{P}_{t_0 + iy}\|_{2,\hat{q}} = \|\mathbf{P}_{t_0} \circ \mathbf{P}_{iy}\|_{2,\hat{q}} \leq \|\mathbf{P}_{t_0}\|_{2,\hat{q}}.$$

Finalement, nous obtenons $\|\mathbf{P}_t\|_{2, q(t)} \leq M(t)$, où

$$\frac{1}{q(t)} = \frac{t/t_0}{\hat{q}} + \frac{1 - t/t_0}{2} ; \ M(t) = M_\theta^{t/t_0}.$$

Il suffit ensuite d'appliquer le théorème 3.2. $\square$

Remarque.—

Si, avec les hypothèses du théorème précédent, nous appliquons à nouveau le théorème 3.4, nous obtenons, pour tout $p > 1$ réel et tout t réel, des valeurs $q(t)$ et $M(t)$ pour lesquelles $\|\mathbf{P}_t\|_{p,q(t)} \leq M(t)$. En particulier, pour t_0, nous obtenons un résultat de la forme :

Si $\|\mathbf{P}_{t_0}\|_{p_1,q_1} \leq M_1$, avec $p_1 < q_1$, alors, pour tout $p > 1$, il existe un réel $q > p$ et une constante M telle que $\|\mathbf{P}_{t_0}\|_{p,q} \leq M$.

Un tel résultat aurait pu être obtenu directement à l'aide du théorème de RIESZ-THORIN. On peut penser que, comme nous nous sommes servis du théorème d'interpolation pour l'obtenir, le résultat obtenu par les inégalités LogS(2) doit être toujours moins bon que celui obtenu par interpolation. La surprise est qu'il n'en est rien : pour des valeurs de p assez éloignées de p_1, le résultat obtenu par les inégalités de SOBOLEV logarithmiques est meilleur que celui obtenu par interpolation. Par exemple, lorsque $p_1 = 2$, $q_1 = 4$ et $M_1 = 1$, l'interpolation donne un résultat moins bon dès que $p \notin [\dfrac{3(e-1)}{e}, \dfrac{e-1}{e-2}]$. On peut donc en déduire que les méthodes d'interpolation que nous avons utilisées ne sont pas optimales lorsqu'il s'agit des semigroupes markoviens symétriques. La question qui se pose est alors de savoir si l'on peut améliorer le théorème précédent, de façon que les constantes de SOBOLEV logarithmiques que nous obtenons soient les meilleures possibles.

Inégalités tendues.

Dans le cas du semigroupe d'ORNSTEIN-UHLENBECK, la norme d'opérateur $\|\mathbf{P}_t\|_{p,q}$ est égale à 1, ce qui correspond à une inégalité LogS(2) avec $m(2) = 0$. Il est assez facile de voir que, dans le cas d'un semigroupe markovien sur un espace de probabilité, on a toujours $m(2) \geq 0$ (prendre $f = 1$ dans l'inégalité). On dira alors que l'inégalité LogS(2) est tendue si et seulement si $m(2) = 0$. Nous noterons cette inégalité LogST(2). Il lui correspond bien sûr une inégalité LogST(p), qui lui est équivalente dans le cas des semigroupes de diffusion. Comme on va le voir ci-dessous, la tension est liée aux inégalités (TS1) et (TS2) de trou spectral du chapitre précédent. Nous commençons par le résultat suivant, dû à ROTHAUS [R1] :

Proposition 3.7.— *Si, pour un semigroupe markovien en mesure invariante, l'inégalité LogST(2) a lieu avec une constante $c(2)$, alors l'inégalité (TS2) a lieu avec une constante $\lambda_0 = 2/c(2)$. En d'autres termes, dans le cas symétrique, le trou spectral est au moins égal à $2/c(2)$.*

Preuve. Pour une fonction f bornée de $\mathcal{A}$, appliquons l'inégalité LogS(2) à la fonction $1 + \varepsilon f$, ε étant choisi assez petit pour s'assurer que $1 + \varepsilon f \in \mathcal{A}^+$. Un développement limité au voisinage de $\varepsilon = 0$ nous donne

$$E_2(1 + \varepsilon f) = 2\varepsilon^2[\langle f^2 \rangle - \langle f \rangle^2] + o(\varepsilon^2), \text{ et}$$

$$\mathcal{E}_2(1 + \varepsilon f) = \varepsilon^2 \mathcal{E}_2(f),$$

cette dernière identité provenant de ce que $\mathbf{L}1 = 0$ et $\langle \mathbf{L}f \rangle = 0$. En passant à la limite lorsque $\varepsilon \to 0$, nous obtenons notre résultat. ☐

Pour le semigroupe d'Ornstein-Uhlenbeck, le trou spectral est connu puisque la première valeur propre non nulle est égale à 1 (le polynôme $H_1(x) = x$ est le vecteur propre associé). La constante $c(2)$ dans ce cas est optimale puisque $\lambda_0 = 2/c(2)$. Il n'est pas rare que cette situation se produise. Dans ce cas, Rothaus a remarqué que, si la borne inférieure du spectre est une valeur propre, associée à un vecteur propre f_0, alors $\langle f_0^3 \rangle = 0$. (Puisque la mesure est invariante et que $Lf_0 = \lambda_0 f_0$, alors $\langle f_0 \rangle = 0$.) Il suffit pour le voir de reprendre le développement limité ci-dessus avec f_0 à la place de f, et de le pousser à l'ordre 3. Il faut faire ici un peu attention dans le développement limité car la fonction f_0 n'est pas bornée en général: les détails sont laissés au lecteur.

Le résultat qui suit consiste à établir la réciproque de la proposition précédente: si une inégalité LogS(2) est satisfaite ainsi qu'une inégalité de trou spectral (TS), alors une inégalité LogST(2) est satisfaite. Cela repose sur l'inégalité suivante, due à Rothaus [R2], et dont nous empruntons la démonstration à Deuschel et Stroock [DS, p.146]:

Proposition 3.8.—*Soit f une fonction de $\mathbf{L}^2(\mu)$ telle que $E_2(f)$ soit finie. Posons $\bar{f} = f - \langle f \rangle$. Alors,*

$$E_2(f) \le E_2(\bar{f}) + 2\langle \bar{f}^2 \rangle. \tag{DS}$$

Preuve. Il suffit de prouver l'inégalité pour des fonctions bornées. On peut par homogénéité se ramener à $\langle f \rangle = 1$, puis écrire de façon unique $f = 1 + tg$, où t est réel et $\langle g \rangle = 0$, $\langle g^2 \rangle = 1$. L'inégalité à démontrer s'écrit alors

$$\langle (1+tg)^2 \log(1+tg)^2 \rangle \le (1+t^2)\log(1+t^2) + t^2 \langle g^2 \log g^2 \rangle + 2t^2.$$

Nous observons que pour $t = 0$, l'inégalité est triviale. Ce que nous souhaitons faire, c'est se ramener à une inégalité différentielle, et pour cela, il nous faut un peu régulariser. Choisissons alors un $\varepsilon > 0$ et considérons la fonction

$$\varphi_\varepsilon(t) = \langle (1+tg^2) \log \frac{(1+tg)^2 + \varepsilon}{1+t^2} \rangle - t^2 \langle g^2 \log g^2 \rangle.$$

Nous avons $\varphi_\varepsilon(0) = \log(1+\varepsilon)$. Nous allons montrer que $\varphi'_\varepsilon(0) = 0$ et que $\varphi''_\varepsilon(t) \le 2\log(1+\varepsilon) + 4$. Dans ce cas, nous aurons

$$\varphi_\varepsilon(t) \le \log(1+\varepsilon) + 2t^2 \{2 + \log(1+\varepsilon)\}.$$

Il ne restera plus qu'à faire tendre ε vers 0 pour obtenir le résultat. Grâce à l'introduction du paramètre ε, nous pouvons sans problème dériver sous le signe intégral, et nous avons

$$\frac{1}{2}\varphi'_\varepsilon(t) = \langle g(1+tg) \log \frac{(1+tg)^2 + \varepsilon}{1+t^2} \rangle$$
$$+ \langle g \frac{(1+tg)^3}{(1+tg)^2 + \varepsilon} \rangle - t\{1 + \log(1+t^2) + \langle g^2 \log g^2 \rangle\}.$$

La dérivée seconde est alors

$$\frac{1}{2}\varphi_\varepsilon''(t) = \langle g^2 \log \frac{(1+tg)^2+\varepsilon}{g^2(1+t^2)} \rangle + 5\langle g^2 \frac{(1+tg)^2}{(1+tg)^2+\varepsilon} \rangle$$
$$- 2\langle g^2 \frac{(1+tg)^4}{[(1+tg)^2+\varepsilon]^2} \rangle - 1 - 2\frac{t^2}{1+t^2}.$$

Maintenant, nous savons que $\langle g^2 \rangle = 1$ et les inégalités de convexité classiques nous donnent, pour toute fonction $K > 0$, $\langle g^2 \log K \rangle \leq \log \langle g^2 K \rangle$. En appliquant ceci avec $K = \dfrac{(1+tg)^2+\varepsilon}{g^2(1+t^2)}$, nous majorons le premier terme du membre de gauche de l'expression précédente par $\log(1 + \dfrac{\varepsilon}{1+t^2})$. Ensuite, si nous désignons par A la quantité

$$A = \langle g^2 \frac{(1+tg)^2}{(1+tg)^2+\varepsilon} \rangle \in [0,1],$$

alors nous avons

$$\langle g^2 \frac{(1+tg)^4}{[(1+tg)^2+\varepsilon]^2} \rangle \geq A^2.$$

Au bout du compte, il nous reste

$$\frac{1}{2}\varphi_\varepsilon''(t) \leq \log(1 + \frac{\varepsilon}{1+t^2}) - 2A^2 + 5A - 1 \leq \log(1 + \frac{\varepsilon}{1+t^2}) + 2.$$

□

Remarque.—

Nous verrons au chapitre 4 une démonstration plus simple de ce résultat (lemme 4.1).

Ainsi que nous l'avions annoncé, ceci admet comme conséquence la

Proposition 3.9.—*Supposons que le semigroupe soit markovien en mesure invariante et satisfasse à une inégalité (TS2) avec une constante λ_0 et à une inégalité LogS(2) avec des constantes $c(2)$ et $m(2)$, il satisfait à une inégalité LogST(2) avec constante*

$$\hat{c}(2) = c(2) + \frac{c(2)m(2) + 2}{\lambda_0}.$$

Preuve. Reprenons les notations de la proposition précédente. Nous remarquons que, puisque le semigroupe est markovien et que la mesure est invariante, on a $\mathcal{E}_2(f) = \mathcal{E}_2(\tilde{f})$. L'inégalité de trou spectral s'écrit

$$\langle \tilde{f}^2 \rangle \leq \frac{1}{\lambda_0} \mathcal{E}_2(f).$$

Il ne nous reste qu'à écrire

$$E_2(f) \leq E_2(\tilde{f}) + 2\langle \tilde{f}^2 \rangle \leq c(2)\{\mathcal{E}_2(\tilde{f}) + m(2)\langle \tilde{f}^2 \rangle\} + 2\langle \tilde{f}^2 \rangle =$$

$$= c(2)\mathcal{E}_2(f) + (c(2)m(2) + 2)\langle \tilde{f}^2 \rangle \leq (c(2) + \frac{c(2)m(2) + 2}{\lambda_0})\mathcal{E}_2(f).$$

☐

Un exemple.

KORZENIOWSKI et STROOCK ont donné dans [KS] un exemple de semigroupe de diffusion symétrique pour lequel une inégalité LogS(2) est satisfaite avec des constantes $c(2)$ de SOBOLEV logarithmique et λ_0 de trou spectral satisfaisant à $\lambda_0 > 2/c(2)$. Sans donner de détails, décrivons le brièvement.

Il s'agit du semigroupe associé aux polynômes de LAGUERRE. Le semigroupe est construit à partir du semigroupe d'ORNSTEIN-UHLENBECK à l'aide de la remarque suivante : le semigroupe d'ORNSTEIN-UHLENBECK préserve les fonctions radiales. En effet, si $\mathbf{P}_t$ désigne le semigroupe d'ORNSTEIN-UHLENBECK sur $\mathbb{R}^n$ et si f désigne une fonction radiale sur $\mathbb{R}^n$: $f(x) = \hat{f}(|x|)$, où $|x|$ désigne la norme euclidienne d'un point de $\mathbb{R}^n$, alors $\mathbf{P}_t(f)(x) = \hat{\mathbf{P}}_t(\hat{f})(|x|)$, où $\hat{\mathbf{P}}_t$ est un semigroupe sur $\mathbb{R}_+$ dont l'expression exacte nous importe peu (on peut aisément l'obtenir à partir de l'expression de $\mathbf{P}_t$). Le générateur de ce semigroupe coïncide sur les fonctions C^∞ à support compact dans $\mathbb{R}_+$ avec la partie radiale de l'opérateur d'ORNSTEIN-UHLENBECK :

$$\mathbf{L}_n = \frac{d^2}{dx^2} + (\frac{n-1}{x} - x)\frac{d}{dx},$$

qui, après changement de x en $y = x^2$, devient

$$\mathbf{L}_n = 4y\frac{d^2}{dy^2} + 2(n - y))\frac{d}{dy}.$$

Il est symétrique par rapport à la mesure

$$C_n x^{n-1} \exp(-x^2/2)\, dx = C'_n y^{(n-2)/2} \exp(-y/2)dy$$

sur $\mathbb{R}_+$, mesure image de la mesure gaussienne par l'application $x \to |x|$. Il est évident à partir de la définition du semigroupe que celui-ci possède les mêmes propriétés d'hypercontractivité que le semigroupe d'ORNSTEIN-UHLENBECK. En fait, il n'est pas difficile de voir que la constante $c(2) = 2$ optimale pour le semigroupe d'ORNSTEIN-UHLENBECK est aussi optimale pour ce semigroupe : on le voit d'une façon similaire à celle du chapitre 1 en faisant agir $\hat{\mathbf{P}}_t$ sur des fonctions de la forme $\exp(\alpha x)$, ce qui revient à faire agir le semigroupe d'ORNSTEIN-UHLENBECK sur des fonctions de la forme $\exp(\alpha|x|)$. (On n'a plus alors d'expression exacte, mais seulement des estimations sur les normes $\|\hat{\mathbf{P}}_t f\|_q$ et $\|f\|_p$.) Ensuite, le trou spectral est facile à obtenir, car ici, comme dans le cas d'ORNSTEIN-UHLENBECK, le spectre est discret et les vecteurs propres $g(y)$ sont tels que, si x est dans $\mathbb{R}^n$, $g(|x|^2)$ est un vecteur propre du semigroupe d'ORNSTEIN-UHLENBECK. En conséquence, le vecteur propre correspondant à la première valeur propre non nulle de $\mathbf{L}_n$ est en fait un polynôme du second degré dans $\mathbb{R}^n$ qui correspond à la seconde valeur propre du semigroupe d'ORNSTEIN-UHLENBECK.

Remarque.—

Dans cet exemple, l'algèbre naturelle dont on dispose est l'algèbre des fonctions qui sont somme d'une constante et d'une fonction C^∞ à support compact dans $[0,\infty[$, et à dérivée nulle en 0. Cette algèbre est stable par composition avec les fonctions C^∞, mais pas sous l'action de $\hat{\mathbf{P}}_t$. En fait, on dispose d'une algèbre simple, l'algèbre des polynômes de la variable x^2, qui est stable par $\hat{\mathbf{P}}_t$ et par $\mathbf{L}_n$, dense dans tous les $\mathbf{L}^p(\mu)$. Cette algèbre n'est pas stable par composition avec les fonctions C^∞, mais il est beaucoup plus commode de travailler avec cette dernière qu'avec la précédente.

Décroissance de l'entropie.

Comme nous l'avons vu au chapitre précédent, l'inégalité de trou spectral (TS2) est liée à la convergence rapide de $\mathbf{P}_t f$ vers $\langle f \rangle$, lorsque $t \to \infty$, au moins dans le cas des semigroupes markoviens en mesure invariante. Il n'est donc pas étonnant que cette propriété se retrouve lorsque le semigroupe satisfait à une inégalité LogST(2). Pour cela, introduisons l'analogue pour $p = 1$ des inégalités LogS(p).

Définition.—*Nous dirons que le semigroupe $\mathbf{P}_t$ satisfait une inégalité* LogS(1) *si, pour toute fonction f de $\mathcal{A}^+$, on a*

$$E_1(f) \leq c(1)\{-\langle \log f, \mathbf{L}f \rangle + m(1)\langle f \rangle\}. \qquad \text{LogS(1)}$$

Les calculs que nous avons fait dans la proposition 3.1 peuvent se reproduire à l'identique, et nous avons, pour un semigroupe markovien en mesure réversible

$$4\mathcal{E}_2(\sqrt{f}) \leq -\langle \log f, \mathbf{L}f \rangle,$$

avec égalité dans le cas des semigroupes de diffusion en mesure invariante. Donc, une inégalité LogS(2) entraîne l'inégalité LogS(1) avec $c(1) = c(2)/4$, $m(1) = 4m(2)$.

Nous ne nous intéresserons dans ce paragraphe qu'au cas où $m(1) = 0$: on parlera alors comme d'habitude d'inégalité LogST(1). Le même raisonnement que plus haut permet de montrer que dans le cas markovien en mesure invariante, alors l'inégalité LogST(1) entraîne l'inégalité de trou spectral avec $\lambda_0 = \dfrac{1}{2c(1)}$. Le résultat suivant est établi dans [BE1] dans le cas des diffusions :

Proposition 3.10.—*Soit $\mathbf{P}_t$ un semigroupe markovien en mesure invariante. Alors, l'inégalité* LogST(1) *est satisfaite avec une constante $c(1)$ si et seulement si, pour toute fonction f positive, on a*

$$E_1(\mathbf{P}_t f) \leq \exp(-\frac{1}{c(1)}t)E_1(f). \qquad (3.5)$$

Preuve. Montrons d'abord que LogST(1) entraîne (3.5). On se ramène comme d'habitude au cas où $f \in \mathcal{A}^+$. Puis par homogénéité au cas où $\langle f \rangle = 1$. La mesure μ étant invariante, on voit qu'alors $\langle \mathbf{P}_t f \rangle = 1$. L'inégalité de l'énoncé s'écrit alors $h(t) \leq \exp(-\lambda t)h(0)$, avec $\lambda = 1/c(1)$ et $h(t) = \langle \mathbf{P}_t f \log \mathbf{P}_t f \rangle$. L'hypothèse, appliquée à $\mathbf{P}_t f$, se traduit alors par $h'(t) \leq -c(1)h(t)$, ce qui nous donne le résultat.

Réciproquement, on obtient LogST(1) en différentiant (3.5) en $t = 0$. $\qquad\square$

Remarque.—

Si l'on compare le résultat de la proposition précédente à celui de la proposition 2.3, on voit que l'inégalité de trou spectral donne une convergence exponentielle de $\mathbf{P}_t f$ vers $\langle f \rangle$ au sens de $\mathbf{L}^2(\mu)$, alors que l'inégalité LogST(1) la donne au sens de l'entropie. Cette dernière convergence est donc plus forte que la décroissance en norme $\mathbf{L}^2(\mu)$, mais je ne vois pas d'argument permettant de le voir plus directement. D'autre part, la proposition 3.7. permet de comparer les vitesses de convergence, qui sont en $\exp(-t/c(1))$ pour l'entropie et en $\exp(-\lambda_0 t)$ en norme $\mathbf{L}^2(\mu)$, où λ_0 est la première valeur propre non nulle de $-\mathbf{L}$. Rappelons que nous avons toujours

$$\lambda_0 \geq \frac{1}{2c(1)} \geq \frac{2}{c(2)}.$$

Un critère d'hypercontractivité.

Comme nous venons de le voir, dans le cas des semigroupes de diffusion, la propriété d'hypercontractivité est équivalente à l'inégalité LogST(1). Ceci va nous permettre de donner une nouvelle démonstration élémentaire du théorème de NELSON, inspirée de [BE1], et simplifiée dans ce cadre par LEDOUX (voir aussi [DS]) :

Proposition 3.11.—*Supposons que le semigroupe $\mathbf{P}_t$ soit un semigroupe markovien tel que, pour toute fonction f de $\mathcal{A}^+$, $\mathbf{P}_t f \to \langle f \rangle$ dans $\mathbf{L}^2(\mu)$ lorsque $t \to \infty$ et tel qu'il existe un réel $\lambda > 0$ tel que, pour toute fonction f de $\mathcal{A}^+$, on ait*

$$\langle -\mathbf{L}\mathbf{P}_t f, \log \mathbf{P}_t f \rangle \leq \exp(-\lambda t)\langle -\mathbf{L}f, \log f \rangle. \tag{3.6}$$

Alors, il satisfait à l'inégalité LogST(1) avec comme constante $c(1) = 1/\lambda$.

Preuve. Remarquons que la première hypothèse est assez anodine : elle signifie simplement que le semigroupe est ergodique. Elle est en particulier satisfaite dès qu'il y a un trou spectral.

Nous écrivons f_t pour $\mathbf{P}_t f$, pour simplifier : f_t étant majorée et minorée uniformément en t, nous savons que $\langle f_t \log f_t \rangle \to \langle f \rangle \log \langle f \rangle$ lorsque $t \to \infty$. Nous avons alors

$$E_1(f) = \langle f_0 \log f_0 \rangle - \langle f_\infty \log f_\infty \rangle = -\int_0^\infty \frac{d}{dt} \langle f_t \log f_t \rangle \, dt =$$

$$= -\int_0^\infty \langle \mathbf{L}f_t, \log f_t \rangle \, dt \leq -\langle \mathbf{L}f, \log f \rangle \int_0^\infty \exp(-\lambda t) \, dt = -\frac{1}{\lambda} \langle \mathbf{L}f, \log f \rangle.$$

☐

Remarquons que, dans la démonstration précédente, nous aurions pu aussi bien remplacer $\exp(-\lambda t)$ par n'importe quelle fonction d'intégrale finie sur $\mathbb{R}_+$.

Lorsque le semigroupe est un semigroupe de diffusion, on a

$$-\langle \mathbf{L}f, \log f \rangle = \langle \mathbf{\Gamma}(f, \log f) \rangle = \langle \frac{1}{f}\mathbf{\Gamma}(f,f) \rangle,$$

et l'inégalité de l'énoncé s'écrit

$$\langle \frac{1}{\mathbf{P}_t f}, \mathbf{\Gamma}(\mathbf{P}_t f, \mathbf{P}_t f) \rangle \le \exp(-\lambda t)\langle \frac{1}{f}\mathbf{\Gamma}(f,f) \rangle.$$

On va voir que c'est le cas pour le semigroupe d'ORNSTEIN-UHLENBECK, avec $\lambda = 2$, ce qui permet de retrouver exactement le théorème de NELSON. En effet, pour ce semigroupe, on a $\mathbf{\Gamma}(f,f) = |\nabla f|^2$, où $|x|$ désigne la norme euclidienne d'un vecteur dans $\mathbb{R}^n$. Or,

$$\mathbf{P}_t f(x) = \int_{\mathbb{R}^n} f(e^{-t}x + \sqrt{1 - e^{-2t}}\,y)\,e^{-|y|^2/2}\,\frac{dy}{(2\pi)^{n/2}},$$

et on voit immédiatement sur cette formule que $\frac{\partial}{\partial x_i}\mathbf{P}_t f(x) = e^{-t}\mathbf{P}_t(\frac{\partial}{\partial x_i}f)$. On a donc $|\nabla \mathbf{P}_t f| \le e^{-t}\mathbf{P}_t|\nabla f|$. Or, $\mathbf{P}_t$ est un semigroupe markovien, qui se représente par des mesures de probabilité. Pour tout couple de fonctions f et g bornées supérieurement et inférieurement, une application immédiate de l'inégalité de SCHWARZ nous donne

$$\frac{(\mathbf{P}_t g)^2}{\mathbf{P}_t f} \le \mathbf{P}_t(\frac{g^2}{f}).$$

En appliquant ceci avec $g = |\nabla f|$, on obtient

$$\langle \frac{|\nabla \mathbf{P}_t f|^2}{\mathbf{P}_t f} \rangle \le \exp(-2t)\langle \frac{(\mathbf{P}_t|\nabla f|)^2}{\mathbf{P}_t f} \rangle \le \exp(-2t)\langle \mathbf{P}_t(\frac{|\nabla f|^2}{f}) \rangle = \exp(-2t)\langle \frac{|\nabla f|^2}{f} \rangle.$$

C'est ce qu'on voulait démontrer.

☐

Plaçons nous dans le cas markovien symétrique. Si l'inégalité (3.6) est satisaite, on obtient en différentiant en $t = 0$ l'inégalité suivante, valable pour tout f de $\mathcal{A}^+$:

$$-\lambda\langle \frac{1}{f}, (\mathbf{L}f)^2 \rangle \le \langle \frac{1}{f}, (\mathbf{L}f)^2 \rangle + \langle \mathbf{L}f, \mathbf{L}\log f \rangle. \tag{3.7}$$

Réciproquement, si l'inégalité (3.7) est satisfaite pour les fonctions de $\mathcal{A}^+$, alors, par un argument de densité déjà utilisé plus haut, elle reste vraie pour toutes les fonctions bornées supérieurement du domaine. En appelant $\varphi(t)$ la fonction $-\langle \log(\mathbf{P}_t f), \mathbf{L}\mathbf{P}_t f \rangle$, l'inégalité (3.7) appliquée à $\mathbf{P}_t f$ s'écrit $\varphi'(t) + \lambda\varphi(t) \le 0$, et ceci redonne $\varphi(t) \le \exp(-\lambda t)\varphi(0)$, ce qui est l'inégalité (3.6). Nous voyons donc que, pour les semigroupes markoviens symétriques, les inégalités (3.6) et (3.7) sont équivalentes, et entraînent, moyennant une petite hypothèse d'ergodicité, l'inégalité LogST(1). En résumé, nous avons établi le résultat suivant :

53

Proposition 3.12.—*Supposons que* P_t *soit un semigroupe markovien symétrique ergodique pour lequel l'inégalité (3.7) est satisfaite avec une constante* $\lambda > 0$. *Alors, il satisfait à une inégalité LogST(1) avec constante* $c(1) = 1/\lambda$. *De plus, si ce semigroupe est de diffusion, alors l'inégalité LogST(2) est satisfaite avec constante* $c(2) = 4/\lambda$.

Remarque.—

Nous ne connaissons pas d'exemple, pour le moment, où l'inégalité LogST(1) soit satisfaite sans que le soit (3.7) (avec $c(1) = 1/\lambda$).

Intégrabilité des vecteurs propres.

Nous pouvons reprendre l'argument développé dans le chapitre précédent pour établir l'inégalité de KHINTCHINE. Supposons que le semigroupe satisfasse à une inégalité de LogST(2) avec constante $c(2)$, et que f soit un vecteur propre de $-L$, de valeur propre $\lambda_n \geq \lambda_0 \geq 2/c(2)$. Alors, on a, dès que $\|f\|_2 = 1$ et que $c < \lambda_n c(2)/(4e)$,

$$\int \exp[c|f|^{4/(c(2)\lambda_n)}] \, d\mu < \infty.$$

Pour s'en convaincre, il suffit d'écrire pour $q = 1 + \exp(4t/c(2))$, l'inégalité

$$\exp(-\lambda_n t)\|f\|_q = \|P_t f\|_q \leq \|f\|_2 = 1.$$

On obtient ainsi

$$\forall q > 2, \ \|f\|_q \leq (q-1)^{c(2)\lambda_n/4} \leq q^{c(2)\lambda_n/4}.$$

De cette inégalité, on en tire l'inégalité de distribution

$$\mu\{|f| \geq s\} \leq \frac{q^{c(2)\lambda_n/4 \, q}}{s},$$

qu'on optimise en choisissant $q = s^{1/\alpha_n}/e$, où nous avons posé $\alpha_n = c(2)\lambda_n/4$. On en tire immédiatement le résultat annoncé, puisque

$$\int \exp(c|f|^\alpha) \, d\mu = \int_0^\infty c\alpha s^{\alpha-1} \mu\{|f| \geq s\} \exp(cs^\alpha) \, ds.$$

Remarque.—

En considérant le cas du semigroupe d'ORNSTEIN-UHLENBECK, on voit que ce résultat est le meilleur possible quant à l'exposant α pour lequel il existe c tel que $\exp(c|f|^\alpha)$ est intégrable. En effet, dans ce cas, si λ_n est la $n^{\text{ième}}$ valeur propre, on a

$$c(2)\lambda_n/4 = \lambda_n/2\lambda_1 = n/2,$$

et le vecteur propre associé est un polynome P de degré n, qui est tel que $\exp(c|P|^\alpha)$ n'est intégrable pour la mesure gaussienne que si $\alpha \leq 2/n$.

54

Hypercontractivité dans le plan complexe.

Le paragraphe qui suit peut être omis en première lecture, car il pose plus de questions qu'il n'en résoud. Comme dans le théorème de BECKNER, nous allons nous intéresser dans ce qui suit aux semigroupes de diffusion symétriques pour un paramètre complexe. Nous nous restreignons pour simplifier au cas $1 < p \leq 2$, et nous poser la question d'étendre le théorème de GROSS pour une valeur complexe du temps t. Le principal intérêt du résultat technique que nous établissons est de montrer que, lorsque le semigroupe satisfait à une inégalité de SOBOLEV logarithmique, et que le "temps" t est dans une région (assez compliquée) du plan complexe dépendant de la valeur p, nous pouvons trouver un réel $q(t,p) > p$ tel que

$$\|\mathbf{P}_t f\|_q \leq \|f\|_p,$$

pour toutes les fonctions f à valeurs complexes. Ceci ne permet pas de retrouver le résultat de BECKNER (qui est plus fort), mais le résultat que nous allons établir présente avec celui-ci des relations curieuses, qui demanderaient à être élucidées. D'autre part, la méthode que nous allons employer est suffisament générale pour être étendue à d'autres cas que le cas complexe, comme dans [Ba3], par exemple.

Théorème 3.13.—*Supposons que le semigroupe de diffusion symétrique $\mathbf{P}_t$ satisfasse à une inégalité LogST(2) avec constante $c(2) = c$. Supposons en outre que le spectre de $\mathbf{L}$ soit discret. Pour*

$$1 < p \leq 2, \quad 0 \leq x < -\frac{c}{4}\log(p-1) \quad \text{et} \quad |y| < \frac{c}{4}\pi,$$

posons $X = \exp(4x/c)$, $\tau = \mathrm{tg}^2(2y/c)$, $\gamma = 1/(p-1)$ et $A = \tau(\gamma - X)/(X-1)$. Alors $\|\mathbf{P}_{x+iy}\|_{p,q} \leq 1$ dès que

$$X < \gamma \, ; \quad q \leq q(p,x,y,c) = 1 + X(A-1)/(A-\gamma) \tag{3.8}$$

et que

$$2\tau(X-\gamma)^2 \leq 2(\gamma^2+1)X - (\gamma+1)(X^2+\gamma) - (\gamma-1)\sqrt{\Delta}, \tag{3.9}$$

où l'on a posé

$$\Delta = ((2X-1)^2\gamma^2 - 2X\gamma(2X^2 - 3X + 2) + X^2(X-2)^2.$$

Remarques.—

1- La condition $X < \gamma$ entraîne que la quantité Δ apparaissant dans la condition (3.9) est toujours positive. Il n'est pas difficile de voir que la borne supérieure donnée sur τ par la condition (3.9) est toujours majorée par $\gamma(X-1)/(\gamma-X)$.

2- Lorsque $X = \gamma$, la condition (3.9) devient $\tau \leq 1$, d'où l'on tire $y \leq c\pi/2$. Dans ce cas, la quantité q donnée par (3.8) vaut 2, et on aurait obtenu le même résultat en appliquant le théorème de GROSS à l'opérateur $\mathbf{P}_x$, puis en appliquant l'opérateur

$\mathbf{P}_{iy}$, qui est une contraction de $\mathbf{L}^2(\mu)$. Cet argument n'est pas valable pour d'autres valeurs, car l'opérateur $\mathbf{P}_{iy}$ n'est en général pas une contraction de $\mathbf{L}^p(\mu)$.

3- Si nous appliquons le théorème précédent avec $y = \tau = 0$, nous voyons que nous retrouvons le résultat de GROSS, mais avec la restriction supplémentaire que $X \leq \gamma$, qui n'apparait pas dans le cas réel.

4- L'hypothèse que l'inégalité LogS(2) soit tendue n'est pas indispensable. Nous aurions pu obtenir un résultat analogue par la même méthode sans l'hypothèse de tension. Mais les choses sont déjà bien assez compliquées comme cela.

5- L'hypothèse que le spectre soit discret n'est qu'une hypothèse technique qui permet de simplifier les choses. Mais je ne connais à l'heure actuelle aucun exemple de semigroupe satisfaisant à une inégalité LogST(2) et qui n'ait pas un spectre discret. Elle n'est donc pas à priori gênante (pour l'instant).

6- L'opérateur $\hat{\mathbf{L}} = c\mathbf{L}$ satisfait une inégalité LogST(2) avec constante $\hat{c} = 1$. Ceci permet en fait de se ramener à l'étude du cas $c = 1$ dans le théorème précédent, si l'on remarque que $q(p,x,y,c) = q(p,x/c,y/c,1)$.

7- La remarque suivante est assez curieuse, et c'est elle en fait qui justifie toute cette section. Oublions pour l'instant la restriction donnée par la condition (3.9), et fixons x dans le théorème précédent; si nous faisons tendre y vers $c\pi/4$, alors $q(p,x,y,c)$ converge vers $1 + X$. Si ensuite nous faisons tendre x vers $-(c/4)\log(p-1)$, alors $1 + X$ converge vers l'exposant conjugué de p, et nous obtenons à la limite, pour p et q conjugués et $x = -(c/4)\log(p-1)$,

$$\|\mathbf{P}_{x+ic\pi/4}\|_{p,q} \leq 1.$$

Nous retrouvons ainsi le théorème de BECKNER pour le semigroupe d'ORNSTEIN-UH-LENBECK, où la constante c vaut 2. Évidemment, ceci nous amène à nous poser la question de rechercher un argument permettant de supprimer la condition (3.9), pour ramener ainsi le résultat de BECKNER (pour lequel il n'existe pas d'autre démonstration que celle excquissée dans le chapitre 1), à celui de NELSON, qui se généralise à de nombreux semigroupes.

Preuve. Nous commençons par énoncer un résultat analogue au théorème de GROSS mais pour des solutions d'équations n-dimensionnelles :

Proposition 3.14.—*Supposons que le semigroupe $\mathbf{P}_t$ soit un semigroupe de diffusion symétrique qui satisfait à une inégalité LogST(2) avec une constante c. Soit $A = (a_{ij}(t))$ une matrice $n \times n$ de fonctions continues : $\mathbb{R}_+ \to \mathbb{R}_+$ et considérons une solution $f(t) = (f_1,\ldots,f_n)$, au sens de $\mathbf{L}^2(\mu)$, de l'équation $f'(t) = A\mathbf{L}f$, c'est à dire*

$$\frac{\partial f_i}{\partial t} = \sum_j a_{ij}(t)\mathbf{L}f_j(t). \tag{3.10}$$

56

56

Nous supposerons en outre que la fonction $t \to f(t)$ satisfait à la condition

$$\forall t > 0, \exists \varepsilon > 0, \| \sup_{|s| < \varepsilon} \frac{|f(t+s) - f(t)|}{s} \|_p < \infty. \tag{3.11}$$

Soit Φ : $\mathbb{R}^n \to \mathbb{R}_+$ une fonction de classe C^∞, globalement lipchitzienne et ayant ses dérivées premières Φ'_i et secondes Φ'_{ij} bornées, et telle que, au sens des matrices symétriques, on ait

$$(\Phi'_j \Phi'_k) \leq \lambda(p,t) \operatorname{sym}(\sum_i a_{ij}(t) \{ \Phi \Phi''_{ik} + (p-1) \Phi'_i \Phi'_k \}), \tag{3.12}$$

où $\operatorname{sym}(A) = \frac{1}{2}(A + {}^t A)$ désigne la matrice symétrisée de la matrice A. Soit $t \to p(t)$ une fonction croissante dérivable à valeurs dans $[1, \infty[$ telle que

$$0 < p'(t)\lambda(p,t) \leq \frac{4}{c} ; \tag{3.13}$$

alors $\|\Phi(f_t)\|_{p(t)}$ est une fonction décroissante.

Preuve. Elle est élémentaire et suit exactement celle du théorème de Gross. Appelons $U(t)$ la fonction $\langle \Phi(f(t))^{p(t)} \rangle^{1/p(t)}$. Nous avons mis dans nos hypothèses tout ce qu'il faut pour justifier les dérivations sous le signe somme ; en écrivant Φ à la place de $\Phi(f(t))$ et p à la place de $p(t)$, nous avons

$$\frac{dU}{dt} = \frac{U}{\langle \Phi^p \rangle} \frac{p'}{p^2} \{ E_p(\Phi) + \frac{p^2}{p'} \sum_i \langle \Phi^{p-1} \Phi'_i f'_i \rangle . \}$$

Maintenant, nous avons, grâce à la symétrie et à la propriété de diffusion,

$$\sum_i \langle \Phi^{p-1} \Phi'_i f'_i \rangle = \sum_{ij} \langle \Phi^{p-1} \Phi'_i, a_{ij}(t) \mathbf{L} f_j \rangle = -\sum_{ij} a_{ij}(t) \langle \Gamma(\Phi^{p-1} \Phi'_i, f_j) \rangle =$$

$$= -\sum_{ijk} a_{ij}(t) \langle (\Phi^{p-1} \Phi''_{ik} + (p-1) \Phi^{p-2} \Phi'_i \Phi'_k) \Gamma(f_k, f_j) \rangle =$$

$$= -\sum_{jk} \langle \Phi^{p-2} M_{jk} \Gamma(f_j, f_k) \rangle,$$

où M_{jk} désigne la matrice symétrique

$$\operatorname{sym}(\sum_i a_{ij}(t) \{ \Phi \Phi''_{ik} + (p-1) \Phi'_i \Phi'_k \}).$$

Or, l'opérateur carré du champ étant positif, la matrice $(\Gamma(f_j, f_k))$ est symétrique positive. D'autre part, si $M = (M_{jk})$ et $N = (N_{jk})$ sont deux matrices symétriques positives, alors

$M \bullet N = \sum_{jk} M_{jk} N_{jk}$ est positif. D'après nos hypothèses, nous en déduisons que

$$\sum_i \langle \Phi^{p-1} \Phi'_i f'_i \rangle \leq -\frac{1}{\lambda(p,t)} \sum_{jk} \langle \Phi^{p-2} \Phi'_j \Phi'_k, \Gamma(f_j, f_k) \rangle.$$

Donc, si $p' \lambda(p,t) \leq 4/c$, on obtient

$$\frac{dU}{dt} \leq \frac{U}{\langle \Phi^p \rangle} \frac{p'}{p^2} \{ E_p(\Phi) - c \frac{p^2}{4} \sum_{jk} \langle \Phi^{p-2} \Phi'_j \Phi'_k, \Gamma(f_j, f_k) \rangle.$$

D'un autre côté, on a

$$\mathcal{E}_2(\Phi^{p/2}) = \langle \Gamma(\Phi^{p/2}, \Phi^{p/2}) \rangle = \frac{p^2}{4} \sum_{jk} \langle \Phi^{p-2} \Phi'_j \Phi'_k, \Gamma(f_j, f_k) \rangle.$$

On voit donc, par un changement de f en $\Phi(f)^{p/2}$, que l'inégalité LogST(2) avec constante c implique l'inégalité

$$E_p(\Phi) - c \frac{p^2}{4} \sum_{jk} \langle \Phi^{p-2} \Phi'_j \Phi'_k, \Gamma(f_j, f_k) \rangle \leq 0.$$

D'où le résultat. $\quad\square$

Pour déduire le théorème 3.13 du résultat précédent, nous allons l'appliquer avec $n = 2$ et avec la fonction $\Phi(x,y) = \sqrt{x^2 + y^2}$. Comme cette fonction Φ n'est pas $\mathcal{C}^\infty$, il convient en fait de la régulariser en la remplaçant par $\sqrt{x^2 + y^2 + \varepsilon}$, avec $\varepsilon > 0$, et de faire ensuite converger ε vers 0. Nous laisserons ce détail au lecteur. De plus, grâce à la remarque 6, nous pouvons nous ramener au cas $c = 1$.

Rappelons que, par hypothèse, nous avons supposé le spectre discret. Appelons alors (H_n) une suite de vecteurs propres de L, de valeur propre λ_n, normalisés dans $L^2(\mu)$, formant une base de $\mathbf{L}^2(\mu)$. Pour démontrer le résultat, il suffit d'estimer la norme $\|\mathbf{P}_z(f)\|_q$, où f s'écrit de la forme $\sum_{n \leq n_0} a_n H_n$, avec $z = x + iy$, $x > 0$. Dans ce cas, $\mathbf{P}_z(f) = \sum_{n \leq n_0} a_n \exp(-\lambda_n z) H_n$. Considérons alors une courbe différentiable $t \rightarrow z(t)$, dans le demiplan $x > 0$, allant de 0 à $z_0 = x + iy$, et appelons $f(t)$ la fonction complexe $\mathbf{P}_{z(t)}(f)$, que nous considérons comme un vecteur $(f_1(t), f_2(t))$ de $\mathbb{R}^2$. C'est une solution de l'équation

$$\frac{df}{dt} = z'(t) \mathbf{L} f(t),$$

et, si $z'(t) = x'(t) + iy'(t)$, cela correspond aux hypothèses du théorème précédent avec pour matrice

$$A(t) = \begin{pmatrix} x'(t) & -y'(t) \\ y'(t) & x'(t) \end{pmatrix}.$$

Nous suposerons que $x'(t) > 0$.

Tout d'abord, le théorème d'hypercontractivité nous donne, pour t réel, et

$q(t) = 1 + \exp(4t),$

$$\|\mathbf{P}_t H_n\|_{q(t)} = \exp(-\lambda_n t)\|H_n\|_{q(t)} \leq \|H_n\|_2.$$

Donc, les fonctions H_n sont dans tous les espaces $\mathbf{L}^p(\mu)$, et l'hypothèse (3.11) est satisfaite.

Il ne nous reste plus qu'à vérifier (3.12). La fonction $\Phi(x, y)$ étant égale à $\sqrt{x^2 + y^2}$, on a, en un point $(x, y) = (\rho\cos\theta, \rho\sin\theta)$,

$$\Phi\Phi'' + (p-1)\Phi'\otimes\Phi' = I + (p-2)\begin{pmatrix} \cos^2\theta & \cos\theta\sin\theta \\ \cos\theta\sin\theta & \sin^2\theta \end{pmatrix},$$

où I désigne la matrice identité. En appelant respectivement B_1 et B_2 les matrices

$$B_1 = \begin{pmatrix} \cos^2\theta & \cos\theta\sin\theta \\ \cos\theta\sin\theta & \sin^2\theta \end{pmatrix} \quad \text{et} \quad B_2 = \begin{pmatrix} -\cos\theta\sin\theta & \frac{1}{2}(\cos^2\theta - \sin^2\theta) \\ \frac{1}{2}(\cos^2\theta - \sin^2\theta) & \cos\theta\sin\theta \end{pmatrix},$$

et en posant $\tau = y'/x'$, l'équation (3.12) devient

$$\{1 - \lambda(p,t)x'(t)(p-2)\}B_1 - \tau(p-2)\lambda(p,t)x'B_2 \leq \lambda(p,t)x'I. \tag{3.14}$$

Or les valeurs propres de la matrice symétrique $B_1 + \mu B_2$ sont $\frac{1}{2}(1 + \sqrt{1+\mu^2})$ et $\frac{1}{2}(1 - \sqrt{1+\mu^2})$. Dans tous les cas de figure, l'inégalité (3.14) s'écrit

$$\lambda(p,t)x'(t) \geq \frac{4}{4(p-1) - \tau^2(p-2)^2}.$$

Finalement, lorsque $c = 1$, l'inégalité (3.13) peut s'écrire

$$0 \leq \frac{dp}{dx} \leq 4(p-1) - \tau^2(p-2)^2. \tag{3.15}$$

Au bout du compte, pour toute courbe $t \to z(t)$ dans le demiplan $x > 0$, partant de $(0,0)$, et avec $z(T) = x_0 + iy_0$, nous obtenons,

$$\|\mathbf{P}_{z(T)}f\|_{q(T)} \leq \|f\|_p,$$

lorsque q est la solution de l'équation différentielle

$$\frac{dq}{dx} = 4(q-1) - \left(\frac{dy}{dx}\right)^2 (q-2)^2 ; \quad q(0) = p.$$

Il nous reste à optimiser le choix de la courbe $t \to z(t)$, le point $(x(T), y(T)) = (x_0, y_0)$ étant fixé, de façon à maximiser q dans le résultat précédent. En prenant la variable x comme paramètre, ce qui est licite puisque nous avons supposé que la fonction $t \to x(t)$ est strictement croissante, un petit calcul de variations nous amène à choisir la fonction $y(x)$ comme solution de l'équation différentielle

$$2y'''y' - 3y''^2 + 16y'^2(1 + y'^2) = 0,$$

auquel cas

$$q(x) = \frac{2y''}{y'' + 4y'}.$$

En posant $X = \exp(4x)$, une solution à ce système est donnée par

$$\begin{cases} y = \alpha + (1/2)\mathrm{arctg}(\beta(X - \gamma)) \, ; \\ q = \dfrac{1 - \beta^2(X^2 - \gamma^2)}{1 - \beta^2\gamma(X - \gamma)}. \end{cases}$$

Les constantes α, β et γ s'ajustent en fonction des valeurs $y(0) = 0$, $y(x_0) = y_0$ et $q(0) = p$. Si l'on explicite ces valeurs, en posant $X_0 = \exp(4x_0)$, $\gamma_0 = 1/(p - 1)$, et $\tau_0 = \mathrm{tg}^2(2y_0)$, nous obtenons

$$\begin{cases} \mathrm{tg}(2\alpha) = \beta(\gamma - 1) \\ \dfrac{\gamma_0 - \gamma}{\gamma - 1} = \tau_0 \dfrac{(\gamma_0 - X_0)^2}{(X_0 - 1)^2} \\ \beta^2 = \dfrac{1}{(\gamma_0 - \gamma)(\gamma - 1)}. \end{cases}$$

La condition $dq/dx \geq 0$ devient

$$X^2\beta^2\gamma + (1 + \beta^2\gamma^2)(\gamma - 2X) \geq 0,$$

qui doit être vérifiée pour tout $X \in [1, X_0]$. Ce polynôme du second degré en X est toujours négatif en son minimum, qui est atteint en un point de $[1, \infty[$. Ce minimum doit donc être atteint en un point de $[X_0, \infty[$, ce qui impose la condition $X_0 \leq \gamma_0$, et la condition $P(X_0) \geq 0$ se traduit alors par la condition (3.9) du théorème 3.13. Il ne reste plus qu'à remplacer toutes ces valeurs dans la fonction q au point x_0 pour obtenir l'énoncé du théorème. $\square$

60

4— Inégalités de SOBOLEV et estimations de la densité du semigroupe.

Dans le chapitre précédent, nous avons vu que l'inégalité de SOBOLEV logarithmique est reliée à la propriété d'hypercontractivité du semigroupe. Ici, nous allons utiliser la même méthode pour voir comment une inégalité de SOBOLEV, qui est plus forte, est reliée à des estimations précises sur la densité du semigroupe. Ces connections ont été explorées par plusieurs auteurs, à l'aide de méthodes différentes : procédé itératif de MOSER ([V]), inégalités de NASH ([CKS]), inégalités de SOBOLEV logarithmiques ([DaSi]). Nous suivons ici plutôt la méthode de [DaSi], sous la forme développée dans [BM] des inégalités de SOBOLEV faibles. Cette méthode a l'avantage de fournir des estimations précises et de fournir également des bornes inférieures.

Nous renvoyons au livre de E.B. DAVIES [Da], où on peut trouver en outre une bibliographie exhaustive sur le sujet. (Voir aussi [CSCV] pour une approche plus spécifique aux groupes.)

Inégalités de SOBOLEV.

Considérons une variété riemannienne compacte connexe de dimension $n \geq 2$, et sa mesure de RIEMANN m, normalisée pour en faire une probabilité ; dans cette situation, nous savons que, si f est dans $\mathbf{L}^2(m)$ ainsi que $|\nabla f|$, alors f est dans $\mathbf{L}^p(m)$, avec $p = 2n/(n-2) > 2$. Cette propriété provient d'une inégalité de SOBOLEV :

$$\forall f \in \mathcal{C}^\infty, \|f\|_p^2 \leq C_1 \|\nabla f\|_2^2 + C_2 \|f\|_2^2. \tag{4.1}$$

Si nous introduisons le laplacien Δ de la variété, l'inégalité précédente se traduit par

$$\forall f \in \mathcal{C}^\infty, \|f\|_p^2 \leq -C_1 \langle f, \Delta f \rangle + C_2 \|f\|_2^2. \tag{4.2}$$

Remarquons que, si l'on remplace la mesure m par n'importe quelle mesure μ ayant une densité par rapport à m bornée supérieurement et inférieurement, l'inégalité (4.1) est préservée, avec le même exposant p, à un changement près des constantes C_1 et C_2. Considérons alors un semigroupe $\mathbf{P}_t$ dont le générateur s'écrive $\mathbf{L} = \Delta + X$, où X est un champ de vecteurs $\mathcal{C}^\infty$, et de mesure invariante μ. Pour cet opérateur, nous avons $\Gamma(f, f) = |\nabla f|^2$, et

$$\langle \Gamma(f, f) \rangle = -\langle f, \mathbf{L}f \rangle,$$

les intégrales étant prises par rapport à la mesure μ. Ceci nous montre que, pour cet opérateur et avec $p = 2n/(n-2)$, l'inégalité suivante est satisfaite

$$\forall f \in \mathcal{C}^\infty, \|f\|_p^2 \leq -C_1 \langle f, \mathbf{L}f \rangle + C_2 \|f\|_2^2. \tag{S}$$

Nous appelerons l'inégalité précédente inégalité de SOBOLEV, d'exposant p et de constantes C_1 et C_2. D'après ce que nous venons de voir, elle est satisfaite avec $p = 2n/(n-2)$ pour toutes les diffusions sur une variété compacte, à générateur $\mathcal{C}^\infty$ et elliptique. Dans le cas général des semigroupes en mesure invariante décrits dans le chapitre 2, nous demanderons à cette inégalité d'être satisfaite pour toutes les fonctions de $\mathcal{A}$.

Si une telle inégalité est satisfaite, nous poserons $n = 2p/(p-2)$ et, suivant VARO-POULOS, nous appelerons ce coefficient n la dimension du semigroupe.

L'inégalité de SOBOLEV (S) n'est qu'un cas particulier d'une famille d'inégalités plus générale. Suivant LEDOUX [L1], pour un coefficient $n > 2$, et pour $p \in [1, 2n/(n-2)]$, $p \neq 2$, introduisons les inégalités suivantes :

$$\|f\|_p^{2\alpha}\|f\|_2^{2(1-\alpha)} \leq C_1\langle\Gamma(f,f)\rangle + C_2\|f\|_2^2, \qquad \text{S(p,n)}$$

avec $\dfrac{1}{p} = \dfrac{1}{2} - \dfrac{\alpha}{n}$. Pour $p = 2$, nous remplacerons l'inégalité précédente par l'inégalité obtenue en passant à la limite

$$\langle f^2 \log f^2\rangle - \langle f^2\rangle \log\langle f^2\rangle \leq \frac{n}{2}\langle f^2\rangle \log\{C_1\frac{\langle\Gamma(f,f)\rangle}{\|f\|_2^2} + C_2\}. \qquad \text{(SF)}$$

Nous appelerons cette dernière inégalité "inégalité de SOBOLEV faible", de constantes C_1 et C_2. De même, l'inégalité S(1,n) s'appelle inégalité de NASH. Toutes ces inégalités se déduisent les unes des autres, avec les mêmes constantes C_1 et C_2, et sont de plus en plus faibles à mesure que p décroît de $2n/(n-2)$ à 1, en passant par (SF) qui joue le rôle de S(2,n). Pour s'en convaincre, il suffit de se rappeler que l'inégalité de convexité classique nous dit que la fonction $\varphi(x)$ définie sur $]0,1[$ par

$$\varphi(x) = \log(\|f\|_{1/x})$$

est convexe, et d'écrire que, par conséquent, la pente $(\varphi(x) - \varphi(1/2))/(x - 1/2)$, est une fonction croissante de x. Le cas particulier $p = 2$ provient de ce qu'on remplace alors cette pente par $\varphi'(1/2)$.

En fait, nous allons voir dans ce qui suit que toutes ces inégalités sont équivalentes, au moins lorsque le semigroupe est symétrique. Cette équivalence préserve la dimension n mais pas nécessairement les constantes C_1 et C_2 ; elle n'est pas du tout immédiate. Elle repose sur le fait que la plus faible (l'inégalité de NASH) entraîne une estimation

$$\|P_t\|_{1,\infty} \leq Ct^{-n/2}, \ (t \in]0,1[) \qquad (4.3)$$

laquelle en retour entraîne l'inégalité de SOBOLEV lorsque le semigroupe est symétrique. Ici, nous ne démontrerons pas que l'inégalité de NASH entraîne (4.3) (nous renvoyons à [CKS] ou [Da] pour cela), mais nous le ferons uniquement pour l'inégalité (SF).

L'inégalité (SF) fait partie d'une autre famille d'inégalités plus générales, les inégalités entre énergie et entropie, qui se présentent sous la forme suivante

$$\forall f \in \mathcal{A}, \ E_2(f) \leq \langle f^2\rangle\Phi(\frac{\mathcal{E}_2(f)}{\langle f^2\rangle}), \qquad (S\Phi)$$

où la fonction $\Phi : \mathbb{R}_+ \to \mathbb{R}_+$ est croissante et concave. Ces inégalités ont été introduites dans [DaSi] sous la forme de familles d'inégalités de SOBOLEV logarithmiques. L'inégalité (SF) correspond au cas où $\Phi(x) = \dfrac{n}{2}\log(C_1 + C_2 x)$, tandis que nous avons vu au chapitre précédent l'inégalité de SOBOLEV logarithmique qui correspond au cas où $\Phi(x) = c_2 + c_1 x$.

Dans le chapitre précédent, nous avons vu que, pour un semigroupe markovien en mesure invariante, l'inégalité de SOBOLEV logarithmique était tendue si et seulement si l'inégalité de trou spectral avait lieu (propositions 3.8 et 3.9). De la même manière, et toujours en utilisant l'inégalité (DS) de la proposition 3.8, nous pouvons affirmer que, si une inégalité (SΦ) a lieu en même temps que l'inégalité de trou spectral, nous pouvons choisir la fonction Φ de façon à vérifier $\Phi(x) \leq cx$, pour une certaine constante $c > 0$. Réciproquement, si la fonction Φ vérifie une telle inégalité, alors l'inégalité LogST(2) a lieu, et par conséquent l'inégalité de trou spectral.

En fait, lorsqu'on travaille avec des mesures de probabilité, la constante C_2 de l'inégalité de SOBOLEV est supérieure ou égale à 1. Si elle est égale à 1, d'après ce que l'on vient de dire, et puisque cette inégalité est plus forte que l'inégalité (SF), alors l'inégalité (TS) a lieu. Réciproquement, si l'inégalité (TS) a lieu en même temps que l'inégalité (S), alors nous pouvons choisir $C_2 = 1$ dans l'inégalité de SOBOLEV; cela repose sur le résultat suivant :

Lemme 4.1.—*Soit $p > 2$ un réel. Si f est une fonction de $\mathbf{L}^p(\mu)$, notons $\tilde{f} = f - \langle f \rangle$. Alors*

$$\langle |f|^p \rangle^{2/p} \leq \langle f \rangle^2 + (p-1)\langle |\tilde{f}|^p \rangle^{2/p}.$$

Remarque.—

La constante $p - 1$ dans l'inégalité précédente est la meilleure possible. D'autre part, A.BEN-TALEB m'a fait remarquer qu'en dérivant en $p = 2$ l'inégalité précédente, nous retrouvons l'inégalité de DEUSCHEL-STROOCK (proposition 3.8.)

Preuve. Comme dans la proposition 3.8, on se ramène à écrire $f = 1 + tg$, où g est une fonction bornée avec $\langle g \rangle = 0$, $\langle g^2 \rangle = 1$. L'inégalité s'écrit alors

$$\langle |1 + tg|^p \rangle^{2/p} \leq 1 + t^2(p-1)\langle |g|^p \rangle^{2/p}.$$

La fonction $\varphi(t) = \langle |1 + tg|^p \rangle^{2/p}$ est telle que $\varphi(0) = 1$, $\varphi'(0) = 0$. Il nous suffit donc de montrer que $\varphi''(t) \leq 2(p-1)\langle |g|^p \rangle^{2/p}$ pour obtenir le résultat.

Par un calcul simple, on obtient

$$\frac{\varphi''(t)}{2} = (\frac{2}{p} - 1)\langle g|1 + tg|^{p-1} \rangle^2 \langle |1 + tg|^p \rangle^{\frac{2}{p}-2} + (p-1)\langle |1 + tg|^p \rangle^{(2/p)-1} \langle g^2|1 + tg|^{p-2} \rangle.$$

Or, $2/p \leq 1$, et le premier terme de l'expression précédente est donc négatif. D'autre part, en utilisant l'inégalité de HOLDER avec exposants $p/2$ et $p/(p-2)$, nous avons

$$\langle g^2|1 + tg|^{p-2} \rangle \leq \langle |1 + tg|^p \rangle^{1-2/p} \langle |g|^p \rangle^{2/p}.$$

Ceci donne le résultat annoncé. □

Cette proposition permet de passer d'une inégalité de SOBOLEV à une inégalité tendue ($C_2 = 1$) en présence d'un trou spectral :

Proposition 4.2.— *Si le semigroupe markovien satisfait à l'inégalité (S), avec une dimension n et des constantes C_1 et C_2, ainsi qu'à une inégalité de trou spectral (TS2) avec une constante λ_0, il satisfait à une inégalité (S) de même dimension, avec une constante $C_2 = 1$ et $C_1 = (p-1)(C_2/\lambda_0 + C_1)$.*

Preuve. On écrit

$$\langle f^p \rangle^{2/p} \le \langle f \rangle^2 + (p-1)\langle(\hat{f})^p\rangle^{2/p} \le \langle f \rangle^2 + (p-1)[C_2\langle(\hat{f})^2\rangle + C_1\mathcal{E}_2(\hat{f})] \le$$

$$\le \langle f \rangle^2 + (p-1)(\frac{C_2}{\lambda_0} + C_1)\mathcal{E}_2(f).$$

☐

Remarquons que nous pouvons alors remplacer dans l'inégalité (S) le terme $\langle f^2 \rangle$ par le terme $\langle f \rangle^2$, ce qui paraît meilleur à priori.

Nous avons vu au chapitre précédent que les inégalités de SOBOLEV logarithmiques entraînent que la norme $\|\mathbf{P}_t\|_{p,q}$ est finie pour certaines valeurs $1 < p < q < \infty$. Nous allons voir ici que, pour certaines fonctions Φ, les inégalités (SΦ) entraînent que la norme $\|\mathbf{P}_t\|_{1,\infty}$ est finie. Ceci se traduira par le fait que le semigroupe $\mathbf{P}_t$ se représente par des noyaux à densité bornée. Celà découle du lemme suivant:

Lemme 4.3.— *Soit $(E, \mathcal{F}, \mu)$ un espace de probabilité. Supposons que la tribu $\mathcal{F}$ soit engendrée, aux ensembles de mesure nulle près, par une famille dénombrable. Soit P un opérateur borné de $\mathbf{L}^1(\mu)$ dans $\mathbf{L}^\infty(\mu)$, avec norme c. Alors, il existe une fonction $p(x, y)$ définie sur $E \times E$, majorée $\mu \otimes \mu$-presque sûrement par c, et telle que*

$$\forall f \in \mathbf{L}^1(\mu), \quad Pf(x) = \int_E f(y)\, p(x, y)\, \mu(dy).$$

Preuve. C'est un résultat classique et nous nous contenterons d'en exquisser la preuve. Choisissons tout d'abord une suite croissante $\mathcal{F}_n$ de σ-algèbres finies dont la réunion engendre la tribu $\mathcal{F}$ aux ensembles de mesure nulle près. Appelons P_n les opérateurs

$$P_n(f) = E[P(f)/\mathcal{F}_n],$$

où les espérances conditionnelles sont prises par rapport à la mesure μ. Puisque les espérances conditionnelles sont des contractions de $\mathbf{L}^\infty(\mu)$, nous avons

$$\|P_n(f)\|_\infty \le c\|f\|_1.$$

Considérons alors une partition $(A_n^p, 1 \le p \le p_n)$ qui engendre la tribu $\mathcal{F}_n$. Nous pouvons écrire

$$P_n(f)(x) = \sum_p 1_{A_n^p}(x)\mu_n^p(f),$$

où les applications linéaires $f \to \mu_n^p(f)$ sont bornées sur $\mathbf{L}^1(\mu)$ de norme majorée par c. Il existe donc des fonctions f_n^p qui sont telles que $\|f_n^p\|_\infty \le c$ et

$$\mu_n^p(f) = \int_E f(y) f_n^p(y)\, \mu(dy).$$

Donc, l'opérateur P_n se représente par le noyau $p_n(x, y)\, \mu(dy)$, où

$$p_n(x, y) = \sum_P 1_{A_n^p}(x) f_n^p(y),$$

la densité $p_n(x, y)$ étant majorée par $c\ \mu \otimes \mu$-presque sûrement.

Maintenant, on vérifie immédiatement que la suite $p_n(x, y)$ est sur l'espace $E \times E$ une $\mu \otimes \mu$-martingale par rapport à la filtration $\mathcal{F}_n$. Cette martingale est bornée et converge donc $\mu \otimes \mu$ presque sûrement vers une fonction $p(x, y)$, qui est telle que

$$Pf(x) = \int f(y)\, p(x, y)\, \mu(dy).$$

□

Lorsque $\mathbf{P}_t$ est une diffusion à générateur elliptique et à coefficients C^∞ sur une variété, le noyau $p_t(x, dy)$ se représente en fait par des fonctions $p_t(x, y)$ de classe C^∞ et, dans ce cas, les bornes que nous obtiendrons seront en fait uniformes, et non seulement des bornes essentielles. Mais en général, les fonctions $p_t(x, y)$ ne sont définies qu'à des ensembles de mesure nulle près.

Majorations.

Nous supposerons dans ce paragraphe que $\mathbf{P}_t$ est un semigroupe markovien en mesure invariante. Nous avons alors le résultat suivant :

Théorème 4.4.—*Soit $\mathbf{P}_t$ soit un semigroupe markovien symétrique ou une diffusion en mesure invariante. Supposons que le générateur L satisfasse une une inégalité (SΦ), où Φ est une fonction strictement croissante concave, de classe C^1, telle que $\Phi'(0) < \infty$ et que $\Phi'(x)/x$ soit intégrable au voisinage de l'infini. Notons $\Psi(x)$ la fonction $\Phi(x) - x\Phi'(x)$ et, pour tout $\lambda > 0$, posons*

$$\begin{cases} t(\lambda) = \dfrac{1}{2} \displaystyle\int_1^\infty \Phi'(\lambda x) \dfrac{dx}{\sqrt{x(x-1)}}; \\[2mm] m(\lambda) = \dfrac{1}{2} \displaystyle\int_1^\infty \dfrac{\Psi(\lambda x)}{x} \dfrac{dx}{\sqrt{x(x-1)}}. \end{cases} \tag{4.4}$$

Nous avons

$$\|\mathbf{P}_{t(\lambda)}\|_{1,\infty} \le \exp(m(\lambda)). \tag{4.5}$$

Remarque.—

La fonction $\Phi'(x)$ étant décroissante, la fonction $\lambda \to t(\lambda)$ est strictement décroissante dès que Φ' est non constante. Ceci permet d'inverser cette fonction et d'obtenir m en fonction de t.

Preuve. Nous suivons ici la méthode de [BM], qui est elle même inspirée de celle de [DaSi]. Remarquons que, la fonction Φ' étant décroissante, les conditions d'intégrabilité imposent que $\lim_{x \to \infty} \Phi'(x) = 0$. À l'aide d'une intégration par partie, ceci montre que la fonction $\Psi(x)/x^2$ est intégrable au voisinage de l'infini. Celà permet de donner un sens aux quantités qui apparaissent dans l'énoncé du théorème 4.4.

Commençons par remplacer l'inégalité (SΦ) par une famille d'inégalités de SOBOLEV logarithmiques. La fonction Φ étant concave, nous avons, pour tout $x_0 > 0$,

$$\Phi(x) \leq \Phi(x_0) + \Phi'(x_0)(x - x_0),$$

et si nous reportons cette inégalité dans (SΦ), nous obtenons

$$\forall f \in \mathcal{A}, \ \forall x_0 > 0, \quad E_2(f) \leq \Phi'(x_0)\{\mathcal{E}_2(f) + (\frac{\Phi}{\Phi'}(x_0) - x_0)\langle f^2 \rangle\}.$$

Nous pouvons alors utiliser la proposition 3.1 du chapitre précédent pour obtenir, pour $p \in]1, \infty[$,

$$\forall f \in \mathcal{A}, \ \forall x > 0, \quad E_p(f) \leq \Phi'(x)\frac{p^2}{4(p-1)}\{\mathcal{E}_p(f) + \frac{4(p-1)}{p^2}(\frac{\Phi}{\Phi'}(x) - x)\langle f^p \rangle\}.$$

Choisissons une fonction $p \to x(p)$, définie sur $]1, \infty[$ et à valeurs dans $\mathbb{R}_+$: nous pouvons alors appliquer le théorème 3.2 et nous obtenons $\|\mathbf{P}_t\|_{1,\infty} \leq \exp(m)$, où

$$\begin{cases} t = \displaystyle\int_1^\infty \Phi'(x(p)) \frac{dp}{4(p-1)}; \\ m = \displaystyle\int_1^\infty \Psi(x(p)) \frac{dp}{p^2}. \end{cases} \tag{4.6}$$

à condition d'avoir choisi une fonction $p \to x(p)$ telle que les deux intégrales qui apparaissent dans la formule (4.6) soient convergentes. Il nous reste ensuite à optimiser le choix de la fonction $x(p)$. Ce choix optimum est obtenu lorsque $x(p) = \lambda p^2/(p-1)$. Dans ce cas, on vérifie que, sous nos hypothèses, les deux intégrales convergent. Ensuite, il suffit de remarquer que le changement de variables $p \to p/(p-1)$ laisse inchangée la fonction $x(p)$: on coupe alors l'intervalle d'intégration en $[1, 2]$ et $[2, \infty]$, et on choisit $u = \dfrac{p^2}{4(p-1)}$ comme nouvelle variable. On obtient ainsi les formules annoncées après un changement de λ en 4λ. $\square$

Dans la formule précédente, on obtient les comportements de $\|\mathbf{P}_t\|_{1,\infty}$ au voisinage de $t = 0$ en faisant converger λ vers l'infini, et le comportement au voisinage de $t = \infty$ en faisant converger λ vers 0. En particulier, au voisinage de $t = \infty$, nous obtenons :

Corollaire 4.5.—*Supposons que la fonction Φ soit telle que, pour $x \in [0,1]$, on ait $\Phi'(0) - \Phi'(x) \le Kx$. Alors, Si $\Phi(0) \ne 0$, on a*

$$\limsup_{t \to \infty} \|\mathbf{P}_t\|_{1,\infty} \le \exp(\Phi(0)).$$

Si $\Phi(0) = 0$, alors, lorsque $t \to \infty$,

$$\|\mathbf{P}_t\|_{1,\infty} \le \exp\{A \exp(-\frac{2}{\Phi'(0)}t)(1 + \varepsilon(t))\},$$

où $\varepsilon(t) \to 0$, lorsque $t \to \infty$, et

$$A = 2\exp(C) \int_0^\infty \Psi(x) \frac{dx}{x^2}, \text{ avec}$$

$$C = \int_0^1 (\frac{\Phi'(x)}{\Phi'(0)} - 1) \frac{dx}{x} + \int_1^\infty \frac{\Phi'(x)}{\Phi'(0)} \frac{dx}{x}.$$

Preuve. Faisons un développement limité de $t(\lambda)$ et $m(\lambda)$ au voisinage de $\lambda = 0$. En écrivant

$$2t(\lambda) = \int_\lambda^1 \frac{\Phi'(u)}{\sqrt{u(u - \lambda)}} \, du + \int_1^\infty \frac{\Phi'(u)}{\sqrt{u(u - \lambda)}} \, du,$$

le second terme du développement précédent converge par convergence dominée vers

$$\int_1^\infty \frac{\Phi'(u)}{u} \, du,$$

tandis que nous pouvons écrire le premier sous la forme

$$\int_\lambda^1 \frac{\Phi'(u) - \Phi'(0)}{\sqrt{u(u - \lambda)}} \, du + \Phi'(0) \int_\lambda^1 \frac{1}{\sqrt{u(u - \lambda)}} \, du.$$

Dans cette écriture, le premier terme converge vers

$$\int_0^1 \frac{\Phi'(u) - \Phi'(0)}{u} \, du,$$

tandis que le second se calcule explicitement :

$$\int_\lambda^1 \frac{1}{\sqrt{u(u - \lambda)}} \, du = \log \frac{1}{\lambda} + 2\log(1 + \sqrt{1 - \lambda}).$$

Nous en déduisons le développement limité de la fonction $t(\lambda)$ au voisinage de $\lambda = 0$:

$$2t(\lambda) = -\Phi'(0)\log(\lambda) + C_1 + \varepsilon(\lambda),$$

avec $\varepsilon(\lambda) \to 0$ et

$$C_1 = \int_0^1 \{\Phi'(u) - \Phi'(0)\} \frac{du}{u} + \int_1^\infty \Phi'(u) \frac{du}{u} + \Phi'(0)2\log 2.$$

Ceci nous donne un équivalent de λ au voisinage de $t = \infty$:

$$\lambda = \exp\{C \exp(-\frac{2t}{\Phi'(0)})(1 + \varepsilon(t))\},$$

où $\varepsilon(t) \to 0$ lorsque $t \to \infty$.

Nous pouvons faire le même travail avec la fonction $m(\lambda)$: nous avons tout d'abord

$$\lim_{\lambda \to 0} m(\lambda) = \Phi(0).$$

En effet, nous écrivons

$$2m(\lambda) = \int_1^\infty \Psi(\lambda u)/u \, \frac{du}{\sqrt{u(u-1)}}.$$

Or, la fonction $\Psi(x)$ est décroissante, comme cela découle immédiatement de la concavité de Φ. On voit donc par convergence monotone que, lorsque λ décroit vers 0, $2m(\lambda)$ converge vers

$$\Psi(0) \int_1^\infty \frac{du}{u\sqrt{u(u-1)}} = \Psi(0) \int_0^1 \frac{du}{\sqrt{1-u}} = 2\Psi(0) = 2\Phi(0).$$

Dans le cas où $\Phi(0) = 0$, ce qui correspond au cas des inégalités tendues, alors nous aurons besoin d'un développement plus précis. Nous écrivons alors

$$2m(\lambda) = \lambda \int_\lambda^\infty \frac{\Psi(u)}{u^2} \frac{du}{\sqrt{1 - \lambda/u}}.$$

Au voisinage de $u = 0$, la fonction $\Psi(u)/u^2$ est bornée d'après nos hypothèses, et nous pouvons couper l'intégrale qui précède en deux: d'une part

$$\int_{2\lambda}^\infty \frac{\Psi(u)}{u^2} \frac{du}{\sqrt{1-\lambda/u}} \to \int_0^\infty \frac{\Psi(u)}{u^2} \, du,$$

par convergence dominée, et d'autre part

$$|\int_\lambda^{2\lambda} \frac{\Psi(u)}{u^2} \frac{du}{\sqrt{1-\lambda/u}}| \le C \int_\lambda^{2\lambda} \frac{du}{\sqrt{1-\lambda/u}} = C\lambda \int_1^2 \frac{\sqrt{v}}{\sqrt{v-1}} \, dv.$$

Ceci nous permet d'écrire, au voisinage de $\lambda = 0$,

$$2m(\lambda) = \lambda\{\int_0^\infty \frac{\Psi(u)}{u^2} \, du + \varepsilon(\lambda)\},$$

et nous donne le développement asymptotique annoncé. ⬜

De la même manière, les développements asymptotiques de l'estimation précédente sur $\|\mathbf{P}_t\|_{1,\infty}$ au voisinage de $t = 0$ dépendent du comportement asymptotique de la fonction Φ au voisinage de l'infini. Nous ne donnerons les résultats que dans le cas qui nous intéressera par la suite, celui des inégalités (SF). Le lecteur se convaincra qu'on pourrait faire une étude analogue avec un comportement de $\Phi'(x)$ à l'infini en $x^{-\varepsilon}$, $\varepsilon > 0$.

Corollaire 4.6.—*Supposons qu'au voisinage de $x = \infty$, la fonction $\Phi'(x)$ soit équivalente à $\dfrac{n}{2x}$: alors, il existe une constante C telle que, au voisinage de $t = 0$, on ait*

$$\|\mathbf{P}_t\|_{1,\infty} \leq Ct^{-n/2}.$$

Preuve. Si $\Phi'(x) \approx \dfrac{n}{2x}$, alors, au voisinage de $x = \infty$, on a également

$$\Phi(x) = A + \frac{n}{2}\log x + \varepsilon(x),$$

avec $\lim_{x\to\infty} \varepsilon(x) = 0$, la constante A dépendant de la fonction Φ. Dans ce cas, il est aisé de voir sur les expressions explicites de $t(\lambda)$ et de $m(\lambda)$ que, lorsque $\lambda \to \infty$, alors $\lambda t \to n/2$ et que

$$m(\lambda) = \frac{n}{2}\log \lambda + A - \frac{n}{4}\int_0^1 \frac{\log u}{\sqrt{1-u}}\, du + \varepsilon'(\lambda),$$

avec $\varepsilon'(\lambda) \to 0$ lorsque $\lambda \to \infty$. Cette estimation donne le résultat. ⬜

Nous voyons donc qu'une inégalité de SOBOLEV faible de dimension n entraîne une majoration de la norme $\|\mathbf{P}_t\|_{1,\infty}$ par $Ct^{-n/2}$, au voisinage de $t = 0$. Dans le cas des semigroupes markoviens symétriques, la réciproque de ce théorème a été établie par VARO-POULOS [V] :

Théorème 4.7.—*Supposons que $\mathbf{P}_t$ soit un semigroupe markovien symétrique tel que, pour $0 < t \leq 1$, on ait $\|\mathbf{P}_t\|_{1,\infty} \leq Ct^{-n/2}$, $n > 2$. Alors, il satisfait à une inégalité de SOBOLEV d'exposant n.*

Preuve.
Nous recopions cette démonstration de [Da, p.75]. L'inégalité de SOBOLEV (S) peut s'écrire sous la forme
$$\langle f, (C_2\mathbf{I} - C_1\mathbf{L})f\rangle \geq \|f\|_p^2.$$
Introduisons l'opérateur $H = (C_2\mathbf{I} - C_1\mathbf{L})^{-1/2}$: au moins lorsque $C_1 > 0$ et $C_2 > 0$, c'est un opérateur borné dans tous les espaces $\mathbf{L}^p(\mu)$, qu'on peut représenter sous la forme

$$H = \frac{1}{\sqrt{C_1\pi}}\int_0^\infty t^{-1/2}\exp\left(-\frac{C_2}{C_1}t\right)\mathbf{P}_t\, dt.$$

Cette formule se voit directement sur la décomposition spectrale à partir de l'expression, valable pour $x > 0$,

$$\frac{1}{\sqrt{x}} = \frac{1}{\sqrt{\pi}} \int_0^\infty \exp(-xt) \frac{dt}{\sqrt{t}}.$$

L'opérateur H ainsi défini étant symétrique, l'inégalité (S) peut encore s'écrire

$$\|Hf\|_p \leq \|f\|_2,$$

et cela revient donc à dire que l'opérateur H est une contraction de $\mathbf{L}^2(\mu)$ dans $\mathbf{L}^p(\mu)$, avec $p = 2n/(n-2)$. Tout revient finalement à démontrer que, sous nos hypothèses, il existe une constante $c > 0$ pour laquelle l'opérateur

$$H' = \int_0^\infty t^{-1/2} \exp(-ct) \mathbf{P}_t \, dt$$

est borné de $\mathbf{L}^2(\mu)$ dans $\mathbf{L}^p(\mu)$.

Puisque $\|\mathbf{P}_1\|_{1,\infty} \leq C$, il en va de même de $\mathbf{P}_{1+t}$ pour $t \geq 0$, grâce à la propriété de semigroupe et au fait que $\mathbf{P}_t$ est une contraction de $\mathbf{L}^\infty(\mu)$. L'opérateur

$$H' = \int_1^\infty t^{-1/2} \exp(-ct) \mathbf{P}_t \, dt$$

est donc borné de $\mathbf{L}^1(\mu)$ dans $\mathbf{L}^\infty(\mu)$ pour tout $c > 0$. Comme c'est également un opérateur borné sur $\mathbf{L}^p(\mu)$ pour tout p, le théorème de RIESZ-THORIN nous montre que c'est un opérateur borné de $\mathbf{L}^p(\mu)$ dans $\mathbf{L}^q(\mu)$, pour tout couple $1 < p < q < \infty$. Il nous reste à traiter le cas de

$$H'' = \int_0^1 t^{-1/2} \exp(-ct) \mathbf{P}_t \, dt.$$

Choisissons $p > 2$ et posons $p_1 = p/2 + 1$. Si nous appliquons le théorème de RIESZ-THORIN avec comme exposants $(1, \infty)$ d'une part et (p_1, p_1) de l'autre, nous voyons que, pour $0 < t \leq 1$,

$$\|\mathbf{P}_t\|_{2,p} \leq C' t^{-(1/2-1/p)(n/2)}.$$

Donc, dès que $\frac{1}{2} + \frac{n}{2}\left(\frac{1}{2} - \frac{1}{p}\right) < 1$, $\|H''\|_{2,p} < \infty$. Ceci nous montre le résultat pour tout $p < 2n/(n-2)$. Si nous voulons obtenir le cas limite $p = 2n/(n-2)$, il nous faut utiliser un argument plus fin que le théorème d'interpolation de RIESZ-THORIN, qui est le théorème d'interpolation de MARCINKIEWICZ [cf Ste]:

Un opérateur H est de type faible (p, q) si

$$\mu\{x/|Hf(x)| \geq \lambda\} \leq C^q \lambda^{-q} \|f\|_p^q.$$

Si $\|H\|_{p,q} \leq C$, alors H est bien évidemment de type faible (p, q), avec le même C. Le théorème de MARCINKIEWICZ affirme que si H est de type faible (p_1, q_1) et (p_2, q_2), il est borné de $\mathbf{L}^p(\mu)$ dans $\mathbf{L}^q(\mu)$, si $1/p = \theta/p_1 + (1-\theta)/p_2$ et $1/q = \theta/q_1 + (1-\theta)/q_2$, à condition d'avoir $0 < \theta < 1$.

Pour obtenir notre résultat, nous allons montrer que sous nos hypothèses, et pour tout $p \in]1, \infty[$, H'' est de type faible (p, q), avec $1/q = 1/p - 1/n$. Il suffira ensuite d'interpoler ceci entre deux valeurs de p encadrant 2.

Dans ce qui suit, la constante C peut varier de place en place, mais ne dépend pas de la fonction f. Nous commençons par écrire $H'' = U_T + V_T$, avec

$$U_T = \int_0^T t^{-1/2} \exp(-ct) \mathbf{P}_t \, dt, \quad V_T = \int_T^1 t^{-1/2} \exp(-ct) \mathbf{P}_t \, dt.$$

Grâce au théorème de RIESZ-THORIN, nous avons $\|\mathbf{P}_t\|_{p,\infty} \leq C t^{-n/(2p)}$, et donc

$$\|V_T f\|_\infty \leq C T^{1/2 - n/(2p)} \|f\|_p.$$

Nous écrivons ensuite

$$\mu\{x/|H''f(x)| \geq \lambda\} \leq \mu\{x/|U_T f(x)| \geq \lambda/2\} + \mu\{x/|V_T f(x)| \geq \lambda/2\},$$

et nous choisissons T de manière à avoir $\frac{\lambda}{2} = 2 C T^{1/2 - n/(2p)} \|f\|_p$, ce qui nous donne $\mu\{x/|V_T f(x)| \geq \lambda/2\} = 0$. D'autre part, $\|U_T\|_{p,p} \leq C T^{1/2}$, et donc

$$\mu\{x/|U_T f(x)| \geq \lambda/2\} \leq C T^{p/2} \left(\frac{\|f\|_p}{\lambda} \right)^p.$$

En remplaçant T par sa valeur, nous obtenons

$$\mu\{x/|H''f(x)| \geq \lambda\} \leq C \left(\frac{\|f\|_p}{\lambda} \right)^{(1/p - 1/n)^{-1}},$$

ce qui est le résultat cherché. □

Remarques.—

1- En fait, et toujours dans le cas des semigroupes symétriques, nous aurions pu comme dans le chapitre 3 utiliser le théorème d'interpolation complexe de STEIN (théorème 3.6), et nous aurions obtenu directement l'inégalité de SOBOLEV faible de dimension n. On peut trouver un argument similaire dans le livre de [Da].

2- Au moins dans le cas des semigroupes symétriques, les majorations uniformes sont en fait des majorations sur la diagonale de $\mathbf{E} \times \mathbf{E}$. Pour s'en convaincre, reprenons un argument de [CKS], en supposant qu'on ait sur $\mathbf{E}$ une topologie pour laquelle les ouverts soient mesurables et pour laquelle les densités $p_t(x, y)$ soient continues. Dans ce cas, en vertu de la propriété de semigroupe, nous avons

$$p_t(x, y) = \int_{\mathbf{E}} p_{t/2}(x, z) p_{t/2}(z, y) \, \mu(dz).$$

À cause de la symétrie, nous savons que $p_t(x, y) = p_t(y, x)$, et nous obtenons ainsi, en utilisant l'inégalité de SCHWARZ,

$$p_t(x,y) \leq \left[\int_E p_{t/2}(x,z)^2 \, \mu(dz)\right]^{1/2} \left[\int_E p_{t/2}(y,z)^2 \, \mu(dz)\right]^{1/2} = p_t(x,x)^{1/2} p_t(y,y)^{1/2}.$$

L'argument topologique n'est là que pour donner un sens à la fonction $p_t(x,x)$, qui n'est en général pas définie.

Dans ce cas, nous pouvons alors déduire que

$$\int_E p_t(x,x) \, d\mu(x) < \infty,$$

ce qui montre que $\mathbf{P}_t$ est un opérateur à trace et est donc de spectre discret. On obtient ainsi une borne supérieure pour la trace de $\mathbf{P}_t$. On voit alors ce qui nous manque pour combler le trou entre propriété d'hypercontractivité (qui entraîne l'existence d'un trou spectral) et discrétion du spectre: la fonction $\Phi(x) = ax$ n'est pas telle que $\int_0^\infty \frac{\Phi'(x)}{x} \, dx < \infty$.(*)

Remarquons en outre qu'il n'y a pas besoin d'argument topologique pour déduire des inégalités précédentes la discrétion du spectre, car l'estimation obtenue sur le noyau de $\mathbf{P}_t$ montre que c'est un opérateur de HILBERT-SCHMIDT, donc compact dans $\mathbf{L}^2(\mu)$.

Minorations.

Nous allons voir que la même méthode que précédemment permet d'obtenir des minorations sur la densité du semigroupe lorsque les inégalités (SΦ) sont tendues. Pour cela, nous supposerons comme plus haut que le semigroupe est markovien symétrique, ou est une diffusion en mesure invariante. Nous supposerons de plus qu'il vérifie une inégalité (SΦ), où Φ est une fonction croissante concave de classe $\mathcal{C}^1$, telle que $\Phi'(x)/x$ soit intégrable au voisinage de l'infini, et telle que $\Phi'(0)$ existe et soit finie. Nous supposerons de plus que $\Phi(0) = 0$ (hypothèse de tension). Dans ce cas, nous savons déjà que le semigroupe admet une densité $p_t(x,y)$ bornée par rapport à la mesure invariante $\mu(dx)$. Nous avons alors le résultat de minoration suivant:

Théorème 4.8.—*Sous les hypothèses précédentes, et avec les notations du théorème 4.5, posons, pour tout $\lambda > 0$,*

$$\begin{cases} t(\lambda) = \dfrac{1}{2} \displaystyle\int_0^\infty \Phi'(\lambda x) \, \dfrac{dx}{\sqrt{x(x+1)}}; \\[2mm] m(\lambda) = -\dfrac{1}{2} \displaystyle\int_0^\infty \Psi(\lambda x) \, \dfrac{dx}{x\sqrt{x(x+1)}}. \end{cases} \qquad (4.7)$$

Alors, $\mu \otimes \mu$-presque sûrement,

$$p_t(x,y) \geq \exp(m(\lambda)). \qquad (4.8)$$

(*) Nous avons déjà signalé plus haut que nous n'avions pas d'exemple de semigroupe symétrique hypercontractif à spectre non discret.

Rappelons que la fonction $\Psi(x)$ vaut $\Phi(x) - x\Phi'(x)$.

Preuve. Nous allons utiliser la même méthode, mais avec le théorème 3.3 au lieu du théorème 3.2. En effet, démontrer une inégalité $p_t(x, y) \geq c$, il suffit de voir que, pour toute fonction positive f telle que $\int f \, d\mu = 1$, alors $\mathbf{P}_t(f) \geq c$. On se ramène immédiatement à démontrer ceci lorsque la fonction f est minorée par une constante strictement positive. Or, dans ce cas,

$$\text{essinf}_E \mathbf{P}_t(f) = \lim_{q \to -\infty} \langle (\mathbf{P}_t f)^q \rangle^{1/q}.$$

Appliquons alors le théorème 3.3 ; nous obtenons :

Si, pour tout $p \in]1, \infty[$, le semigroupe satisfait à une inégalité de SOBOLEV logarithmique LogS(p) avec des constantes $c(p)$ et $m(p)$ telles que

$$t = \int_{-\infty}^{1} \frac{-c(u)}{u^2} \, du < \infty \quad \text{et} \quad m = \int_{-\infty}^{1} m(u) \frac{-c(u)}{u^2} \, du < \infty,$$

alors $p_t(x, y) \geq \exp(m)$.

Nous pouvons appliquer alors la méthode utilisée pour les majorations. Le semigroupe satisfait pour tout $x > 0$ à une inégalité de LogS(2) avec des constantes $c(2) = \Phi'(x)$ et $m(2) = \frac{\Phi}{\Phi'}(x) - x$. D'après la proposition 3.1, il satisfait à une inégalité LogS(p), avec $c(p) = \Phi'(x)p^2/4(p-1)$ et $m(p) = 4(\frac{\Phi}{\Phi'}(x) - x)(p-1)/p^2$. Il nous reste à choisir la fonction $p \to x(p)$ optimale, ce qui est fait comme plus haut en posant $x(p) = \lambda p^2/4(1-p)$, où λ est une constante strictement positive. Dans ce cas, le changement de p en $p/(p-1)$ laisse x invariante, et échange les intervalles $]-\infty, 0[$ et $]0, 1[$. On peut alors faire dans chaque intervalle le changement de variables $x = \frac{p^2}{4(1-p)}$, et on obtient finalement

$$\begin{cases} t(\lambda) = \dfrac{1}{2} \displaystyle\int_0^\infty \Phi'(\lambda x) \dfrac{dx}{\sqrt{x(x+1)}} ; \\ m(\lambda) = -\dfrac{1}{2} \displaystyle\int_0^\infty \Psi(\lambda x) \dfrac{dx}{x\sqrt{x(x+1)}}. \end{cases}$$

Ceci donne exactement le résultat annoncé. $\qquad\qquad\square$

Par abus de langage, nous appellerons cette borne inférieure $\|\mathbf{P}_t\|_{1, -\infty}$. Comme plus haut, nous allons obtenir des estimations de $\|\mathbf{P}_t\|_{1, -\infty}$ au voisinage de $t = \infty$ en faisant converger λ vers 0, et ces estimations vont dépendre essentiellement du comportement de Φ au voisinage de 0. De même, en faisant converger λ vers l'infini, nous allons obtenir des estimations de $\|\mathbf{P}_t\|_{1, -\infty}$ au voisinage de $t = 0$, qui vont dépendre essentiellement du comportement de Φ au voisinage de l'infini.

Corollaire 4.9.— *Supposons que, au voisinage de $x = 0$, nous ayons*

$$|\Phi'(x) - \Phi'(0)| \leq Kx.$$

Alors, lorsque t converge vers l'infini, nous avons, $\mu \otimes \mu$-presque sûrement,

$$p_t(x,y) \geq \exp\{-A \exp(-\frac{2}{\Phi'(0)}t)(1 + \varepsilon(t))\},$$

où $\varepsilon(t) \to 0$ et où A est la même constante que celle qui apparaît dans le corollaire 4.5.

Preuve. Nous la laisserons au lecteur. Il suffit de faire un développement limité dans le théorème précédent au voisinage de $\lambda = 0$, exactement comme dans le corollaire 4.5.

Si nous comparons ce résultat avec celui obtenu pour les majorations sous les mêmes hypothèses, nous voyons qu'au bout du compte nous obtenons une convergence exponentielle de $p_t(x,y)$ vers 1, avec en fait

$$\| \log p_t(x,y) \|_\infty \leq A \exp(-\frac{2}{\Phi'(0)}t)(1 + \varepsilon(t)),$$

au voisinage de $t = \infty$. Ceci est en fait un résultat d'ergodicité du semigroupe beaucoup plus fort que celui donné par la seule propriété d'hypercontractivité (proposition 3.10). $\square$

Enfin, nous pouvons également obtenir des estimations de $\|\mathbf{P}_t\|_{1,-\infty}$ au voisinage de $t = 0$. Comme plus haut, nous ne le ferons que dans le cas des inégalités de SOBOLEV faibles. Nous obtenons :

Corollaire 4.10.—*Supposons que la fonction Φ satisfasse les hypothèses du théorème 4.8 et qu'en plus, elle vérifie*

$$\lim_{x \to \infty} x\Phi'(x) = \frac{n}{2}.$$

Alors, il existe une constante $C > 0$ ne dépendant que de Φ, telle que, lorsque $t \to 0$,

$$\liminf_{t \to 0} \|\mathbf{P}_t\|_{1,-\infty} \geq Ct^{-n} \exp(-\frac{\delta^2}{4t})(1 + \epsilon(t)),$$

où la constante δ vaut

$$\delta = \int_0^\infty \Phi'(u) \frac{du}{\sqrt{u}} = \frac{1}{2} \int_0^\infty \frac{\Phi(u)}{u^{3/2}} \, du,$$

et $\lim_{t \to 0} \epsilon(t) = 0$.

Preuve. Il s'agit comme plus haut d'écrire un développement limité des fonctions $t(\lambda)$ et $m(\lambda)$ du théorème 4.8 au voisinage de $\lambda = \infty$.

Montrons tout d'abord que, avec nos hypothèses, on a, lorsque $\lambda \to \infty$,

$$2t(\lambda) = \frac{1}{\sqrt{\lambda}} \int_0^\infty \Phi'(u) \frac{du}{\sqrt{u}} - \frac{n}{\lambda} + \frac{1}{\lambda}\varepsilon(\lambda), \tag{4.8}$$

où $\varepsilon(\lambda) \to 0$ lorsque $\lambda \to \infty$. En effet, nous écrivons

$$2t(\lambda) = \int_0^\infty \Phi'(\lambda u) \frac{du}{\sqrt{u(u+1)}} = \frac{1}{\sqrt{\lambda}} \int_0^\infty \frac{\Phi'(v)}{\sqrt{v}} \frac{dv}{\sqrt{1+v/\lambda}}.$$

Fixant alors $\varepsilon > 0$, choisissons M tel que $|x\Phi'(x) - n/2| \le \varepsilon$ si $x \ge M$. Nous avons

$$2\lambda t(\lambda) - \sqrt{\lambda} \int_0^\infty \Phi'(v) \frac{dv}{\sqrt{v}} =$$

$$= \sqrt{\lambda} \int_0^M \frac{\Phi'(v)}{\sqrt{v}} [\frac{1}{\sqrt{1+v/\lambda}} - 1]\, dv + \sqrt{\lambda} \int_M^\infty \frac{\Phi'(v)}{\sqrt{v}} [\frac{1}{\sqrt{1+v/\lambda}} - 1]\, dv.$$

Dans le membre de droite de l'expression précédente, le premier terme converge vers 0 lorsque $\lambda \to \infty$. Si nous appelons K le second terme, il nous reste à montrer que, pour λ suffisament grand, on a $1 - 2\varepsilon \le -\frac{K}{n} \le 1 + 2\varepsilon$. Le paramètre ε étant arbitraire, ceci nous donne le développement annoncé. Nous écrivons

$$(1-\varepsilon)\sqrt{\lambda} \int_M^\infty \frac{n}{2v\sqrt{v}} [1 - \frac{1}{\sqrt{1+v/\lambda}}]\, dv \le -K \le (1+\varepsilon)\sqrt{\lambda} \int_M^\infty \frac{n}{2v\sqrt{v}} [1 - \frac{1}{\sqrt{1+v/\lambda}}]\, dv.$$

Tout revient donc à montrer que

$$K_1 = \sqrt{\lambda} \int_M^\infty \frac{1}{2v\sqrt{v}} [1 - \frac{1}{\sqrt{1+v/\lambda}}]\, dv \to 1, \quad (\lambda \to \infty).$$

Or, par un changement de variables immédiat, on a

$$K_1 = \int_{M/\lambda}^\infty \frac{1}{2v\sqrt{v}} [1 - \frac{1}{\sqrt{1+v}}]\, dv \to \int_0^\infty \frac{1}{2v\sqrt{v}} [1 - \frac{1}{\sqrt{1+v}}]\, dv =$$

$$= 1/2 \int_0^\infty \{\frac{1}{\sqrt{v}} - \frac{1}{\sqrt{1+v}}\}\, dv = 1.$$

De la même manière, nous pouvons donner un développement limité de $m(\lambda)$: nous avons

$$2m(\lambda) = \sqrt{\lambda} \int_0^\infty \Phi'(u) \frac{du}{\sqrt{u}} - n \log \lambda + 2n(\log 2 - 2) + \varepsilon(\lambda), \qquad (4.9)$$

avec $\varepsilon(\lambda) \to 0$. Pour le voir, commençons par remarquer que nos hypothèses entraînent qu'au voisinage de l'infini, la fonction Φ est équivalente à $(n/2)\log x$. Nous écrivons ensuite, en posant $\Psi(x) = \Phi(x) - x\Phi'(x)$,

$$2m(\lambda) = \int_0^\infty \Psi(\lambda u) \frac{du}{u^{3/2}\sqrt{1+u}} = \sqrt{\lambda} \int_0^\infty \Psi(v) \frac{dv}{v^{3/2}\sqrt{1+v/\lambda}}.$$

On obtient comme plus haut de développement limité (4.9) en décomposant l'intégrale en deux parties, en supposant que $(1-\varepsilon)\frac{n}{2}\log x \le \Psi(x) \le (1+\varepsilon)\frac{n}{2}\log x$ sur $[M, \infty[$. On a alors

$$\lambda \int_0^M \Psi(v)[1 - \frac{1}{\sqrt{1+v/\lambda}}] \frac{dv}{v^{3/2}} \to 0 \quad (\lambda \to \infty),$$

tandis que, si l'on pose

$$K = \int_M^\infty \frac{\Psi(v)}{v^{3/2}} [1 - \frac{1}{\sqrt{1+v/\lambda}}] dv$$

on a

$$(1 - \varepsilon) \int_M^\infty \frac{n \log v}{2v^{3/2}} [1 - \frac{1}{\sqrt{1+v/\lambda}}] dv \le K \le (1 + \varepsilon) \int_M^\infty \frac{n \log v}{2v^{3/2}} [1 - \frac{1}{\sqrt{1+v/\lambda}}] dv.$$

Il nous reste alors à voir que

$$\int_M^\infty \frac{\log v}{2v^{3/2}} [1 - \frac{1}{\sqrt{1+v/\lambda}}] dv = \frac{1}{\sqrt{\lambda}} \int_{M/\lambda}^\infty \frac{\log \lambda v}{2v^{3/2}} [1 - \frac{1}{\sqrt{1+v}}] dv$$

$$= \frac{\log \lambda}{\sqrt{\lambda}} \int_0^\infty \frac{1}{2v^{3/2}} [1 - \frac{1}{\sqrt{1+v}}] dv + \frac{1}{\sqrt{\lambda}} \int_0^\infty \frac{\log v}{2v^{3/2}} [1 - \frac{1}{\sqrt{1+v}}] dv.$$

Ceci donne le développement (4.9), à condition de remarquer qu'on peut écrire, à l'aide de deux intégrations par parties,

$$\int_0^\infty \frac{\Psi(v)}{v^{3/2}} dv = \int_0^\infty \frac{\Phi'(v)}{\sqrt{v}} dv.$$

(Remarquons que c'est le seul point pour lequel on demande que la fonction Φ soit deux fois dérivable : on aurait pu se passer de cette hypothèse.)

On obtient finalement le résultat annoncé en inversant le développement limité (4.8) et en reportant le résultat dans (4.9).   ☐

Problèmes de compacité.

Plaçons nous dans le cas des semigroupes symétriques. En analyse classique, on appelle H_1 l'espace $\mathcal{D}(\mathcal{E})$, domaine de la forme de DIRICHLET, muni de la norme

$$\|f\|_{H_1}^2 = \|f\|_2^2 + \mathcal{E}(f, f),$$

qui en fait un espace de HILBERT plongé dans $L^2(\mu)$. Lorsqu'on travaille avec le laplacien d'une variété compacte de dimension n, l'inégalité de SOBOLEV affirme que cet espace est en fait plongé dans $L^{p_n}(\mu)$, avec $p_n = 2n/(n-2)$, et le théorème de KONDRAKOV affirme que le plongement de H_1 dans $L^p(\mu)$ est compact pour $2 \le p < p_n$. (La mesure μ est alors la mesure riemannienne.) C'est un résultat qui se prolonge aisément au cas des semigroupes symétriques. Nous avons

Théorème 4.11.—*Supposons que le semigroupe satisfasse à une inégalité $S\Phi$, avec $\Phi'(x)/x$ intégrable au voisinage de l'infini. Alors, le plongement de H_1 dans $L^2(\mu)$ est compact. Si de plus il satisfait à une inégalité de SOBOLEV faible d'exposant n, ou de façon* *équivalente à une inégalité de* SOBOLEV *d'exposant* n, *alors le plongement de* H_1 *dans* $\mathbf{L}^p(\mu)$ *est compact, pour tout* $p < 2n/(n-2)$.

Preuve. Commençons par une remarque simple, qui montre que $\|\mathbf{P}_t - I\|_{H_1,2}$ converge vers 0 lorsque $t \to 0$. En effet, écrivons

$$\mathbf{L} = -\int_0^\infty \lambda \, dE_\lambda$$

la décomposition spectrale de $\mathbf{L}$. On a

$$\|\mathbf{P}_t(f) - f\|_2^2 = \int_0^\infty (1 - e^{-\lambda t})^2 \, d(E_\lambda f, f) \leq \int_0^\infty \lambda t \, d(E_\lambda f, f) = t\mathcal{E}(f, f),$$

l'inégalité provenant de ce que

$$x \geq 0 \Rightarrow (1 - e^{-x})^2 \leq x.$$

Nous avons donc

$$\|\mathbf{P}_t(f) - f\|_2 \leq \sqrt{t}\|f\|_{H_1}.$$

D'autre part, l'inégalité $S\Phi$ entraîne que l'opérateur $\mathbf{P}_t$ se représente par un noyau borné, et donc est de HILBERT-SCHMIDT. C'est par conséquent un opérateur compact de l'espace $\mathbf{L}^2(\mu)$ dans lui même et, le plongement étant continu, il est compact de H_1 dans $\mathbf{L}^2(\mu)$. Maintenant, l'identité, en tant qu'opérateur de H_1 dans $\mathbf{L}^2(\mu)$, est compacte puisque limite forte d'opérateurs compacts.

Pour passer au cas des inégalités de SOBOLEV, considérons une suite bornée dans H_1. D'après ce qui précède, on peut en extraire une sous suite qui converge dans $\mathbf{L}^2(\mu)$, donc une autre sous suite qui converge presque sûrement. D'après l'inégalité de SOBOLEV, cette sous suite est bornée dans $\mathbf{L}^{p_n}(\mu)$, avec $p_n = 2n/(n-2)$, donc converge dans $\mathbf{L}^p(\mu)$, pour tout $p < p_n$. C'est ce que nous voulions démontrer. $\quad\square$

Remarque.—

Dans le cas limite des inégalités de SOBOLEV logarithmiques, nous ne savons rien dire en général sur la compacité du plongement de H_1 dans $\mathbf{L}^2(\mu)$. D'autre part, ainsi que nous venons de le voir, cette propriété ne dépend pas vraiment de l'inégalité, mais seulement du caractère compact de l'opérateur $\mathbf{P}_t$. C'est donc le cas dès que l'opérateur $\mathbf{L}$ a un spectre discret n'ayant qu'un nombre fini de valeurs propres dans tout intervalle borné.

———

Enfin, pour clore ce chapitre, signalons certains exemples de semigroupes qui présentent un comportement de $\|\mathbf{P}_t\|_{1,\infty}$ au voisinage de $t = 0$ qui n'est pas polynomial en t. Dans [KKR], les auteurs étudient le comportement des semigroupes de diffusion sur $\mathbb{R}^d$ dont le générateur s'écrit

$$\mathbf{L}(f) = \Delta f - \nabla u . \nabla f,$$

où Δ est le laplacien ordinaire de $\mathbb{R}^d$ et u une fonction régulière ayant au voisinage de l'infini un comportement en $|x|^\alpha$, avec $\alpha > 2$. Dans ce cas, pour tout $\beta > \alpha/(\alpha-2)$,

$$\|\mathbf{P}_t\|_{1,\infty} \leq C\exp(t^{-\beta}), \ \forall t \in]0,1],$$

et le coefficient $\alpha/(\alpha-2)$ apparaissant dans l'énoncé précédent est le meilleur possible. (Bien sûr, les résultats de [KKR] sont plus précis que cela.) Les méthodes utilisées par ces auteurs sont très différentes de celles exposées ci-dessus, mais il est probable que l'on puisse déduire leurs résultats d'inégalités $(S\Phi)$ qui ne soient pas des inégalités de SOBOLEV faibles. Nous renvoyons le lecteur à [KKR] pour plus de détails.

78

5— Estimations non uniformes.

Nous ne nous intéresserons dans ce chapitre qu'au cas des semigroupes de diffusion symétriques. Rappelons que nous avons alors introduit une distance entre deux points x et y de l'espace $\mathbf{E}$, liée à l'opérateur L, de la façon suivante :

$$d(x,y) = \sup_{g \in \mathcal{A},\ \Gamma(g,g) \leq 1} \{g(x) - g(y)\}.$$

Nous définirons de même le diamètre de $\mathbf{E}$ par

$$\operatorname{diam}(\mathbf{E}) = \operatorname{essup}_{\mathbf{E} \times \mathbf{E}} d(x,y).$$

Bien sûr, rien ne nous garantit a priori que ce diamètre soit fini, ni même que la distance de deux points soit toujours finie (Cf la fin du chapitre 2).

La méthode que nous allons exposer a été introduite par DAVIES. À partir d'inégalités de SOBOLEV, elle permet d'obtenir des estimations non uniformes sur la densité $p_t(x,y)$ des semigroupes. Pour les majorations, ces estimations correspondent à des majorations hors diagonale. Nous allons développer cette méthode à partir d'inégalités $(S\Phi)$, suivant en cela les calculs faits dans [BM] dans le cas des inégalités de SOBOLEV faibles. Les résultats que nous présentons ici sont extraits d'un article en cours de rédaction de D. CONCORDET et moi-même.

La méthode que nous allons employer s'applique aussi pour les minorations, mais ne donne pas le même type de résultats. En effet, des minorations uniformes correspondent en fait à des minorations du semigroupe en deux points diamétralement opposés (c'est à dire à une distance maximale l'un de l'autre), et la méthode employée ne nous donnera en fait que des relations entre la fonction Φ et le diamètre de l'espace sur lequel nous travaillerons. Nous verrons au chapitre suivant comment utiliser ces résultats dans la recherche des inégalités de SOBOLEV logarithmiques optimales sur les sphères.

Suivant DAVIES, choisissons une fonction g de $\mathcal{A}$, et introduisons le semigroupe $\mathbf{P}_t^g$ défini par

$$\mathbf{P}_t^g(f) = e^g \mathbf{P}_t(e^{-g} f).$$

Ce semigroupe n'est pas markovien en général, mais il préserve la positivité. Il n'est pas non plus symétrique par rapport à μ, puisque l'adjoint de $\mathbf{P}_t^g$ est $\mathbf{P}_t^{-g}$. En fait, il admet la mesure $\mu_1 = e^{-g}\mu$ comme mesure invariante, mais ceci ne nous servira à rien. Toutes les intégrales que nous écrivons ci-dessous sont par rapport à la mesure μ réversible pour $\mathbf{P}_t$; de même, les inégalités de SOBOLEV logarithmiques que nous écrirons le sont par rapport à cette mesure μ. Tout repose sur la remarque suivante :

Proposition 5.1.—*Supposons que le semigroupe $\mathbf{P}_t$ satisfasse une inégalité de $LogS(p)$, avec des constantes $c(p)$ et $m(p)$, où comme d'habitude, $c(p)$ est du signe de $(p-1)$. Alors, si, pour une constante $h > 0$, $\Gamma(g,g) \leq h$, le semigroupe $\mathbf{P}_t^g$ satisfait pour tout $y > 1$ à* *une inégalité LogS(p) avec des constantes*

$$\hat{c}(p) = y\,c(p), \quad \hat{m}(p) = \frac{m(p)}{y} + h\{1 + \frac{y}{y-1}\frac{(p-2)^2}{4(p-1)}\}.$$

Dans toute la suite, nous poserons pour simplifier

$$\rho(y,p) = 1 + \frac{y}{y-1}\frac{(p-2)^2}{4(p-1)}.$$

Preuve. Appelons $\mathbf{L}^g$ le générateur du semigroupe $\mathbf{P}_t^g$. On a

$$\mathbf{L}^g(f) = e^g \mathbf{L}(e^{-g}f).$$

Pour $p > 1$, tout revient à démontrer en fait que, pour tout $y > 1$, on a, pour toute fonction f de $\mathcal{A}^+$,

$$-\langle f^{p-1}, \mathbf{L}f\rangle \le -y\langle f^{p-1}, \mathbf{L}^g f\rangle + yh\rho(y,p)\langle f^p\rangle. \tag{5.1}$$

Il suffit ensuite de reporter cette inégalité dans l'inégalité LogS(p) écrite avec l'opérateur $\mathbf{L}$ pour obtenir l'inégalité correspondante écrite pour l'opérateur $\mathbf{L}^g$. De même, dans le cas $p < 1$, il suffit d'écrire l'inégalité inverse

$$-\langle f^{p-1}, \mathbf{L}f\rangle \ge -y\langle f^{p-1}, \mathbf{L}^g f\rangle + yh\rho(y,p)\langle f^p\rangle, \tag{5.2}$$

le changement de sens de l'inégalité provenant du changement de signe de la constante $c(p)$.

Nous nous contenterons de montrer l'inégalité (5.1), l'inégalité (5.2) se traitant de façon exactement similaire.

En fait nous allons montrer plus précisément que

$$-\langle f^{p-1}, \mathbf{L}f\rangle \le -y\langle f^{p-1}, \mathbf{L}^g f\rangle + y\rho(y,p)\langle f^p\Gamma(g,g)\rangle. \tag{5.3}$$

Pour le voir, utilisons l'hypothèse de symétrie pour ramener (5.3) à

$$\langle \Gamma(f^{p-1}, f)\rangle \le y\langle \Gamma(e^g f^{p-1}, e^{-g}f)\rangle + y\rho(y,p)\langle f^p, \Gamma(g,g)\rangle. \tag{5.4}$$

Écrivons ρ à la place de $\rho(y,b)$, et utilisons l'hypothèse de diffusion pour développer les deux membres de l'inégalité (5.4). Le premier membre devient $(p-1)\langle f^{p-2}\Gamma(f,f)\rangle$, tandis que $\Gamma(e^g f^{p-1}, e^{-g}f)$ s'écrit

$$(p-1)f^{p-2}\Gamma(f,f) + (p-2)f^{p-1}\Gamma(f,g) - f^p\Gamma(g,g).$$

Pour démontrer (5.4), la seule chose que nous ayons à faire est donc de voir que

$$(p-1)f^{p-2}\Gamma(f,f) \le f^{p-2}y\{(p-1)\Gamma(f,f) + (p-2)f\Gamma(f,g) + (\rho-1)f^2\Gamma(g,g)\}.$$

80

Ceci revient alors à

$$(y-1)(p-1)\Gamma(f,f) + (p-2)yf\Gamma(f,g) + y(\rho-1)f^2\Gamma(g,g) \geq 0.$$

Or, l'application bilinéaire $\Gamma(f,g)$ est positive, et donc

$$\alpha\Gamma(f,f) + \beta\Gamma(f,g) + \gamma\Gamma(g,g) \geq 0$$

dès que $\alpha > 0$ et $\beta^2 \leq 4\alpha\gamma$.

Cette dernière inégalité s'écrit $\rho \geq \rho(y,p)$, et c'est ce que nous voulions démontrer.

Lorsque $p < 1$, le signe de la dernière inégalité est renversé dès que $y > 1$. Remarquons qu'alors la condition s'écrit $\rho \leq \rho(y,p)$ et on aura $\rho \leq 1$. $\qquad\Box$

Nous pouvons alors appliquer au semigroupe $\mathbf{P}_t^g$ les théorèmes 3.2 et 3.3. En optimisant sur tous les choix possibles de g, nous obtenons

Corollaire 5.2.—*Supposons que le semigroupe* $\mathbf{P}_t$ *satisfasse à une inégalité* $(S\Phi)$, *avec* Φ *de classe* C^1, *et posons* $\Psi(x) = \Phi(x) - x\Phi'(x)$. *Choisissons si c'est possible deux fonctions définies sur* $]1,\infty[$, $p \to x(p)$ *à valeurs dans* $]0,\infty[$ *et* $p \to y(p)$ *à valeurs dans* $]1,\infty[$ *telles que les intégrales*

$$t = \int_1^\infty y(p)\Phi'(x(p))\frac{dp}{4(p-1)}, \quad \text{et}$$

$$m = \int_1^\infty \{\frac{\Psi(x(p))}{p^2} + hy(p)\Phi'(x(p))\frac{\rho(y(p),p)}{4(p-1)}\} \, dp$$

soient convergentes. Alors, pour ces valeurs de t *et* m, *l'opérateur* $\mathbf{P}_t$ *admet une densité* $p_t(x,y)$ *bornée par rapport à la mesure* μ *vérifiant*

$$p_t(x,y) \leq \exp(m - \sqrt{h}d(x,y)). \tag{5.5}$$

De la même manière, nous avons le résultat suivant concernant les minorations

Corollaire 5.3.—*Sous les mêmes hypothèses que précédemment, considérons des fonctions* $x(p)$ *et* $y(p)$ *définies sur* $]-\infty,1[$, *à valeurs respectivement dans* $]0,\infty[$ *et* $]1,\infty[$ *et telles que les intégrales*

$$t = \int_{-\infty}^1 y(p)\Phi'(x(p))\frac{dp}{4(1-p)}, \quad \text{et}$$

$$m = \int_{-\infty}^1 \{\frac{-\Psi(x(p))}{p^2} + hy(p)\Phi'(x(p))\frac{\rho(y(p),p)}{4(1-p)}\} \, dp$$

soient convergentes. Alors, la densité $p_t(x,y)$ *de l'opérateur* $\mathbf{P}_t$ *satisfait si elle existe à*

$$p_t(x,y) \geq \exp(m + \sqrt{h}d(x,y)). \tag{5.6}$$

Remarquons que, dans ce dernier cas, les hypothèses du corollaire ne nous affirment pas a priori l'existence de cette densité. Dans les exemples que nous considérerons plus bas, les les intégrales du corollaire 5.2 convergeront en même temps que celles du corollaire 5.3, et nous n'aurons pas d'ennui de ce côté.

Preuve. Nous ne donnerons que la démonstration du corollaire 5.2, celle de 5.3 étant exactement similaire. Il n'y a presque rien à faire. En reprenant la démonstration du théorème 4.4, nous voyons que le semigroupe $\mathbf{P}_t$ satisfait pour tout $p > 1$ et tout $x > 0$ à une inégalité LogS(p), avec des constantes

$$c(p) = \Phi'(x) \frac{p^2}{4(p-1)}, \text{ et } m(p) = \frac{\Psi(x)}{\Phi'(x)} \frac{4(p-1)}{p^2}.$$

Nous appliquons alors la proposition 5.1 et le théorème 3.2, pour obtenir une majoration $\|\mathbf{P}_t^g\|_{1,\infty} \le \exp(m)$, où les valeurs de t et m sont données par l'énoncé du corollaire 5.2. Si l'on se rappelle les liens qui lient les densités de $\mathbf{P}_t$ et $\mathbf{P}_t^g$, ceci nous donne une majoration

$$\Gamma(g,g) \le h \Rightarrow p_t(x,y) \le \exp(m + g(y) - g(x)).$$

Il nous reste à prendre l'infimum du second membre parmi toutes les fonctions g telles que $\Gamma(g,g) \le h$. Or, par définition de la distance, et en vertu du caractère quadratique de $\Gamma(g,g)$, on a

$$\inf_{\Gamma(g,g) \le h} \{g(y) - g(x)\} = -\sqrt{h}d(x,y).$$

Nous obtenons ainsi le résultat annoncé.

Le corollaire 5.3 se traite de la même manière, en suivant la méthode du chapitre précédent, en estimant une borne inférieure de $\|\mathbf{P}_t\|_{1,-\infty}$. ⏹

Il nous reste à choisir des fonctions $x(p)$ et $y(p)$ qui rendent optimales les estimations précédentes, puis à optimiser le résultat précédent en h. Le miracle est que les fonctions optimales ne dépendent pas de la fonction Φ et que l'on puisse mener le calcul jusqu'au bout. Nous obtenons finalement :

Théorème 5.4.— *Supposons que la fonction Φ satisfasse $\Phi(0) = 0$, soit dérivable en $x = 0$, et que $\Phi'(x)/\sqrt{x}$ soit intégrable au voisinage de l'infini. Alors, $\Phi(x)/x^{3/2}$ est intégrable sur $[0, \infty[$, et nous avons*

5.4.1— Le diamètre de $\mathbf{E}$ est majoré par

$$\delta = \frac{1}{2} \int_0^\infty \frac{\Phi(t)}{t^{3/2}} \, dt = \int_0^\infty \frac{\Phi'(t)}{t^{1/2}} \, dt = \int_0^\infty \frac{\Psi(t)}{t^{3/2}} \, dt.$$

5.4.2- Fixons deux points x et y de $\mathbf{E}$ et $t > 0$, et posons $d = d(x,y)$. Puisque $d \in [0, \delta]$, définissons le paramètre $\tau \ge 0$ par

$$d = \int_\tau^\infty \frac{\Phi'(s)}{s^{1/2}} \, ds.$$

Posons $T = \dfrac{1}{2} \displaystyle\int_\tau^\infty \dfrac{\Phi'(s)}{\sqrt{s(s-\tau)}}\, ds$, *et, pour* $t \in [0, T]$, *définissons le paramètre* θ *par*

$$t = \frac{1}{2} \int_\tau^\infty \frac{\Phi'(s)}{\sqrt{s(s+\theta-\tau)}}\, ds.$$

Alors

$$\log p_t(x,y) \leq \sqrt{\theta}\, d(x,y) + \frac{\Phi(\tau)}{\sqrt{\tau}} - \frac{(\theta-\tau)^2}{4} \int_\tau^\infty \frac{\Phi(s)}{s^{3/2}(s+\theta-\tau)^{3/2}}\, ds$$

$$= \sqrt{\theta}\, \frac{\Phi(\tau)}{\sqrt{\tau}} - \frac{\theta-\tau}{2} \int_\tau^\infty \frac{\Psi(s)}{\sqrt{s+\theta-\tau}}\, \frac{ds}{s^{3/2}}.$$

5.4.3– Supposons que la fonction Φ *soit telle que le diamètre de l'espace* **E** *soit égal à la constante* δ *donnée en 5.4.1. Alors, en deux points* x *et* y *diamétralement opposés,* $(d(x,y) = \delta)$, *si l'on pose*

$$t = \frac{1}{2} \int_0^\infty \frac{\Phi'(t)}{\sqrt{t(t+\theta)}}\, dt,$$

on obtient

$$\log p_t(x,y) = -\frac{\theta}{2} \int_0^\infty \frac{\Psi(t)}{t^{3/2}\sqrt{t+\theta}}\, dt = -\frac{\theta^2}{4} \int_0^\infty \frac{\Phi(t)}{t^{3/2}(t+\theta)^{3/2}}\, dt.$$

La proposition précédente appelle quelques commentaires.

1– 5.4.1 montre que l'on ne peut espérer obtenir des inégalités de SOBOLEV faibles (donc de SOBOLEV) tendues sur une variété non compacte. Si on l'applique au cas des inégalités de SOBOLEV faibles, elle donne une minoration de la constante de l'inégalité de SOBOLEV en fonction du diamètre. De plus, c'est un critère qui peut nous permettre d'établir si une inégalité $(S\Phi)$ est optimale.

2– Si nous appliquons 5.4.2 au cas particulier des inégalités de SOBOLEV faibles, nous obtenons, pour $t \to 0$, une majoration

$$p_t(x,y) \leq Ct^{-n} \exp(-d^2(x,y)/4t),$$

où C est une constante qui ne dépend que de n et de la constante c de l'inégalité de SOBOLEV faible. Attirons l'attention du lecteur sur le changement d'exposant dans le facteur t : pour $d(x,y) = 0$, nous obtenions au chapitre précédent une majoration $p_t(x,y) \leq Ct^{-n/2}$. Ce phénomène ne doit pas nous surprendre, car le comportement du semigroupe de la chaleur sur une variété compacte est bien connu : nous savons par exemple que $p_t(x,x)$ est équivalent à $Ct^{-n/2}$ au voisinage de $t = 0$, tandis que, si la variété des géodésiques minimisantes qui lient x à y est de dimension p, alors $p_t(x,y)$ est équivalent lorsque $t \to 0$ à $Ct^{-(n+p)/2} \exp(-d^2(x,y)/4t)$. Par exemple, sur la sphère unité de dimension n, en deux point diamétralement opposés (ce qui semble être le pire des cas), alors $p_t(x,y) \leq Ct^{-n+1/2} \exp(-d^2(x,y)/4t)$. Nous ne nous expliquons pas par contre pour l'instant l'apparition d'un exposant moins bon t^{-n}. Ce phénomène provient sans doute de ce que, sur les sphères, la meilleure inégalité entre énergie et entropie est meilleure que celle donnée par une inégalité de SOBOLEV faible.

3– Le point 5.4.3 n'offre pas d'intérêt par lui même, si ce n'est de montrer que la méthode exposée ici est optimale. Si la condition sur le diamètre est remplie, c'est à dire si la fonction Φ est optimale, alors les calculs menant à la minoration et ceux menant à la majoration donnent le même résultat en des points diamétralement opposés. Par contre, nous ne savons rien dire sur les estimations de bornes inférieures en des points qui ne seraient pas diamétralement opposés. Signalons également que nous n'avons pour l'instant aucun exemple de semigroupe où cette condition sur le diamètre soit remplie. D'autre part, et quelle que soit la forme de la fonction Φ, le développement limité en $t = 0$ de l'expression ci-dessus nous donne , toujours pour des points x et y diamétralement opposés,

$$\log p_t(x,y) = -\frac{d^2(x,y)}{4t}(1 + \epsilon(t)).$$

4– La conditions de finitude du diamètre ($\Phi'(x)/\sqrt{x}$ intégrable au voisinage de l'infini) est plus faible que celle assurant que les opérateurs $\mathbf{P}_t$ sont bornés de $\mathrm{L}^1(\mu)$ dans $\mathrm{L}^\infty(\mu)$ ($\Phi'(x)/x$ intégrable au voisinage de l'infini).

Preuve. Commençons par traiter le cas des majorations de la densité. Pour cela, reprenons le système du corollaire 5.2, et posons $u = \dfrac{p^2}{4(p-1)}$. Cette variable est laissée inchangée par la transformation $p \rightarrow p/(p-1)$. Nous allons choisir des fonctions $x(p)$ et $y(p)$ ne dépendant que de u(*), et ceci nous permet de ramener le problème à un problème plus simple.

Lorsque p varie de 1 à 2, u décroît de ∞ à 1 et on a

$$p = 2(u - \sqrt{u(u-1)}), \quad \frac{dp}{p-1} = -\frac{du}{\sqrt{u(u-1)}},$$

alors que, lorsque p croît de 2 à ∞, u croît de 1 à ∞ et

$$p = 2(u + \sqrt{u(u-1)}), \quad \frac{dp}{p-1} = \frac{du}{\sqrt{u(u-1)}}.$$

(*) En fait, la forme du problème montre que les fonctions x et y optimales sont invariantes par le changement $p \rightarrow p/(p-1)$.

La majoration du théorème 5.2 se ramène alors à

$$
\begin{cases}
t = \dfrac{1}{2} \displaystyle\int_1^\infty \Phi'(x(u))y(u)\, \dfrac{du}{\sqrt{u(u-1)}}, \\[3mm]
m = \dfrac{1}{2} \displaystyle\int_1^\infty \left\{ \dfrac{\Psi(x(u))}{u} + hy(u)\rho(y(u),u)\Phi'(x(u)) \right\} \dfrac{du}{\sqrt{u(u-1)}},
\end{cases}
\tag{5.7}
$$

où la fonction ρ vaut

$$
\rho(y,u) = 1 + \frac{y}{y-1}(u-1).
$$

Nous allons choisir un paramètre réel $\mu < 1$, et poser

$$
y(u) = 1 + \sqrt{\frac{u-1}{u-\mu}}, \quad x(u) = h(1-\mu)u\frac{y}{y-2} = hu(u-1)\frac{y^2}{(y-1)^2}.
$$

Ces fonctions sont les fonctions optimales données par les équations d'EULER du problème. Choisissons alors comme nouvelle variable

$$
w = u(u-1)\frac{y^2}{(y-1)^2} = u\left(\sqrt{(u-\mu)} + \sqrt{(u-1)}\right)^2,
$$

de façon à avoir $x = hw$. Lorsque u varie de 1 à ∞, w varie de $1-\mu$ à ∞, et on a

$$
u = \frac{w}{2\sqrt{w+\mu} - (1+\mu)}, \quad \frac{y\,du}{\sqrt{u(u-1)}} = \frac{dw}{\sqrt{w(w+\mu)}}.
$$

De plus, nous avons

$$
\rho(y,u) = \sqrt{w+\mu}, \quad \frac{1}{yu} = \frac{\sqrt{w+\mu} - \mu}{w}.
$$

Avec ces relations, le système (5.7) devient

$$
\begin{cases}
t = \dfrac{1}{2} \displaystyle\int_{1-\mu}^\infty \Phi'(hw)\, \dfrac{dw}{\sqrt{w(w+\mu)}}, \\[3mm]
m = \dfrac{1}{2} \displaystyle\int_{1-\mu}^\infty \Phi(hw)[1 - \dfrac{\mu}{\sqrt{w+\mu}}]\dfrac{dw}{w^{3/2}} + h\mu t.
\end{cases}
\tag{5.8}
$$

Il nous reste à changer w en hw et à poser $\mu = 1 - \tau/h$, $(\tau \geq 0)$, pour obtenir

$$
\begin{cases}
t = t(h,\tau) = \dfrac{1}{2} \displaystyle\int_\tau^\infty \Phi'(w)\, \dfrac{dw}{\sqrt{w(w+h-\tau)}}, \\[3mm]
m = m(h,\tau) = \dfrac{1}{2} \displaystyle\int_\tau^\infty \Phi(w)[\sqrt{h} - \dfrac{h-\tau}{\sqrt{w+h-\tau}}]\dfrac{dw}{w^{3/2}} + (h-\tau)t.
\end{cases}
\tag{5.9}
$$

Le corollaire 5.2 nous dit qu'alors, pour tous ces choix des paramètres h et τ, nous avons

$$
\log p_t(x,y) \leq m - \sqrt{h}d(x,y).
$$

Il nous reste donc à chercher à optimiser la fonction $m(h,\tau) - \sqrt{h}d$, lorsque $t(h,\tau)$ est fixé.

Or, si l'on pose $m_1 = m + (\tau - h)t$, nous voyons immédiatement que

$$\frac{\partial m_1}{\partial \tau} = t(h, \tau).$$

Ceci montre l'optimum est atteint lorsque

$$\frac{1}{2\sqrt{h}} d(x, y) = \frac{\partial m_1}{\partial h} + t,$$

ce qui nous donne, tous calculs faits,

$$d(x, y) = \frac{1}{2} \int_\tau^\infty \frac{\Phi(w)}{w^{3/2}} \, dw - \frac{\Phi(\tau)}{\sqrt{\tau}}. \qquad (5.10)$$

Remarquons que l'équation (5.10) donne la valeur de τ en fonction de $d(x, y)$ sous la forme $d(x, y) = D(\tau)$, et qu'on a

$$\frac{\partial D}{\partial \tau} = -\frac{\Phi'(\tau)}{\sqrt{\tau}}.$$

Nous allons nous intéreser seulement au cas où l'équation (5.10) a une solution, c'est à dire lorsque

$$d(x, y) \leq \frac{1}{2} \int_0^\infty \frac{\Phi(w)}{w^{3/2}} \, dw = \delta.$$

Nous allons voir plus bas que c'est toujours le cas. Fixons alors $d(x, y)$ et par conséquent τ par la relation (5.10). Lorsque h (que nous avons noté θ dans l'énoncé du théorème), varie de 0 à ∞, t varie (dans le sens inverse de h) de 0 à T, où T est donnée dans 5.4.2. L'estimation que nous obtenons est alors celle de l'énoncé de 5.4.2.

De plus, s'il existe deux points x et y sur E pour lesquels $d(x, y) = \delta$, alors le paramètre τ vaut 0 et nous remarquons que la majoration obtenue est exactement égale à la minoration uniforme du théorème 4.6. Donc, la densité du semigroupe en ces points est égale à celle donnée par les formules (4.7) ou de manière équivalente par (5.10). Il y a donc égalité et nous avons identifié la valeur de $p_t(x, y)$ en ces points (à condition du moins d'avoir assez de régularité sur les semigroupes pour s'assurer que les estimations obtenues, qui ont lieu à priori $\mu \otimes \mu$-presque partout, aient en fait lieu partout). Ceci nous donne (5.4.3). (*)

Il nous reste à obtenir les estimations sur le diamètre, ce qui va se faire en étudiant le cas des minorations, c'est à dire à optimiser le système (5.7) donné par le corollaire 5.3. Nous allons voir que, bien que les calculs soient rigoureusement identiques, les conclusions que nous en tirerons sont tout à fait différentes : nous n'allons pas obtenir de minorations différentes que celles données au chapitre précédent (minorations uniformes), mais seulement l'estimation du diamètre.

(*) M.LEDOUX m'a signalé qu'on peut obtenir directement la finitude du diamètre à partir d'une inégalité de SOBOLEV, sans passer par les estimations des densités du semigroupe.

Comme plus haut, il nous faut maximiser m à t fixé dans le système

$$\begin{cases} t = \int_{-\infty}^{1} \Phi'(x(p))y(p) \dfrac{dp}{4(1-p)}, \\ m = \int_{-\infty}^{1} \left\{ \dfrac{-\Psi(x(p))}{p^2} + hy(p)\rho(y(p),p)\dfrac{\Phi'(x(p))}{4(1-p)} \right\} dp. \end{cases} \tag{5.11}$$

Nous posons $u = \dfrac{p^2}{4(1-p)}$, et nous supposerons que les fonctions x et y ne dépendent que de u. La variable u varie cette fois-ci de 0 à ∞, et nous avons, pour $p \in [0,1]$,

$$p = 2[\sqrt{u(1+u)} - u], \quad \frac{dp}{4(1-p)} = \frac{du}{4\sqrt{u(1+u)}},$$

tandis que, si $p \in]-\infty, 0]$,

$$p = -2[\sqrt{u(1+u)} + u], \quad \frac{dp}{4(1-p)} = -\frac{du}{4\sqrt{u(1+u)}}.$$

Le système (5.11) se ramène alors à

$$\begin{cases} t = \dfrac{1}{2} \int_{0}^{\infty} \Phi'(x(u))y(u) \dfrac{du}{\sqrt{u(u+1)}}, \\ m = \dfrac{1}{2} \int_{0}^{\infty} \left\{ \dfrac{-\Psi(x(u))}{u} + hy(u)\rho(y(u),u)\Phi'(x(u)) \right\} \dfrac{du}{\sqrt{u(u+1)}}, \end{cases} \tag{5.12}$$

On voit que ce système est tout à fait similaire à celui de (5.7). Nous allons choisir

$$y(u) = 1 + \sqrt{\frac{u+1}{u+\mu}}, \quad x(u) = hu(1+u)\frac{y^2}{(y-1)^2} = hw,$$

où μ est un réel positif. Dans ce cas, nous choisirons comme plus haut w comme nouvelle variable, et nous avons

$$u = \frac{w}{1 + \mu + 2\sqrt{w+\mu}}, \quad \frac{ydu}{\sqrt{u(1+u)}} = \frac{dw}{\sqrt{w(w+\mu)}}.$$

De même que plus haut, nous avons

$$\rho(y,u) = -\sqrt{w+\mu}, \quad \frac{1}{yu} = \frac{\sqrt{w+\mu}+\mu}{w}.$$

Le système (5.12) devient ainsi

$$\begin{cases} t = \dfrac{1}{2} \int_{0}^{\infty} \Phi'(hw) \dfrac{dw}{\sqrt{w(w+1)}}, \\ m = -\dfrac{1}{2} \int_{0}^{\infty} \dfrac{\Phi(hw)}{w^{3/2}}[1 + \dfrac{\mu}{\sqrt{w+\mu}}] dw + h\mu t. \end{cases} \tag{5.13}$$

Après un petit changement de variables, ceci donne

$$\begin{cases} t = t(\tau) = \dfrac{1}{2} \displaystyle\int_0^\infty \Phi'(w) \, \dfrac{dw}{\sqrt{w(w+\tau)}}, \\[2ex] m = m(h,\tau) = \tau t - \dfrac{1}{2}\tau \displaystyle\int_0^\infty \dfrac{\Phi(w)}{\sqrt{w+\tau}} \, \dfrac{dw}{w^{3/2}} - \dfrac{\sqrt{h}}{2} \displaystyle\int_0^\infty \dfrac{\Phi(w)}{w^{3/2}} \, dw. \end{cases} \tag{5.14}$$

Dans cette dernière écriture, nous voyons que t n'est fonction que de τ et que $m = K(\tau) - \delta\sqrt{h}$, où δ est la constante donnée dans l'énoncé. Le corollaire 5.3 nous dit que, pour tous les choix de τ et h, nous avons

$$\log p_t(x,y) \geq m + \sqrt{h}d(x,y).$$

Cette quantité étant par ailleurs majorée d'après le résultat sur les majorations, on voit que ceci n'est possible, pour $h \to \infty$, que si $d(x,y) \leq \delta$. Ceci nous donne l'estimation annoncée sur le diamètre. De plus, l'optimum en h est obtenu pour $h = 0$, et nous retombons sur le résultat de minoration uniforme du chapitre précédent. $\square$

Liens avec les volumes de boules.

Nous terminons ce chapitre par quelques considérations sur les liens qu'il peut y avoir entre le comportement de la fonction Φ au voisinage de l'infini et le volume des boules de petite taille. Nous allons supposer que nous avons suffisament de régularité sur les noyaux du semigroupe pour être sûrs que les majorations que nous avons obtenues plus haut aient lieu partout. Nous allons également nous restreindre au cas des inégalités de SOBOLEV faibles et supposer que la fonction $\Phi'(x)$ est équivalente à $n/(2x)$ au voisinage de l'infini. Alors, nous avons vu que, si $d(x,y) \geq d$, nous avons $p_t(x,y) \leq \Xi(t,d)$, avec

$$\begin{cases} \Xi(t,d) = Ct^{-n}\exp(-d^2/(4t)), & \text{si } d > 0 \\ \Xi(t,0) = C't^{-n/2}, & \text{sinon,} \end{cases}$$

cette majoration étant valide dès que $t \leq T(d)$, la fonction $d \to T(d)$ étant donnée dans l'énoncé du théorème 5.4. Dans le cas dans lequel nous nous sommes placés, il n'est pas difficile de voir que $d^2/T(d)$ converge vers une constante lorsque $d \to 0$. Choisissons alors t en fonction de d, sous la forme

$$t = t(d) = \frac{1}{8n}d^2 \{\log(\frac{1}{d}) + 1/2 \log\log(\frac{1}{d}) + \gamma\}^{-1}.$$

On voit qu'alors $t^{-n}\exp(-d^2/(4t))$ converge vers $(8n)^n \exp(-2n\gamma)$ lorsque d converge vers 0, et qu'on peut choisir γ de façon à avoir $\Xi(t(d),d) \leq 1/2$ au voisinage de $d = 0$.

Dans ce cas, fixons un point x de E, et appelons $B(d)$ la boule centrée en x et de

88

rayon d, pour la métrique d. Nous avons, pour $t = t(d)$,

$$\Xi(2t,0) \geq p_{2t}(x,x) = \int_E p_t(x,y)^2 \, \mu(dy)$$

$$\geq \int_{B(d)} p_t(x,y)^2 \, \mu(dy) \geq \frac{1}{\mu(B(d))} [\int_{B(d)} p_t(x,y) \, \mu(dy)]^2$$

$$= \frac{1}{\mu(B(d))} [1 - \int_{B(d)^c} p_t(x,y) \, \mu(dy)]^2.$$

Or, $p_t(x,y) \leq 1/2$ sur $B(d)^c$, et cette dernière inégalité nous donne donc

$$\Xi(2t,0) \geq p_{2t}(x,x) \geq \frac{1}{4\mu(B(d))}. \tag{5.15}$$

Nous en tirons une minoration de $\mu(B(d))$. Avec les valeurs que nous avons données plus haut pour $\Xi(2t,0)$, nous obtenons ainsi

$$\mu(B(d)) \geq C_1 d^n \log(\frac{1}{d})^{-n/2},$$

lorque $d \to 0$, C_1 étant une constante dont la valeur importe peu ici. L'étude précédente n'est pas très fine, et nous soupçonons en fait qu'un argument semblable entraîne une minoration de la forme

$$\mu(B(d)) \geq C_1 d^n.$$

De la même façon, l'inégalité (5.15) montre qu'une majoration de $m(B(d))$ entraîne une minoration de $p_t(x,x)$. En choisissant cette fois-ci d en fonction de t sous la forme

$$d^2(t) = 4nt \log(\frac{1}{t}) + 4t \log 2C',$$

nous obtenons alors, si $m(B(d)) \leq C_1 d^n$ au voisinage de $d = 0$,

$$p_t(x,x) \geq C_2 t^{-n/2} \log(\frac{1}{t})^{-n/2},$$

au voisinage de $t = 0$. Il faut rapprocher ceci des estimations sur les majorations uniformes, pour voir qu'une fois de plus, ce résultat n'est pas très fin ; nous espérions en fait obtenir une minoration sans facteurs logarithmiques, mais nous n'y sommes pas arrivés.

D'autre part, lorsqu'on travaille sur une variété, T.COULHON m'a signalé qu'une simple hypothèse de doublement de volume des boules, jointe à l'inégalité de SOBOLEV permet d'obtenir très simplement une minoration du volume en $\mu(B(d)) \geq Cd^n$, au voisinage de $d = 0$, où comme plus haut $B(d)$ désigne la boule centrée en x_0 et de rayon d. Pour le voir, supposons qu'en un point x_0 on sache que $\mu(B(d)) \leq C\mu(B(d/2))$, lorsque d est voisin de 0. Alors, appliquons l'inégalité de SOBOLEV à la fonction $\phi(x) = \sup\{d - d((x_0,x), 0\}$: dans une variété, la fonction $d(x_0,x)$ est suffisament régulière pour pouvoir le faire, et

$|\nabla(d(x_0, x))| \leq 1$. Nous avons alors

$$\phi(x) \geq \frac{d}{2}1_{B(d/2)} \; ; \; |\nabla\phi|(x) \leq 1_{B(d)}.$$

L'inégalité annoncée en découle immédiatement.

Signalons enfin que, dans le cadre des diffusions sur les variétés, des estimations très précises ont été obtenues par de nombreux auteurs sur le comportement de $p_t(x, y)$ au voisinage de $t = 0$. Mais, en ce qui concerne les minorations, les méthodes employées ne ressortissent pas aux techniques de semigroupes exposées ici, et c'est pourquoi nous n'en parlerons pas. Nous renvoyons le lecteur au chapitre 3 du livre de DAVIES [Da] pour l'étude du cas elliptique, par exemple.

6— Courbure et dimension des diffusions.

Dans cette section, nous allons nous intéresser essentiellement aux semigroupes de diffusion, et développer pour ces processus un critère menant aux inégalités de SOBOLEV logarithmiques et aux inégalités de SOBOLEV faibles. La même méthode pourrait conduire à des inégalités $(S\Phi)$ plus générales, mais nous ne ferons pas. Plutôt que de travailler comme plus haut dans un cadre abstrait, nous allons suposer, comme dans l'exemple 2 du chapitre 2, que l'espace E est une variété connexe de classe $\mathcal{C}^\infty$, et que l'opérateur L s'écrit

$$L = \Delta + X,$$

où Δ est l'opérateur de LAPLACE-BELTRAMI associé à une certaine structure riemannienne, tandis que X est un champ de vecteurs. Contrairement au chapitre 2, nous n'aurons pas besoin de supposer pour l'instant que notre variété est compacte. Tout ce que nous allons dire pourra se généraliser sans difficultés au cas des diffusions abstraites décrites jusqu'ici.

Nous avons décrit plus haut comment un opérateur de diffusion munit l'espace d'une métrique d, liée au comportement du semigroupe. Nous allons voir ici comment aller un peu plus loin dans le développement d'une géométrie riemannienne intrinsèquement liée à L, et en particulier introduire l'analogue de la courbure de RICCI.

Commençons par introduire l'opérateur Γ_2, qui va jouer un rôle fondamental dans ce qui va suivre. Nous posons, pour deux fonctions f et g de $\mathcal{A}$,

$$\Gamma_2(f,g) = \frac{1}{2}\{L\Gamma(f,g) - \Gamma(f,Lg) - \Gamma(Lf,g)\}. \tag{6.1}$$

Pour comprendre comment est construit cet opérateur, rappelons la construction de Γ lui même. Nous avions

$$\Gamma(f,g) = \frac{1}{2}\{L(fg) - fLg - gLf\},$$

et nous voyons apparaître un procédé systématique qui, à partir d'une forme bilinéaire $Q : \mathcal{A} \times \mathcal{A} \to \mathcal{A}$, associe une nouvelle forme bilinéaire

$$L(Q)(f,g) = \frac{1}{2}\{LQ(f,g) - Q(f,Lg) - Q(Lf,g)\}. \tag{6.2}$$

Cette opération préserve la symétrie de l'application, mais pas ses propriétés d'associativité. Ainsi, si l'on part de la forme $\Gamma_0(f,g) = fg$, donnée par la structure d'algèbre de $\mathcal{A}$, nous avons $\Gamma = L(\Gamma_0)$, $\Gamma_2 = L^2(\Gamma_0)$, et nous pourrions évidemment nous intéresser aux formes $L^p(\Gamma_0)$. Nous ne le ferons pas car nous aurons déjà bien du mal à explorer les propriétés de Γ_2.

Notre premier travail va être de calculer cet opérateur Γ_2, en termes des objets usuels de la géométrie. Pour cela, rappelons les notions introduites au chapitre 2 : (g^{ij}) désigne le tenseur associé à la partie du second ordre de l'opérateur L, et (g_{ij}) désigne le tenseur dual, c'est à dire celui qui se représente dans un système de coordonnées locales par la matrice inverse. Pour simplifier les notations dans tout ce qui va suivre, nous allons utiliser le système de notation suivant : si X est un champ de vecteurs de composantes (X^i) dans un système de coordonnées locales, (X_i) désigne la forme différentielle obtenue en abaissant l'indice de X à l'aide de g :

$$X_i = \sum_j g_{ij} X^j.$$

On fera de même l'opération de remonter les indices en utilisant la matrice duale : si (ω_i) désigne une 1-forme,

$$\omega^i = \sum_j g^{ij} \omega_j.$$

On pratiquera de façon analogue cette opération de remonter ou d'abaisser les indices sur tous les tenseurs.

De plus, nous adopterons la convention d'EINSTEIN de sommation sur les indices répétés : $\omega_i X^i$ désigne en fait $\sum_i \omega_i X^i$, et de même pour tous les tenseurs. Ainsi,

$$g_{ij} X^j = X_i, \text{ etc.}$$

Nous avons introduit la connexion ∇, qui est telle que $\nabla(g) = 0$ et qui est sans torsion :

$$\forall f \in \mathcal{C}^\infty, \nabla_i \nabla_j(f) = \nabla_j \nabla_i(f).$$

Cette unique connexion, dont nous avons donné la forme explicite au chapitre 2, s'appelle la connexion riemannienne. La propriété de cette connexion d'être sans torsion se traduit par le fait que la dérivée seconde d'une fonction est un tenseur symétrique ; il n'en va plus de même pour les champs de vecteurs, et, si une $X = (X^i)$ est un champ de vecteurs, le tenseur $\nabla \nabla X$, de coordonnées $\nabla_i \nabla_j X^k$ n'est en général pas symétrique en ses indices i et j. La définition même des connexions montre alors qu'il existe un tenseur R à 4 indices $R = (R_{ij}{}^k{}_l)$ tel que, pour tout champ de vecteurs X

$$\{\nabla_i \nabla_j - \nabla_j \nabla_i\} X^k = R_{ij}{}^k{}_l X^l.$$

Ce tenseur, évidement antisymétrique en ses indices i et j, s'appelle le tenseur de courbure de la connexion. (Ici, s'agissant de la connexion riemannienne, on l'appelle la courbure riemannienne, ou courbure sectionnelle.)

Pour simpifier les notations, nous noterons dans ce qui suit $\nabla_{ij} = \nabla_i \nabla_j$, etc.

L'objet qui nous intéresse ici est le tenseur de RICCI, obtenu en contractant un indice du tenseur de courbure :

$$\rho_{ij} = R_{li}{}^l{}_j.$$

Les propriétés générales du tenseur de courbure des connexions riemanniennes montrent que ce tenseur de RICCI est symétrique. Nous utiliserons surtout le tenseur dual ρ^{ij} obtenu en remontant ses indices.

Nous noterons également $\nabla^{\cdot} X$ le tenseur symétrisé du tenseur ∇X, c'est à dire, dans un système de coordonnés locales,

$$\nabla^{\cdot} X^{ij} = \frac{1}{2} \{\nabla^i X^j + \nabla^j X^i\}.$$

Dans les cas qui vont nous intéresser plus bas des diffusions symétriques, on aura $X = \nabla h$, et, la connexion étant sans torsion, $\nabla^{\bullet} X = \nabla X$.

Avec ces notations, nous avons

Proposition 6.1.—*Si* $\mathbf{L} = \Delta + X$, *alors*

$$\mathbf{L}_2(f, f) = \nabla_{ij} f \nabla^{ij} f + (\rho^{ij} - \nabla^{\bullet} X^{ij}) \nabla_i f \nabla_j f. \tag{6.3}$$

Preuve. C'est un simple calcul. Commençons par le cas où $\mathbf{L} = \Delta$, auquel cas cette formule est un cas particulier de la formule de BOCHNER-LICHNÉROWICZ-WEITZENBOCK. Nous écrivons

$$\Gamma(f, f) = \nabla_j f \nabla^j f \text{ et } \Delta = \nabla_i \nabla^i,$$

d'où nous tirons

$$\begin{aligned}
\Delta\Gamma(f, f) &= \nabla_i \nabla^i (\nabla_j f \nabla^j f) = \nabla_i (\nabla^i \nabla_j f \nabla^j f + \nabla_j f \nabla^{ij} f) \\
&= 2\nabla_i (\nabla_j f \nabla^{ij} f) = 2(\nabla_{ij} f \nabla^{ij} f + \nabla_j f \nabla_i \nabla^{ij} f).
\end{aligned}$$

Or,

$$\nabla_i \nabla^{ij} f = \nabla_i \nabla^{ji} f = \nabla_{ij} \nabla^i f = \nabla_{ji} \nabla^i f + R_{ij}{}^i{}_l \nabla^l f = \nabla_j \Delta f + \rho_{jl} \nabla^l f.$$

Il nous reste finalement

$$\Delta\Gamma(f, f) = 2\{\nabla_{ij} f \nabla^{ij} f + \Gamma(f, \Delta f) + \rho_{jl} \nabla^j f \nabla^l f\}.$$

C'est ce que nous voulions démontrer, et il nous reste à calculer la correction que l'on doit faire pour passer de Δ à $\Delta + X$. Sachant que les opérateurs $\mathbf{L}$ et Δ ont même carré du champ Γ, tout ce que nous avons à faire est de calculer la quantité

$$X(\Gamma)(f, f) = \frac{1}{2} X\Gamma(f, f) - \Gamma(f, Xf).$$

Si le champ de vecteurs X a des composantes (X^i) dans un système de coordonnées locales, alors

$$X\Gamma(f, f) = X^i \nabla_i (\nabla_j f \nabla^j f) = 2X^i \nabla_{ij} f \nabla^j f.$$

D'autre part

$$\Gamma(f, Xf) = \nabla^j f \nabla_j (X^i \nabla_i f) = X^i \nabla_{ij} f \nabla^j f + \nabla^j X^i \nabla_j f \nabla_i f.$$

En faisant la différence, ceci donne le résultat :

$$X(\Gamma)(f, f) = -\nabla^j X^i \nabla_i f \nabla_j f = -(\nabla^{\bullet} X)^{ij} \nabla_i f \nabla_j f.$$

$$\square$$

Ainsi, à titre d'exemple, lorsqu'on est en dimension 1, sur un intervalle de $\mathbb{R}$,

$$\mathbf{L}(f)(x) = f''(x) + a(x) f'(x),$$

alors la mesure invariante (toujours réversible dans ce cas) est

$$\mu(dx) = \exp(a(x))dx/Z,$$

où Z est une constante de normalisation, et

$$\mathbf{L_2}(f,f) = f''^2(x) - a'(x)f'^2(x). \tag{6.4}$$

On voit donc que, contrairement à Γ, l'opérateur $\mathbf{L_2}$ n'est pas toujours positif.

Dans toute la suite, nous appellerons le tenseur symétrique $\rho^{ij} - (\nabla^s X)^{ij}$ le tenseur de RICCI de $\mathbf{L}$ et nous le noterons $Ric(\mathbf{L})$. Ceci va nous permettre d'introduire deux nouvelles notions associées à $\mathbf{L}$, les notions de dimension et de courbure.

Définition.— *Nous dirons que $\mathbf{L}$ satisfait à une inégalité de courbure-dimension de paramètres (ρ,m) s'il existe deux fonctions $\rho : \mathbf{E} \to \mathbb{R}$ et $m : \mathbf{E} \to [1,\infty]$ telles que, pour toute fonction f de $\mathcal{A}$, on ait*

$$\mathbf{L_2}(f,f) \geq \frac{1}{m}(\mathbf{L}f)^2 + \rho\Gamma(f,f). \qquad CD(\rho,m)$$

Remarquons que, dans la définition précédente, on peut avoir $m = \infty$. Ces courbures et dimensions, qui ne sont pas uniques en général, peuvent dépendre de x (on dira alors qu'elles sont locales), ou bien être constantes (on dira alors qu'elles sont globales). Nous n'utiliserons en fait ici que des couples (ρ,m) globaux, mais il y aurait beaucoup à dire sur les couples locaux. Avant toute chose, il nous faut les calculer. Nous avons pour cela la proposition suivante

Proposition 6.2.—*Supposons que $\mathbf{L} = \Delta + X$, et que $\mathbf{E}$ soit de dimension n. Alors, l'inégalité $CD(\rho,m)$ a lieu si et seulement si $m(x) \geq n$, et*

$$X \otimes X \leq (m-n)\{Ric(\mathbf{L}) - \rho g\}, \qquad CD'(\rho,m)$$

au sens des tenseurs symétriques.

Sur cette définition, nous voyons l'origine de notre dénomination de courbure et dimension. Lorsque $\mathbf{L} = \Delta$, (ρ,m) est admissible si et seulement si $m \geq n$ et $\rho \leq \rho_0(x)$, où ρ_0 est la plus petite valeur propre du tenseur $Ric(\mathbf{L})$ dans la métrique g. On a donc dans ce cas un meilleur couple courbure-dimension admissible, et pour ce couple, la dimension est celle de la dimension de la variété $\mathbf{E}$. Dans le cas général, on voit sur cette formule que, pour n'importe quel choix de la fonctiom $m > n$, on peut trouver une fonction ρ telle que le couple (ρ,m) soit admissible. Si l'on choisit m continue, on peut obtenir ρ continue, donc bornée si $\mathbf{E}$ est compacte. De même, si on choisit $\rho < \rho_0(x)$, où ρ_0 est comme plus haut, on peut trouver une dimension associée m. Il n'y a donc pas en général de meilleur couple admissible. On voit également que seuls les laplaciens vérifient $m = n$, et la famille des laplaciens possède en quelque sorte une propriété d'optimalité en ce qui concerne les dimensions, parmi la famille des opérateurs elliptiques sur $\mathbf{E}$. Par contre, nous verrons

94

plus bas qu'il existe des opérateurs qui ne sont pas des laplaciens, et pour lesquels on peut choisir $\rho = \rho_0$, et pour lesquels il existe un meilleur couple admissible, avec une dimension $m > n$. Nous avons appelés ces opérateurs des quasilaplaciens dans [Ba2].

Preuve. (de la proposition 6.2) Plaçons nous dans un système de coordonnées locales, dans lequel le champ de vecteurs X ait des composantes X^i et le tenseur $Ric(\mathbf{L})$ des composantes R^{ij}. L'inégalité $CD(\rho, m)$ s'écrit alors

$$\forall f \in \mathcal{C}^\infty, \, \forall x \in \mathbf{E}, \, \nabla_{ij} f \nabla^{ij} f + R^{ij} \nabla_i f \nabla_j f \geq \frac{1}{m} \{\nabla_i^i f + X^i \nabla_i f\}^2 + \rho g^{ij} \nabla_i f \nabla_j f. \quad (6.5)$$

Fixons x, et choisissons un système de coordonnées locales tel qu'en ce point, la matrice (g^{ij}) soit l'identité. Si nous choisissons arbitrairement un vecteur Z de $\mathbb{R}^n$ et une matrice Y $n \times n$ symétrique, nous pouvons toujours construire une fonction f telle qu'en ce point $\nabla_i f = Z_i$ et $\nabla_{ij} f = Y_{ij}$. L'inégalité (6.1) peut alors s'écrire, dans l'espace euclidien $\mathbb{R}^n$:
pour toute matrice symétrique $Y = (Y_{ij})$ de $\mathbb{R}^n$, pour tout vecteur $Z = (Z_i)$

$$\|Y\|^2 + R^{ij} - \rho \delta^{ij} Z_i Z_j \geq \frac{1}{m} (\text{trace}(Y) + X^i Z_i)^2, \quad (6.6)$$

la notation $\|Y\|^2$ désignant le carré de la norme de HILBERT-SCHMIDT de la matrice Y, c'est à dire la quantité $\sum_{ij} Y_{ij}^2$. Nous pouvons alors trouver une base orthonormée dans laquelle la matrice Y soit diagonale: appelons (R'^{ij}) les coordonnés du tenseur $R - \rho g$ dans cette nouvelle base, ainsi que (X'^i) et (Z'^i) les coordonnées des vecteurs X et Z, et $\Lambda = (\Lambda_i)$ les valeurs propres de la matrice Y; l'équation (6.2) devient

$$\forall \Lambda \in \mathbb{R}^n, \, \forall Y' \in \mathbb{R}^n, \, \|\Lambda\|^2 + R'^{ij} Z_i' Z_j' \geq \frac{1}{m} (\sum_i \Lambda_i + \sum_i X'^i Z'^i)^2, \quad (6.7)$$

où cette fois-ci $\|\Lambda\|^2$ désigne la norme euclidienne du vecteur Λ dans $\mathbb{R}^n$. En posant $\sum_i \Lambda_i = t$, on a $\|\Lambda\|^2 \geq \frac{1}{n} t^2$, l'égalité étant obtenue lorsque $\Lambda_i = t$, $\forall i$. En optimisant alors sur Λ à t fixé, l'inégalité (6.3) se ramène alors à

$$\forall t \in \mathbb{R}, \, \frac{1}{n} t^2 + R'^{ij} Z_i' Z_j' - \frac{1}{m} (t + \sum_i X'^i Z'^i)^2 \geq 0. \quad (6.8)$$

L'expression précédente est un polynôme du second degré en t, et la condition pour qu'il soit positif est que $\frac{1}{n} \geq \frac{1}{m}$ et que son discriminant soit négatif. Nous obtenons ainsi

$$\forall Z' \in \mathbb{R}^n, \, (\sum_i X'^i Z'^i)^2 \leq (m - n) \sum_{ij} R'^{ij} Z_i' Z_j'. \quad (6.9)$$

Si l'on se rappelle que R' désigne le tenseur $Ric(\mathbf{L}) - \rho g$, l'inégalité précédente s'écrit de façon plus intrinsèque

$$X \otimes X \leq (m - n)\{Ric(\mathbf{L}) - \rho g\}.$$

$\Box$

Nous voyons donc qu'il n'y a pas unicité en général pour un tel couple courbure-dimension. Lorsqu'on travaille en dimension 1 avec l'opérateur

$$L = \frac{d^2}{dx^2} + a(x)\frac{d}{dx},$$

l'inégalité $CD'(\rho, m)$ s'écrit

$$a^2 \leq -(m-1)(a' + \rho). \tag{6.10}$$

Il s'agit alors d'une inégalité différentielle sur a. Lorsque ρ et m sont constantes, les opérateurs optimaux (ceux pour lesquels l'inégalité (6.10) plus haut est une égalité) sont, lorsque $\rho > 0$, liés aux opérateurs de JACOBI sur des intervalles de $\mathbb{R}$. Lorsque m est un entier et $\rho > 0$, nous obtenons ainsi la projection sur un diamètre du laplacien sphérique : on retrouve ainsi, pour ces opérateurs, les notions de courbure et dimension constantes (voir [Ba5], par exemple, pour plus de détails).

Enfin, appelons

$$\rho_1(x) < \rho_2(x) < \cdots < \rho_p(x)$$

les valeurs propres distinctes du tenseur $Ric(L)(x)$, au point x, rangées dans l'ordre croissant : dans un système de coordonnées locales, ce sont les différentes valeurs propres du tenseur symétrique $(Ric(L)(x)_i^j)$. Appelons X_i, $(i = 1, \ldots, p)$ les projections orthogonales successives du vecteur X sur les espaces propres correspondants. L'inégalité $CD'(\rho, m)$ peut encore se réécrire

$$\rho \leq \rho_1(x), \text{ et } m \geq n + \sum_{i=1}^{p} \frac{\|X_i\|^2}{\rho_i - \rho}, \tag{6.11}$$

étant entendu que, lorsque $X_1 = 0$ alors cette inégalité reste vraie avec $\rho = \rho_1$.

Pour se convaincre de la formule précédente, plaçons nous dans un système de coordonnées locales tel qu'au point x, le tenseur g soit l'identité et $Ric(L)$ soit diagonal. Si nous désignons par $(\hat{X}^i)$ les coordonnées de X dans cette carte et en ce point, alors l'inégalité $CD'(\rho, m)$ s'écrit

$$\forall Z = (Z_i), \ (\sum_i Z_i \hat{X}^i)^2 \leq (m-n)\sum_i (\rho_i - \rho)Z_i^2. \tag{6.12}$$

Par un simple changement de variables, (6.12) devient

$$\forall Z = (Z_i), \ (\sum_i Z_i \frac{\hat{X}^i}{\sqrt{\rho_i - \rho}})^2 \leq (m-n)\sum_i Z_i^2,$$

ce qui est équivalent à

$$\sum_i \frac{(\hat{X}^i)^2}{\rho_i - \rho} \leq m - n.$$

Cette dernière inégalité est une simple réécriture, en coordonnées locales, de (6.11).

Sur la formule précédente, on voit donc qu'il n'y a un meilleur couple (ρ, m) admissible que lorsque $X_1 = 0$, et seulement dans ce cas. Alors, le meilleur couple est $(\rho_1(x), m(x))$, où

$$m(x) = n + \sum_{i=2}^{p} \frac{\|X_i\|^2}{\rho_i(x) - \rho_1(x)}.$$

Les opérateurs qui sont tels $X_1 = 0$ partagent donc avec les laplaciens la propriété d'admettre un meilleur couple courbure-dimension (mais alors le dimension n'est pas nécessairement constante). On les a appelé quasilaplaciens dans [Ba2], où le lecteur pourra trouver des exemples de quasilaplaciens à courbure et dimension constantes qui ne sont pas des laplaciens.

Formule du changement de variables.

La propriété de diffusion de l'opérateur L se retrouve dans l'opérateur L_2. De même que Γ était une forme quadratique qui, en chacun de ses arguments, était un opérateur différentiel d'ordre 1, l'opérateur L_2 va être un opérateur différentiel d'ordre 2 en chacun de ses arguments. En écrivant la formule du changement de variables pour L, nous avons, pour toute fonction Φ de classe C^∞,

$$L_2(\Phi(f), g) = \Phi'(f)L_2(f, g) + \Phi''(f)H(g)(f, f),$$

où la forme quadratique $H(g)$, qui représente la hessienne de g, vaut

$$H(g)(f, f) = \Gamma(f, \Gamma(g, f)) - \frac{1}{2}\Gamma(g, \Gamma(f, f)).$$

Remarquons qu'au sens de la formule (6.2), $H(g)$ n'est rien d'autre que $-X_g(\Gamma)$, où $X_g(f) = \Gamma(g, f)$.

Dans un système de coordonnées locales, nous avons

$$H(g)(f, f) = \nabla_{ij} g \nabla^i f \nabla^j f.$$

L'opérateur $H(g)$ est lui même un opérateur différentiel du second ordre en g, et satisfait à la formule du changement de variables

$$H(\Phi(g))(f, f) = \Phi'(g)H(g)(f, f) + \Phi''(g)\Gamma(f, g)^2.$$

On en tire la formule générale du changement de variables sur L_2 :

$$\begin{aligned}L_2(\Phi(f), \Psi(g)) =&\, \Phi'(f)\Psi'(g)L_2(f, g) + \Phi''(f)\Psi'(g)H(g)(f, f) + \Phi'(f)\Psi''(g)H(f)(g, g) \\ &+ \Phi''(f)\Psi''(g)\Gamma^2(f, g).\end{aligned}$$

$$(6.13)$$

Dans le cas particulier où $f = g$, cette formule prend un tour plus simple puisqu'on a alors

$$H(g)(f, f) = \frac{1}{2}\Gamma(f, \Gamma(f, f)),$$

et donc, lorsque $\Psi = \Phi$,

$$L_2(\Phi(f), \Phi(f)) = \Phi'(f)^2 L_2(f, f) + \Phi''(f)\Phi'(f)\Gamma(f, \Gamma(f, f)) + \Phi''(f)^2\Gamma^2(f, f). \quad (6.14)$$

De la même façon, nous avons une formule de changement de variables à plusieurs variables qui s'écrit, pour $f = (f^1, \ldots, f^n) \in \mathcal{A}^n$ et $\Phi, \Psi : \mathbb{R}^n \to \mathbb{R}$ de classe $\mathcal{C}^\infty$,

$$
\begin{aligned}
\mathbb{L}_2(\Phi(f), \Psi(f)) &= \sum_{ij} \Phi_i'(f) \Psi_j'(f) \mathbb{L}_2(f^i, f^j) \\
&+ \sum_{ijk} \{\Phi_i'(f) \Psi_{jk}''(f) + \Psi_i'(f) \Phi_{jk}''(f)\} \mathbf{H}(f^i)(f^j, f^k) \\
&+ \sum_{ijkl} \Phi_{ij}''(f) \Psi_{kl}''(f) \mathbf{\Gamma}(f^i, f^k) \mathbf{\Gamma}(f^j, f^l).
\end{aligned}
\tag{6.15}
$$

Remarque.—

Nous avons vu plus haut que la dimension m de l'opérateur $\mathbf{L}$, lorsqu'elle existe, est toujours plus grande que la dimension géométrique n de la variété. Grâce à la formule du changement de variables précédente, nous pouvons généraliser ce résultat au cas des diffusions abstraites. En effet, nous pouvons définir la dimension géométrique de l'espace $\mathbf{E}$ au point x comme le rang maximal des matrices $(\mathbf{\Gamma}(f_i, f_j))(x)$, lorsque (f_i) décrit les familles finies d'éléments de $\mathcal{A}$. Bien sûr, cette définition de la dimension géométrique est liée à $\mathbf{L}$ puisqu'en tant qu'espace mesuré, $\mathbf{E}$ n'a pas naturellement de dimension. Supposons alors que $\mathbf{L}$ satisfasse une inégalité $CD(\rho, m)$, telle qu'au point x, $m(x) < \infty$ et $\rho(x) > -\infty$. Supposons également qu'en ce point la dimension géométrique soit au moins égale à n, ce qui revient à dire que nous pouvons trouver n fonctions $(f^i), i = 1, \ldots, n$ de $\mathcal{A}$ telles que la matrice $(\mathbf{\Gamma}(f^i, f^j))$ soit de rang n en x. Quitte à faire une transformation linéaire sur le vecteur $f = (f^i)$, nous pouvons supposer que la matrice $(\mathbf{\Gamma}(f^i, f^j))(x)$ est l'identité. Choisissons alors la fonction $\Phi : \mathbb{R}^n \to \mathbb{R}$ telle que $\Phi_i'(f)(x) = 0$ et $\Phi_{ij}''(f)(x) = \delta_{ij}$. (Il suffit de choisir par exemple $\Phi(y) = \frac{1}{2} \sum_i (y^i - f^i(x))^2$.) Alors, en écrivant la formule du changement de variables dans les deux membres de l'inégalité $CD(\rho, m)$, nous obtenons, au point x,

$$
n \geq \frac{1}{m} n^2,
$$

ce qui montre que $m \geq n$ et généralise la comparaison établie plus haut entre dimension locale et dimension géométrique.

Liens avec le trou spectral.

Dans ce paragraphe, nous n'aurons pas besoin de supposer que $\mathbf{E}$ est une variété riemannienne, ni même que $\mathbf{L}$ est un opérateur de diffusion. Rappelons tout d'abord la définition de $\mathbb{L}_2$:

$$
\mathbb{L}_2(f, f) = \frac{1}{2} \mathbf{L}\mathbf{\Gamma}(f, f) - \mathbf{\Gamma}(f, \mathbf{L}f).
$$

Lorsque la mesure μ est réversible, on a $\langle \mathbf{L}\mathbf{\Gamma}(f, f) \rangle = 0$, et donc

$$
\langle \mathbb{L}_2(f, f) \rangle = -\langle \mathbf{\Gamma}(f, \mathbf{L}f) \rangle = \langle (\mathbf{L}f)^2 \rangle.
$$

98

Appliquons alors l'hypothèse $CD(\rho, m)$, où nous supposons que ρ et m sont des constantes telles que $\rho > 0$ et $m > 1$. Nous avons alors

$$\langle (\mathbf{L}f)^2 \rangle (1 - \frac{1}{m}) \geq \rho \langle \Gamma(f,f) \rangle,$$

d'où encore

$$\langle (\mathbf{L}f)^2 \rangle \geq \rho \frac{m}{m-1} \langle \Gamma(f,f) \rangle = \lambda_1 \langle f, \mathbf{L}f \rangle, \qquad (6.16)$$

avec $\lambda_1 = \rho \frac{m}{m-1}$. Appliquons cette dernière inégalité à une fonction f vecteur propre de $\mathbf{L}$ de valeur propre $-\lambda$ ($\lambda > 0$). Nous obtenons

$$\lambda^2 \langle f^2 \rangle \geq \lambda_1 \lambda \langle f^2 \rangle, \quad \text{d'où} \quad \lambda \geq \rho \frac{m}{m-1} = \lambda_1.$$

Ceci montre que les valeurs propres non nulles de $-\mathbf{L}$ sont toutes minorées par λ_1. D'après ce que nous avons vu au chapitre 2, ceci entraîne l'inégalité de trou spectral (TS2), avec $\lambda_0 = \lambda_1$, dès lors que nous savons que le spectre est discret et que l'espace propre associé à la valeur propre 0 est réduit aux constantes.

En fait, l'hypothèse de spectre discret dans l'inégalité précédente est superflue. Nous avons la proposition suivante :

Proposition 6.3.—*Soit* $\mathbf{L}$ *le générateur d'un semigroupe markovien symétrique pour lequel l'inégalité (6.16) précédente a lieu avec une constante* $\lambda_1 > 0$ *indépendante de* f *dans* $\mathcal{A}$. *Si l'espace propre associé à la valeur propre 0 est réduit aux constantes (hypothèse d'ergodicité), alors l'inégalité (TS2) a lieu avec* $\lambda_0 = 1/\lambda_1$.

Réciproquement, l'inégalité (TS2) implique (6.16) avec $\lambda_0 = 1/\lambda_1$, *sans aucune hypothèse.*

Preuve. Commençons par la partie directe de l'énoncé. Rappelons que $\mathcal{A}$ est dense dans le $\mathbf{L}^2(\mu)$-domaine de l'opérateur $\mathbf{L}$. L'inégalité (6.16) se prolonge alors à toutes les fonctions du domaine. Choisissons alors une fonction f du domaine telle que $\langle f \rangle = 0$, et posons $\varphi(t) = \langle (\mathbf{P}_t f)^2 \rangle$. L'hypothèse d'ergodicité entraîne que $\varphi(t)$ converge vers 0 lorsque $t \to \infty$, et nous avons

$$\varphi'(t) = 2\langle \mathbf{L}\mathbf{P}_t f, \mathbf{P}_t f \rangle \leq 0, \quad \varphi''(t) = 4\langle (\mathbf{L}\mathbf{P}_t f)^2 \rangle.$$

Si nous appliquons (6.16) à la fonction $\mathbf{P}_t f$, nous obtenons

$$\varphi''(t) \geq -2\lambda_1 \varphi'(t).$$

Nous voyons donc que $-\varphi'(t) \exp(2\lambda_1 t)$ est une fonction décroissante, et donc que $-\varphi'(t) \leq -\varphi'(0) \exp(-2\lambda_1 t)$. Nous avons alors

$$\varphi(0) = \varphi(0) - \varphi(\infty) = -\int_0^\infty \varphi'(t)\, dt \leq -\frac{1}{2\lambda_1} \varphi'(0),$$

et cette dernière inégalité se réécrit exactement

$$\langle f^2 \rangle \leq \frac{1}{\lambda_1} \langle \Gamma(f,f) \rangle.$$

Réciproquement, supposons que l'inégalité (TS2) ait lieu. Alors, nous avons, pour une fonction f d'intégrale nulle

$$0 \leq -\langle f, \mathbf{L}f \rangle \leq \sqrt{\langle f^2 \rangle}\sqrt{\langle (\mathbf{L}f)^2 \rangle} \leq \sqrt{\frac{1}{\lambda_0}}\sqrt{-\langle f, \mathbf{L}f \rangle}\sqrt{\langle (\mathbf{L}f)^2 \rangle},$$

d'où nous extrayons (6.16). $\square$

Remarque.—

On aurait pu obtenir directement (6.16) de (TS2) en appliquant (TS2) à la fonction $g = \sqrt{-\mathbf{L}}(f)$, où l'opérateur $\sqrt{-\mathbf{L}}$ est défini par sa décomposition spectrale. Mais cette méthode ne marche que dans le cas des semigroupes symétriques, alors que celle que nous proposons (qui m'a été signalée par M. LEDOUX), n'utilise aucune propriété de $\mathbf{L}$.

Exemples.

L'estimation obtenue plus haut est d'autant meilleure que les courbures et dimensions de l'opérateur $\mathbf{L}$ sont plus uniformes. Par exemple, appliquons ce qui précède au cas du laplacien sphérique : lorsque $\mathbf{L}$ est le laplacien de la sphère de rayon 1 dans $\mathbb{R}^{n+1}$ (c'est à dire la sphère de dimension n), l'inégalité $CD(\rho, m)$ a lieu avec $m = n$ et $\rho = n - 1$. (Dans ce cas, le tenseur Ric($\mathbf{L}$) est égal en tout point à $(n-1)g$, où g désigne le tenseur métrique.) Nous obtenons alors, pour la plus petite valeur propre non nulle de $\mathbf{L}$, $\lambda_1 \geq n$. Or n est la plus petite valeur propre non nulle de $\mathbf{L}$, et l'estimation obtenue est la meilleure possible. Pour le semigroupe d'ORNSTEIN-UHLENBECK dans $\mathbb{R}^n$, nous avons une inégalité $CD(\rho, \infty)$ avec $\rho = 1$, et nous obtenons $\lambda_1 \geq 1$, ce qui est la valeur exacte.

Inégalités de SOBOLEV logarithmiques.

Nous venons de voir que l'hypothèse de courbure-dimension faite sur $\mathbf{L}$ entraîne une inégalité de trou spectral (Dans le cas des laplaciens des variétés, ce résultat est connu sous le nom de formule de BOCHNER-LICNÉROWICZ-WEITZENBÖCK.) En fait, nous allons voir ici que, lorsque le semigroupe satisfait en plus à l'hypothèse de diffusion, ceci entraîne également l'inégalité de SOBOLEV logarithmique.

Rappelons tout d'abord le critère que nous avons établi au chapitre 3 pour obtenir une inégalité de SOBOLEV logarithmique tendue pour des diffusions (proposition 3.12) : l'inégalité

$$-\lambda \langle \log f, \mathbf{L}f \rangle \leq \{\langle \frac{1}{f}, (\mathbf{L}f)^2 \rangle + \langle \mathbf{L}f, \mathbf{L}\log f \rangle\} \tag{3.7}$$

entraîne l'inégalité de SOBOLEV logarithmique tendue avec constante $c(2) = 4/\lambda$. Dans le cas des diffusions symétriques, l'inégalité (3.7) peut encore se réécrire

$$\lambda \langle \frac{1}{f}, \Gamma(f, f) \rangle \leq \{\langle \frac{2}{f}, (\mathbf{L}f)^2 \rangle - \langle \frac{1}{f^2}, \mathbf{L}f\Gamma(f, f) \rangle\}. \tag{6.17}$$

Or si $\mathbf{L}$ est un opérateur de diffusion en mesure réversible, nous pouvons calculer les termes apparaissant dans le second membre de l'inégalité (6.17) de façon à faire apparaître l'opérateur $\mathbf{\Gamma}_2$. Nous avons

Proposition 6.4.—*Pour un opérateur $\mathbf{L}$ de diffusion en mesure réversible, on a, pour toute fonction f de $\mathcal{A}$ et toute fonction φ de classe C^∞ :*

$$\langle \varphi(f), (\mathbf{L}f)^2 \rangle = \langle \varphi(f), \mathbf{\Gamma}_2(f,f) \rangle + \frac{3}{2}\langle \varphi'(f), \mathbf{\Gamma}(f, \mathbf{\Gamma}(f,f)) \rangle + \langle \varphi''(f), \mathbf{\Gamma}^2(f,f) \rangle ; \qquad (6.18)$$

$$\langle \varphi(f), \mathbf{L}f\mathbf{\Gamma}(f,f) \rangle = -\langle \varphi(f), \mathbf{\Gamma}(f, \mathbf{\Gamma}(f,f)) \rangle - \langle \varphi'(f), \mathbf{\Gamma}^2(f,f) \rangle. \qquad (6.19)$$

En particulier, nous avons

$$\langle \frac{1}{f}, (\mathbf{L}f)^2 \rangle = \langle \frac{1}{f}, \mathbf{\Gamma}_2(f,f) \rangle - \frac{3}{2}\langle \frac{1}{f^2}, \mathbf{\Gamma}(f, \mathbf{\Gamma}(f,f)) \rangle + \langle \frac{2}{f^3}, \mathbf{\Gamma}^2(f,f) \rangle ; \qquad (6.20)$$

$$\langle \frac{1}{f^2}, \mathbf{L}f\mathbf{\Gamma}(f,f) \rangle = -\langle \frac{1}{f^2}, \mathbf{\Gamma}(f, \mathbf{\Gamma}(f,f)) \rangle + \langle \frac{2}{f^3}, \mathbf{\Gamma}^2(f,f) \rangle. \qquad (6.21)$$

Preuve. Commençons par (6.20). Nous avons

$$\begin{aligned}
\langle \varphi(f), (\mathbf{L}f)^2 \rangle &= \langle \mathbf{L}f, \varphi(f)\mathbf{L}f \rangle = -\langle \mathbf{\Gamma}(f, \varphi(f)\mathbf{L}f) \rangle \\
&= -\langle \varphi(f), \mathbf{\Gamma}(f, \mathbf{L}f) \rangle - \langle \mathbf{L}f, \mathbf{\Gamma}(f, \varphi(f)) \rangle \\
&= \langle \varphi(f), \mathbf{\Gamma}_2(f,f) - \frac{1}{2}\mathbf{L}\mathbf{\Gamma}(f,f) \rangle + \langle \mathbf{\Gamma}(f, \varphi'(f)\mathbf{\Gamma}(f,f)) \rangle \\
&= \langle \varphi(f), \mathbf{\Gamma}_2(f,f) \rangle + \frac{1}{2}\langle \mathbf{\Gamma}(\varphi(f), \mathbf{\Gamma}(f,f)) \rangle \\
&\quad + \langle \varphi'(f), \mathbf{\Gamma}(f, \mathbf{\Gamma}(f,f)) \rangle + \langle \varphi''(f), \mathbf{\Gamma}^2(f,f) \rangle \\
&= \langle \varphi(f), \mathbf{\Gamma}_2(f,f) \rangle + \frac{3}{2}\langle \varphi'(f), \mathbf{\Gamma}(f, \mathbf{\Gamma}(f,f)) \rangle + \langle \varphi''(f), \mathbf{\Gamma}^2(f,f) \rangle.
\end{aligned}$$

Pour l'équation (6.19), nous écrivons plus simplement

$$\langle \varphi(f)\mathbf{\Gamma}(f,f), \mathbf{L}f \rangle = -\langle \mathbf{\Gamma}(f, \varphi(f)\mathbf{\Gamma}(f,f)) \rangle = -\langle \varphi(f), \mathbf{\Gamma}(f, \mathbf{\Gamma}(f,f)) \rangle - \langle \varphi'(f), \mathbf{\Gamma}^2(f,f) \rangle.$$

$\square$

Nous voyons donc que, pour un semigroupe de diffusion symétrique, l'inégalité (3.7) s'écrit plus simplement

$$\lambda \langle \frac{1}{f}, \mathbf{\Gamma}(f,f) \rangle \leq 2\{ \langle \frac{1}{f}, \mathbf{\Gamma}_2(f,f) \rangle - \langle \frac{1}{f^2}, \mathbf{\Gamma}(f, \mathbf{\Gamma}(f,f)) \rangle + \langle \frac{1}{f^3}, \mathbf{\Gamma}^2(f,f) \rangle \}. \qquad (6.22)$$

En comparant le second membre de (6.22) à la formule du changement de variables (6.14) pour $\mathbf{\Gamma}_2$, nous obtenons finalement une nouvelle inégalité équivalente à (3.7)

$$\lambda \langle f, \mathbf{\Gamma}(\log f, \log f) \rangle \leq 2\langle f, \mathbf{\Gamma}_2(\log f, \log f) \rangle. \qquad (6.23)$$

Nous obtenons alors une condition suffisante d'hypercontractivité :

Proposition 6.5.—*Supposons que le semigroupe de diffusion symétrique satisfasse à une inégalité $CD(\rho, \infty)$, avec $\rho > 0$. Alors, il satisfait une inégalité de* SOBOLEV *logarithmique tendue avec $c(2) = 2/\rho$.*

Remarque.—

Si nous appliquons ce résultat au semigroupe d'ORNSTEIN-UHLENBECK dans $\mathbb{R}^n$, nous retrouvons l'inégalité de GROSS avec la meilleure constante possible.

Nous allons voir dans ce qui suit que, lorsque la dimension est finie, nous pouvons améliorer le résultat précédent.

Proposition 6.6.—*Si le semigroupe de diffusion symétrique satisfait à une inégalité $CD(\rho, m)$ avec des constantes $\rho > 0$ et $m < \infty$, il satisfait alors à une inégalité de* SOBOLEV *logarithmique tendue avec*

$$c(2) = 2\frac{m-1}{\rho m}.$$

Preuve. Supposons que l'inégalité $CD(\rho, m)$ ait lieu. Alors, choisissons une fonction f de $\mathcal{A}^+$, un réel β quelconque, et appliquons l'inégalité à $f^{\beta+1}$. En utilisant la formule du changement de variables (6.14), nous obtenons, après tout avoir divisé par $(\beta + 1)^2$,

$$f^{2\beta}\mathbb{L}_2(f,f) + \beta f^{2\beta-1}\Gamma(f, \Gamma(f,f)) + \beta^2 f^{2\beta-2}\Gamma^2(f,f) \geq$$
$$\rho f^{2\beta}\Gamma(f,f) + \frac{1}{m}\{f^\beta \mathbf{L}f + \beta f^{\beta-1}\Gamma(f,f)\}^2.$$

Multiplions les deux membres de l'inégalité précédente par $f^{2\beta-1}$, et intégrons. En développant le carré du second membre et en utilisant les formules (6.18) et (6.19), et après avoir regroupé les termes, nous obtenons

$$\frac{m-1}{m}\{\langle\frac{1}{f}, \mathbb{L}_2(f,f)\rangle + \frac{(m+2)\beta + 3/2}{m-1}\langle\frac{1}{f^2}, \Gamma(f, \Gamma(f,f))\rangle$$
$$+ (\beta^2 - 2\frac{2\beta+1}{m-1})\langle\frac{1}{f^3}, \Gamma^2(f,f)\rangle\} \geq \rho\langle\frac{1}{f}, \Gamma(f,f)\rangle.$$

Choisissons alors $\beta = -\dfrac{2m+1}{2(m+2)}$, nous obtenons

$$\langle\frac{1}{f}, \mathbb{L}_2(f,f)\rangle - \langle\frac{1}{f^2}, \Gamma(f, \Gamma(f,f))\rangle + \langle\frac{1}{f^3}, \Gamma^2(f,f)\rangle \geq$$
$$\frac{m\rho}{m-1}\langle\frac{1}{f}, \Gamma(f,f)\rangle + \frac{4m-1}{4(m+2)^2}\langle\frac{1}{f^3}, \Gamma^2(f,f)\rangle.$$

Ceci nous donne le résultat. □

Remarque.—

Si nous appliquons ce que nous venons de dire au cas du laplacien sur la sphère de rayon 1 et de dimension n, nous obtenons une inégalité de Sobolev logarithmique avec une constante $c(2) = 2/n$, alors que la plus petite valeur propre non nulle dans ce cas vaut n. D'après la proposition 3.7, nous voyons donc que cette constante est optimale. Ce résultat est dû à Mueller et Weissler [MW], qui l'ont obtenu par des méthodes complètement différentes de celles proposées ici.

Inégalités de Sobolev faibles.

Dans ce paragraphe, nous allons utiliser la méthode que nous avons employée plus haut pour les inégalités de Sobolev logarithmiques pour obtenir des inégalités de Sobolev faibles. Nous commençons par un résultat qui étend la proposition 3.12. Pour cela, commençons par définir, pour toutes les fonctions f de $\mathcal{A}^+$, la quantité

$$\mathbf{K}(f) = \langle \frac{1}{f}, \mathbf{L}_2(f,f) \rangle - \langle \frac{1}{f^2}, \Gamma(f, \Gamma(f,f)) \rangle + \langle \frac{1}{f^3}, \Gamma^2(f,f) \rangle.$$

Comme nous l'avons déjà vu plus haut, si L est un opérateur de diffusion symétrique, alors nous avons d'autres expressions possibles pour $K(f)$; par exemple,

$$\mathbf{K}(f) = \frac{1}{2}\{\langle \frac{1}{f}, (\mathbf{L}f)^2 \rangle + \langle \mathbf{L}f, \mathbf{L}(\log f) \rangle\},$$

ou encore

$$\mathbf{K}(f) = \langle f, \mathbf{L}_2(\log f, \log f) \rangle.$$

Nous avons le critère suivant

Proposition 6.7.—*Supposons que le semigroupe P_t soit un semigroupe de diffusion symétrique ergodique pour lequel, pour toutes les fonctions f de $\mathcal{A}^+$ telles que $\langle f \rangle = 1$, soit satisfaite l'inégalité*

$$\mathbf{K}(f) \geq \alpha \langle \frac{1}{f}, \Gamma(f,f) \rangle + \frac{1}{n} \langle \frac{1}{f}, \Gamma(f,f) \rangle^2, \tag{6.24}$$

où α et n sont des constantes strictement positives. Alors, l'inégalité de Sobolev faible suivante a lieu :

$$\langle f^2 \rangle = 1 \;\Rightarrow\; \langle f^2 \log f^2 \rangle \leq \frac{n}{2}\log(1 + \frac{4}{\alpha n}\langle \Gamma(f,f) \rangle). \tag{6.25}$$

En d'autre termes, l'inégalité (6.24) entraîne une inégalité de Sobolev faible tendue de dimension n et de constante $4/\alpha n$.

Preuve. Nous utiliserons la même méthode qu'au chapitre 3. En changeant f en $f^{1/2}$, nous commençons par ramener l'inégalité (6.25) à

$$\langle f \rangle = 1 \;\Rightarrow\; \langle f \log f \rangle \leq \frac{n}{2}\log(1 + \frac{1}{\alpha n}\langle \frac{1}{f}, \Gamma(f,f) \rangle). \tag{6.26}$$

Puis nous choisissons une fonction f de $\mathcal{A}^+$, et nous posons

$$\Phi(t) = \langle \mathbf{P}_t f \log \mathbf{P}_t f \rangle.$$

Ici, $\Phi(\infty) = \langle f \rangle \log \langle f \rangle = 0$, et nous avons vu au chapitre 3 que

$$\Phi'(t) = -\langle \frac{1}{\mathbf{P}_t f}, \Gamma(\mathbf{P}_t f, \mathbf{P}_t f) \rangle \leq 0, \quad \text{et}$$

$$\Phi''(t) = 2\mathbf{K}(\mathbf{P}_t f).$$

L'inégalité (6.24) se prolonge immédiatement par densité à toutes les fonctions majorées et minorées du domaine de $\mathbf{L}$, et nous pouvons en particulier l'appliquer à $\mathbf{P}_t f$, puisque $\langle \mathbf{P}_t f \rangle = 1$. Elle s'écrit alors

$$\Phi''(t) \geq -2\alpha \Phi'(t) + \frac{2}{n}\Phi'(t)^2.$$

En appelant $\Psi(t)$ la fonction définie par

$$\exp(2\alpha\Psi(t)) = \frac{2}{n} - \frac{2\alpha}{\Phi'(t)},$$

nous voyons que l'inégalité précédente se réécrit $\Psi'(t) \geq 1$, et ceci nous donne

$$-\Phi'(t) \leq \frac{-n\alpha\Phi'(0)}{(n\alpha - \Phi'(0))\exp(2\alpha t) + \Phi'(0)}.$$

Nous avons alors

$$\Phi(0) = \Phi(0) - \Phi(\infty) \leq -\frac{n}{2}\Phi'(0) \int_0^\infty \frac{2\alpha\,dt}{(n\alpha - \Phi'(0))\exp(2\alpha t) + \Phi'(0)}$$

$$= \frac{n}{2}\log\{1 - \frac{\Phi'(0)}{\alpha n}\}.$$

Compte tenu de la valeur de $\Phi'(0)$, c'est exactement le résultat annoncé. $\qquad\square$

Remarque.—

Grâce à la formule du changement de variables, l'inégalité (6.24) peut encore s'écrire

$$\langle f, \mathbf{L}(\log f, \log f) \rangle \geq \alpha \langle f, \Gamma(\log f, \log f) \rangle + \frac{1}{n}\langle f, \Gamma(\log f, \log f) \rangle^2.$$

Or, nous pouvons écrire

$$\langle f, \Gamma(\log f, \log f) \rangle = \langle \Gamma(f, \log f) \rangle = -\langle f, \mathbf{L}\log f \rangle.$$

Mais, si la fonction f est d'intégrale 1, nous avons, à l'aide de l'inégalité de Schwarz,

$$\langle f, \mathbf{L}\log f \rangle^2 \leq \langle f \rangle \langle f, (\mathbf{L}\log f)^2 \rangle,$$

et nous voyons donc que l'inégalité (6.24) est établie dès que

$$\langle f, \mathbf{E_2}(\log f, \log f)\rangle \geq \alpha \langle f, \mathbf{\Gamma}(\log f, \log f)\rangle + \frac{1}{n}\langle f, (\mathbf{L}\log f)^2\rangle.$$

Nous obtenons donc le corollaire:

Corollaire 6.8.—*Si le semigroupe de diffusion symétrique satisfait à une inégalité $CD(\rho, n)$ avec des constantes n et ρ strictement positives, alors il satisfait à l'inégalité de* SOBOLEV *faible (6.25) avec la même constante n et $\alpha = \rho$.(*)*

Remarques.—

1- Dans le paragraphe précédent, nous avons établi l'inégalité de SOBOLEV logarithmique sous l'hypothèse $CD(\rho, n)$ en établissant tout d'abord l'inégalité

$$\mathbf{K}(f) \geq \frac{n\rho}{n-1}\langle\frac{1}{f}, \mathbf{\Gamma}(f, f)\rangle + \frac{4n-1}{4(n+2)^2}\langle\frac{1}{f^3}, \mathbf{\Gamma}^2(f, f)\rangle.$$

En utilisant comme plus haut l'inégalité de SCHWARZ, nous voyons que, lorsque $\langle f\rangle = 1$, on a

$$\langle\frac{1}{f^3}, \mathbf{\Gamma}^2(f, f)\rangle \geq \langle\frac{1}{f}, \mathbf{\Gamma}(f, f)\rangle^2.$$

Donc, sous les mêmes hypothèses, nous avons une inégalité de SOBOLEV faible

$$\langle f^2\rangle = 1 \ \Rightarrow \ \langle f^2\log f^2\rangle \leq \frac{m}{2}\log(1 + \frac{4}{\alpha m}\langle\mathbf{\Gamma}(f, f)\rangle), \tag{6.27}$$

avec une dimension $m = \dfrac{4(n+2)^2}{4n-1}$, et $\alpha = n\rho/(n-1)$. Comme nous lavons déjà remarqué au chapitre 3, une telle inégalité entraîne l'inégalité de SOBOLEV logarithmique avec $c(2) = 2/\alpha$. Nous voyons donc que cette inegalité de SOBOLEV logarithmique (optimale dans le cas des sphères) est en fait une conséquence d'une inégalité de SOBOLEV faible, avec une dimension m différente de n. Nous disposons donc dans ce cas de deux inégalités de SOBOLEV faibles (6.27), l'une optimale quant à la dimension m, l'autre optimale quant à la valeur de α. Ces deux inégalités ne sont pas comparables. On peut alors se demander s'il existe sous ces hypothèses une inégalité de SOBOLEV faible optimale pour ces deux critères, c'est à dire avec $m = n$ et $\alpha = n\rho/(n-1)$. Dans le cas des sphères, nous allons voir un peu plus loin que c'est impossible.

2- Pour tous les exposants $n' \in [n, m]$, nous aurions pu établir de même une inégalité de SOBOLEV faible, qui n'aurait pas été comparable aux deux inégalités que nous venons d'etablir. Nous ne le ferons pas, et nous renvoyons le lecteur à [Ba4].

(*) Je remercie M. LEDOUX d'avoir contribué à simplifier la démonstration de ce résultat.

Corollaire 6.9.—*Pour un semigroupe de diffusion symétrique, si une inégalité $CD(\rho, n)$ a lieu avec des constantes $\rho > 0$ et $n > 1$, alors*
   1- *Une inégalité de* SOBOLEV *de dimension n a lieu.*
   2- *Le diamètre de* **E** *est majoré par* $\pi\sqrt{n/\rho}$.

Preuve. Pour le premier point, il n'y a pas grand chose à démontrer. Sous les hypothèses du théorème, alors une inégalité de SOBOLEV faible de dimension n a lieu, et nous avons vu au chapitre 4 que dans ce cas, on avait une majoration de $\|\mathbf{P}_t\|_{1,\infty} \leq Ct^{-n/2}$, pour $0 < t < 1$. Nous avions vu alors au chapitre 3 qu'une telle majoration entraine l'inégalité de SOBOLEV de dimension n. Remarquons que ce résultat, établi à l'aide du théorème d'interpolation de MARCINKIEWICZ, ne nous donne que peu de renseignements sur les constantes explicites qui interviennent dans l'inégalité de SOBOLEV.

Quant au second point du corollaire, il découle des resultats du chapitre 5. En effet, lorsque qu'une inégalité (6.27) a lieu avec des constantes m et α, nous avons donc une inégalité $S\Phi$ avec $\Phi(x) = \dfrac{m}{2}\log(1 + \dfrac{4}{\alpha m}x)$. Nous avons vu qu'alors le diamètre est majoré par

$$\delta = \frac{1}{2}\int_0^\infty \frac{\Phi(x)}{x^{3/2}}\,dx.$$

Dans ce cas particulier, nous obtenons

$$\delta = \pi\sqrt{m/\alpha}.$$

En particulier, pour $m = n$, $\alpha = \rho$, nous obtenons $\delta = \pi\sqrt{n/\rho}$. $\qquad\square$

Remarque.—
   On retrouve ici dans le cadre des semigroupes de diffusion une version affaiblie du théorème de MYERS : si une variété riemannienne a une courbure de RICCI minorée par une constante $\rho > 0$, son diamètre est majoré par celui de la sphère de courbure de RICCI ρ et de dimension n. Mais notre résultat est ici moins bon puisque, pour la sphère de rayon 1 dans $\mathbb{R}^{n+1}$, on a $\rho = n - 1$ et un diamètre égal à π, alors qu'ici nous avons $\delta = \pi\sqrt{n/(n-1)}$. On peut se poser la question de savoir s'il existe sur la sphère une inégalité de SOBOLEV faible pour laquelle $\delta = \pi$, c'est à dire une inégalité (6.27) avec $\alpha = m\rho/(m-1)$. Une lecture un peu attentive du chapitre 5 montre qu'il n'en est rien. En effet, si tel était le cas, nous serions dans le cas décrit dans la proposition 5.4.3, et nous aurions la valeur explicite de la densité $p_t(x, y)$ en deux points diamétralement opposés. En particulier, d'après les développements limités que nous avons fait alors, nous aurions en deux points diamétralement opposés

$$p_t(x, y) \simeq Ct^{-m}\exp(-d^2(x, y)/4t), \quad (t \to 0).$$

Or, nous savons que, sur la sphère de dimension n, et toujours en ces mêmes points, on a

$$p_t(x, y) \simeq Ct^{-n+1/2}\exp(-d^2(x, y)/4t), \quad (t \to 0).$$

Ceci nous montre qu'alors $m = n - 1/2$. Mais d'autre part, d'après les majorations uniformes que nous avons obtenues dans ce cas, nous avons, lorsque $t \to 0$,

$$p_t(x,x) \le C t^{-m/2}, \quad (t \to 0).$$

Comme nous savons également que

$$p_t(x,x) \simeq C t^{-n/2}, \quad (t \to 0),$$

nous aboutissons à une contradiction.

En particulier, et pour répondre à une question que nous avons posée plus haut, il n'y a pas sur les sphères d'inégalités de SOBOLEV faibles qui soient optimales à la fois quant à la dimension et à la constante α. Mais la question reste ouverte d'exhiber une inégalité $S\Phi$ tendue sur la sphère, optimale quant au critère sur le diamètre, c'est à dire pour laquelle

$$\frac{1}{2} \int_0^\infty \frac{\Phi(x)}{x^{3/2}}\, dx = \pi.$$

Inégalités de SOBOLEV.

Nous avons vu plus haut que des hypothèses de courbure-dimension conduisent à des inégalités de SOBOLEV faibles et de SOBOLEV logarithmiques. Une méthode analogue peut être employée pour obtenir des inégalités de SOBOLEV ordinaires. C'est ce qui est fait par exemple dans [BE2]. Dans ce cas, la méthode ne permet pas d'obtenir une inégalité de SOBOLEV de dimension n sous une hypothèse $CD(\rho, n)$, avec $\rho > 0$ et $2 < n < \infty$. Dans [BE2], la meilleure dimension m obtenue dans l'inégalité de SOBOLEV est égale à

$$m = 2\frac{2n^2 + 1}{4n - 1} > n.$$

Nous savons d'après ce que nous avons vu plus haut que, si le semigroupe satisfait à une inégalité $CD(\rho, n)$, il satisfait à une inégalité de SOBOLEV tendue de dimension n. Notre problème est alors de calculer les coefficients de cette inégalité.

Ce problème a été étudié par T. AUBIN dans le cas des sphères. Il est établi dans [A] que, sur une sphère de dimension n et de rayon 1 dans $\mathbb{R}^n$, on a l'inégalité de SOBOLEV tendue

$$\|f\|_{2n/(n-2)}^2 \le \|f\|_2^2 + C\langle -f, \mathbf{L}f\rangle, \tag{6.28}$$

et que la meilleure constante C dans ce cas est

$$C = \frac{4}{n(n-2)}.$$

Nous allons proposer ici une méthode conduisant à des inégalités de SOBOLEV avec les bons exposants, et donnant dans le cas des sphères des constantes C optimales. La méthode est due dans ce cadre à M. LEDOUX, et reprend une méthode similaire utilisée par O. ROTHAUS dans le cadre des inégalités de SOBOLEV logarithmiques. Nous avons :

Théorème 6.10.—*Supposons que le semigroupe $\mathbf{P}_t$ soit un semigroupe de diffusion symétrique et satisfasse une inégalité $CD(\rho, n)$, où ρ et n sont des constantes telles que $\rho > 1$ et $n > 2$. Alors, pour tout $1 < p \leq 2n/(n-2)$, on a, pour toute fonction f du domaine*

$$\|f\|_p^2 \leq \|f\|_2^2 - \frac{(n-1)(p-2)}{n\rho}\langle f, \mathbf{L}f\rangle.$$

Remarque.—

Lorsque $\mathbf{P}_t$ est le semigroupe de la chaleur sur la sphère de rayon 1 et de dimension n, on a $\rho = n - 1$, et, pour $p = 2n/(n-2)$, nous retrouvons le résultat de T. AUBIN.

Preuve. Tout d'abord, il suffit de démontrer que, pour tout $2 \leq p < 2n/(n-2)$, et pour tout $\varepsilon > 0$, on a l'inégalité

$$\|f\|_p^2 \leq (1+\varepsilon)\|f\|_2^2 + \frac{(n-1)(p-2)}{n\rho}\mathcal{E}(f, f).$$

Or, d'après l'inégalité de SOBOLEV faible obtenue plus haut, nous savons qu'il existe une inégalité de SOBOLEV de dimension n, et l'existence d'un trou spectral nous permet d'affirmer l'existence pour $p = 2n/(n-2)$ d'une inégalité

$$\|f\|_p^2 \leq \|f\|_2^2 + \gamma\mathcal{E}(f, f),$$

et donc, a fortiori, pour tout $\varepsilon > 0$, et pour tout $p < 2n/(n-2)$, l'existence d'une inégalité

$$\|f\|_p^2 \leq (1+\varepsilon)\|f\|_2^2 + \gamma\mathcal{E}(f, f). \tag{6.29}$$

Appelons γ_0 la meilleure constante apparaissant dans l'inégalité précédente, lorsque $\varepsilon > 0$ et p sont fixés. Nous pouvons toujours supposer que γ_0 est non nul, car sinon l'espace est fini et tout est trivial.

Considérons alors une suite (f_n) du domaine de DIRICHLET pour laquelle le rapport

$$\frac{\|f_n\|_p^2 - (1+\varepsilon)\|f_n\|_2^2}{\mathcal{E}(f_n, f_n)}$$

converge vers γ_0. Nous pouvons toujours pour des raisons d'homogénéïté supposer que $\|f_n\|_2^2 = 1$, et, puisque $\mathcal{E}(|f|_n, |f|_n) \leq \mathcal{E}(f_n, f_n)$, nous pouvons aussi supposer que les fonctions f_n sont positives.

Le théorème 4.11 (résultat de compacité) nous permet alors d'extraire de la suite (f_n) une sous suite qui converge faiblement l'espace de DIRICHLET, fortement dans $L^p(\mu)$, et presque sûrement, vers une fonction f. On obtient donc ainsi une fonction $f \geq 0$ qui satisfait à

$$\|f\|_p^2 = (1+\varepsilon)\|f\|_2 + \gamma_0\mathcal{E}(f, f). \tag{6.30}$$

Il n'est pas difficile de voir que la fonction f ne peut pas être nulle (car la suite f_n converge dans $L^2(\mu)$, et, d'après la normalisation que nous avons prise pour f_n, $\|f\|_2 = 1$), et qu'elle n'est pas constante : c'est pour celà que nous avons introduit le paramètre ε. Un argument élémentaire de calcul des variations nous permet alors de voir que, pour toute fonction g du domaine de DIRICHLET, nous avons

$$\langle f^{p-1}, g \rangle = (1 + \varepsilon)\langle f, g \rangle + \gamma_0 \mathcal{E}(f, g). \tag{6.31}$$

Pour une fonction g du domaine de L, cela s'écrit encore

$$\langle f^{p-1}, g \rangle = \langle f, (1 + \varepsilon)g - \gamma_0 \mathbf{L}g \rangle,$$

où encore, en introduisant la résolvante

$$R_\lambda = \int_0^\infty \exp(-\lambda t)\, \mathbf{P}_t\, dt,$$

et en posant $g = R_\lambda(h)$, avec $\lambda = (1 + \varepsilon)/\gamma_0$,

$$\langle f, \gamma_0 h \rangle = \langle f^{p-1}, R_\lambda(h) \rangle.$$

Ceci montre que

$$f = \gamma_0^{-1} R_\lambda(f^{p-1}). \tag{6.32}$$

Notre premier travail va être de montrer que l'équation (6.32) entraîne que la fonction f est bornée supérieurement et inférieurement. Cela va découler du lemme suivant

Lemme 6.11.—*Si une inégalité de* SOBOLEV *de dimension* n *est satisfaite, alors, pour* $\lambda > 0$, *l'opérateur* R_λ *est borné de* $\mathbf{L}^p(\mu)$ *dans* $\mathbf{L}^q(\mu)$, *lorsque*

$$\begin{cases} q < np/(n - 2p), & \text{si } p < n/2 \,; \\ q = \infty, & \text{si } p > n/2. \end{cases}$$

Preuve. Nous savons d'après le résultat du corollaire 4.6 que, pour une certaine constante C, $\|\mathbf{P}_t\|_{1,\infty} \le Ct^{-n/2}$ pour $0 < t \le 1$, et que $\|\mathbf{P}_t\|_{1,\infty} \le C$ pour $t \ge 1$. Nous en déduisons, en utilisant le théorème de RIESZ-THORIN, que

$$\|\mathbf{P}_t\|_{p,q} \le Ct^{-n/2(1/p-1/q)}, \text{ si } 0 < t < \infty,$$

et que $\|\mathbf{P}_t\|_{p,q}$ est borné si $t \ge 1$. D'après la définition de l'opérateur R_λ, on voit donc que celui-ci est borné de $\mathbf{L}^p(\mu)$ dans $\mathbf{L}^q(\mu)$ dès que $\frac{n}{2}(\frac{1}{p} - \frac{1}{q}) < 1$. C'est exactement le résultat annoncé. $\qquad\Box$

Pour montrer que la fonction f solution de l'équation (6.32) est bornée inférieurement, il suffit de remarquer que le noyau de l'opérateur $\mathbf{P}_t$ est borné inférieurement par une constante $C(t)$, (corollaire 4.10), ce qui permet d'obtenir une borne inférieure $m_\lambda > 0$ au noyau de l'opérateur R_λ. On obtient alors

$$f \ge m_\lambda \gamma_0^{-1} \langle f^{p-1} \rangle,$$

quantité non nulle puisque f est positive non nulle.

Pour obtenir une borne supérieure, commençons par remarquer que, puisque f est dans l'espace de DIRICHLET, l'inégalité de SOBOLEV permet d'affirmer que f est dans $\mathbf{L}^{p_0}(\mu)$, où $p_0 = 2n/(n-2)$. Or, l'équation (6.32) et le lemme montrent que, si f est dans $\mathbf{L}^q(\mu)$, f^{p-1} est dans $\mathbf{L}^{q/(p-1)}(\mu)$, et donc f est dans $\mathbf{L}^\infty(\mu)$ si $q > n(p-1)/2$, et dans $\mathbf{L}^{\varphi(q)}(\mu)$ si $q < n(p-1)/2$, avec

$$\varphi(q) = \frac{nq}{(p-1)n - 2q}.$$

Remarquons que $\varphi(q) > q$ dès que $q > (p-2)n/2$, ce qui est le cas de p_0 puisque $p < 2n/(n-2)$. Partant de p_0, on peut donc définir par récurrence la suite $p_m = \varphi(p_{m-1})$, et on voit que f est dans $\mathbf{L}^{p_m}(\mu)$. Cette suite est croissante, et le seul point fixe de la fonction φ est $(p-2)n/2 < p_0$. On voit donc que la suite p_m converge vers l'infini, donc dépasse $(p-1)n/2$, et donc que f est dans $\mathbf{L}^\infty(\mu)$.

La fonction f étant bornée supérieurement et inférieurement, il en va de même de f^{p-1}, et, à nouveau, l'équation (6.32) nous montre que f est dans le domaine de $\mathbf{L}$, car image d'une fonction de $\mathbf{L}^2(\mu)$ par la résolvante, et (6.32) s'écrit

$$f^{p-2} = 1 + \varepsilon - \gamma_0 \frac{\mathbf{L}f}{f}. \tag{6.33}$$

Posons alors $f = g^\alpha$, où α est un réel que nous choisirons plus bas. Nous pouvons réécrire l'équation (6.33) sous la forme

$$g^{\alpha(p-2)} = 1 + \varepsilon - \gamma_0 \alpha \left\{ \frac{\mathbf{L}g}{g} + (\alpha - 1)\frac{\Gamma(g,g)}{g^2} \right\}. \tag{6.34}$$

En multipliant les deux membres de (6.34) par $-g\mathbf{L}g$, et en intégrant les deux membres, nous obtenons alors

$$-\langle g^{1+\alpha(p-2)}, \mathbf{L}g \rangle = (1+\varepsilon)\mathcal{E}(g,g) + \alpha\gamma_0 \left\{ (\mathbf{L}g)^2 + (\alpha - 1)\langle \frac{\mathbf{L}g}{g}, \Gamma(g,g) \rangle \right\}. \tag{6.35}$$

Le premier membre de l'équation (6.35) peut se réécrire

$$\langle \Gamma(g^{1+\alpha(p-2)}, g) \rangle = 1 + \alpha(p-2)\langle g^{\alpha(p-2)}, \Gamma(g,g) \rangle. \tag{6.36}$$

Nous pouvons alors remplacer dans ce premier membre la quantité $g^{\alpha(p-2)}$ par sa valeur tirée de (6.34), ce qui nous donne, en remplaçant le résultat dans l'égalité (6.35),

$$\frac{1+\varepsilon}{\gamma_0}(p-2)\langle \Gamma(g,g) \rangle = \langle (\mathbf{L}g)^2 \rangle + \alpha(p-1)\langle \frac{\mathbf{L}g}{g}, \Gamma(g,g) \rangle + (\alpha-1)(1 + \alpha(p-2)\langle \frac{\Gamma(g,g)^2}{g^2} \rangle). \tag{6.37}$$

Jusqu'ici, nous n'avons pas utilisé d'inégalité de courbure-dimension, mais seulement l'existence d'une inégalité de SOBOLEV. Mais, si nous reprenons la méthode utilisée dans la proposition 6.6, nous pouvons voir que, si une inégalité $CD(\rho, n)$ est vérifiée, après changement de variables et pour tout β réel, nous obtenons, pour toutes les fonctions g de l'algèbre

$$\mathbf{L}(g,g) + \beta\frac{\mathbf{\Gamma}(g,\mathbf{\Gamma}(g,g))}{g} + \beta^2\frac{\mathbf{\Gamma}^2(g,g)}{g^2} \geq \rho\mathbf{\Gamma}(g,g) + \frac{1}{n}\{\mathbf{L}g + \beta\frac{\mathbf{\Gamma}(g,g)}{g}\}^2. \qquad (6.38)$$

Dans cette inégalité, nous pouvons intégrer les deux membres, et tout réécrire sous une forme plus simple en utilisant les formules de la proposition 6.4. Nous obtenons ainsi

$$\langle(\mathbf{L}g)^2\rangle - \beta\frac{n+2}{n-1}\langle\frac{\mathbf{L}g}{g},\mathbf{\Gamma}(g,g)\rangle + \beta(\beta + \frac{n}{n-1})\langle\frac{\mathbf{\Gamma}(g,g)^2}{g^2}\rangle \geq \frac{n}{n-1}\rho\langle\mathbf{\Gamma}(g,g)\rangle. \qquad (6.39)$$

Dans cette dernière équation, nous allons choisir

$$\beta = -\frac{n-1}{n+2}(p-1)\alpha.$$

On peut dès lors comparer l'inégalité (6.39) à l'égalité (6.37), ce qui nous donne, pour la fonction g considérée,

$$(\frac{1+\varepsilon}{\gamma_0}(p-2) - \frac{n}{n-1}\rho)\langle\mathbf{\Gamma}(g,g)\rangle \geq [(\alpha-1)(1+\alpha(p-2)) - \beta(\beta + \frac{n}{n+1})]\langle\frac{\mathbf{\Gamma}^2(g,g)}{g^2}\rangle. \qquad (6.40)$$

Compte tenu de la valeur de β, la quantité $K(\alpha) = (\alpha-1)(1+\alpha(p-2)) - \beta(\beta + \frac{n}{n+1})$ est une expression du second degré en α, dont le terme constant vaut -1. Le discriminant de cette équation est du signe de $(n+2) - (n-2)(p-1)$ et donc est positif dès que $p \leq 2n/(n-2)$. Dans ce cas, nous pouvons choisir α de telle façon que $K(\alpha)$ soit positif, et alors l'équation (6.40) nous donne, pour cette valeur de α,

$$(\frac{1+\varepsilon}{\gamma_0}(p-2) - \frac{n}{n-1}\rho)\langle\mathbf{\Gamma}(g,g)\rangle \geq 0.$$

Compte tenu de ce que g n'est pas constante, on obtient

$$\frac{1+\varepsilon}{\gamma_0} \geq \frac{n}{(n-1)(p-2)}\rho,$$

ce qui est le résultat annoncé. □

Remarques.—

1– En ce qui concerne les inégalités de SOBOLEV faibles que nous pouvons déduire du résultat précédent, nous obtenons, pour tout $2 \leq p \leq 2n/(n-2)$, des inégalités

$$\langle f^2\rangle = 1 \Rightarrow \langle f^2\log f^2\rangle \leq \frac{1}{p-2}\log\{1 + \frac{(p-2)(n-1)}{n\rho}\mathcal{E}(f,f)\}.$$

Le second membre de cette inégalité est une fonction décroissante de p, et donc toutes ces inégalités sont moins fortes que celle obtenus dans le cas optimal $p = 2n/(n-2)$.

D'un autre côté, nous avons déjà signalé que la méthode linéaire exposée plus haut permet d'obtenir une famille d'inégalités de SOBOLEV faibles, pour tout p dans le même intervalle, qui ne soient pas comparables à l'inégalité optimale, et en particulier qui redonnent dans le cas $p = 2$ l'inégalité de SOBOLEV logarithmique optimale ([Ba4]). La méthode non linéaire n'est donc pas optimale en ce qui concerne l'obtention des meilleures inégalités Énergie-Entropie. Mais, pour reprendre l'exemple des sphères, la méthode linéaire ne permet pas non plus de calculer une inégalité Énergie-Entropie qui vérifie le critère d'optimalité sur le diamètre du chapitre 5.

2– Pour certains semigroupes sur un intervalle réel, en particulier pour les semigroupes de JACOBI, liés aux parties radiales des semigroupes sphériques, on peut développer un critère L_2 renversé, pour obtenir des résultats avec $0 < n < 1$. La méthode linéaire pour obtenir des inégalités de SOBOLEV logarithmiques bute alors sur le cas $n = 1/4$, c'est à dire qu'on n'obtient de résultats que si $n > 1/4$, (cf [BE3]), alors que la méthode non linéaire exposée plus haut permet d'obtenir des inégalités de SOBOLEV logarithmiques pour tout $n > 0$, ([R5]), et récemment, A. BEN-TALEB vient d'obtenir par la méthode non linéaire des inégalités de SOBOLEV pour tout $0 < n < 2$ ([BT]). Ces inégalités permettent en outre de retrouver dans le cas du cercle et de la sphère de dimension 2 les inégalités d'ONOFRI (caractère exponentiellement intégrable des fonctions du domaine de DIRICHLET).

112

—Références

[A] AUBIN (T)— Non linear analysis on manifolds, MONGE-AMPÈRE equations , Springer, Berlin-Heidelberg-New-York, 1982.

[Ba1] BAKRY (D)— Étude des transformations de RIESZ dans les variétés à courbure minorée, *Séminaire de probabilités XXI*, Lecture Notes in Math. 1247, 1987, Springer, p.137-172.

[Ba2] BAKRY (D)— La propriété de sous-harmonicité des diffusions dans les variétés, *Séminaire de probabilités XXII*, Lecture Notes in Math. 1321, 1988, Springer, p.1-50.

[Ba3] BAKRY (D.)— Sur l'interpolation complexe des semigroupes de diffusion, *Séminaire de probabilités XXIII*, Lecture Notes in Math. 1372, 1989, Springer, p.1-20.

[Ba4] BAKRY, D.— Inégalités de SOBOLEV faibles: un critère L_2, *Séminaire de Probablités XXV*, Lecture Notes in Math. 1485, 1991, Springer, p.234-261.

[Ba5] BAKRY (D.)— RICCI curvature and dimension for diffusion semigroups, *Stochastic Processes and their applications*, S. ALBEVERIO & al, ed., 1990, Kluwer Ac..

[BE1] BAKRY (D), EMERY (M)— Hypercontractivité des semigroupes de diffusion, Comptes Rendus Acad. Sc., t.299 , série 1, $n°$ 15, 1984, p.775-778.

[BE2] BAKRY (D), EMERY (M)— Inégalités de SOBOLEV pour un semigroupe symétrique, Comptes Rendus Acad. Sc., t.301 , série 1, $n°$ 8, 1985, p.411-413.

[BE3] BAKRY (D), EMERY (M)— Diffusions hypercontractives, *Séminaire de probabilités XIX*, Lecture Notes in Math. 1123, 1985, Springer, p.177-206.

[Be1] BECKNER (W)— Inequalities in FOURIER analysis, Ann. of Math., vol. 102, 1975, p.159-182.

[Be2] BECKNER (W)— A generalized POINCARÉ inequality for Gaussian measures, Proc. AMS, vol. 105, 1989, p.397-400.

[BG] BLUMENTHAL (R), GETOOR (R)— MARKOV processes and potential theory , Ac. Press, New-York, 1968.

[BH] BOULEAU (N), HIRSH (F)— DIRICHLET forms and analysis on WIENER space , de Gruyter, Berlin-New-York, 1991.

[BJ] BORELL (C), JANSON (S)— Converse hypercontractivity, *Séminaire d'initiation à l'analyse*, 1981.

[*BM*] BAKRY, (D), MICHEL, (D)— Inégalités de SOBOLEV et minorations du semigroupe de la chaleur, Ann. Fac. Sc. Toulouse, vol. XI, n. 2, 1990, p.23-66.

[*Bo*] BOREL (C)— Positivity improving operators and hypercontractivity, Math. Z., vol. 180, 1982, p.225-234.

[*BT*] BEN-TALEB (A)— Inégalités de SOBOLEV pour les semigroupes ultrasphériques, Comptes Rendus Acad. Sc., 1993, à paraître .

[*Ca*] CARLEN (E)— Superadditivity of FISHER's information and logarithmic SOBOLEV inequalities, J. Funct. Anal., vol. 101, 1991, p.194-211.

[*Ch*] CHEN (L)— POINCARÉ type inequalities via stochastic integrals, Z.Wahr.v.Geb., vol. 69, 1985, p.251-277.

[*CKS*] CARLEN (E), KUSUOKA (S), STROOCK (DW)— Upperbounds for symmetric MARKOV transition functions, Ann. Inst. H.POINCARÉ, vol. 23, 1987, p.245-287.

[*CSCV*] COULHON (T), SALOFF-COSTES (L), VAROPOULOS (N)— **Analysis and geometry on groups** , Camb.Univ.Press, 1992.

[*Da*] DAVIES (EB)— **Heat kernels and spectral theory** , Cambridge University Press, Berlin-Heidelberg-New-York, 1989.

[*DaSi*] DAVIES (EB), SIMON (B)— Ultracontractivity and the heat kernel for SCHRÖDINGER operators and DIRICHLET laplacians, J. Funct. Anal., vol. 59, 1984, p.335-395.

[*DS*] DEUSCHEL (JD), STROOCK (DW)— **Large Deviations** , Ac. Press, Berlin-Heidelberg-New-York, 1989.

[*EY*] EMERY (M), YUKICH (J)— A simple proof of the logarithmic SOBOLEV inequality on the circle, *Séminaire de probabilités XXI*, Lecture Notes in Math. 1247, 1987, Springer, p.173-175.

[*G*] GROSS (L)— Logarithmic SOBOLEV inequalities, Amer. J. Math., vol. 97, 1976, p.1061-1083.

[*G2*] GROSS (L)— Logarithmic SOBOLEV inequalities and contractivity properties of semigroups, preprint, 1992.

[*HKS*] HOEGH-KROHN (R), SIMON (B)— Hypercontractive semigroups, J. Funct. Anal., vol. 9, 1972, p.1061-1083.

[*KKR*] KAVIAN (O), KERKYACHARIAN (G), ROYNETTE (B)— Quelques remarques sur l'ultracontractivité, preprint, 1991.

[KS] KORZENIOWSKI (A), STROOCK (D)— An example in the theory of hypercontractive semigroups, Proc. A.M.S., vol. 94, 1985, p.87-90.

[L1] LEDOUX (M)— On an integral citerion for hypercontractivity of diffusion semigroups and extremal functions, J. Funct. Anal., vol. 104, 1992.

[M1] MEYER (PA)— Note sur le processus d'ORNSTEIN-UHLENBECK, *Séminaire de proba-bilités XVI*, Lecture Notes in Math. 920, 1982, Springer, p.95-133.

[MW] MUELLER (C), WEISSLER (F)— Hypercontractivity for the heat semigroup for ultras-pherical polynomials and on the n-sphere, J. Funct. Anal., vol. 48, 1982, p.252-283.

[N] NELSON (E)— The free MARKOV field, J. Funct. Anal., vol. 12, 1973, p.211-227.

[Nev] NEVEU (J)— Sur l'espérance conditionnelle par rapport à un mouvement brownien, Ann. Inst. H.POINCARRÉ, vol. 12, 1976, p.105-109.

[RS] REED (M), SIMON (B)— **Methods of modern mathematical physics** , Ac. Press, New-York, 1975.

[R1] ROTHAUS (O)— Logarithmic SOBOLEV inequalities and the spectrum of SHRÖDINGER operators, J. Funct. Anal., vol. 42, 1981, p.110-120.

[R2] ROTHAUS (O)— Analytic inequalities, isoperimetric inequalities, and logarithmic So-BOLEV inequalities , J. Funct. Anal., vol. 64, 1985, p.296-313.

[R3] ROTHAUS (O)— Logarithmic SOBOLEV inequalities and the spectrum of STURM-LIOU-VILLE operators, J. Funct. Anal., vol. 39, 1980, p.42-56.

[R4] ROTHAUS (O)— Diffusion on compact Riemannian manifolds and logarithmic SOBO-LEV inequalities, J. Funct. Anal., vol. 42, 1981, p.102-109.

[R5] ROTHAUS (O)— Hypercontractivity and the BAKRY-EMERY criterion for compact LIE groups, J. Funct. Anal., vol. 65, 1986, p.358-367.

[Ste] STEIN (EM)— **Singular integrals and differentiability properties of functions,** Princeton, 1970.

[Str] STRICHARTZ (R)— Analysis of the Laplacian of the complete Riemannian manifold, J. Funct. Anal., vol. 52, 1983, p.48-79.

[V] VAROPOULOS (N)— HARDY-LITTLEWOOD theory for semigroups, J. Funct. Anal., vol. 63, 1985, p.240-260.

[W] WEISSLER (F)— Logarithmic SOBOLEV inequalities and hypercontractive estimates on the circle, J. Funct. Anal., vol. 48, 1982, p.252-283.

[Yos] YOSIDA (K)— **Functionnal analysis**, 4th ed., Springer, Berlin-Heidelberg-New-York, 1974.

ISOPERIMETRY AND GAUSSIAN ANALYSIS

Michel LEDOUX

Originally published in: *Ecole d'Eté de Probabilités de Saint-Flour XXIV – 1994*, Lecture Notes in Mathematics, Vol. **1648**, 165–294, DOI: 10.1007/BFb0095676, © Springer-Verlag Berlin Heidelberg 1996, Reprint by Springer-Verlag Berlin Heidelberg 2012

Twenty years after his celebrated St-Flour course
on regularity of Gaussian processes,
I dedicate these notes to my teacher X. Fernique

167

Table of contents

In memory of A. Ehrhard

The Gaussian isoperimetric inequality, and its related concentration phenomenon, is one of the most important properties of Gaussian measures. These notes aim to present, in a concise and selfcontained form, the fundamental results on Gaussian processes and measures based on the isoperimetric tool. In particular, our exposition will include, from this modern point of view, some of the by now classical aspects such as integrability and tail behavior of Gaussian seminorms, large deviations or regularity of Gaussian sample paths. We will also concentrate on some of the more recent aspects of the theory which deal with small ball probabilities. Actually, the Gaussian concentration inequality will be the opportunity to develop some functional analytic ideas around the concentration of measure phenomenon. In particular, we will see how simple semigroup tools and the geometry of abstract Markov generator may be used to study concentration and isoperimetric inequalities. We investigate in this context some of the deep connections between isoperimetric inequalities and functional inequalities of Sobolev type. We also survey recent work on concentration inequalities in product spaces. Actually, although the main theme is Gaussian isoperimetry and analysis, many ideas and results have a much broader range of applications. We will try to indicate some of the related fields of interest.

The Gaussian isoperimetric and concentration inequalities were developed most vigorously in the study of the functional analytic aspects of probability theory (probability in Banach spaces and its relation to geometry and the local theory of Banach spaces) through the contributions of A. Badrikian, C. Borell, S. Chevet, A. Ehrhard, X. Fernique, H. J. Landau and L. A. Shepp, B. Maurey, V. D. Milman, G. Pisier, V. N. Sudakov and B. S. Tsirel'son, M. Talagrand among others. In particular, the new proof by V. D. Milman of Dvoretzky's theorem on spherical sections of convex bodies started the development of the concentration ideas and of their applications in geometry and probability in Banach spaces. Actually, most of the tools and inspiration come from analysis rather than probability. From this analytical point of view, emphasis is put on inequalities in finite dimension as well as on the fundamental Gaussian measurable structure consisting of the product measure on $\mathbb{R}^{\mathbb{N}}$ when each coordinate is endowed with the standard Gaussian measure. It is no surprise therefore that most of the results, developed in the seventies and eighties, often do not seem familiar to true probabilists, and even analysts on Wiener spaces. The aim of this course is to try to advertise these powerful and useful ideas to the probability community although all the results presented here are known and already appeared

169

elsewhere. In particular, M. Talagrand's ideas and contributions, that strongly influenced the author's comprehension of the subject, take an important part in this exposition.

After a short introduction on isoperimetry, where we present the classical isoperimetric inequality, the isoperimetric inequality on spheres and the Gaussian isoperimetric inequality, our first task, in Chapter 2, will be to develop the concentration of measure phenomenon from a functional analytic point of view based on semigroup theory. In particular we show how the Gaussian concentration inequality may easily be obtained from the commutation property of the Ornstein-Uhlenbeck semigroup. In the last chapter, we further investigate the deep connections between isoperimetric and functional inequalities (Sobolev inequalities, hypercontractivity, heat kernel estimates...). We follow in this matter the ideas of N. Varopoulos in his functional approach to isoperimetric inequalities and heat kernel bounds on groups and manifolds. In Chapter 3, we will survey the remarkable recent isoperimetric and concentration inequalities for product measures of M. Talagrand. This section aims to demonstrate the power of abstract concentration arguments and induction techniques in this setting. These deep ideas appear of potential use in a number of problems in probability and applied probability. In Chapter 4, we present, from the concentration viewpoint, the classical integrability properties and tail behaviors of norms of Gaussian measures or random vectors as well as their large deviations. We also show how the isoperimetric and concentration ideas allow a nontopological approach to large deviations of Gaussian measures. The next chapter deals with the corresponding questions for Wiener chaos as remarkably investigated by C. Borell in the late seventies and early eighties. In Chapter 6, we provide a complete treatment of regularity of Gaussian processes based on the results of R. M. Dudley, X. Fernique, V. N. Sudakov and M. Talagrand. In particular, we present the recent short proof of M. Talagrand, based on concentration, of the necessity of the majorizing measure condition for bounded or continuous Gaussian processes. Chapter 7 is devoted to some of the recent aspects of the study of Gaussian measures, namely small ball probabilities. We also investigate in this chapter some correlation and conditional inequalities for norms of Gaussian measures (which have been applied recently to the support of a diffusion theorem and the Freidlin-Wentzell large deviation principle for stronger topologies on Wiener space). Finally, and as announced, we come back in Chapter 8 to a semigroup approach of the Gaussian isoperimetric inequality based on hypercontractivity. Most chapters are completed with short notes for further reading. We also tried to appropriately complete the list of references although we did not put emphasis on historical details and comments.

I sincerely thank the organizers of the École d'Été de St-Flour for their invitation to present this course. My warmest thanks to Ph. Barbe, M. Capitaine, M. A. Lifshits and W. Stolz for a careful reading of the early version of these notes and to C. Borell and S. Kwapień for several helful comments and indications. Many thanks to P. Baldi, S. Chevet, Ch. Léonard, A. Millet and J. Wellner for their comments, remarks and corrections during the school and to all the participants for their interest in this course.

St-Flour, Toulouse 1994   Michel Ledoux

1. SOME ISOPERIMETRIC INEQUALITIES

In this first chapter, we present the basic isoperimetric inequalities which form the geometric background of this study. Although we will not directly be concerned with true isoperimetric problems and description of extremal sets later on, these inequalities are at the basis of the concentration inequalities of the next chapter on which most results of these notes will be based. We introduce the isoperimetric ideas with the classical isoperimetric inequality on $\mathbb{R}^n$ but the main result will actually be the isoperimetric property on spheres and its limit version, the Gaussian isoperimetric inequality. More on isoperimetry may be found e.g. in the book [B-Z] as well as in the survey paper [Os] and the references therein.

The classical isoperimetric inequality in $\mathbb{R}^n$ (see e.g. [B-Z], [Ha], [Os]...), which at least in dimension 2 and for convex sets may be considered as one of the oldest mathematical statements (cf. [Os]), asserts that among all compact sets A in $\mathbb{R}^n$ with smooth boundary ∂A and with fixed volume, Euclidean balls are the ones with the minimal surface measure. In other words, whenever $\mathrm{vol}_n(A) = \mathrm{vol}_n(B)$ where B is a ball (and $n > 1$),

$$(1.1) \qquad \mathrm{vol}_{n-1}(\partial A) \geq \mathrm{vol}_{n-1}(\partial B).$$

There is an equivalent, although less familiar, formulation of this result in terms of isoperimetric neighborhoods or enlargements which in particular avoids surface measures and boundary considerations; namely, if A_r denotes the (closed) Euclidean neighborhood of A of order $r \geq 0$, and if B is as before a ball with the same volume as A, then, for every $r \geq 0$,

$$(1.2) \qquad \mathrm{vol}_n(A_r) \geq \mathrm{vol}_n(B_r).$$

Note that A_r is simply the Minkowski sum $A + B(0, r)$ of A and of the (closed) Euclidean ball $B(0, r)$ with center the origin and radius r. The equivalence between (1.1) and (1.2) follows from the Minkowski content formula

$$\mathrm{vol}_{n-1}(\partial A) = \liminf_{r \to 0} \frac{1}{r} \left[\mathrm{vol}_n(A_r) - \mathrm{vol}_n(A) \right]$$

(whenever the boundary ∂A of A is regular enough). Actually, if we take the latter as the definition of $\text{vol}_{n-1}(\partial A)$, it is not too difficult to see that (1.1) and (1.2) are equivalent for every Borel set A (see Chapter 8 for a related result). The simplest proof of this isoperimetric inequality goes through the Brunn-Minkowski inequality which states that if A and B are two compact sets in $\mathbb{R}^n$, then

$$(1.3) \qquad \text{vol}_n(A+B)^{1/n} \geq \text{vol}_n(A)^{1/n} + \text{vol}_n(B)^{1/n}.$$

To deduce the isoperimetric inequality (1.2) from the Brunn-Minkowski inequality (1.3), let $r_0 > 0$ be such that $\text{vol}_n(A) = \text{vol}_n(B(0, r_0))$. Then, by (1.3),

$$\begin{aligned}
\text{vol}_n(A_r)^{1/n} = \text{vol}_n\big(A + B(0,r)\big)^{1/n} &\geq \text{vol}_n(A)^{1/n} + \text{vol}_n\big(B(0,r)\big)^{1/n} \\
&= \text{vol}_n\big(B(0,r_0)\big)^{1/n} + \text{vol}_n\big(B(0,r)\big)^{1/n} \\
&= (r_0 + r)\text{vol}_n\big(B(0,1)\big)^{1/n} \\
&= \text{vol}_n\big(B(0, r_0+r)\big)^{1/n} = \text{vol}_n\big(B(0,r_0)_r\big)^{1/n}.
\end{aligned}$$

As an illustration of the methods, let us briefly sketch the proof of the Brunn-Minkowski inequality (1.3) following [Ha] (for an alternate simple proof, see [Pi3]). By a simple approximation procedure, we may assume that each of A and B is a union of finitely many disjoint sets, each of which is a product of intervals with edges parallel to the coordinate axes. The proof is by induction on the total number p of these rectangular boxes in A and B. If $p = 2$, that is if A and B are products of intervals with sides of length $(a_i)_{1 \leq i \leq n}$ and $(b_i)_{1 \leq i \leq n}$ respectively, then

$$\begin{aligned}
\frac{\text{vol}_n(A)^{1/n} + \text{vol}_n(B)^{1/n}}{\text{vol}_n(A+B)^{1/n}} &= \prod_{i=1}^{n}\left(\frac{a_i}{a_i+b_i}\right)^{1/n} + \prod_{i=1}^{n}\left(\frac{b_i}{a_i+b_i}\right)^{1/n} \\
&\leq \frac{1}{n}\sum_{i=1}^{n}\frac{a_i}{a_i+b_i} + \frac{1}{n}\sum_{i=1}^{n}\frac{b_i}{a_i+b_i} = 1
\end{aligned}$$

where we have used the inequality between geometric and arithmetic means. Now, assume that A and B consist of a total of $p > 2$ products of intervals and that (1.3) holds for all sets A' and B' which are composed of a total of at most $p-1$ rectangular boxes. We may and do assume that the number of rectangular boxes in A is at least 2. Parallel shifts of A and B do not change the volume of A, B or $A + B$. Take then a shift of A with the property that one of the coordinate hyperplanes divides A in such a way that there is at least one rectangular box in A on each side of this hyperplane. Therefore A is the union of A' and A'' where A' and A'' are disjoint unions of a number of rectangular boxes strictly smaller than the number in A. Now shift B parallel to the coordinate axes in such a manner that the same hyperplane divides B into B' and B'' with

$$\frac{\text{vol}_n(B')}{\text{vol}_n(B)} = \frac{\text{vol}_n(A')}{\text{vol}_n(A)} = \lambda.$$

Each of B' and B'' has at most the same number of products of intervals as B has. Now, by the induction hypothesis,

$$
\begin{aligned}
\mathrm{vol}_n(A + B) & \\
& \geq \mathrm{vol}_n(A' + B') + \mathrm{vol}_n(A'' + B'') \\
& \geq \left[\mathrm{vol}_n(A')^{1/n} + \mathrm{vol}_n(B')^{1/n}\right]^n + \left[\mathrm{vol}_n(A'')^{1/n} + \mathrm{vol}_n(B'')^{1/n}\right]^n \\
& = \lambda\left[\mathrm{vol}_n(A)^{1/n} + \mathrm{vol}_n(B)^{1/n}\right]^n + (1 - \lambda)\left[\mathrm{vol}_n(A)^{1/n} + \mathrm{vol}_n(B)^{1/n}\right]^n \\
& = \left[\mathrm{vol}_n(A)^{1/n} + \mathrm{vol}_n(B)^{1/n}\right]^n
\end{aligned}
$$

which is the result. Note that, by concavity, (1.3) implies (is actually equivalent to the fact) that, for every λ in $[0,1]$,

$$
\mathrm{vol}_n\bigl(\lambda A + (1 - \lambda)B\bigr) \geq \left[\lambda\,\mathrm{vol}_n(A)^{1/n} + (1 - \lambda)\mathrm{vol}_n(B)^{1/n}\right]^n \geq \mathrm{vol}_n(A)^\lambda \mathrm{vol}_n(B)^{1-\lambda}.
$$

In the probabilistic applications, it is the isoperimetric inequality on spheres, rather than the classical isoperimetric inequality, which is of fundamental importance. The use of the isoperimetric inequality on spheres in analysis and probability goes back to the new proof, by V. D. Milman [Mi1], [Mi3], of the famous Dvoretzky theorem on spherical sections of convex bodies [Dv]. Since then, it has been used extensively in the local theory of Banach spaces (see [F-L-M], [Mi-S], [Pi3]...) and in probability theory via its Gaussian version (see below). The purpose of this course is actually to present a complete account on the Gaussian isoperimetric inequality and its probabilistic applications. For the applications to Banach space theory, we refer to [Mi-S], [Pi1], [Pi3].

Very much as (1.1), the isoperimetric inequality on spheres expresses that among all subsets with fixed volume on a sphere, geodesic balls (caps) achieve the minimal surface measure. This inequality has been established independently by E. Schmidt [Sch] and P. Lévy [Lé] in the late forties (but apparently for sets with smooth boundaries). Schmidt's proof is based on the classical isoperimetric rearrangement or symmetrization techniques due to J. Steiner (see [F-L-M] for a complete proof along these lines, perhaps the first in this generality). A nice two-point symmetrization technique may also be used (see [Be2]). Lévy's argument, which applies to more general types of surfaces, uses the modern tools of minimal hypersurfaces and integral currents. His proof has been generalized to Riemannian manifolds with positive Ricci curvature by M. Gromov [Gro], [Mi-S], [G-H-L]. Let M be a compact connected Riemannian manifold of dimension N (≥ 2), and let d be its Riemannian metric and μ its normalized Riemannian measure. Denote by $R(M)$ the infimum of the Ricci tensor $\mathrm{Ric}(\cdot, \cdot)$ of M over all unit tangent vectors. Recall that if S_ρ^N is the sphere of radius $\rho > 0$ in $\mathbb{R}^{N+1}$, $R(S_\rho^N) = (N-1)/\rho^2$ (see [G-H-L]). We denote below by σ_ρ^N the normalized rotation invariant measure on S_ρ^N. If A is a subset of M, we let as before $A_r = \{x \in M; d(x, A) \leq r\}$, $r \geq 0$.

Theorem 1.1. *Assume that $R(M) = R > 0$ and let S_ρ^N be the manifold of constant curvature equal to R (i.e. ρ is such that $R(S_\rho^N) = (N-1)/\rho^2 = R$). Let A be* measurable in M and let B be a geodesic ball, or cap, of S_ρ^N such that $\mu(A) \geq \sigma_\rho^N(B)$. Then, for every $r \geq 0$,

(1.4) $$\mu(A_r) \geq \sigma_\rho^N(B_r).$$

Theorem 1.1 of course applies to the sphere S_ρ^N itself. Equality in (1.4) occurs only if M is a sphere and A a cap on this sphere. Notice furthermore that Theorem 1.1 applied to sets the diameter of which tends to zero contains the classical isoperimetric inequality in Euclidean space. We refer to [Gro], [Mi-S] or [G-H-L] for the proof of Theorem 1.1.

Theorem 1.1 is of particular interest in probability theory via its limit version which gives rise to the Gaussian isoperimetric inequality, our tool of fundamental importance in this course. The Gaussian isoperimetric inequality may indeed be considered as the limit of the isoperimetric inequality on the spheres S_ρ^N when the dimension N and the radius ρ both tend to infinity in the geometric $(R(S_\rho^N) = (N-1)/\rho^2)$ and probabilistic ratio $\rho^2 = N$. It has indeed been known for some time that the measures $\sigma_{\sqrt{N}}^N$ on $S_{\sqrt{N}}^N$, projected on a fixed subspace $\mathbb{R}^n$, converge when N goes to infinity to the canonical Gaussian measure on $\mathbb{R}^n$. To be more precise, denote by $\Pi_{N+1,n}$, $N \geq n$, the projection from $\mathbb{R}^{N+1}$ onto $\mathbb{R}^n$. Let γ_n be the canonical Gaussian measure on $\mathbb{R}^n$ with density $\varphi_n(x) = (2\pi)^{-n/2} \exp(-|x|^2/2)$ with respect to Lebesgue measure (where $|x|$ is the Euclidean norm of $x \in \mathbb{R}^n$).

Lemma 1.2. *For every Borel set A in $\mathbb{R}^n$,*

$$\lim_{N \to \infty} \sigma_{\sqrt{N}}^N(\Pi_{N+1,n}^{-1}(A) \cap S_{\sqrt{N}}^N) = \gamma_n(A).$$

Lemma 1.2 is commonly known as Poincaré's lemma [MK] although it does not seem to be due to H. Poincaré (cf. [D-F]). The convergence is better than only weak convergence of the sequence of measures $\Pi_{N+1,n}(\sigma_{\sqrt{N}}^N)$ to γ_n. Simple analytic or probabilistic proofs of Lemma 1.2 may be found in the literature ([Eh1], [Gal], [Fe5], [D-F]...). The following elegant proof was kindly communicated to us by J. Rosiński.

Proof. Let $(g_i)_{i \geq 1}$ be a sequence of independent standard normal random variables. For every integer $N \geq 1$, set $R_N^2 = g_1^2 + \cdots + g_N^2$. Now, $(\sqrt{N}/R_{N+1}) \cdot (g_1, \ldots, g_{N+1})$ is equal in distribution to $\sigma_{\sqrt{N}}^N$, and thus $(\sqrt{N}/R_{N+1}) \cdot (g_1, \ldots, g_n)$ is equal in distribution to $\Pi_{N+1,n}(\sigma_{\sqrt{N}}^N)$ $(N \geq n)$. Since $R_N^2/N \to 1$ almost surely by the strong law of large numbers, we already get the weak convergence result. Lemma 1.2 is however stronger since convergence is claimed for every Borel set. In order to get the full conclusion, notice that R_n^2, $R_{N+1}^2 - R_n^2$ and $(g_1, \ldots, g_n)/R_n$ are independent. Therefore R_n^2/R_{N+1}^2 is independent of $(g_1, \ldots, g_n)/R_n$ and has beta distribution β with parameters $n/2$, $(N+1-n)/2$. Now,

$$\sigma_{\sqrt{N}}^N(\Pi_{N+1,n}^{-1}(A) \cap S_{\sqrt{N}}^N) = \mathbb{P}\left\{ \frac{\sqrt{N}}{R_{N+1}}(g_1, \ldots, g_n) \in A \right\}$$

$$= \mathbb{P}\left\{ \left(N \frac{R_n^2}{R_{N+1}^2}\right)^{1/2} \cdot \frac{1}{R_n}(g_1, \ldots, g_n) \in A \right\}.$$

Therefore,

$$\sigma^N_{\sqrt{N}}\big(\amalg^{-1}_{N+1,n}(A)\cap S^N_{\sqrt{N}}\big)$$

$$= \beta\big(\tfrac{n}{2},\tfrac{N+1-n}{2}\big)^{-1}\int_{S^{n-1}_1}\int_0^1 I_A\big(\sqrt{N}tx\big)t^{\frac{n}{2}-1}(1-t)^{\frac{N+1-n}{2}-1}d\sigma^{n-1}_1(x)dt$$

$$= \beta\big(\tfrac{n}{2},\tfrac{N+1-n}{2}\big)^{-1}\frac{2}{N^{n/2}}\int_{S^{n-1}_1}\int_0^{\sqrt{N}} I_A(ux)u^{n-1}\Big(1-\frac{u^2}{N}\Big)^{\frac{N+1-n}{2}-1}d\sigma^{n-1}_1(x)du$$

by the change of variables $u=\sqrt{N}t$. Letting $N\to\infty$, the last integral converges by the dominated convergence theorem to

$$\frac{2}{2^{n/2}\Gamma(n/2)}\int_{S^{n-1}_1}\int_0^\infty I_A(ux)u^{n-1}e^{-u^2/2}d\sigma^{n-1}_1(x)du$$

which is precisely $\gamma_n(A)$ in polar coordinates. The proof of Lemma 1.2 is thus complete. This proof is easily modified to actually yield uniform convergence of densities on compacts sets ([Eh1], [Gal], [Fe5]) and in the variation metric [D-F]. $\qquad\square$

As we have seen, caps are the extremal sets of the isoperimetric problem on spheres. Now, a cap may be regarded as the intersection of a sphere and a half-space, and, by Poincaré's limit, caps will thus converge to half-spaces. There are therefore strong indications that half-spaces will be the extremal sets of the isoperimetric problem for Gaussian measures. A half-space H in $\mathbb{R}^n$ is defined as

$$H = \{x\in\mathbb{R}^n; \langle x,u\rangle\le a\}$$

for some real number a and some unit vector u in $\mathbb{R}^n$. The isoperimetric inequality for the canonical Gaussian measure γ_n in $\mathbb{R}^n$ may then be stated as follows. If A is a set in $\mathbb{R}^n$, A_r denotes below its Euclidean neighborhood of order $r\ge 0$.

Theorem 1.3. *Let A be a Borel set in $\mathbb{R}^n$ and let H be a half-space such that $\gamma_n(A)\ge\gamma_n(H)$. Then, for every $r\ge 0$,*

$$\gamma_n(A_r)\ge\gamma_n(H_r).$$

Since γ_n is both rotation invariant and a product measure, the measure of a half-space is actually computed in dimension one. Denote by Φ the distribution function of γ_1, that is

$$\Phi(t) = \int_{-\infty}^t e^{-x^2/2}\,\frac{dx}{\sqrt{2\pi}},\qquad t\in\mathbb{R}.$$

Then, if $H = \{x\in\mathbb{R}^n; \langle x,u\rangle\le a\}$, $\gamma_n(H) = \Phi(a)$, and Theorem 1.3 expresses equivalently that when $\gamma_n(A)\ge\Phi(a)$, then

$$(1.5)\qquad\qquad\qquad \gamma_n(A_r)\ge\Phi(a+r)$$

for every $r \geq 0$. In other words, if Φ^{-1} is the inverse function of Φ, for every Borel set A in $\mathbb{R}^n$ and every $r \geq 0$,

$$(1.6) \qquad \Phi^{-1}\bigl(\gamma_n(A_r)\bigr) \geq \Phi^{-1}\bigl(\gamma_n(A)\bigr) + r.$$

The Gaussian isoperimetric inequality is thus essentially dimension free, a characteristic feature of the Gaussian setting.

Proof of Theorem 1.3. We prove (1.5) and use the isoperimetric inequality on spheres (Theorem 1.1) and Lemma 1.2. We may assume that $a = \Phi^{-1}(\gamma_n(A)) > -\infty$. Let then $b \in (-\infty, a)$. Since $\gamma_n(A) > \Phi(b) = \gamma_1((-\infty, b])$, by Lemma 1.2, for every N ($\geq n$) large enough,

$$(1.7) \qquad \sigma^N_{\sqrt{N}}\bigl(\Pi^{-1}_{N+1,n}(A) \cap S^N_{\sqrt{N}}\bigr) > \sigma^N_{\sqrt{N}}\bigl(\Pi^{-1}_{N+1,1}(]-\infty, b]) \cap S^N_{\sqrt{N}}\bigr).$$

It is easy to see that $\Pi^{-1}_{N+1,n}(A_r) \cap S^N_{\sqrt{N}} \supset \bigl(\Pi^{-1}_{N+1,n}(A) \cap S^N_{\sqrt{N}}\bigr)_r$ where the neighborhood of order r on the right hand side is understood with respect to the geodesic distance on $S^N_{\sqrt{N}}$. Since $\Pi^{-1}_{N+1,1}((-\infty, b]) \cap S^N_{\sqrt{N}}$ is a cap on $S^N_{\sqrt{N}}$, by (1.7) and the isoperimetric inequality on spheres (Theorem 1.1),

$$\sigma^N_{\sqrt{N}}\bigl(\Pi^{-1}_{N+1,n}(A_r) \cap S^N_{\sqrt{N}}\bigr) \geq \sigma^N_{\sqrt{N}}\bigl((\Pi^{-1}_{N+1,n}(A) \cap S^N_{\sqrt{N}})_r\bigr)$$
$$\geq \sigma^N_{\sqrt{N}}\bigl((\Pi^{-1}_{N+1,1}((-\infty, b]) \cap S^N_{\sqrt{N}})_r\bigr).$$

Now, $\bigl(\Pi^{-1}_{N+1,1}((-\infty, b]) \cap S^N_{\sqrt{N}}\bigr)_r = \Pi^{-1}_{N+1,1}((-\infty, b + r(N)]) \cap S^N_{\sqrt{N}}$ where (for N large)

$$r(N) = \sqrt{N} \cos\bigl[\arccos(b/\sqrt{N}) - r/\sqrt{N}\bigr] - b.$$

Since $\lim r(N) = r$, by Lemma 1.2 again, $\gamma_n(A_r) \geq \Phi(b+r)$. Since $b < a$ is arbitrary, the conclusion follows. $\qquad\square$

Theorem 1.3 is due independently to C. Borell [Bo2] and to V. N. Sudakov and B. S. Tsirel'son [S-T] with the same proof based on the isoperimetric inequality on spheres and Poincaré's limit. A. Ehrhard [Eh2] (see also [Eh3], [Eh5]) gave a different proof using an intrinsic Gaussian symmetrization procedure similar to the Steiner symmetrization used by E. Schmidt in his proof of Theorem 1.1. In any case, Ehrhard's proof or the proof of isoperimetry on spheres are rather delicate, as it is usually the case with isoperimetric inequalities and the description of their extremal sets.

With this same Gaussian symmetrization tool, A. Ehrhard [Eh2] established furthermore a Brunn-Minkowski type inequality for γ_n, however only for convex sets. More precisely, he showed that whenever A and B are convex sets in $\mathbb{R}^n$, for every $\lambda \in [0,1]$,

$$(1.8) \qquad \Phi^{-1}\bigl(\gamma_n(\lambda A + (1-\lambda)B)\bigr) \geq \lambda \Phi^{-1}\bigl(\gamma_n(A)\bigr) + (1-\lambda)\Phi^{-1}\bigl(\gamma_n(B)\bigr).$$

It might be worthwhile noting that if we apply this inequality to B the Euclidean ball with center the origin and radius $r/(1-\lambda)$ and let λ tend to one, we recover inequality (1.6) (for A convex). However, it is still an open problem to know whether (1.8) holds true for every Borel sets A and B and not only convex sets*. It would improve upon the more classical logconcavity of Gaussian measures (cf. [Bo1]) that states that, for every Borel sets A and B, and every $\lambda \in [0,1]$,

$$(1.9) \qquad \gamma_n(\lambda A + (1-\lambda)B) \geq \gamma_n(A)^\lambda \gamma_n(B)^{1-\lambda}.$$

As another inequality of interest, let us note that if A is a Borel set with $\gamma_n(A) = \Phi(a)$, and if $h \in \mathbb{R}^n$,

$$(1.10) \qquad \gamma_n(A+h) \leq \Phi(a + |h|).$$

By rotational invariance, we may assume that $h = re_1$, $r = |h|$, where e_1 is the first unit vector on $\mathbb{R}^n$, changing A into some new set A' with $\gamma_n(A) = \gamma_n(A') = \Phi(a)$. Then, by the translation formula for γ_n,

$$e^{r^2/2}\gamma_n(A'+h) = \int_{A'} e^{-rx_1} d\gamma_n(x)$$
$$\leq \int_{A' \cap \{x_1 \leq a\}} e^{-rx_1} d\gamma_n(x) + e^{-ra}\gamma_n(A' \cap \{x_1 > a\}).$$

Since $\gamma_n(A' \cap \{x_1 > a\}) = \gamma_n((A')^c \cap \{x_1 \leq a\})$ where $(A')^c$ is the complement of A',

$$e^{r^2/2}\gamma_n(A'+h) \leq \int_{A' \cap \{x_1 \leq a\}} e^{-rx_1} d\gamma_n(x) + e^{-ra}\gamma_n((A')^c \cap \{x_1 \leq a\})$$
$$\leq \int_{\{x_1 \leq a\}} e^{-rx_1} d\gamma_n(x)$$
$$= e^{r^2/2}\gamma_n(x; x_1 \leq a+r) = e^{r^2/2}\Phi(a+r).$$

The claim (1.10) follows.

Notes for further reading. Very recently, S. Bobkov [Bob2] gave a remarkable new simple proof of the isoperimetric inequality for Gaussian measures based on a sharp two point isoperimetric inequality (inspired by [Ta11]) and the central limit theorem. This proof is similar in nature to Gross' original proof [Gr3] of the logarithmic Sobolev inequality for Gaussian measures and does not use any kind of isoperimetric symmetrization or rearrangement (cf. also Chapter 8). In addition to the preceding open problem (1.8), the following conjecture is still open. Is it true that for every symmetric closed convex set A in $\mathbb{R}^n$,

$$(1.11) \qquad \gamma_n(\lambda A) \geq \gamma_n(\lambda S)$$

---

* During the school, R. Latała [La] proved that (1.8) holds when only one of the two sets A and B is convex. Thus, due to the preceding comment, the Brunn-Minkowski principle generalizes to the Gaussian setting.

for each $\lambda > 1$, where S is a symmetric strip such that $\gamma_n(A) = \gamma_n(S)$? This conjecture has been known since an unpublished preprint by L. Shepp on the existence of strong exponential moments of Gaussian measures (cf. Chapter 4 and [L-S]). Recent work of S. Kwapień and J. Sawa [K-S] shows that the conjecture is true under the additional assumption that A is sufficiently symmetric (A is an ellipsoid for example). Examples of isoperimetric processes in probability theory are presented in [Bo11], [Bo12].

2. THE CONCENTRATION OF MEASURE PHENOMENON

In this section, we present the concentration of measure phenomenon which was most vigourously put forward by V. D. Milman in the local theory of Banach spaces (cf. [Mi2], [Mi3], [Mi-S]). Isoperimetry is concerned with infinitesimal neighborhoods and surface areas and with extremal sets. The concentration of measure phenomenon rather concerns the behavior of "large" isoperimetric neighborhoods. Although of basic isoperimetric inspiration, the concentration of measure phenomenon is a milder property that may be shown, as we will see, to be satisfied in a large number of settings, sometimes rather far from the geometrical frame of isoperimetry. It roughly states that if a set $A \subset X$ has measure at least one half, "most" of the points in X are "close" to A. The main task is to make precise the meaning of the words "most" and "close" in the examples of interest. Moreover, new tools may be used to establish concentration inequalities. In particular, we will present in this chapter simple semigroup and probabilistic proofs of both the concentration inequalities on spheres and in Gauss space. In chapter 8, we further develop the functional approach and try to reach with these tools the full isoperimetric statements.

As we mentioned it at the end of the preceding chapter, isoperimetric inequalities and description of their extremal sets are often rather delicate, if not unknown. However, in almost all the applications presented here, the Gaussian isoperimetric inequality is only used in the form of the corresponding concentration inequality. Since the latter will be established here in an elementary way, it can be freely used in the applications.

In the setting of Theorem 1.1, if A is a set on M with sufficiently large measure, for example if $\mu(A) \geq \frac{1}{2}$, then, by the explicit expression of the measure of a cap, we get that, for every $r \geq 0$

$$(2.1) \qquad \mu(A_r) \geq 1 - \exp\left(-R\,\frac{r^2}{2}\right),$$

that is a Gaussian bound, only depending on R, on the complement of the neighborhood of order r of A, uniformly in those A's such that $\mu(A) \geq \frac{1}{2}$. More precisely, if $\mu(A) \geq \frac{1}{2}$, for "most" x's in M, there exists y in A within distance $1/\sqrt{R}$ of x. Of course, the ratio $1/\sqrt{R}$ is in general much smaller than the diameter of the manifold (see below the example of S_1^N). Equivalently, let f be a Lipschitz map on M and let m be a median of f for μ (i.e. $\mu(f \geq m) \geq \frac{1}{2}$ and $\mu(f \leq m) \geq \frac{1}{2}$). If we apply (2.1) to the set $A = \{f \leq m\}$, it easily follows that, for every $r \geq 0$,

$$\mu(f \geq m + r) \leq \exp\left(-\frac{R\,r^2}{2\|f\|_{\mathrm{Lip}}^2}\right).$$

Together with the corresponding inequality for $A = \{f \geq m\}$, for every $r \geq 0$,

(2.2) $$\mu(|f - m| \geq r) \leq 2\exp\left(-\frac{R\,r^2}{2\|f\|_{\mathrm{Lip}}^2}\right).$$

Thus, f is concentrated around some mean value with a large probability depending on some exponential of the ratio $R/\|f\|_{\mathrm{Lip}}^2$. This property has taken the name of concentration of measure phenomenon (cf. [G-M], [Mi-S]).

The preceding bounds are of particular interest for families of probability measures such as for example the measures σ_1^N on the unit spheres S_1^N as N tends to infinity for which (2.2) becomes (since $R(S_1^N) = N - 1$),

$$\sigma_1^N(|f - m| \geq r) \leq 2\exp\left(-\frac{(N-1)r^2}{2\|f\|_{\mathrm{Lip}}^2}\right).$$

Think thus of the dimension N to be large. Of course, if $\|f\|_{\mathrm{Lip}} \leq 1$, for every x, y in S_1^N, $|f(x) - f(y)| \leq \pi$. But the preceding concentration inequality tells us that, already for r of the order of $1/\sqrt{N}$, $|f(x) - m| \leq r$ on a large set (in the sense of the measure) of x's. It is then from the interplay, in this inequality, between N large, r of the order of $1/\sqrt{N}$ and the respective values of m and $\|f\|_{\mathrm{Lip}}$ for f the gauge of a convex body that V. D. Milman draws the information in order to choose at random the Euclidean sections of the convex body and to prove in this way Dvoretzky's theorem (see [Mi1], [Mi3], [Mi-S]).

Another (this time noncompact) concentration example is of course the Gaussian measure γ_n on $\mathbb{R}^n$ (the canonical Gaussian measure on $\mathbb{R}^n$ with density with respect to Lebesgue measure $(2\pi)^{-n/2}\exp(-|x|^2/2)$). If $\gamma_n(A) \geq \frac{1}{2}$, we may take $a = 0$ in (1.5) and thus, for every $r \geq 0$,

(2.3) $$\gamma_n(A_r) \geq \Phi(r) \geq 1 - \frac{1}{2}e^{-r^2/2}.$$

Let f be a Lipschitz function on $\mathbb{R}^n$ with Lipschitz (semi-) norm

$$\|f\|_{\mathrm{Lip}} = \sup_{x \neq y} \frac{|f(x) - f(y)|}{|x - y|}$$

(where $|\cdot|$ is the Euclidean norm on $\mathbb{R}^n$) and let m be a median of f for γ_n. As efore, it follows from (2.3) that for every $r \geq 0$,

(2.4) $$\gamma_n(|f - m| \geq r) \leq 2(1 - \Phi(r/\|f\|_{\mathrm{Lip}})) \leq \exp\left(-\frac{r^2}{2\|f\|_{\mathrm{Lip}}^2}\right).$$

Thus, for r of the order of $\|f\|_{\mathrm{Lip}}$, $|f - m| \leq r$ on "most" of the space. The word "most" is described here by a Gaussian bound.

Isoperimetric and concentration inequalities involve both a measure and a metric structure (to define the isoperimetric neighborhoods or enlargements). On an abstract (Polish) metric space (X, d) equipped with a probability measure μ, or a family of probability measures, the concentration of measure phenomenon may be described via the concentration function

$$\alpha(r) = \alpha((X, d; \mu); r) = \sup\{1 - \mu(A_r); A \subset X, \mu(A) \geq \tfrac{1}{2}\}, \quad r \geq 0.$$

It is a remarkable property that this concentration function may be controlled in a rather large number of cases, and very often by a Gaussian decay as above. Isoperimetric tools are one of the most important and powerful arguments used to establish concentration inequalities. However, since we are concerned here with enlargements A_r for (relatively) large values of r rather than infinitesimal values, the study of the concentration phenomenon can be quite different from the study of isoperimetric inequalities, both in establishing new concentration inequalities and in applying them. Indeed, the framework of concentration inequalities is less restrictive than the isoperimetric setting as we will see for example in the next chapter, due mainly to the fact that we are not looking here for the extremal sets.

New tools to establish concentration inequalities were thus developed. For example, M. Gromov and V. D. Milman [G-M] showed that if X is a compact Riemannian manifold, for every $r \geq 0$,

$$\alpha(r) \leq C \exp\left(-c\sqrt{\lambda_1}\, r\right)$$

(with $C = \tfrac{3}{4}$ and $c = \log(\tfrac{3}{2})$) where λ_1 is the first nontrivial eigenvalue of the Laplacian on X (see also [A-M-S] for a similar result in an abstract setting). In case $R(X) > 0$, this is however weaker than (2.1). They also developed in this paper [G-M] several topological applications of concentration such as fixed point theorems. On the probabilistic side, some martingale inequalities put forward by B. Maurey [Ma1] have been used in the local theory of Banach spaces in extensions of Dvoretzky's theorem (cf. [Ma2], [Mi-S], [Pi1]). The main idea consists in writing, for a well-behaved function f, the difference $f - \mathbb{E}(f)$ as a sum of martingale differences $d_i = \mathbb{E}(f|\mathcal{F}_i) - \mathbb{E}(f|\mathcal{F}_{i-1})$ where $(\mathcal{F}_i)_i$ is some (finite) filtration. The classical arguments on sums of independent random variables then show in the same way that if $\sum_i \|d_i\|_\infty^2 \leq 1$, for every $r \geq 0$,

$$(2.5) \qquad \mathbb{P}\{|f - \mathbb{E}(f)| \geq r\} \leq 2e^{-r^2/2}$$

([Azu], [Ma1]). As a corollary, one can deduce from this result the concentration of Haar measure μ on $\{0, 1\}^n$ equipped with the Hamming metric as

$$\alpha(r) \leq C \exp\left(-\frac{r^2}{Cn}\right)$$

for some numerical constant $C > 0$. This property may be established from the corresponding isoperimetric inequality ([Har], [W-W]), but V. D. Milman et G. Schechtman [Mi-S] deduce it from inequality (2.5) (see Chapter 3).

Our first aim here will be to give a simple proof of the concentration inequality (2.4). The proof is based on the Hermite or Ornstein-Uhlenbeck semigroup $(P_t)_{t\geq 0}$ defined, for every well-behaved function f on $\mathbb{R}^n$, by (Mehler's formula)

$$P_t f(x) = \int_{\mathbb{R}^n} f(e^{-t}x + (1 - e^{-2t})^{1/2}y)\, d\gamma_n(y), \quad x \in \mathbb{R}^n, \quad t \geq 0,$$

and more precisely on its commutation property

$$(2.6) \qquad \nabla P_t f = e^{-t} P_t(\nabla f).$$

The generator L of $(P_t)_{t\geq 0}$ is given by $Lf(x) = \Delta f(x) - \langle x, \nabla f(x)\rangle$, f smooth enough on $\mathbb{R}^n$, and we have the integration by parts formula

$$\int f(-Lg)\, d\gamma_n = \int \langle \nabla f, \nabla g\rangle\, d\gamma_n$$

for all smooth functions f and g on $\mathbb{R}^n$.

Proposition 2.1. *Let f be a Lipschitz function on $\mathbb{R}^n$ with $\|f\|_{\mathrm{Lip}} \leq 1$ and $\int f\, d\gamma_n = 0$. Then, for every real number λ,*

$$(2.7) \qquad \int e^{\lambda f}\, d\gamma_n \leq e^{\lambda^2/2}.$$

Before turning to the proof of this proposition, let us briefly indicate how to deduce a concentration inequality from (2.7). Let f be any Lipschitz function on $\mathbb{R}^n$. As a consequence of (2.7), for every real number λ,

$$\int \exp\big(\lambda(f - \textstyle\int f\, d\gamma_n)\big)\, d\gamma_n \leq \exp\Big(\frac{1}{2}\lambda^2\|f\|_{\mathrm{Lip}}^2\Big).$$

By Chebyshev's inequality, for every λ and $r \geq 0$,

$$\gamma_n\big(f \geq \textstyle\int f\, d\gamma_n + r\big) \leq \exp\Big(-\lambda r + \frac{1}{2}\lambda^2\|f\|_{\mathrm{Lip}}^2\Big)$$

and, optimizing in λ,

$$(2.8) \qquad \gamma_n\big(f \geq \textstyle\int f\, d\gamma_n + r\big) \leq \exp\Big(-\frac{r^2}{2\|f\|_{\mathrm{Lip}}^2}\Big).$$

Applying (2.8) to both f and $-f$, we get a concentration inequality similar to (2.4) (around the mean rather than the median)

$$(2.9) \qquad \gamma_n\big(|f - \textstyle\int f\, d\gamma_n| \geq r\big) \leq 2\exp\Big(-\frac{r^2}{2\|f\|_{\mathrm{Lip}}^2}\Big).$$

Two parameters are thus entering those concentration inequalities, the median or the mean of a function f with respect to γ_n and its Lipschitz norm. These can be very different. For example, if f is the Euclidean norm on $\mathbb{R}^n$, the median or the mean of f are of the order of $\sqrt{n}$ while $\|f\|_{\mathrm{Lip}} = 1$. This is one of the main features of these inequalities (cf. [L-T2]) and is at the basis of the Gaussian proofs of Dvoretzky's theorem (see [Pi1], [Pi3]).

Proof of Proposition 2.1. Let f be smooth enough on $\mathbb{R}^n$ with mean zero and $\|f\|_{\mathrm{Lip}} \leq 1$. For λ fixed, set $G(t) = \int \exp(\lambda P_t f) d\gamma_n$, $t \geq 0$. Since $\|f\|_{\mathrm{Lip}} \leq 1$, it follows from (2.6) that $|\nabla(P_s f)|^2 \leq e^{-2s}$ almost everywhere for every s. Since $\int f d\gamma_n = 0$, $G(\infty) = 1$. Hence, for every $t \geq 0$,

$$
\begin{aligned}
G(t) = 1 - \int_t^\infty G'(s)\,ds &= 1 - \lambda \int_t^\infty \left(\int L(P_s f) \exp(\lambda P_s f) d\gamma_n \right) ds \\
&= 1 + \lambda^2 \int_t^\infty \left(\int |\nabla(P_s f)|^2 \exp(\lambda P_s f) d\gamma_n \right) ds \\
&\leq 1 + \lambda^2 \int_t^\infty e^{-2s} G(s)\,ds
\end{aligned}
$$

where we used integration by parts in the space variable. Let $H(t)$ be the logarithm of the right hand side of this inequality. Then the preceding inequality tells us that $-H'(t) \leq \lambda^2 e^{-2t}$ for every $t \geq 0$. Therefore

$$
\log G(0) \leq H(0) = -\int_0^\infty H'(t)\,dt \leq \frac{\lambda^2}{2}
$$

which is the claim of the proposition, at least for a smooth function f. The general case follows from a standard approximation, by considering for example $P_\varepsilon f$ instead of f and by letting then ε tend to zero. The proof is complete. □

Inequalities (2.8) and (2.9) will be our key argument in the study of integrability properties and tail behavior of Gaussian random vectors, as well as in the various applications throughout these notes. While the concentration inequalities (2.4) of isoperimetric nature may of course be used equivalently, we would like to emphasize here the simple proof of Proposition 2.1 from which (2.8) and (2.9) follow. Proposition 2.1 is due to I. A. Ibragimov, V. N. Sudakov and B. S. Tsirel'son [I-S-T] (see also B. Maurey [Pi1, p. 181]). Their argument is actually of more probabilistic nature. For every smooth enough function f on $\mathbb{R}^n$, write

$$
f(W(1)) - \mathbb{E}f(W(1)) = \int_0^1 \langle \nabla T_{1-t} f(W(t)) dW(t) \rangle
$$

where $(W(t))_{t \geq 0}$ is Brownian motion on $\mathbb{R}^n$ starting at the origin and where $(T_t)_{t \geq 0}$ denotes its associated semigroup (the heat semigroup), with the probabilistic normalization. Note then that the above stochastic integral has the same distribution as $\beta(\tau)$ where $(\beta(t))_{t \geq 0}$ is a one-dimensional Brownian motion and where

$\tau = \int_0^1 |\nabla T_{1-t} f(W(t))|^2 \, dt$. Therefore, for every Lipschitz function f such that $\|f\|_{\text{Lip}} \leq 1$, $\tau \leq 1$ almost surely so that, for all $r \geq 0$,

$$\mathbb{P}\{f(W(1)) - \mathbb{E}f(W(1)) \geq r\} \leq \mathbb{P}\{\max_{0 \leq t \leq 1} \beta(t) \geq r\}$$

$$= 2\int_r^\infty e^{-x^2/2} \frac{dx}{\sqrt{2\pi}} \leq e^{-r^2/2}.$$

Since $W(1)$ has distribution γ_n, this is thus simply (2.8).

Proposition 2.1 and its proof may actually be extended to a larger setting to yield for example a simple proof of the concentration (2.2) (up to some numerical constants) on spheres or on Riemannian manifolds M with positive curvature $R(M)$. The proof uses the heat semigroup on M and Bochner's formula. It is inspired by the work of D. Bakry and M. Émery [B-É] (cf. also [D-S]) on hypercontractivity and logarithmic Sobolev inequalities. We will come back to this observation in Chapter 8. We establish the following fact (cf. [Led4]).

Proposition 2.2. *Let M be a compact Riemannian manifold of dimension N (≥ 2) and with $R(M) = R > 0$. Let f be a Lipschitz function on M with $\|f\|_{\text{Lip}} \leq 1$ and assume that $\int f \, d\mu = 0$. Then, for every real number λ,*

$$\int e^{\lambda f} \, d\mu \leq e^{\lambda^2/2R}.$$

Proof. Let ∇ be the gradient on M and Δ be the Laplace-Beltrami operator. By Bochner's formula (see e.g. [G-H-L]), for every smooth function f on M, pointwise

$$\frac{1}{2}\Delta(|\nabla f|^2) - \langle \nabla f, \nabla(\Delta f)\rangle = \text{Ric}(\nabla f, \nabla f) + \|\text{Hess}(f)\|_2^2.$$

In particular,

(2.10) $$\frac{1}{2}\Delta(|\nabla f|^2) - \langle \nabla f, \nabla(\Delta f)\rangle \geq R|\nabla f|^2 + \frac{1}{N}(\Delta f)^2.$$

The dimensional term in this inequality will actually not be used and we will only be concerned here with the inequality

(2.11) $$\frac{1}{2}\Delta(|\nabla f|^2) - \langle \nabla f, \nabla(\Delta f)\rangle \geq R|\nabla f|^2.$$

Now, consider the heat semigroup $P_t = e^{t\Delta}$, $t \geq 0$, and let f be smooth on M. Let further $s > 0$ be fixed and set, for every $t \leq s$, $F(t) = P_t(|\nabla(P_{s-t}f)|^2)$. It is an immediate consequence of (2.11) applied to $P_{s-t}f$ that $F'(t) \geq 2RF(t)$, $t \leq s$. Hence, the function $e^{-2Rt}F(t)$ is increasing on the interval $[0, s]$ and we have thus that, for every $s \geq 0$,

(2.12) $$|\nabla(P_s f)|^2 \leq e^{-2Rs} P_s(|\nabla f|^2).$$

This relation, which is actually equivalent to (2.11), expresses a commutation property between the respective actions of the semigroup and the gradient (cf. (2.6)). It is the only property which is used in the proof itself which is now exactly as the proof of Proposition 2.1. Let f be smooth on M with $\|f\|_{\mathrm{Lip}} \leq 1$ and $\int f d\mu = 0$. For λ fixed, set $G(t) = \int \exp(\lambda P_t f) d\mu$, $t \geq 0$. Since $\|f\|_{\mathrm{Lip}} \leq 1$, it follows from (2.12) that $|\nabla(P_s f)|^2 \leq e^{-2Rs}$ almost everywhere for every s. Since $\int f d\mu = 0$, $G(\infty) = 1$. Hence, for every $t \geq 0$,

$$G(t) = 1 - \int_t^\infty G'(s)\,ds = 1 - \lambda \int_t^\infty \left(\int \Delta(P_s f) \exp(\lambda P_s f) d\mu \right) ds$$

$$= 1 + \lambda^2 \int_t^\infty \left(\int |\nabla(P_s f)|^2 \exp(\lambda P_s f) d\mu \right) ds$$

$$\leq 1 + \lambda^2 \int_t^\infty e^{-2Rs} G(s) ds$$

where we used integration by parts in the space variable. The proof is completed as in Proposition 2.1. $\qquad\square$

The commutation formula $\nabla P_t f = e^{-t} P_t(\nabla f)$ of the Ornstein-Uhlenbeck semigroup expresses equivalently a Bochner formula for the second order generator L of infinite dimension ($N = \infty$) and constant curvature 1 (limit of $R(S^N_{\sqrt{N}})$) when N goes to infinity) of the type (2.10) or (2.11)

$$\frac{1}{2} L(|\nabla f|^2) - \langle \nabla f, \nabla(Lf) \rangle \geq (Lf)^2.$$

The geometry of the Ornstein-Uhlenbeck generator is thus purely infinite dimensional, even on a finite dimensional state space (as the Gaussian isoperimetric inequality itself, cf. Chapter 1). The abstract consequences of these observations are at the origin of the study by D. Bakry and M. Émery of hypercontractive diffusions under curvature-dimension hypotheses [B-É], [Bak]. We will come back to this question in Chapter 8 and actually show, according to [A-M-S], that (2.7) can be deduced directly from hypercontractivity.

At this point, we realized that simple semigroup arguments may be used to establish concentration properties, however on Lipschitz functions rather than sets. It is not difficult however to deduce from Propositions 2.1 and 2.2 inequalities on sets very close to the inequalities which follow from isoperimetry (but still for "large" neighborhoods). We briefly indicate the procedure in the Gaussian setting.

Let A be a Borel set in $\mathbb{R}^n$ with canonical Gaussian measure $\gamma_n(A) > 0$. For every $u \geq 0$, let

$$f_{A,u}(x) = \min(d(x, A), u)$$

where $d(x, A)$ is the Euclidean distance from the point x to the set A. Clearly $\|f_{A,u}\|_{\mathrm{Lip}} \leq 1$ so that we may apply inequality (2.8) to this family of Lipschitz functions when u varies. Let $E_{A,u} = \int f_{A,u} d\gamma_n$. Inequality (2.8) applied to $f_{A,u}$ and $r = u - E_{A,u}$ yields

$$\gamma_n\big(x \in \mathbb{R}^n; \min(d(x, A), u) \geq u\big) \leq \exp\left(-\frac{1}{2}(u - E_{A,u})^2\right),$$

that is

(2.13) $$\gamma_n\big(x; x \notin A_u\big) \leq \exp\Big(-\frac{1}{2}\,(u - E_{A,u})^2\Big)$$

since $d(x, A) > u$ if and only if $x \notin A_u$. We have now to appropriately control the expectations $E_{A,u} = \int f_{A,u}\,d\gamma_n$, possibly only with u and the measure of A. A first bound is simply $E_{A,u} \leq u\,\gamma(A^c)$ which already yields,

$$\gamma_n\big(x; x \notin A_u\big) \leq \exp\Big(-\frac{1}{2}\,u^2\gamma_n(A)^2\Big)$$

for every $u \geq 0$. This inequality may already be compared to (2.3). However, if we use this estimate recursively, we get

$$E_{A,u} = \int_0^u \gamma_n\big(x; d(x, A) > t\big)dt \leq \int_0^u \min\big(\gamma_n(A^c), e^{-t^2\gamma_n(A)^2/2}\big)dt.$$

If we let then $\delta(v)$ be the decreasing function on $(0, 1]$ defined by

(2.14) $$\delta(v) = \int_0^\infty \min\big(1 - v, e^{-t^2v^2/2}\big)dt,$$

we have $E_{A,u} \leq \delta(\gamma_n(A))$ uniformly in u. Hence, from (2.13), for every $u \geq 0$,

$$\gamma_n\big(x; x \notin A_u\big) \leq \exp\Big(-\frac{u^2}{2} + uE_{A,u}\Big) \leq \exp\Big(-\frac{u^2}{2} + u\delta\big(\gamma_n(A)\big)\Big).$$

In conclusion, we obtained from Proposition 2.1 and inequality (2.8) that, for every $r \geq 0$,

(2.15) $$\gamma_n(A_r) \geq 1 - \exp\Big(-\frac{r^2}{2} + r\delta\big(\gamma_n(A)\big)\Big).$$

This simple argument thus yields an inequality very similar in nature to the isoperimetric bound (2.3), with however the extra factor $r\delta(\gamma_n(A))$. (Using the preceding recursive argument, one may of course improve further and further this estimate.) Due to the fact that $\delta(\gamma_n(A)) \to 0$ as $\gamma_n(A) \to 1$, this result can be used exactly as the isoperimetric inequality in almost all the applications presented in these notes. We will come back to this in Chapter 4 for example, and we will always use (2.15) rather than isoperimetry in the applications.

We conclude this chapter with a proposition closely related to Proposition 2.1 and the proof of which is similar. It will be used in Chapter 4 in some large deviation statement for the Ornstein-Uhlenbeck process. We only consider the Gaussian setting.

Proposition 2.3. *Let f be a Lipschitz function on $\mathbb{R}^n$ with $\|f\|_{\mathrm{Lip}} \leq 1$. Then, for every real number λ and every $t \geq 0$,*

$$\iint \exp(\lambda[f(e^{-t}x + (1 - e^{-2t})^{1/2}y) - f(x)]) \, d\gamma_n(x) d\gamma_n(y) \leq \exp(\lambda^2(1 - e^{-t})).$$

Proposition 2.3 will be used for the small values of the time t. When $t \to \infty$, it is somewhat weaker than Proposition 2.1. The stochastic version of this proposition is inspired from the forward and backward martingales of T. Lyons and W. Zheng [L-Z] (see [Tak], [Fa]).

Proof. The left hand side of the inequality of Proposition 2.3 may be rewritten as

$$G(t) = \int e^{-\lambda f} P_t(e^{\lambda f}) \, d\gamma_n.$$

Let λ be fixed and f be smooth enough. For every $t \geq 0$,

$$G(t) = 1 + \int_0^t G'(s) \, ds = 1 + \int_0^t \left(\int e^{-\lambda f} L P_s(e^{\lambda f}) \, d\gamma_n \right) ds$$

$$= 1 + \lambda^2 \int_0^t e^{-s} \left(\int e^{-\lambda f} \langle \nabla f, P_s(e^{\lambda f} \nabla f) \rangle d\gamma_n \right)$$

$$\leq 1 + \lambda^2 \int_0^t e^{-s} G(s) \, ds$$

since $|\nabla f| \leq 1$ almost everywhere. Let $H(t) = \log(1 + \lambda^2 \int_0^t e^{-s} G(s) ds)$, $t \geq 0$. We just showed that $H'(t) \leq \lambda^2 e^{-t}$ for every $t \geq 0$. Hence,

$$H(t) = \int_0^t H'(s) \, ds \leq \lambda^2 \int_0^t e^{-s} \, ds = \lambda^2(1 - e^{-t})$$

and the proof is complete. $\qquad\qquad\square$

If A and B are subsets of $\mathbb{R}^n$, and if $t \geq 0$, set

$$K_t(A, B) = \int_A P_t(I_B) \, d\gamma_n \quad \left(= \int_B P_t(I_A) \, d\gamma_n \right)$$

where I_A is the indicator function of the set A. Assume that $d(A, B) > r > 0$ (for the Euclidean distance on $\mathbb{R}^n$). In particular, $B \subset (A_r)^c$ so that

$$K_t(A, B) \leq K_t(A, (A_r)^c).$$

Apply then Proposition 2.3 to the Lipschitz map $f(x) = d(x, A)$. For every $t \geq 0$ and every $\lambda \geq 0$,

$$K_t(A, (A_r)^c) = \int_A P_t(I_{(A_r)^c}) d\gamma_n \leq e^{-\lambda r} \int_A e^{-\lambda f} P_t(e^{\lambda f}) \, d\gamma_n$$

since $I_{(A_r)^c} \leq e^{-\lambda r} e^{\lambda f}$. Hence

$$K_t\big(A, (A_r)^c\big) \leq e^{-\lambda r} e^{\lambda^2(1-e^{-t})}.$$

Optimizing in λ yields

(2.16) $$K_t(A, B) \leq K_t\big(A, (A_r)^c\big) \leq \exp\left(-\frac{r^2}{4(1-e^{-t})}\right).$$

Formula (2.16) will thus be used in Chapter 4 in applications to large deviations for the Ornstein-Uhlenbeck process.

3. ISOPERIMETRIC AND CONCENTRATION
INEQUALITIES FOR PRODUCT MEASURES

In this chapter, we present several isoperimetric and concentration inequalities for product measures due to M. Talagrand. On the basis of the product structure of the canonical Gaussian measure γ_n and various open problems on sums of independent vector valued random variables, M. Talagrand developed in the past years new inequalities in products of probability spaces by defining several different notions of isoperimetric enlargement in this setting. These results appear as a striking illustration of the power of abstract concentration ideas which can be developed far beyond the framework of the classical geometrical isoperimetric inequalities. One of the main applications of his powerful techniques and results concerns tail behaviors and limit properties of sums of independent Banach space valued random variables. It partly motivated the writing of the book [L-T2] and we thus refer the interested reader to this reference for this kind of applications. New applications concern geometric probabilities, percolation, statistical mechanics... We will concentrate here on some of the theoretical inequalities and their relations with the Gaussian isoperimetric inequality, as well as on some recent and new aspects of the work of M. Talagrand [Ta16]. We actually refer to [Ta16] for complete proofs and details of some of the main results we present here. The reader that is interested first in the applications of the Gaussian isoperimetric and concentration inequalities may skip this chapter and come back to it after Chapter 7.

One first example studied by M. Talagrand is uniform measure on $\{0,1\}^{\mathbb{N}}$. For this example, he established a concentration inequality independent of the dimension [Ta3]. More importantly, he developed a new powerful scheme of proof based on induction on the number of coordinates. This technique allowed him to investigate isoperimetric and concentration inequalities in abstract product spaces.

Let (Ω, Σ, μ) be a (fixed but arbitrary) probability space and let P be the product measure $\mu^{\otimes n}$ on Ω^n. A point x in Ω^n has coordinates $x = (x_1, \ldots, x_n)$. (In the results which we present, one should notice that one does not increase the generality with arbitrary products spaces $\left(\Pi_{i=1}^n \Omega_i, \bigotimes_{i=1}^n \mu_i\right)$. Since the crucial inequalities will not depend on n, we need simply towork on products of $(\widetilde{\Omega}, \widetilde{\mu}) = \left(\Pi_{i=1}^n \Omega_i, \bigotimes_{i=1}^n \mu_i\right)$

with itself and consider the coordinate map

$$\tilde{x} = (\tilde{x}_1, \ldots, \tilde{x}_n) \in \tilde{\Omega}^n \to (\tilde{x}_i)_i \in \Omega_i, \quad \tilde{x}_i = ((\tilde{x}_i)_1, \ldots, (\tilde{x}_i)_n) \in \tilde{\Omega},$$

that only depends on the i-th factor.)

The Hamming distance on Ω^n is defined by

$$d(x, y) = \mathrm{Card}\{1 \leq i \leq n; \, x_i \neq y_i\}.$$

The concentration function α of Ω^n for d satisfies, for every product probability P,

$$(3.1) \qquad \qquad \alpha(r) \leq C \exp\left(-\frac{r^2}{Cn}\right), \quad r \geq 0,$$

where $C > 0$ is numerical. In particular, if $P(A) \geq \frac{1}{2}$, for most of the elements x in Ω^n, there exists $y \in A$ within distance $\sqrt{n}$ of x. On the two point space, this may be shown to follow from the corresponding isoperimetric inequality [Har], [W-W]. A proof using the martingale inequality (2.4) is given in [Mi-S] (see also [MD] for a version with a better constant). As we will see later on, one can actually give an elementary proof of this result by induction on n. It might be important for the sequel to briefly indicate the procedure. If A is a subset of Ω^n and $x \in \Omega^n$, denote by $\varphi_A^1(x)$ the Hamming distance from x to A thus defined by

$$\varphi_A^1(x) = \inf\{k \geq 0; \, \exists y \in A, \, \mathrm{Card}\{1 \leq i \leq n; \, x_i \neq y_i\} \leq k\}.$$

(Although this is nothing more than $d(x, A)$, this notation will be of better use in the subsequent developments.) M. Talagrand's approach [Ta3], [Ta16] then consists in showing that, for every $\lambda > 0$ and every product probability P,

$$(3.2) \qquad \qquad \int e^{\lambda \varphi_A^1} \, dP \leq \frac{1}{P(A)} e^{n\lambda^2/4}.$$

In particular, by Chebyshev's inequality, for every integer k,

$$P(\varphi_A^1 \geq k) \leq \frac{1}{P(A)} e^{-k^2/n},$$

that is the concentration (3.1). The same proof actually applies to all the Hamming metrics

$$d_a(x, y) = \sum_{i=1}^{n} a_i I_{\{x_i \neq y_i\}}, \quad a = (a_1, \ldots, a_n) \in \mathbb{R}_+^n,$$

with $|a|^2 = \sum_{i=1}^{n} a_i^2$ instead of n in the right hand side of (3.2). One can improve this result by studying functions of the probability of A in (3.2) such as $P(A)^{-\gamma}$. Optimizing in $\gamma > 0$, it is then shown in [Ta16] that for $k \geq \left(\frac{n}{2} \log \frac{1}{P(A)}\right)^{1/2}$,

$$P(\varphi_A^1 \geq k) \leq \exp\left(-\frac{2}{n}\left[k - \left(\frac{n}{2} \log \frac{1}{P(A)}\right)^{1/2}\right]^2\right),$$

which is close to the best exponent $-2k^2/n$ ([MD]).

Note that various measurability questions arise on φ_A^1. These are actually completely unessential and will be ignored in what follows (start for example with a finite probability space Ω).

The previous definition of φ_A^1 allows one to investigate various and very different ways to measure the "distance" of a point x to a set A. In particular, this need not anymore be metric. The functional φ_A^1 controls a point x in Ω^n by a single point in A. Besides this function, M. Talagrand defines two new main controls, or enlargement functions: one using several points in A, and one using a convex hull procedure. In each case, a Gaussian concentration will be proved.

The convex hull control is defined with the metric $\varphi_A^c(x) = \sup_{|a|=1} d_a(x, A)$. However, this definition somewhat hides the convexity properties of the functional φ_A^c which will be needed in its investigation. For a subset $A \subset \Omega^n$ and $x \in \Omega^n$, let

$$U_A(x) = \{s = (s_i)_{1 \leq i \leq n} \in \{0,1\}^n;\ \exists y \in A \text{ such that } y_i = x_i \text{ if } s_i = 0\}.$$

(One can use instead the collection of the indicator functions $I_{\{x_i \neq y_i\}}$, $y \in A$.) Denote by $V_A(x)$ the convex hull of $U_A(x)$ as a subset of $\mathbb{R}^n$. Note that $0 \in V_A(x)$ if and only if $x \in A$. One may then measure the distance from x to A by the Euclidean distance $d(0, V_A(x))$ from 0 to $V_A(x)$. It is easily seen that $d(0, V_A(x)) = \varphi_A^c(x)$. If $d(0, V_A(x)) \leq r$, there exists z in $V_A(x)$ with $|z| \leq r$. Let $a \in \mathbb{R}_+^n$ with $|a| = 1$. Then

$$\inf_{y \in V_A(x)} \langle a, y \rangle \leq \langle a, z \rangle \leq |z| \leq r.$$

Since

$$\inf_{y \in V_A(x)} \langle a, y \rangle = \inf_{s \in U_A(x)} \langle a, s \rangle = d_a(x, A),$$

$\varphi_A^c(x) \leq r$. The converse, that is not needed below, follows from Hahn-Banach's theorem.

The functional $\varphi_A^c(x)$ is a kind of uniform control in the Hamming metrics d_a, $|a| = 1$. The next theorem [Ta6], [Ta16] extends the concentration (3.2) to this uniformity.

Theorem 3.1. *For every subset A of Ω^n, and every product probability P,*

$$\int \exp\left(\frac{1}{4}\left(\varphi_A^c\right)^2\right) dP \leq \frac{1}{P(A)}.$$

In particular, for every $r \geq 0$,

$$P(\varphi_A^c \geq r) \leq \frac{1}{P(A)} e^{-r^2/4}.$$

To briefly describe the general scheme of proofs by induction on the number of coordinates, we present the proof of Theorem 3.1. The main difficulty in this type of statements is to find the adapted recurrence hypothesis expressed here by the exponential integral inequalities.

Proof. The case $n = 1$ is easy. To go from n to $n + 1$, let A be a subset of Ω^{n+1} and let B be its projection on Ω^n. Let furthermore, for $\omega \in \Omega$, $A(\omega)$ be the section of A along ω. If $x \in \Omega^n$ and $\omega \in \Omega$, set $z = (x, \omega)$. The key observation is the following: if $s \in U_{A(\omega)}(x)$, then $(s, 0) \in U_A(z)$, and if $t \in U_B(x)$, then $(t, 1) \in U_A(z)$. It follows that if $u \in V_{A(\omega)}(x)$, $v \in V_B(x)$ and $0 \leq \lambda \leq 1$, then $(\lambda u + (1 - \lambda)v, 1 - \lambda) \in V_A(z)$. By definition of φ_A^c and convexity of the square function,

$$\varphi_A^c(z)^2 \leq (1 - \lambda)^2 + |\lambda u + (1 - \lambda)v|^2 \leq (1 - \lambda)^2 + \lambda|u|^2 + (1 - \lambda)|v|^2.$$

Hence,

$$\varphi_A^c(z)^2 \leq (1 - \lambda)^2 + \lambda \varphi_{A(\omega)}^c(x)^2 + (1 - \lambda)\varphi_B^c(x)^2.$$

Now, by Hölder's inequality and the induction hypothesis, for every ω in Ω,

$$\int_{\Omega^n} \exp\left(\frac{1}{4}\left(\varphi_A^c(x, \omega)\right)^2\right) dP(x)$$

$$\leq e^{(1-\lambda)^2/4}\left(\int_{\Omega^n} \exp\left(\frac{1}{4}\left(\varphi_{A(\omega)}^c\right)^2\right) dP\right)^{\lambda}\left(\int_{\Omega^n} \exp\left(\frac{1}{4}\left(\varphi_B^c\right)^2\right) dP\right)^{1-\lambda}$$

$$\leq e^{(1-\lambda)^2/4}\left(\frac{1}{P(A(\omega))}\right)^{\lambda}\left(\frac{1}{P(B)}\right)^{1-\lambda}$$

that is,

$$\int_{\Omega^n} \exp\left(\frac{1}{4}\left(\varphi_A^c(x, \omega)\right)^2\right) dP(x) \leq \frac{1}{P(B)} e^{(1-\lambda)^2/4}\left(\frac{P(A(\omega))}{P(B)}\right)^{-\lambda}.$$

Optimize now in λ (cf. [Ta16]) to get that

$$\int_{\Omega^n} \exp\left(\frac{1}{4}\left(\varphi_A^c(x, \omega)\right)^2\right) dP(x) \leq \frac{1}{P(B)}\left(2 - \frac{P(A(\omega))}{P(B)}\right).$$

To conclude, integrate in ω, and, by Fubini's theorem,

$$\int_{\Omega^{n+1}} \exp\left(\frac{1}{4}\left(\varphi_A^c(x, \omega)\right)^2\right) dP(x)d\mu(\omega) \leq \frac{1}{P(B)}\left(2 - \frac{P \otimes \mu(A)}{P(B)}\right) \leq \frac{1}{P \otimes \mu(A)}$$

since $u(2 - u) \leq 1$ for every real number u. Theorem 3.1 is established. $\qquad\square$

It is easy to check that if $\Omega = [0, 1]$ and if d_A is the Euclidean distance to the convex hull $\mathrm{Conv}(A)$ of A, then $d_A \leq \varphi_A^c$. Let then f be a convex function on $[0, 1]^n$ such that $\|f\|_{\mathrm{Lip}} \leq 1$, and let m be a median of f for P and $A = \{f \leq m\}$. Since f is convex, $f \leq m$ on $\mathrm{Conv}(A)$. Using that $\|f\|_{\mathrm{Lip}} \leq 1$, we see that $f(x) < m + r$ for every x such that $d_A(x) < r$, $r \geq 0$. Hence, by Theorem 3.1, $P(f \geq m+r) \leq 2e^{-r^2/4}$.

On the other hand, let $B = \{f \leq m - r\}$. As above, $d_B(x) < r$ implies $f(x) < m$. By definition of the median, it follows from Theorem 3.1 again that

$$1 - \frac{1}{P(B)}\, e^{-r^2/4} \leq P(d_B < r) \leq P(f < m) \leq \frac{1}{2}\,.$$

Hence $P(f \leq m - r) \leq 2e^{-r^2/4}$. Therefore

$$(3.3) \qquad P\big(|f - m| \geq r\big) \leq 4\, e^{-r^2/4}$$

for every $r \geq 0$ and every probability measure μ on $[0,1]$. The numerical constant 4 in the exponent may be improved to get close to the best possible value 2. This concentration inequality (3.3) is very similar to the Gaussian concentration (2.4) or (2.9), with however f convex. It applies to norms of vector valued sums $\sum_i \varphi_i e_i$ with coefficients e_i in a Banach space E where the φ_i's are independent real valued uniformly bounded random variables on some probability space $(\Omega, \mathcal{A}, \mathbb{P})$. This applies in particular to independent symmetric Bernoulli (or Rademacher) random variables and (3.3) allows us in particular to recover and improve the pioneer inequalities by J.-P. Kahane [Ka1], [Ka2] (cf. also Chapter 4). More precisely, if $\|\varphi_i\|_\infty \leq 1$ for all i's and if $S = \sum_i \varphi_i e_i$ is almost surely convergent in E, for every $r \geq 0$,

$$(3.4) \qquad \mathbb{P}\big(\big|\|S\| - m\big| \geq r\big) \leq 4\, e^{-r^2/16\sigma^2}$$

where m is a median of $\|S\|$ and where

$$\sigma = \sup_{\xi \in E^*, \|\xi\| \leq 1}\left(\sum_i \langle \xi, e_i \rangle^2\right)^{1/2}.$$

Typically, the martingale inequality (2.5) would only yield a similar inequality but with σ replaced by the larger quantity $\sum_i \|e_i\|^2$. This result is the exact analogue of what we will obtain on Gaussian series in the next chapter through isoperimetric and concentration inequalities. It shows how powerful the preceding induction techniques can be. In particular, we may integrate by parts (3.4) to see that $\mathbb{E}\exp(\alpha\|S\|^2) < \infty$ for every α (cf. [L-T2]). Furthermore, for every $p > 0$,

$$(3.5) \qquad \big(\mathbb{E}\|S\|^p\big)^{1/p} \leq m + C_p \sigma$$

where C_p is of the order of $\sqrt{p}$ as $p \to \infty$.

When the φ_i's are Rademacher random variables, by the classical Khintchine inequalities, one easily sees that $\sigma \leq 2\sqrt{2}m'$ for every m' such that $\mathbb{P}\{\|S\| \geq m'\} \leq \frac{1}{8}$ (see [L-T2], p. 99). Since $m \leq m' \leq (8\mathbb{E}\|S\|^q)^{1/q}$ for every $0 < q < \infty$, we also deduce from (3.5) the moment equivalences for $\|S\|$: for every $0 < p, q < \infty$, there exists $C_{p,q} > 0$ only depending on p and q such that

$$(3.6) \qquad \big(\mathbb{E}\|S\|^p\big)^{1/p} \leq C_{p,q}\big(\mathbb{E}\|S\|^q\big)^{1/q}.$$

By the classical central limit theorem, these inequalities imply the corresponding ones for Gaussian averages (see (4.5)). In the case of the two point space, the method of proof by induction on the dimension is very similar to hypercontractivity techniques [Bon], [Gr3], [Be1] (which, in particular, also show (3.6) [Bo6]). Some further connections on the basis of this observation are developed in [Ta11] in analogy with the Gaussian example (Chapter 8). See also [Bo8]. It was recently shown in [L-O] that $C_{2,1} = \sqrt{2}$ as in the real case [Sz].

We turn to the control by a finite number of points. If q is an integer ≥ 2 and if $A^1, \ldots, A^q$ are subsets of Ω^n, let, for every $x = (x_1, \ldots, x_n)$ in Ω^n,

$$\varphi^q(x) = \varphi^q_{A^1, \ldots, A^q}(x) = \inf\{k \geq 0; \exists y^1 \in A^1, \ldots, \exists y^q \in A^q \text{ such that}$$
$$\operatorname{Card}\{1 \leq i \leq n; x_i \notin \{y_i^1, \ldots, y_i^q\}\} \leq k\}.$$

(We agree that $\varphi^q = \infty$ if one of the A_i's is empty.) If, for every $i = 1, \ldots, n$, $A^i = A$ for some $A \subset \Omega^n$, $\varphi^q(x) \leq k$ means that the coordinates of x may be copied, at the exception of k of them, by the coordinates of q elements in A. Using again a proof by induction on the number of coordinates, M. Talagrand [Ta16] established the following result.

Theorem 3.2. *Under the previous notations,*

$$\int q^{\varphi^q(x)}\, dP(x) \leq \prod_{i=1}^q \frac{1}{P(A^i)}.$$

In particular, for every integer k,

$$P(\varphi^q \geq k) \leq q^{-k} \prod_{i=1}^q \frac{1}{P(A^i)}.$$

Proof. One first observes that if g is a function on Ω such that $\frac{1}{q} \leq g \leq 1$, then

$$(3.7) \qquad \int \frac{1}{g}\, d\mu \left(\int g\, d\mu\right)^q \leq 1.$$

Since $\log u \leq u - 1$, it suffices to show that

$$\int \frac{1}{g}\, d\mu + q \int g\, d\mu = \int \left(\frac{1}{g} + qg\right) d\mu \leq q + 1.$$

But this is obvious since $\frac{1}{u} + qu \leq q + 1$ for $\frac{1}{q} \leq u \leq 1$.

Let g_i, $i = 1, \ldots, q$, be functions on Ω such that $0 \leq g_i \leq 1$. Applying (3.7) to g given by $\frac{1}{g} = \min(q, \min_{1 \leq i \leq q} \frac{1}{g_i})$ yields

$$(3.8) \qquad \int \min\left(q, \min_{1 \leq i \leq q} \frac{1}{g_i}\right) d\mu \left(\prod_{i=1}^q \int g_i\, d\mu\right) \leq 1$$

since $g_i \leq g$ for every $i = 1, \ldots, q$.

We prove the theorem by induction over n. If $n = 1$, the result follows from (3.8) by taking $g_i = I_{A^i}$. Assume Theorem 3.2 has been proved for n and let us prove it for $n + 1$. Consider sets $A^1, \ldots, A^q$ of Ω^{n+1}. For $\omega \in \Omega$, consider $A^i(\omega)$, $i = 1, \ldots, q$, as well as the projections B^i of A^i on Ω^n, $i = 1, \ldots, q$. Note that if we set $g_i = P(A^i(\omega))/P(B^i)$ in (3.8), we get by Fubini's theorem that

$$(3.9) \qquad \int \min\left(q \prod_{i=1}^{q} \frac{1}{P(B^i)}, \min_{1 \leq j \leq q} \prod_{i=1}^{q} \frac{1}{P(C^{ij})}\right) d\mu \leq \prod_{i=1}^{q} \frac{1}{P \otimes \mu(A^i)}$$

where $C^{ij} = B^i$ if $i \neq j$ and $C^{ii} = A^i(\omega)$. The basic observation is now the following: for $(x, \omega) \in \Omega^n \times \Omega$,

$$\varphi_{A^1, \ldots, A^q}^q(x, \omega) \leq 1 + \varphi_{B^1, \ldots, B^q}^q(x)$$

and, for every $1 \leq j \leq q$,

$$\varphi_{A^1, \ldots, A^q}^q(x, \omega) \leq \varphi_{C^{1j}, \ldots, C^{qj}}^q(x).$$

It follows that

$$\int_{\Omega^{n+1}} q^{\varphi_{A^1, \ldots, A^q}^q(x, \omega)} dP(x) d\mu(\omega)$$

$$\leq \int_{\Omega^{n+1}} \min(q \, q^{\varphi_{B^1, \ldots, B^q}^q(x)}, \min_{1 \leq j \leq q} q^{\varphi_{C^{1j}, \ldots, C^{qj}}^q(x)}) dP(x) d\mu(\omega)$$

$$\leq \int_{\Omega} \min\left(q \int_{\Omega^n} q^{\varphi_{B^1, \ldots, B^q}^q(x)} dP(x), \min_{1 \leq j \leq q} \int_{\Omega^n} q^{\varphi_{C^{1j}, \ldots, C^{qj}}^q(x)} dP(x)\right) d\mu(\omega)$$

$$\leq \int_{\Omega} \min\left(q \prod_{i=1}^{q} \frac{1}{P(B^i)}, \min_{1 \leq j \leq q} \prod_{i=1}^{q} \frac{1}{P(C^{ij})}\right) d\mu(\omega)$$

by the recurrence hypothesis. The conclusion follows from (3.9). $\qquad \square$

In the applications, q is usually fixed, for example equal to 2. Theorem 3.2 then shows how to control, with a fixed subset A, arbitrary samples with an exponential decay of the probability in the number of coordinates which are neglected. Theorem 3.2 was first proved by delicate rearrangement techniques (of isoperimetric flavor) in [Ta5]. It allowed M. Talagrand to solve a number of open questions in probability in Banach spaces (and may be considered at the origin of the subsequent abstract developments, see [Ta5], [Ta16], [L-T2]). To briefly illustrate how Theorem 3.2 is used in the applications, let us consider a sum $S = X_1 + \cdots + X_n$ of independent nonnegative random variables on some probability space $(\Omega, \mathcal{A}, \mathbb{P})$. In the preceding language, we may simply equip $[0, \infty)^n$ with the product P of the laws of the X_i's. Let $A = \{\sum_{i=1}^{n} x_i \leq m\}$ where m is such that, for example, $P(A) \geq \frac{1}{2}$. Let $\varphi^q = \varphi_{A, \ldots, A}^q$. If $x \in \{\varphi^q \leq k\}$, there exist $y^1, \ldots, y^q$ in A such that $\operatorname{Card} I \leq k$ where $I = \{1 \leq i \leq n; x_i \notin \{y_i^1, \ldots, y_i^q\}\}$. Take then a partition $(J_j)_{1 \leq j \leq q}$ of $\{1, \ldots, n\} \setminus I$ such that $x_i = y_i^j$ if $i \in J_j$. Then,

$$\sum_{i \notin I} x_i = \sum_{j=1}^{q} \sum_{i \in J_j} y_i^j \leq \sum_{j=1}^{q} \sum_{i=1}^{n} y_i^j \leq qm$$

where we are using a crucial monotonicity property since the coordinates are non-negative. It follows that

$$\sum_{i=1}^{n} x_i \leq qm + \sum_{i=1}^{k} x_i^*$$

where $\{x_1^*, \ldots, x_n^*\}$ is the nonincreasing rearrangement of the sample $\{x_1, \ldots, x_n\}$. Hence, according to Theorem 3.2, for every integers $k, q \geq 1$, and every $t \geq 0$,

$$(3.10) \qquad \mathbb{P}\{S \geq qm + t\} \leq 2^q q^{-(k+1)} + \mathbb{P}\left\{\sum_{i=1}^{k} X_i^* \geq t\right\}.$$

Let $\mathcal{F}$ be a family of n-tuples $\alpha = (\alpha_i)_{1 \leq i \leq n}$, $\alpha_i \geq 0$. It is plain that the preceding argument leading to (3.10) applies in the same way to

$$S = \sup_{\alpha \in \mathcal{F}} \sum_{i=1}^{n} \alpha_i X_i$$

to yield

$$\mathbb{P}\{S \geq qm + t\} \leq 2^q q^{-(k+1)} + \mathbb{P}\left\{\sigma \sum_{i=1}^{k} X_i^* \geq t\right\}$$

where $\sigma = \sup\{\alpha_i; 1 \leq i \leq n, \alpha \in \mathcal{F}\}$.

Now, in probability in Banach spaces or in the study of empirical processes, one does not usually deal with nonnegative summands. One general situation is the following (cf. [L-T2], [Ta13] for the notations and further details). Let $X_1, \ldots, X_n$ be independent random variables taking values in some space S and consider say a countable family $\mathcal{F}$ of (measurable) real valued functions on S. We are interested in bounds on the tail of

$$\left\|\sum_{i=1}^{n} f(X_i)\right\|_{\mathcal{F}} = \sup_{f \in \mathcal{F}}\left|\sum_{i=1}^{n} f(X_i)\right|.$$

If $\mathbb{E}f(X_i) = 0$ for every $1 \leq i \leq n$ and every $f \in \mathcal{F}$, standard symmetrization techniques (cf. [L-T2]) reduce to the investigation of

$$\left\|\sum_{i=1}^{n} \varepsilon_i f(X_i)\right\|_{\mathcal{F}}$$

where $(\varepsilon_i)_{1 \leq i \leq n}$ are independent symmetric Bernoulli random variables independent of the X_i's. Although the isoperimetric approach applies in the same way, we may not use directly here the crucial monotonicity property on the coordinates. We turn over this difficulty via a symmetrization procedure with Rademacher random variables which was developed first in the study of the law of the iterated logarithm [L-T1]. One writes

$$\left\|\sum_{i=1}^{n} \varepsilon_i f(X_i)\right\|_{\mathcal{F}} = \left(\left\|\sum_{i=1}^{n} \varepsilon_i f(X_i)\right\|_{\mathcal{F}} - \mathbb{E}_\varepsilon\left\|\sum_{i=1}^{n} \varepsilon_i f(X_i)\right\|_{\mathcal{F}}\right) + \mathbb{E}_\varepsilon\left\|\sum_{i=1}^{n} \varepsilon_i f(X_i)\right\|_{\mathcal{F}}$$

where $\mathbb{E}_\varepsilon$ is partial integration with respect to the Bernoulli variables $\varepsilon_1, \ldots, \varepsilon_n$. Now, on $\mathbb{E}_\varepsilon \| \sum_{i=1}^n \varepsilon_i f(X_i) \|_\mathcal{F}$ the monotonicity property is satisfied, since, by Jensen's inequality and independence, for every subset $I \subset \{1, \ldots, n\}$,

$$\mathbb{E}_\varepsilon \left\| \sum_{i \in I} \varepsilon_i f(X_i) \right\|_\mathcal{F} \leq \mathbb{E}_\varepsilon \left\| \sum_{i=1}^n \varepsilon_i f(X_i) \right\|_\mathcal{F}.$$

Therefore, the isoperimetric method may be used efficiently on this term. The remainder term

$$\left\| \sum_{i=1}^n \varepsilon_i f(X_i) \right\|_\mathcal{F} - \mathbb{E}_\varepsilon \left\| \sum_{i=1}^n \varepsilon_i f(X_i) \right\|_\mathcal{F}$$

is bounded, conditionally on the X_i's, with the deviation inequality (3.4) by a Gaussian tail involving

$$\sup_{f \in \mathcal{F}} \sum_{i=1}^n f(X_i)^2$$

which will again satisfy this monotonicity property. The proper details are presented in [L-T2], p. 166-169. Combining the arguments yields the inequality, for nonnegative integers k, q and real numbers $s, t \geq 0$,

$$\mathbb{P} \left\{ \left\| \sum_{i=1}^n \varepsilon_i f(X_i) \right\|_\mathcal{F} \geq 8qM + s + t \right\}$$

$$\leq 2^q q^{-k} + \mathbb{P} \left\{ \sum_{i=1}^k \|f(X_i)\|_\mathcal{F}^* \geq s \right\} + 2 \exp \left(-\frac{t^2}{128 q m^2} \right)$$

where

$$M = \mathbb{E} \left\| \sum_{i=1}^n \varepsilon_i f(X_i) \right\|_\mathcal{F}, \quad m = \mathbb{E} \left(\sup_{f \in \mathcal{F}} \left(\sum_{i=1}^n f(X_i)^2 \right)^{1/2} \right)$$

and where $(\|f(X_i)\|_\mathcal{F}^*)_{1 \leq i \leq n}$ denotes the nonincreasing rearrangement of the sample $(\|f(X_i)\|_\mathcal{F})_{1 \leq i \leq n}$. (Of course, if the functions f of $\mathcal{F}$ are such that $|f| \leq 1$, one may choose for example $s = k$.) We find again in this type of inequalities the basic parameters of concentration inequalities of Gaussian type.

This approach to bounds on sums of independent Banach space valued random variables (or empirical processes) is today one of the main successful tools in the study of integrability and limit properties of these sums. The results which may be obtained with this isoperimetric technique are rather sharp and often improve even the scalar case. The range of applications appears to be much broader than what can be obtained for example from the martingale inequalities (2.5). We refer to the monograph [L-T2] for a complete exposition of these applications in the context of probability in Banach spaces.

In his recent developments, M. Talagrand further analyzes the control functionals φ^1, φ^q and φ^c and extends their potential use and interest by a new concept of penalty. Indeed, in the functional φ^1 for example, the coordinates of x which differ from the coordinates of a point in A are accounted for one. One may therefore imagine a more precise measure of this control with some adapted weight. Let, for a nonnegative function h on $\Omega \times \Omega$ such that $h(\omega,\omega) = 0$, and for $A \subset \Omega^n$, $x \in \Omega^n$,

$$\varphi_A^{1,h}(x) = \inf\left\{\sum_{i=1}^{n} h(x_i, y_i); \, y \in A\right\}.$$

When $h(\omega,\omega') = 1$ if $\omega \neq \omega'$, we simply recover the Hamming metric φ_A^1. The new functional $\varphi_A^{1,h}$ thus puts a variable penalty $h(x,y)$ on the coordinates of x and y which differ.

Provided with these functionals, one may therefore take again the preceding study and obtain, by the same method of proof based on induction on the number of coordinates, several new and important concentration inequalities. The first result resembles Bernstein's classical exponential bound. Denote by $\|h\|_2$ and $\|h\|_\infty$ respectively the L^2 and L^∞-norms of h with respect to $\mu \otimes \mu$.

Theorem 3.3. *For each subset A of Ω^n and every product probability P, and every $r \geq 0$,*

$$P(\varphi_A^{1,h} \geq r) \leq \frac{1}{P(A)} \exp\left(-\min\left(\frac{r^2}{8n\|h\|_2^2}, \frac{r}{2\|h\|_\infty}\right)\right).$$

To better analyze the conditions on the penalty function h, set, for $B \subset \Omega$ and $\omega \in \Omega$,

$$h(\omega, B) = \inf\{h(\omega,\omega'); \, \omega' \in B\}.$$

Assume that for all $B \subset \Omega$,

$$\int e^{2h(\omega,B)} \, d\mu(\omega) \leq \frac{e}{\mu(B)}.$$

A typical statement of [Ta16] is then that, for every $0 \leq \lambda \leq 1$,

(3.11) $$\int e^{\lambda \varphi_A^{1,h}} \, dP \leq \frac{1}{P(A)} e^{Cn\lambda^2}$$

where $C > 0$ is a numerical constant. With respect to (3.2), we easily see how successful (3.11) can be for an appropriate choice of the penalty function h. One may also prove extensions where, as we already mentioned it, the probability of A is replaced by more complicated functions of this probability (related of course to h.) The penalty or interacting functions h which are used in such a result are of various types. For example, on $\mathbb{R}$, one may take $h(\omega,\omega') = |\omega - \omega'|$ or $h(\omega,\omega') = (\omega - \omega')^+$. One of the striking observations by M. Talagrand is the dissymmetric behavior of the two variables of h, that is on the point x that we would like to control and the point y in the fixed set A. For example, if h only depends on the first coordinate, then it should be bounded; if it only depends on the second coordinate, only weak integrability properties (with respect to μ) are required.

148

These extensions can also be performed on the functionals φ^q and φ^c, the latter being probably the most interesting for the applications. For a nonnegative penalty function h as before, let, for $A \subset \Omega^n$ and $x \in \Omega$,

$$U_A(x) = \big\{ s = (s_i)_{1 \leq i \leq n} \in \mathbb{R}^n_+; \exists y \in A \text{ such that}$$

$$s_i \geq h(x_i, y_i) \text{ for every } i = 1, \dots, n \big\}.$$

Denote by $V_A(x)$ the convex hull of $U_A(x)$. To measure the "distance" from 0 to $V_A(x)$, let us consider a function ψ on $\mathbb{R}$ with $\psi(0) = 0$ and such that $\psi(t) \leq t^2$ if $t \leq 1$ and $\psi(t) \geq t$ if $t \geq 1$. Then, let

$$\varphi_A^{c,h,\psi}(x) = \inf \bigg\{ \sum_{i=1}^n \psi(s_i); \ s = (s_i)_{1 \leq i \leq n} \in V_A(x) \bigg\}.$$

The metric φ^c thus simply corresponds to $h(\omega, \omega') = 1$ if $\omega \neq \omega'$ and $\psi(t) = t^2$. Again by induction on the dimension, M. Talagrand [Ta16] then establishes a general form of Theorem 3.2. He shows that, for some constant $\alpha > 0$,

$$\int \exp\big(\alpha \, \varphi_A^{c,h,\psi}\big) \leq \exp\big(\theta(P(A))\big)$$

under various conditions connecting μ, h and ψ to the function θ of the probability of A. The proof is of course more involved due to the level of generality.

This abstract study of isoperimetry and concentration in product spaces is motivated by the large number of applications, both in theoretical and more applied probabilistic topics proposed today by M. Talagrand [Ta16]. Most often, the preceding inequalities allow one to establish a concentration inequality once an appropriate mean or median is known. To briefly present such an example of application, let us deal with first passage time in percolation theory. Let $G = (V, \mathcal{E})$ be a graph with vertices V and edges $\mathcal{E}$. Let, on some probability space $(\Omega, \mathcal{A}, \mathbb{P})$, $(X_e)_{e \in \mathcal{E}}$ be a family of nonnegative independent and identically distributed random variables with the same distribution as X. X_e represents the passage time through the edge e. Let $\mathcal{T}$ be a family of (finite) subsets of $\mathcal{E}$, and, for $T \in \mathcal{T}$, set $X_T = \sum_{e \in T} X_e$. If T is made of contiguous edges, X_T represents the passage time through the path T. Set $Z_{\mathcal{T}} = \inf_{T \in \mathcal{T}} X_T$ and $D = \sup_{T \in \mathcal{T}} \mathrm{Card}(T)$, and let m be a median of $Z_{\mathcal{T}}$. As a corollary of his penalty theorems, M. Talagrand [Ta16] proved the following result.

Theorem 3.4. *There exists a numerical constant $c > 0$ such that, if $\mathbb{E}(e^{cX}) \leq 2$, for every $r \geq 0$,*

$$\mathbb{P}\big(|Z_{\mathcal{T}} - m| \geq r\big) \leq \exp\Big(-c \min\Big(\frac{r^2}{D}, r\Big)\Big).$$

When V is $\mathbb{Z}^2$ and $\mathcal{E}$ the edges connecting two adjacent points, and when $\mathcal{T} = \mathcal{T}_n$ is the set of all selfavoiding paths connecting the origin to the point $(0, n)$,

H. Kesten [Ke] showed that, when $0 \leq X \leq 1$ almost surely and $\mathbb{P}(X = 0) < \frac{1}{2}$ (percolation), one may reduce, in Z_T, to paths with length less than some multiple of n. Together with this result, Theorem 3.4 indicates that

$$\mathbb{P}\left(|Z_{T_n} - m| \geq r\right) \leq 5 \exp\left(-\frac{r^2}{Cn}\right)$$

for every $r \leq n/C$ where $C > 0$ is a constant independent of n. This result strengthens the previous estimate by H. Kesten [Ke] which was of the order of $r/C\sqrt{n}$ in the exponent and the proof of which was based on martingale inequalities.

Let us mention to conclude a further application of these methods to spin glasses. Consider a sequence $(\varepsilon_i)_{i \in \mathbb{N}}$ of independent symmetric random variables taking values ± 1. Each ε_i represents the spin of particule i. Consider then interactions H_{ij}, $i < j$, between spins. For some parameter $\beta > 0$ (that plays the role of the inverse of the temperature), the so-called partition function is defined by

$$Z_n = Z_n(\beta) = \mathbb{E}_\varepsilon\left(\exp\left(\frac{\beta}{\sqrt{n}} \sum_{1 \leq i < j \leq n} H_{ij}\varepsilon_i\varepsilon_j\right)\right), \quad n \geq 2,$$

where $\mathbb{E}_\varepsilon$ is integration with respect to the $\varepsilon_i's$. In the model we study, the interactions H_{ij} are random and the H_{ij}'s will be assumed independent and identically distributed. We assume that, for every $i < j$,

$$\mathbb{E}(H_{ij}) = \mathbb{E}(H_{ij}^3) = 0, \quad \mathbb{E}(H_{ij}^2) = 1,$$

and

$$\mathbb{E}(\exp(\pm H_{ij})) \leq 2$$

(for normalization purposes). The typical example is of course the example of a standard Gaussian sequence. In this case, it was shown in [A-L-R] and [C-N] that for $\beta < 1$, the sequence

$$\log Z_n - \frac{\beta^2 n}{4}, \quad n \geq 2,$$

converges in distribution to a (nonstandard) centered Gaussian variable. Of equal interest, but of rather different nature, is a concentration result of $\log Z_n$ around $\frac{\beta^2 n}{4}$ for n fixed, that M. Talagrand deduces from its penalty theorems [Ta16].

Theorem 3.5. *There is a numerical constant $C > 1$ such that for $0 \leq r \leq n/C$ and $\beta < 1$,*

$$\mathbb{P}\left\{\left|\log Z_n - \frac{\beta^2 n}{4}\right| \geq C\left(r + \left(\log \frac{C}{1 - \beta^2}\right)^{1/2}\right)\sqrt{n}\right\} \leq 4e^{-r^2}.$$

In particular,

$$-\frac{C}{\sqrt{n}}\left(\log \frac{C}{1 - \beta^2}\right)^{1/2} \leq \frac{1}{n}\mathbb{E}(\log Z_n) - \frac{\beta^2}{4} \leq \frac{C}{n}.$$

In case the interactions H_{ij}, $i < j$, are independent standard Gaussian, Theorem 3.5 immediately follows from the Gaussian concentration inequalities. Let indeed, on $\mathbb{R}^k$, $k = (n(n-1)/2$,

$$f(x) = \log \mathbb{E}_\varepsilon \left(\exp \left(\frac{\beta}{\sqrt{n}} \sum_{1 \le i < j \le n} x_{ij} \varepsilon_i \varepsilon_j \right) \right), \quad x = (x_{ij})_{1 \le i < j \le n} \, .$$

It is easily seen that $\|f\|_{\mathrm{Lip}} \le \beta \sqrt{(n-1)/2}$ so that, by (2.9), for every $r \ge 0$,

$$(3.12) \qquad \mathbb{P}\{|\log Z_n - \mathbb{E}(\log Z_n)| \ge r\} \le 2 \exp \left(-\frac{r^2}{\beta^2(n-1)} \right).$$

Now $\mathbb{E}(\log Z_n) \le \log \mathbb{E}(Z_n) = \beta^2(n-1)/4$. Conversely, it may easily be shown (cf. [Ta16]) that

$$(3.13) \qquad \mathbb{E}(Z_n^2) = (\mathbb{E}(Z_n))^2 e^{-\beta^2/2} \mathbb{E} \left(\exp \left(\frac{\beta^2}{2n} \left(\sum_{i=1}^n \varepsilon_i \right)^2 \right) \right).$$

In particular (using the subgaussian inequality for sums of Rademacher random variables [L-T2], p. 90), if $\beta < 1$,

$$\mathbb{E}(Z_n^2) \le \frac{3}{1-\beta^2} (\mathbb{E}(Z_n))^2.$$

Hence, by the Paley-Zygmund inequality ([L-T2], p. 92),

$$\mathbb{P}\left\{ Z_n \ge \frac{1}{2} \mathbb{E}(Z_n) \right\} \ge \frac{(\mathbb{E}(Z_n))^2}{4\mathbb{E}(Z_n^2)} \ge \frac{1-\beta^2}{12}.$$

Assume first that $r = \log(\frac{1}{2}\mathbb{E}(Z_n)) - \mathbb{E}(\log Z_n) > 0$. Then, by (3.12) applied to this r,

$$\frac{1-\beta^2}{12} \le \mathbb{P}\left\{ \log Z_n \ge \log\left(\frac{1}{2} \mathbb{E}(Z_n) \right) \right\}$$

$$\le \mathbb{P}\{\log Z_n \ge \mathbb{E}(\log Z_n) + r\} \le 2 \exp \left(-\frac{r^2}{\beta^2(n-1)} \right)$$

so that

$$r \le \sqrt{n} \left(\log \frac{24}{1-\beta^2} \right)^{1/2}.$$

Hence, in any case,

$$\frac{\beta^2(n-1)}{4} \ge \mathbb{E}(\log Z_n) \ge \log\left(\frac{1}{2} \mathbb{E}(Z_n) \right) - \sqrt{n} \left(\log \frac{24}{1-\beta^2} \right)^{1/2}$$

$$\ge \frac{\beta^2(n-1)}{4} - 2\sqrt{n} \left(\log \frac{24}{1-\beta^2} \right)^{1/2}$$

and the theorem follows in this case.

Note that, by (3.12) and the Borel-Cantelli lemma, for any $\beta > 0$,

$$\lim_{n \to \infty} \left| \frac{1}{n} \log Z_n - \frac{1}{n} \mathbb{E}(\log Z_n) \right| = 0$$

almost surely. In particular,

$$0 \le \limsup_{n \to \infty} \frac{1}{n} \log Z_n \le \frac{\beta^2}{4}$$

almost surely. This supports the conjecture that $\frac{1}{n} \log Z_n$ should converge in an appropriate sense for every $\beta > 0$ (cf. [A-L-R] and [Co] for precise bounds using different techniques).

As we have seen, the application to probability in Banach spaces is one main topic in which these isoperimetric and concentration inequalities for product measures prove all their strength and efficiency. Besides, M. Talagrand has thus shown how these tools may be used in a variety of problems (random subsequences, random graphs, percolation, geometric probability, spin glasses...). We refer the interested reader to his important contribution [Ta16].

Notes for further reading. As already mentioned, the interested reader may find in the book [L-T2] an extensive description of the application of the isoperimetric inequalities for product measures to probability in Banach spaces (integrability of the norm of sums of independent Banach space valued random variables, strong limit theorems such as laws of large numbers and laws of the iterated logarithm...). Sharper bounds for empirical processes using these methods, and based on Gaussian ideas, are obtained in [Ta13]. The recent paper [Ta16] produces new fields of potential interest for applications of these ideas. [Ta17] provides further sharpenings with approximations by very many points.

4. INTEGRABILITY AND LARGE DEVIATIONS
OF GAUSSIAN MEASURES

In this chapter, we make use of the isoperimetric and concentration inequalities of Chapters 1 and 2 to study the integrability properties of functionals of a Gaussian measure as well as large deviation statements. In particular, we will only use in this study the concentration inequalities which were obtained by rather elementary arguments in Chapter 2 so that the results presented here actually proceed from a very simple scheme. We first establish the, by now classical, strong integrability theorems of norms of Gaussian measures. In a second part, we present, on the basis of the Gaussian isoperimetric and concentration inequalities, a large deviation theorem for Gaussian measures without topology. We conclude this chapter with a large deviation statement for the Ornstein-Uhlenbeck process.

A Gaussian measure μ on a real separable Banach space E equipped with its Borel σ-algebra $\mathcal{B}$ and with norm $\|\cdot\|$ is a Borel probability measure on $(E, \mathcal{B})$ such that the law of each continuous linear functional on E is Gaussian. Throughout this work, we only consider centered Gaussian measures or random variables. Although the study of the integrability properties may be developed in a single step from the isoperimetric or concentration inequalities of Chapters 1 and 2, we prefer to decompose the procedure, for pedagogical reasons, in two separate arguments.

Let thus μ be a centered Gaussian measure on $(E, \mathcal{B})$. We first claim that

$$(4.1) \qquad \sigma = \sup_{\xi \in E^*, \|\xi\| \leq 1} \left(\int \langle \xi, x \rangle^2 d\mu(x) \right)^{1/2} < \infty.$$

Indeed, if we denote by j the injection map from E^* into $L^2(\mu) = L^2(E, \mathcal{B}, \mu; \mathbb{R})$, $\|j\| = \sigma$ and j is bounded by the closed graph theorem. Alternatively, let $m > 0$ be such that $\mu(x; \|x\| \leq m) \geq \frac{1}{2}$. Then, for every element ξ in E^* with $\|\xi\| \leq 1$, $\mu(x; |\langle \xi, x \rangle| \leq m) \geq \frac{1}{2}$. Now, under μ, $\langle \xi, x \rangle$ is Gaussian with variance $\int \langle \xi, x \rangle^2 d\mu(x)$. Since $2[1 - \Phi(\frac{1}{2})] > \frac{1}{2}$, it immediately follows that $(\int \langle \xi, x \rangle^2 d\mu(x))^{1/2} \leq 2m$.

Since E is separable, the norm $\|\cdot\|$ on E may be described as a supremum over a countable set $(\xi_n)_{n \geq 1}$ of elements of the unit ball of the dual space E^*, that is, for every x in E,

$$\|x\| = \sup_{n \geq 1} \langle \xi_n, x \rangle.$$

In particular, the norm $\| \cdot \|$ can freely be used as a measurable map on $(E, \mathcal{B})$. Let $\Xi = \{\xi_1, \ldots, \xi_n\}$ be a finite subset of $(\xi_n)_{n \geq 1}$. Denote by $\Gamma = M\,^t M$ the (semi-) positive definite covariance matrix of the Gaussian vector $(\langle \xi_1, x \rangle, \ldots, \langle \xi_n, x \rangle)$ on $\mathbb{R}^n$. This random vector has the same distribution as $M\Lambda$ where Λ is distributed according to the canonical Gaussian measure γ_n. Let then $f : \mathbb{R}^n \to \mathbb{R}$ be defined by

$$f(z) = \max_{1 \leq i \leq n} M(z)_i, \quad z = (z_1, \ldots, z_n) \in \mathbb{R}^n.$$

It is easily seen that the Lipschitz norm $\|f\|_{\mathrm{Lip}}$ of f is less than or equal to the norm $\|M\|$ of M as an operator from $\mathbb{R}^n$ equipped with the Euclidean norm into $\mathbb{R}^n$ with the supnorm, and that furthermore this operator norm $\|M\|$ is equal, by construction, to

$$\max_{1 \leq i \leq n} \left(\int \langle \xi_i, x \rangle^2 \, d\mu(x) \right)^{1/2} \leq \sigma.$$

Therefore, inequality (2.8) applied to this Lipschitz function f yields, for every $r \geq 0$,

$$(4.2) \qquad \mu\left(x; \sup_{\xi \in \Xi} \langle \xi, x \rangle \geq \int \sup_{\xi \in \Xi} \langle \xi, x \rangle d\mu(x) + r \right) \leq \exp\left(-\frac{r^2}{2\sigma^2} \right).$$

The same inequality applied to $-f$ yields

$$(4.3) \qquad \mu\left(x; \sup_{\xi \in \Xi} \langle \xi, x \rangle + r \leq \int \sup_{\xi \in \Xi} \langle \xi, x \rangle d\mu(x) \right) \leq \exp\left(-\frac{r^2}{2\sigma^2} \right).$$

Let then r_0 be large enough so that $\exp(-r_0^2/2\sigma^2) < \frac{1}{2}$. Let also m be large enough in order that $\mu(x; \|x\| \leq m) \geq \frac{1}{2}$. Intersecting this probability with the one in (4.3) for $r = r_0$, we see that

$$\int \sup_{\xi \in \Xi} \langle \xi, x \rangle \, d\mu(x) \leq r_0 + m.$$

Since m and r_0 have been chosen independently of Ξ, we already notice that

$$\int \|x\| \, d\mu(x) < \infty.$$

Now, one can use monotone convergence in (4.2) and thus one obtains that, for every $r \geq 0$,

$$(4.4) \qquad \mu(x; \|x\| \geq \int \|x\| d\mu(x) + r) \leq e^{-r^2/2\sigma^2}.$$

Note that an entirely similar result may be obtained exactly in the same way (even simpler) from the concentration inequality (2.4) around the median of a Lipschitz function. As an immediate consequence of (4.4), we may already state the basic theorem about the integrability properties of norms of Gaussian measures. The lower bound and necessity part easily follow from the scalar case. As we have seen in Chapter 2, the two parameters $\int \|x\| d\mu(x)$ and σ in inequality (4.4) may be very different so that this inequality is a much stronger result than the following well-known consequence.

Theorem 4.1. *Let μ be a centered Gaussian measure on a separable Banach space E with norm $\|\cdot\|$. Then*

$$\lim_{r \to \infty} \frac{1}{r^2} \log \mu(x; \|x\| \geq r) = -\frac{1}{2\sigma^2}.$$

In other words,

$$\int \exp(\alpha \|x\|^2) \, d\mu(x) < \infty \quad \text{if and only if} \quad \alpha < \frac{1}{2\sigma^2}.$$

The question of the integrability (actually only the square integrability) of the norm of a Gaussian measure was first raised by L. Gross [Gr1], [Gr2]. In 1969, A. V. Skorohod [Sk] was able to show that $\int \exp(\alpha \|x\|) \, d\mu(x) < \infty$ (for every $\alpha > 0$) using the strong Markov property of Brownian motion. The existence of some $\alpha > 0$ for which $\int \exp(\alpha \|x\|^2) \, d\mu(x) < \infty$ was then established independently by X. Fernique [Fe2] and H. J. Landau and L. A. Shepp [L-S] (with a proof already isoperimetric in nature). It may also be shown to follow from Skorokod's early result. The best possible value for α was first obtained in [M-S]. Recently, S. Kwapień mentioned to me that J.-P. Kahane, back in 1964 [Ka1] (cf. [Ka2]), proved an inequality on norms of Rademacher series which, together with a simple central limit theorem argument, already implied that $\int \exp(\alpha \|x\|) \, d\mu(x) < \infty$ for every $\alpha > 0$.

From inequality (4.4), we may also mention the equivalence of all moments of norms of Gaussian measures: for every $0 < p, q < \infty$, there exists a constant $C_{p,q} > 0$ only depending on p and q such that

$$(4.5) \qquad \left(\int \|x\|^p \, d\mu(x) \right)^{1/p} \leq C_{p,q} \left(\int \|x\|^q \, d\mu(x) \right)^{1/q}.$$

For the proof, simply integrate by parts inequality (4.4) together with the fact that $\sigma \leq C_q (\int \|x\|^q \, d\mu(x))^{1/q}$ for every $q > 0$ by the one-dimensional equivalence of Gaussian moments. This yields (4.5) for every $q \geq 1$. When $0 < q \leq 1$, simply note that if $m = (2C_{2,1})^{2/q} (\int \|x\|^q d\mu(x))^{1/q}$,

$$\int \|x\| d\mu(x) \leq m + \mu(x; \|x\| \geq m)^{1/2} \left(\int \|x\|^2 \, d\mu(x) \right)^{1/2}$$

$$\leq m + C_{2,1} \mu(x; \|x\| \geq m)^{1/2} \int \|x\| d\mu(x)$$

$$\leq 2(2C_{2,1})^{2/q} \left(\int \|x\|^q d\mu(x) \right)^{1/q}$$

since $C_{2,1} \mu(x; \|x\| \geq m)^{1/2} \leq \frac{1}{2}$. Note that $C_{p,2}$ (for example) is of the order of $\sqrt{p}$ as p goes to infinity. We will come back to this remark in the last chapter where we will relate (4.5) to hypercontractivity. It is conjectured that $C_{2,1} = \sqrt{\pi/2}$ (that is, the constant of the real case). S. Szarek recently noticed that if conjecture (1.11) holds, then the best possible $C_{p,q}$ are given by the real case.

The preceding integrability properties may also be applied in the context of almost surely bounded Gaussian processes. Let $X = (X_t)_{t\in T}$ be a centered Gaussian process indexed by a set T on some probability space $(\Omega, \mathcal{A}, \mathbb{P})$ such that $\sup_{t\in T} X_t(\omega) < \infty$ for almost all ω in Ω (or $\sup_{t\in T} |X_t(\omega)| < \infty$, which, by symmetry, is equivalent to the preceding, at least if the process is separable). Then, the same proof as above shows in particular that

$$\sup\{\mathbb{E}\big(\sup_{t\in U} X_t\big); U \text{ finite in } T\} < \infty.$$

We will actually take this as the definition of an almost surely bounded Gaussian process in Chapter 6. Under a separability assumption on the process, one can actually formulate the analogue of Theorem 4.1 in this context. Assume there exists a countable subset S of T such that the set $\{\omega; \sup_{t\in T} X_t \neq \sup_{t\in S} X_t\}$ is negligible. Set $\|X\| = \sup_{t\in S} X_t$. Then, provided $\|X\| < \infty$ almost surely,

$$\mathbb{E}\big(\exp(\alpha\|X\|^2)\big) < \infty \quad \text{if and only if} \quad \alpha < \frac{1}{2\sigma^2}$$

with $\sigma^2 = \sup_{t\in S} \mathbb{E}(X_t^2)$ $(= \sup_{t\in T} \mathbb{E}(X_t^2))$.

As still another remark, notice that the proof of Theorem 4.1 also shows that whenever $X = (X_1, \ldots, X_n)$ is a centered Gaussian random vector in $\mathbb{R}^n$, then

$$\text{var}\big(\max_{1\leq i\leq n} X_i\big) \leq \max_{1\leq i\leq n} \text{var}(X_i).$$

(Use again the Lipschitz map $f(z) = \max_{1\leq i\leq n} M(z)_i$ where $\Gamma = M\,^tM$ is the covariance matrix of X with however (2.4) instead of (2.8).) This inequality may however be deduced directly from the Poincaré type inequality

$$\int \Big|f - \int f\, d\gamma_n\Big|^2 d\gamma_n \leq \int |\nabla f|^2 d\gamma_n \quad (\leq \|f\|_{\text{Lip}}^2)$$

which is elementary (by an expansion in Hermite polynomials for example).

Our aim will now be to extend the isoperimetric and concentration inequalities to the setting of an infinite dimensional Gaussian measure μ as before. Let us mention however before that the fundamental inequalities are the ones in finite dimension and that the infinite dimensional extensions we will present actually follow in a rather classical and straightforward manner from the finite dimensional case. The main tool will be the concept of abstract Wiener space and reproducing kernel Hilbert space which will define the isoperimetric neighborhoods or enlargements in this framework. We follow essentially C. Borell [Bo3] in the construction below.

Let μ be a mean zero Gaussian measure on a real separable Banach space E. Consider then the abstract Wiener space factorization [Gr1], [B-C], [Ku], [Bo3] (for recent accounts, cf. [Bog], [Lif3]),

$$E^* \xrightarrow{j} L^2(\mu) \xrightarrow{j^*} E.$$

First note that since E is separable and μ is a Borel probability measure on E, μ is Radon, that is, for every $\varepsilon > 0$ there is a compact set K in E such that $\mu(K) \geq 1-\varepsilon$. Let $(K_n)_{n \in \mathbb{N}}$ be a sequence of compact sets such that $\mu(K_n) \to 1$. If φ is an element of $L^2(\mu)$, $j^*(\varphi I_{K_n})$ belongs to E since it may be identified with the expectation, in the strong sense, $\int_{K_n} x\varphi(x)d\mu(x)$. Now, the sequence $\left(\int_{K_n} x\varphi(x)d\mu(x)\right)_{n \in \mathbb{N}}$ is Cauchy in E since,

$$\sup_{\xi \in E^*, \|\xi\| \leq 1} \langle \xi, \int_{K_n} x\varphi(x)d\mu(x) - \int_{K_m} x\varphi(x)d\mu(x) \rangle \leq \sigma \left(\int \varphi^2 |I_{K_n} - I_{K_m}| d\mu \right)^{1/2} \to 0.$$

It therefore converges in E to the weak integral $\int x\varphi(x)d\mu(x) = j^*(\varphi) \in E$.

Define now the reproducing kernel Hilbert space $\mathcal{H}$ of μ as the subspace $j^*(L^2(\mu))$ of E. Since $j(E^*)^{\perp} = \mathrm{Ker}(j^*)$, j^* restricted to the closure E_2^* of E^* in $L^2(\mu)$ is linear and bijective onto $\mathcal{H}$. For simplicity in the notation, we set below $\tilde{h} = (j^*_{|E_2^*})^{-1}(h)$. Under μ, $\tilde{h}$ is Gaussian with variance $|h|^2$. Note that σ of (4.1) is then also $\sup_{x \in K} \|x\|$ where K is the closed unit ball of $\mathcal{H}$ for its Hilbert space scalar product given by

$$\langle j^*(\varphi), j^*(\psi) \rangle_{\mathcal{H}} = \langle \varphi, \psi \rangle_{L^2(\mu)}, \quad \varphi, \psi \in L^2(\mu).$$

In particular, for every x in $\mathcal{H}$, $\|x\| \leq \sigma|x|$ where $|x| = |x|_{\mathcal{H}} = \langle x, x \rangle_{\mathcal{H}}^{1/2}$. Moreover, K is a compact subset of E. Indeed, if $(\xi_n)_{n \in \mathbb{N}}$ is a sequence in the unit ball of E^*, there is a subsequence $(\xi_{n'})_{n' \in \mathbb{N}}$ which converges weakly to some ξ in E^*. Now, since the ξ_n are Gaussian under μ, $\xi_{n'} \to \xi$ in $L^2(\mu)$ so that j is a compact operator. Hence j^* is also a compact operator which is the claim.

For γ_n the canonical Gaussian measure on $\mathbb{R}^n$ (equipped with some arbitrary norm), it is plain that $\mathcal{H} = \mathbb{R}^n$ with its Euclidean structure, that is K is the Euclidean unit ball $B(0,1)$. If $X = (X_1, \ldots, X_n)$ is a centered Gaussian measure on $\mathbb{R}^n$ with nondegenerate covariance matrix $\Gamma = M^t M$, it is easily seen that the unit ball K of the reproducing kernel Hilbert space associated to the distribution of X is the ellipsoid $M(B(0,1))$. As another example, let us mention the classical Wiener space associated with Brownian motion, say on [0,1] and with real values for simplicity. Let thus E be the Banach space $C_0([0,1])$ of all real continuous functions x on [0,1] vanishing at the origin equipped with the supnorm (the Wiener space) and let μ be the distribution of a standard Brownian motion, or Wiener process, $W = (W(t))_{t \in [0,1]}$ starting at the origin (the Wiener measure). If m is a finitely supported measure on [0,1], $m = \sum_i c_i \delta_{t_i}$, $c_i \in \mathbb{R}$, $t_i \in [0,1]$, clearly $h = j^* j(m)$ is the element of E given by

$$h(t) = \sum_i c_i(t_i \wedge t), \quad t \in [0,1];$$

it satisfies

$$\int_0^1 h'(t)^2 \, dt = \int \langle m, x \rangle^2 d\mu(x) = |h|_{\mathcal{H}}^2.$$

By a standard extension, the reproducing kernel Hilbert space $\mathcal{H}$ associated to the Wiener measure μ on E may then be identified with the Cameron-Martin Hilbert space of the absolutely continuous elements h of $C_0([0,1])$ such that

$$\int_0^1 h'(t)^2 \, dt < \infty.$$

Moreover, if $h \in \mathcal{H}$, $\tilde{h} = (j^*_{|E_2^*})^{-1}(h) = \int_0^1 h'(t) dW(t)$. While we equipped the Wiener space $C_0([0,1])$ with the uniform topology, other choices are possible. Let F be a separable Banach space such that the Wiener process W belongs almost surely to F. Using probabilistic notation, we know from the previous abstract Wiener space theory that if φ is a real valued random variable with $\mathbb{E}(\varphi^2) < \infty$, then $h = \mathbb{E}(W\varphi) \in F$. Since $\mathbb{P}\{W \in F \cap C_0([0,1])\} = 1$, it immediately follows that the Cameron-Martin Hilbert space may be identified with a subset of F and is also the reproducing kernel Hilbert space of Wiener measure on F. For h in the Cameron-Martin space, $\tilde{h} = (j^*_{|F_2^*})^{-1}(h)$ may be identified with $\int_0^1 h'(t) dW(t)$ as soon as there is a sequence $(\xi_n)_{n \in \mathbb{N}}$ in F^* such that

$$\mathbb{E}\left(\left| \int_0^1 h'(t) dW(t) - \langle \xi_n, W \rangle \right|^2 \right) \to 0.$$

This is the case if, for every $t \in [0,1]$, there is $(\xi_n)_{n \in \mathbb{N}}$ in F^* with

$$\mathbb{E}\left(|W(t) - \langle \xi_n, W \rangle|^2 \right) \to 0.$$

Examples include the Lebesgue spaces $L^p([0,1])$, $1 \le p < \infty$, or the Hölder spaces (see below). Actually, since the preceding holds for the L^1-norm, this will be the case for a norm $\| \cdot \|$ on $C_0([0,1])$ as soon as, for some constant $C > 0$, $\|x\| \ge C \int_0^1 |x(t)| dt$ for every x in $C_0([0,1])$.

The next proposition is a useful series representation of Gaussian measures and random vectors which can be used efficiently in proofs by finite dimensional approximation. This proposition puts forward the fundamental Gaussian measurable structure consisting of the canonical Gaussian product measure on $\mathbb{R}^{\mathbb{N}}$ with reproducing kernel Hilbert space ℓ^2.

Proposition 4.2. Let μ be as before. Let $(g_i)_{i \ge 1}$ denote an orthonormal basis of the closure E_2^* of E^* in $L^2(\mu)$ and set $e_i = j^*(g_i)$, $i \ge 1$. Then $(e_i)_{i \ge 1}$ defines an orthonormal basis of $\mathcal{H}$ and the series $X = \sum_{i=1}^\infty g_i e_i$ converges in E μ-almost everywhere and in every L^p and is distributed as μ.

Proof. Since μ is a Radon measure, the space $L^2(\mu)$ is separable and E_2^* consists of Gaussian random variables on the probability space $(E, \mathcal{B}, \mu)$. Hence, $(g_i)_{i \ge 1}$ defines on this space a sequence of independent standard Gaussian random variables. The sequence $(e_i)_{i \ge 1}$ is clearly a basis in $\mathcal{H}$. Recall from Theorem 4.1 that the integral $\int \|x\| d\mu(x)$ is finite. Denote then by $\mathcal{B}_n$ the σ-algebra generated by $g_1, \ldots, g_n$. It is easily seen that the conditional expectation of the identity map on (E, μ) with respect to $\mathcal{B}_n$ is equal to $X_n = \sum_{i=1}^{n} g_i e_i$. By the vector valued martingale convergence theorem (cf. [Ne2]), the series $\sum_{i=1}^{\infty} g_i e_i$ converges almost surely. Since $\int \|x\|^p d\mu(x) < \infty$ for every $p > 0$, the convergence also takes place in any L^p-space. Since moreover

$$\int \langle \xi, X \rangle^2 d\mu = \sum_{i=1}^{\infty} \langle \xi, e_i \rangle^2 = \sum_{i=1}^{\infty} \langle j(\xi), g_i \rangle^2 = \int \langle \xi, x \rangle^2 d\mu(x)$$

for every ξ in E^*, X has law μ. Proposition 4.2 is proved. $\square$

According to Proposition 4.2, we use from time to time below more convenient probabilistic notation and consider $(g_i)_{i \geq 1}$ as a sequence of independent standard Gaussian random variables on some probability space $(\Omega, \mathcal{A}, \mathbb{P})$ and X as a random variable on $(\Omega, \mathcal{A}, \mathbb{P})$ with values in E and law μ.

As a consequence of Proposition 4.2, note that the closure $\overline{\mathcal{H}}$ of $\mathcal{H}$ in E coincides with the support of μ (for the topology given by the norm on E). Indeed, by Proposition 4.2, $\text{supp}(\mu) \subset \overline{\mathcal{H}}$. Conversely, it suffices to prove that $\mu(B(h, \eta)) > 0$ for every h in $\mathcal{H}$ and every $\eta > 0$ where $B(h, \eta)$ is the ball in E with center h and radius η. By the Cameron-Martin translation formula (see below), it suffices to prove it for $h = 0$. Now, for every $a \in E$, by symmetry and independence,

$$\mu\big(B(a, \eta)\big)^2 = \mu\big(x; \|x - a\| \leq \eta\big)\mu\big(x; \|x + a\| \leq \eta\big)$$
$$\leq \mu \otimes \mu\big((x,y); \|(x - a) + (y + a)\| \leq 2\eta\big)$$
$$= \mu\big(B(0, \eta\sqrt{2})\big)$$

since $x + y$ under $\mu \otimes \mu$ is distributed as $\sqrt{2}x$ under μ. Now, assume that $\mu(B(h, \eta_0)) = 0$ for some $\eta_0 > 0$. Since μ is Radon, there is a sequence $(a_n)_{n \in \mathbf{N}}$ in E such that

$$\mu\big(x; \exists n, \|x - a_n\| \leq \eta_0/\sqrt{2}\big) = 1.$$

Then,
$$1 \leq \sum_n \mu\big(B(a_n, \eta_0/\sqrt{2})\big) \leq \sum_n \mu\big(B(0, \eta_0)\big)^{1/2} = 0$$

which is a contradiction (cf. also [D-HJ-S]).

To complete this brief description of the reproducing kernel Hilbert space of a Gaussian measure, let us mention the dual point of view more commonly used by analysts on Wiener spaces (see [Ku], [Bog] for further details). Let $\mathcal{H}$ be a real separable Hilbert space with norm $|\cdot|$ and let $e_1, e_2, \ldots$ be an orthonormal basis of $\mathcal{H}$. Define a simple additive measure ν on the cylinder sets in $\mathcal{H}$ by

$$\nu\big(x \in \mathcal{H}; (\langle x, e_1 \rangle, \ldots, \langle x, e_n \rangle) \in A\big) = \gamma_n(A)$$

for all Borel sets A in $\mathbb{R}^n$. Let $\|\cdot\|$ be a measurable seminorm on $\mathcal{H}$ and denote by E the completion of $\mathcal{H}$ with respect to $\|\cdot\|$. Then $(E, \|\cdot\|)$ is a real separable Banach space. If $\xi \in E^*$, we consider $\xi_{|\mathcal{H}} : \mathcal{H} \to \mathbb{R}$ that we identify with an element h in $\mathcal{H} = \mathcal{H}^*$ (in our language, $h = j^*j(\xi)$). Let then μ be the (σ-additive) extension of ν

on the Borel sets of E. In particular, the distribution of $\xi \in E^*$ under μ is Gaussian with mean zero and variance $|h|^2$. Therefore, μ is a Gaussian Radon measure on E with reproducing kernel Hilbert space $\mathcal{H}$. With respect to this approach, our construction priviledges the point of view of the measure.

We are now ready to state and prove the isoperimetric inequality in $(E, \mathcal{H}, \mu)$. As announced, the isoperimetric neighborhoods A_r, $r \geq 0$, of a set A in E will be understood in this setting as the Minkowski sum $A + r\mathcal{K} = \{x + ry; x \in A, y \in \mathcal{K}\}$ where we recall that $\mathcal{K}$ is the unit ball of the reproducing kernel Hilbert space $\mathcal{H}$ associated to the Gaussian measure μ. In this form, the result is due to C. Borell [Bo2].

Theorem 4.3. *Let A be a Borel set in E such that $\mu(A) \geq \Phi(a)$ for some real number a. Then, for every $r \geq 0$*

$$\mu_*(A + r\mathcal{K}) \geq \Phi(a + r).$$

It might be worthwhile mentioning that if the support of μ is infinite dimensional, $\mu(\mathcal{H}) = 0$ so that the infinite dimensional version of the Gaussian isoperimetric inequality might be somewhat more surprising than its finite dimensional statement. [The use of inner measure in Theorem 4.3 is not stricly necessary since at it is known from the specialists, somewhat deep arguments from measure theory may be used to show that $A + r\mathcal{K}$ is actually μ-measurable in this setting. These arguments are however completely out of the scope of this work, and anyway, Theorem 4.3 as stated is the best possible inequality one may hope for. We therefore do not push further in these measurability questions and use below inner measure. Of course, for example, if A is closed, $A + r\mathcal{K}$ is also closed (since $\mathcal{K}$ is compact) and thus measurable.]

Proof. As announced, it is based on a classical finite dimensional approximation procedure. We use the series representation $X = \sum_{i=1}^{\infty} g_i e_i$ of Proposition 4.2 and, accordingly, probabilistic notations. We may assume that $-\infty < a < +\infty$. Let $r \geq 0$ be fixed. Let also $\varepsilon > 0$. Since μ is a Radon measure, there exists a compact set $K \subset A$ such that

$$\mathbb{P}\{X \in K\} = \mu(K) \geq \Phi(a - \varepsilon).$$

For every $\eta > 0$, let $K^\eta = \{x \in E; \inf_{y \in K} \|x - y\| \leq \eta\}$. Recall $X_n = \sum_{i=1}^n g_i e_i$. Since $\mathbb{P}\{\|X - X_n\| > \eta\} \to 0$, for some n_0 and every $n \geq n_0$, $\mathbb{P}\{X_n \in K^\eta\} \geq \Phi(a - 2\varepsilon)$ and

$$\mathbb{P}\{X \in K^{3\eta} + r\mathcal{K}\} \geq \mathbb{P}\{X_n \in K^{2\eta} + r\mathcal{K}\} - \varepsilon.$$

Now, let $\mathcal{K}_n$ be the unit ball of the reproducing kernel Hilbert space of the (finite dimensional) Gaussian random vector X_n, or rather of its distribution on E. $\mathcal{K}_n$ consists of those elements in E of the form $\mathbb{E}(X_n\varphi)$ with $\|\varphi\|_2 \leq 1$. Clearly,

$$\|\mathbb{E}(X\varphi) - \mathbb{E}(X_n\varphi)\| \leq \left(\mathbb{E}\|X - X_n\|^2\right)^{1/2} \to 0$$

independently of φ, $\|\varphi\|_2 \leq 1$. Hence, for some $n_1 \geq n_0$, and every $n \geq n_1$,

$$\mathbb{P}\{X \in K^{3\eta} + r\mathcal{K}\} \geq \mathbb{P}\{X_n \in K^\eta + r\mathcal{K}_n\} - \varepsilon.$$

Let Q be the map from $\mathbb{R}^n$ into E defined by $Q(z) = \sum_{i=1}^n z_i e_i$, $z = (z_1, \ldots, z_n)$. Therefore

$$\gamma_n(Q^{-1}(K^\eta)) = \mathbb{P}\{X_n \in K^\eta\} \geq \Phi(a - 2\varepsilon).$$

Since the distribution of X_n is the image by Q of γ_n and since similarly $\mathcal{K}_n$ is the image by Q of the Euclidean unit ball, it follows from Theorem 1.3 that

$$\mathbb{P}\{X_n \in K^\eta + r\mathcal{K}_n\} = \gamma_n\big((Q^{-1}(K^\eta))_r\big) \geq \Phi(a - 2\varepsilon + r).$$

Summarizing, for every $\eta > 0$,

$$\mu(K^{3\eta} + r\mathcal{K}) \geq \Phi(a - 2\varepsilon + r) - \varepsilon.$$

Since K and $\mathcal{K}$ are compact in E, letting η decrease to zero yields

$$\mu_*(A + r\mathcal{K}) \geq \mu(K + r\mathcal{K}) \geq \Phi(a - 2\varepsilon + r) - \varepsilon.$$

Since $\varepsilon > 0$ is arbitrary, the theorem is proved. $\qquad\square$

The approximation procedure developed in the proof of Theorem 4.3 may be used exactly in the same way on the basis of inequality (2.15) to show that, for every $r \geq 0$,

$$(4.6) \qquad \mu_*(A + r\mathcal{K}) \geq 1 - \exp\left(-\frac{r^2}{2} + r\delta(\mu(A))\right)$$

where we recall that

$$\delta(v) = \int_0^\infty \min\big(1 - v, e^{-t^2 v^2/2}\big) dt, \quad 0 \leq v \leq 1.$$

The point here is that inequality (2.15) (and thus also inequality (4.6)) was obtained at the very cheap price of Proposition 2.1. In what follows, inequality (4.6) will be good enough for almost all the applications we have in mind.

Theorem 4.3, or inequality (4.6), of course allows us to recover the integrability properties described in Theorem 4.1. For example, if $f : E \to \mathbb{R}$ is measurable and Lipschitz in the direction of $\mathcal{H}$, that is

$$(4.7) \qquad \big|f(x + h) - f(x)\big| \leq |h| \quad \text{for all } x \in E, \, h \in \mathcal{H},$$

and if m is median of f for μ, exactly as in the finite dimensional case (2.4),

$$(4.8) \qquad \mu(f \geq m + r) \leq 1 - \Phi(r) \leq e^{-r^2/2}$$

for every $r \geq 0$. In the same way, a finite dimensional argument on (2.8) shows that $\int f d\mu$ exists and that, for all $r \geq 0$,

$$(4.9) \qquad \mu(f \geq \textstyle\int f d\mu + r) \leq e^{-r^2/2}.$$

Indeed, assume first that f is bounded. We follow Proposition 4.2 and its notation. Let f_n, $n \geq 1$, be the conditional expectation of f with respect to $\mathcal{B}_n$. Define $\tilde{f}_n : \mathbb{R}^n \to \mathbb{R}$ by

$$\tilde{f}_n(z) = \int f\Big(\sum_{i=1}^{n} z_i e_i + y\Big) d\mu^n(y), \quad z = (z_1, \ldots, z_n) \in \mathbb{R}^n,$$

where μ^n is the distribution of $\sum_{i=n+1}^{\infty} g_i e_i$. Then f_n under μ has the same distribution as $\tilde{f}_n$ under γ_n. Moreover, it is clear by (4.7) that $\tilde{f}_n$ is Lipschitz in the usual sense on $\mathbb{R}^n$ with $\|\tilde{f}_n\|_{\mathrm{Lip}} \leq 1$. Therefore, by (2.8) applied to $\tilde{f}_n$, for every $r \geq 0$,

$$\mu(f_n \geq \textstyle\int f_n d\mu + r) \leq e^{-r^2/2}.$$

Letting n tend to infinity, we see that (4.9) is satisfied for bounded functionals f on E satisfying (4.7). When f is not bounded, set, for every integer N,

$$f^N = \min\big(\max(f, -N), N\big).$$

Then f^N still satisfies (4.7) for each N so that

$$\mu(f^N \geq \textstyle\int f^N d\mu + r) \leq e^{-r^2/2}$$

for every $r \geq 0$. Of course, the same result holds for $|f^N|$. Let then m be such that $\mu(|f| \leq m) \geq \frac{3}{4}$. There exists N_0 such that for every $N \geq N_0$, $\mu(|f^N| \leq m+1) \geq \frac{1}{2}$. Let $r_0 \geq 0$ be such that $e^{-r_0^2/2} < \frac{1}{2}$. Together with the preceding inequality for $|f^N|$, we thus get that for every $N \geq N_0$,

$$\int |f^N| d\mu \leq m + 1 + r_0.$$

Moreover, $\mu(|f^N| \geq m + 1 + r_0 + r) \leq e^{-r^2/2}$, $r \geq 0$. Hence, in particular, the supremum $\sup_N \int |f^N|^2 d\mu$ is finite. The announced claim (4.9) now easily follows by uniform integrability.

Let us also mention that the preceding inequalities (4.8) and (4.9) may of course be applied to $f(x) = \|x\|$, $x \in E$, since, as we have seen,

$$\big|\|x + h\| - \|x\|\big| \leq \|h\| \leq \sigma|h|, \quad x \in E, \, h \in \mathcal{H}.$$

It should be noticed that the $\mathcal{H}$-Lipschitz hypothesis (4.7) has recently been shown [E-S] to be equivalent to the fact that the Malliavin derivative Df of f exists and satisfies $\||Df|_{\mathcal{H}}\|_\infty \leq 1$. (Due to the preceding simple arguments, the hypothesis that f be in $L^2(\mu)$ in the paper [E-S] is easily seen to be superfluous.) But actually, that (4.7) holds when $\||Df|_{\mathcal{H}}\|_\infty \leq 1$ is the easy part of the argument so that the preceding result is as general as possible. One could also prove (4.9) along the lines of Proposition 2.1 in infinite dimension with the Ornstein-Uhlenbeck semigroup associated to μ. One however runs into the question of differentiability in infinite dimension (Gross-Malliavin derivatives) that is not really needed here.

In the preceding spirit, it might be worthwhile to briefly describe some related inequalities due to B. Maurey and G. Pisier [Pi1]. Let f be of class C^1 on $\mathbb{R}^n$ with gradient ∇f. Let furthermore V be a convex function on $\mathbb{R}$. To avoid integrability questions, assume first that f is bounded. By Jensen's inequality,

$$\int V\big(f - \textstyle\int f d\gamma_n\big) d\gamma_n \leq \iint V\big(f(x) - f(y)\big) d\gamma_n(x) d\gamma_n(y).$$

Now, for x, y in $\mathbb{R}^n$, and every real number θ, set

$$x(\theta) = x \sin\theta + y \cos\theta, \quad x'(\theta) = x \cos\theta - y \sin\theta.$$

We have

$$f(x) - f(y) = \int_0^{\pi/2} \frac{d}{d\theta} f\big(x(\theta)\big) d\theta = \int_0^{\pi/2} \big\langle \nabla f\big(x(\theta)\big), x'(\theta)\big\rangle d\theta.$$

Hence, using Jensen's inequality one more time but now with respect to the variable θ,

$$\int V\big(f - \textstyle\int f d\gamma_n\big) d\gamma_n \leq \frac{2}{\pi} \int_0^{\pi/2} \iint V\Big(\frac{\pi}{2}\big\langle \nabla f\big(x(\theta)\big), x'(\theta)\big\rangle\Big) d\gamma_n(x) d\gamma_n(y) d\theta.$$

By the fundamental rotational invariance of Gaussian measures, for any θ, the couple $(x(\theta), x'(\theta))$ has the same distribution as the original independent couple (x, y). Therefore, we obtained that

$$(4.10) \qquad \int V\big(f - \textstyle\int f d\gamma_n\big) d\gamma_n \leq \iint V\Big(\frac{\pi}{2}\langle\nabla f(x), y\rangle\Big) d\gamma_n(x) d\gamma_n(y).$$

We leave it to the interested reader to properly extend this type of inequality to unbounded functions. It also easily extends to infinite dimensional Gaussian measures μ. Indeed, let f be smooth enough, more precisely differentiable in the direction of $\mathcal{H}$ or in the sense of Gross-Malliavin (cf. e.g. [Bel], [Wa], [Nu]...). With the same notation as in the proof of (4.9),

$$\nabla \widetilde{f}_n = (D_{e_1} f, \ldots, D_{e_n} f),$$

where $D_h f$ is the derivative of f in the direction of $h \in \mathcal{H}$. Therefore, for every n,

$$\int V\big(f_n - \textstyle\int f_n d\mu\big) d\mu \leq \iint V\Big(\frac{\pi}{2} \sum_{i=1}^n y_i D_{e_i} f(x)\Big) d\mu(x) d\gamma_n(y).$$

Hence, by Fatou's lemma and Jensen's inequality, (4.10) yields in an infinite dimensional setting that

$$\int V(f - \textstyle\int f d\mu) d\mu \leq \int\int V\left(\frac{\pi}{2} \sum_{i=1}^{\infty} y_i D_{e_i} f(x)\right) d\mu(x) d\gamma_\infty(y)$$

where γ_∞ is the canonical Gaussian product measure on $\mathbb{R}^{\mathbb{N}}$. If V is an exponential function $e^{\lambda z}$, we may perform partial integration in the variable y to get that

$$\int \exp[\lambda(f - \textstyle\int f d\mu)] d\mu \leq \int \exp\left(\frac{\lambda^2 \pi^2}{4} |Df|_{\mathcal{H}}^2\right) d\mu.$$

In particular, if f is Lipschitz, we recover in this way an inequality similar to (2.8) (or (4.9)) with however a worse constant. Inequality (4.10) is however more general and applies moreover to vector valued functions (cf. [Pi1]).

So far, we only used isoperimetry and concentration in a very mild way for the application to the integrability properties. As we have seen, there is however a strong difference between these integrability properties (Theorem 4.1) and, for example, inequalities (4.4), (4.8) or (4.9). In these inequalities indeed, two parameters, and not only one, on the Gaussian measure enter into the problem, namely the median or the mean of the $\mathcal{H}$-Lipschitz map f and its Lipschitz norm (the supremum σ of weak variances in the case of a norm). These can be very different even in simple examples.

We now present another application of the Gaussian isoperimetric inequality due to M. Talagrand [Ta1]. It is a powerful strengthening on Theorem 4.1 that makes critical use of the preceding comment. (See also [G-K1] for some refinement.) More on Theorem 4.4 may be found in Chapter 7.

Theorem 4.4. *Let μ be a Gaussian measure on E. For every $\varepsilon > 0$, there exists $r_0 = r_0(\varepsilon)$ such that for every $r \geq r_0$,*

$$\mu(x; \|x\| \geq \varepsilon + \sigma r) \leq \exp\left(-\frac{r^2}{2} + \varepsilon r\right).$$

Ehrhard's inequality (1.8) (or rather its infinite dimensional extension) indicates that the map $F(r) = \Phi^{-1}(\mu(x; \|x\| \leq r))$, $r \geq 0$, is concave. While Theorem 4.1 expresses that $\lim_{r \to \infty} F(r)/r = 0$, Theorem 4.4 yields $\lim_{r \to \infty} [F(r) - (r/\sigma)] = \frac{1}{\sigma}$. In other words, the line r/σ is an asymptote at infinity to F. Notice furthermore that Theorem 4.4 implies (is equivalent to saying) that

$$\int \exp\left(\frac{1}{2\sigma^2} (\|x\| - \varepsilon)^2\right) d\mu(x) < \infty$$

for all $\varepsilon > 0$.

Proof. Recall the series $X = \sum_{i=1}^{\infty} g_i e_i$ of Proposition 4.2 which we consider on some probability space $(\Omega, \mathcal{A}, \mathbb{P})$. Let $X_n = \sum_{i=1}^{n} g_i e_i$ and $X^n = X - X_n$, $n \geq 1$. Let

$\varepsilon > 0$ be fixed and set $A = \{x \in E; \|x\| < \varepsilon\}$. For every $r \geq 0$ and every integer $n \geq 1$, we can write

$$\mathbb{P}\{\|X\| \geq \varepsilon + \sigma r\} \leq \mathbb{P}\{X \notin A + r\mathcal{K}\}$$
$$\leq \mathbb{P}\{|X_n| > r\} + \mathbb{P}\{|X_n| \leq r, X \notin A + r\mathcal{K}\}.$$

On the set $\{|X_n| \leq r\}$, $X \notin A + r\mathcal{K}$ implies that

$$X^n \notin A + \left(r^2 - |X_n|^2\right)^{1/2}\mathcal{K}^n$$

where $\mathcal{K}^n$ is the unit ball of the reproducing kernel Hilbert space associated to the distribution of X^n. Indeed, if this is not the case,

$$X^n = a + \left(r^2 - |X_n|^2\right)^{1/2}h^n$$

for some $a \in A$ and $h^n \in \mathcal{K}^n$. This would imply that

$$X = X_n + X^n = a + X_n + \left(r^2 - |X_n|^2\right)^{1/2}h^n = a + k$$

where, by orthogonality, $|k| \leq r$. Therefore,

$$\mathbb{P}\{X \notin A + r\mathcal{K}\} \leq \mathbb{P}\{|X_n| > r\} + \mathbb{P}\{|X_n| \leq r, X^n \notin A + \left(r^2 - |X_n|^2\right)^{1/2}\mathcal{K}^n\}.$$

Recall now the function δ of (2.12) or (4.6) and choose n large enough in order that $\delta(\mathbb{P}\{\|X^n\| < \varepsilon\}) \leq \varepsilon$. Now, X_n and X^n are independent and $|X_n| = \left(\sum_{i=1}^n g_i^2\right)^{1/2}$. Hence, by inequality (4.6),

$$\mathbb{P}\{|X_n| \leq r, X^n \notin A + \left(r^2 - |X_n|^2\right)^{1/2}\mathcal{K}^n\}$$
$$\leq \int_{\{|X_n| \leq r\}} \exp\left(-\frac{1}{2}\left(r^2 - |X_n|^2\right) + \varepsilon\left(r^2 - |X_n|^2\right)^{1/2}\right) d\mathbb{P}$$
$$\leq C_n r^n \exp\left(-\frac{r^2}{2} + \varepsilon r\right)$$

where $C_n > 0$ only depends on n. In summary,

$$\mathbb{P}\{\|X\| \geq \varepsilon + \sigma r\} \leq \mathbb{P}\left\{\sum_{i=1}^n g_i^2 > r^2\right\} + C_n r^n \exp\left(-\frac{r^2}{2} + \varepsilon r\right)$$

from which the conclusion immediately follows. Theorem 4.4 is established. $\square$

We now present some further applications of isoperimetry and concentration to the study of large deviations of Gaussian measures. As an introduction to these ideas, we first present the elementary concentration proof, due to S. Chevet [Che], of the upper bound in the large deviation principle for Gaussian measures.

Let μ be as before a mean zero Gaussian measure on a separable Banach space E with reproducing kernel Hilbert space $\mathcal{H}$. For a subset A of E, let

$$\mathcal{I}(A) = \inf\left\{\tfrac{1}{2}|h|^2; h \in A \cap \mathcal{H}\right\}$$

be the classical large deviation rate functional in this setting. Set $\mu_\varepsilon(\cdot) = \mu(\varepsilon^{-1}(\cdot))$, $\varepsilon > 0$. Let now A be closed in E and take r such that $0 < r < \mathcal{I}(A)$. By the very definition of $\mathcal{I}(A)$,

$$A \cap \sqrt{2r}\mathcal{K} = \emptyset.$$

Since A is closed and the balls in $\mathcal{H}$ are compact in E, there exists $\eta > 0$ such that we still have

$$A \cap \left[\sqrt{2r}\mathcal{K} + B_E(0, \eta)\right] = \emptyset$$

where $B_E(0, \eta)$ is the ball with center the origin and with radius η for the norm $\|\cdot\|$ in E. Since

$$\lim_{\varepsilon \to 0} \mu\left(B_E(0, \varepsilon^{-1}\eta)\right) = \lim_{\varepsilon \to 0} \mu_\varepsilon\left(B_E(0, \eta)\right) = 1,$$

it is then an immediate consequence of (4.6) (or Theorem 4.3) that for every $\varepsilon > 0$ small enough

$$\mu_\varepsilon(A) \leq \mu\left(\left[\varepsilon^{-1}\sqrt{2r}\mathcal{K} + B_E(0, \varepsilon^{-1}\eta)\right]^c\right) \leq \exp\left(-\frac{r}{\varepsilon^2} + \frac{\sqrt{2r}}{\varepsilon}\right).$$

Therefore, since $r < \mathcal{I}(A)$ is arbitrary,

$$\limsup_{\varepsilon \to 0} \varepsilon^2 \log \mu_\varepsilon(A) \leq -\mathcal{I}(A).$$

This simple proof may easily be modified to yield some version of the large deviation theorem with only "measurable operations" on the sets. One may indeed ask about the role of the topology in a large deviation statement. As we will see, the isoperimetric and concentration ideas in this Gaussian setting are powerful enough to state a large deviation principle without any topological operations of closure or interior.

Let, as before, $(E, \mathcal{H}, \mu)$ be an abstract Wiener space. If A and B are subsets of E, and if λ is a real number, we set

$$\lambda A + B = \{\lambda x + y; x \in A, y \in B\},$$
$$A \ominus B = \{x \in A; x + B \subset A\}.$$

Crucial to the approach is the class $\mathcal{V}$ of all Borel subsets V of E such that

$$\liminf_{\varepsilon \to 0} \mu_\varepsilon(V) > 0.$$

Notice that if $V \in \mathcal{V}$, then $\lambda V \in \mathcal{V}$ for every $\lambda > 0$. Typically, the balls $B_E(0, \eta)$, $\eta > 0$, for the norm $\|\cdot\|$ on E belong to $\mathcal{V}$ while the balls in the reproducing kernel Hilbert space $\mathcal{H}$ do not (when the support of μ is infinite dimensional). A starlike subset V of E of positive measure belongs to $\mathcal{V}$.

166

In the example of Wiener measure on $C_0([0,1])$, the balls centered at the origin for the Hölder norm $\|\cdot\|_\alpha$ of exponent α, $0 < \alpha < \frac{1}{2}$, given by

$$\|x\|_\alpha = \sup_{0 \leq s \neq t \leq 1} \frac{|x(s) - x(t)|}{|s - t|^\alpha}, \quad x \in C_0([0,1]),$$

do belong to the class $\mathcal{V}$. Actually, the balls of any reasonable norm on Wiener space for which Wiener measure is Radon are in $\mathcal{V}$. Using the properties of the Brownian paths, many other examples of elements of $\mathcal{V}$ may be imagined (cf. [B-BA-K]).

Provided with the preceding notation, we introduce new rate functionals, on the subsets of E rather than the points. For a Borel subset A of E, set

$$r(A) = \sup\{r \geq 0; \exists V \in \mathcal{V}, (V + r\mathcal{K}) \cap A = \emptyset\}$$

($r(A) = 0$ if $\{\ \} = \emptyset$) and

$$s(A) = \inf\{s \geq 0; \exists V \in \mathcal{V}, (A \ominus V) \cap (s\mathcal{K}) \neq \emptyset\}$$

($s(A) = \infty$ if $\{\ \} = \emptyset$). The functionals $r(\cdot)$ and $s(\cdot)$ are decreasing for the inclusion. Furthermore, it is elementary to check that $\frac{1}{2}r(A)^2 \geq \mathcal{I}(A)$ when A is closed in $(E, \|\cdot\|)$ and that $\frac{1}{2}s(A)^2 \leq \mathcal{I}(A)$ when A is open. These inequalities correspond to the choice of a ball $B_E(0, \eta)$ as an element of $\mathcal{V}$ in the definitions of $r(A)$ and $s(A)$ (cf. also the previous elementary proof of the classical large deviation principle). Let us briefly verify this claim. Assume first that A is closed and let r be such that $0 < r < \mathcal{I}(A)$ (there is nothing to prove if $\mathcal{I}(A) = 0$). Then $A \cap r\mathcal{K} = \emptyset$ and since A is closed and $\mathcal{K}$ is compact in E, there exists $\eta > 0$ such that $A \cap (r\mathcal{K} + B_E(0, \eta))$ is still empty. Now $B_E(0, \eta) \in \mathcal{V}$ so that $r(A) \geq \sqrt{2}r$. Since $r < \mathcal{I}(A)$ is arbitrary, the first assertion follows. When A is open, let h be in $A \cap \mathcal{H}$ (there is nothing to prove if there is no such h). There exists $\eta > 0$ such that $B_E(h, \eta) \subset A$ which means that

$$(A \ominus B_E(0, \eta)) \cap (|h|\mathcal{K}) \neq \emptyset.$$

Therefore, $s(A) \leq |h|$ and since h is arbitrary in $A \cap \mathcal{H}$, $\frac{1}{2}s(A)^2 \leq \mathcal{I}(A)$. It should be noticed that the compactness of $\mathcal{K}$ is only used in the argument concerning the functional $r(\cdot)$. One may also note that if we restrict (without loss of generality) the class $\mathcal{V}$ to those elements V for which $0 \in V$, then for any set A, $\frac{1}{2}r(A)^2 \leq \mathcal{I}(A) \leq \frac{1}{2}s(A)^2$. In particular, $\frac{1}{2}r(A)^2$ (respectively $\frac{1}{2}s(A)^2$) coincide with $\mathcal{I}(A)$ if A is closed (respectively open).

The next theorem [BA-L1] is the main result concerning the measurable large deviation principle. The proof of the upper bound is entirely similar to the preceeding sketch of proof of the classical large deviation theorem. The lower bound amounts to the classical argument based on Cameron-Martin translates. Recall that the Cameron-Martin translation formula [C-M] (cf. [Ne1], [Ku], [Fe5], [Lif3]...) indicates that, for any h in $\mathcal{H}$, the probability measure $\mu(h + \cdot)$ is absolutely continuous with respect to μ with density given by the formula

(4.11)
$$\mu(h + A) = \exp\left(-\frac{|h|^2}{2}\right) \int_A \exp(-\tilde{h}) d\mu$$

for every Borel set A in E (where we recall that $\tilde{h} = (j^*_{|E_2^*})^{-1}(h)$).

Theorem 4.5. *For every Borel set A in E,*

(4.12)
$$\limsup_{\varepsilon \to 0} \varepsilon^2 \log \mu_\varepsilon(A) \leq -\tfrac{1}{2} r(A)^2$$

and

(4.13)
$$\liminf_{\varepsilon \to 0} \varepsilon^2 \log \mu_\varepsilon(A) \geq -\tfrac{1}{2} s(A)^2.$$

By the preceding comments, this result generalizes the classical large deviations theorem for the Gaussian measure μ (due to M. Schilder [Sc] for Wiener measure and to M. Donsker and S. R. S. Varadhan [D-V] in general – see e.g. [Az], [D-S], [Var]...) which expresses that

(4.14)
$$\limsup_{\varepsilon \to 0} \varepsilon^2 \log \mu_\varepsilon(A) \leq -\mathcal{I}(\bar{A}),$$

where $\bar{A}$ is the closure of A (in $(E, \|\cdot\|)$) and

(4.15)
$$\liminf_{\varepsilon \to 0} \varepsilon^2 \log \mu_\varepsilon(A) \geq -\mathcal{I}(\mathring{A})$$

where $\mathring{A}$ is the interior of A. It is rather easy to find examples of sets A such that $\tfrac{1}{2} r(A)^2 > \mathcal{I}(\bar{A})$ and $\tfrac{1}{2} s(A)^2 < \mathcal{I}(\mathring{A})$. (For example, if we fix the uniform topology on Wiener space, and if $A = \{x; \|x\|_\alpha \geq 1\}$ where $\|\cdot\|_\alpha$ is the Hölder norm of index α, then $r(A) > 0$ but $\mathcal{I}(\bar{A}) = 0$. (In this case of course, one can simply consider Wiener measure on the corresponding Hölder space.) More significant examples are described in [B-BA-K].) Therefore, Theorem 4.5 improves upon the classical large deviations for Gaussian measures.

Proof of Theorem 4.5. We start with (4.12). Let $r \geq 0$ be such that $(V + r\mathcal{K}) \cap A = \emptyset$ for some V in $\mathcal{V}$. Then

$$\mu_\varepsilon(A) = \mu(\varepsilon^{-1}A) \leq 1 - \mu_*(\varepsilon^{-1}V + \varepsilon^{-1}r\mathcal{K}).$$

Since $V \in \mathcal{V}$, there exists $\alpha > 0$ such that $\mu(\varepsilon^{-1}V) \geq \alpha$ for every $\varepsilon > 0$ small enough. Hence, by (4.6) (or Theorem 4.3),

$$\mu_\varepsilon(A) \leq \exp\left(-\frac{r^2}{2\varepsilon^2} + \frac{r}{\varepsilon} \delta(\alpha)\right)$$

from which (4.12) immediately follows in the limit.

As announced, the proof of (4.13) is classical. Let $s \geq 0$ be such that

$$(A \ominus V) \cap (s\mathcal{K}) \neq \emptyset$$

for some V in $\mathcal{V}$. Therefore, there exists h in $\mathcal{H}$ with $|h| \leq s$ such that $h + V \subset A$. Hence, for every $\varepsilon > 0$,

$$\mu_\varepsilon(A) = \mu(\varepsilon^{-1}A) \geq \mu(\varepsilon^{-1}(h + V)).$$

By Cameron-Martin's formula (4.11) (one could also use (1.10) in this argument),

$$\mu(\varepsilon^{-1}(h+V)) = \exp\left(-\frac{|h|^2}{2\varepsilon^2}\right) \int_{\varepsilon^{-1}V} \exp\left(-\frac{\tilde{h}}{\varepsilon}\right) d\mu.$$

Since $V \in \mathcal{V}$, there exists $\alpha > 0$ such that $\mu(\varepsilon^{-1}V) \geq \alpha$ for every $\varepsilon > 0$ small enough. By Jensen's inequality,

$$\int_{\varepsilon^{-1}V} \exp\left(-\frac{\tilde{h}}{\varepsilon}\right) d\mu \geq \mu(\varepsilon^{-1}V) \exp\left(-\int_{\varepsilon^{-1}V} \frac{\tilde{h}}{\varepsilon} \cdot \frac{d\mu}{\mu(\varepsilon^{-1}V)}\right).$$

Now,

$$\int_{\varepsilon^{-1}V} \tilde{h}\, d\mu \leq \int |\tilde{h}| d\mu \leq \left(\int \tilde{h}^2 d\mu\right)^{1/2} = |h|.$$

We have thus obtained that, for every $\varepsilon > 0$ small enough,

$$\mu_\varepsilon(A) \geq \mu(\varepsilon^{-1}(h+V)) \geq \alpha \exp\left(-\frac{|h|^2}{2\varepsilon^2} - \frac{|h|}{\alpha\varepsilon}\right)$$

from which we deduce that

$$\liminf_{\varepsilon \to 0} \varepsilon^2 \log \mu_\varepsilon(A) \geq -\frac{1}{2}|h|^2 \geq -\frac{1}{2}s^2.$$

The claim (4.13) follows since s may be chosen arbitrary less than $s(A)$. The proof of Theorem 4.5 is complete. $\square$

It is a classical result in the theory of large deviations, due to S. R. S. Varadhan (cf. [Az], [D-S], [Var]...), that the statements (4.14) and (4.15) on sets may be translated essentially equivalently on functions. More precisely, if $F : E \to \mathbb{R}$ is bounded and continuous on E,

$$\lim_{\varepsilon \to 0} \varepsilon^2 \log\left(\int \exp\left(-\frac{1}{\varepsilon^2} F(\varepsilon x)\right) d\mu(x)\right) = -\inf_{x \in E} (F(x) + \mathcal{I}(x)).$$

One consequence of measurable large deviations is that it allows us to weaken the continuity hypothesis into a continuity "in probability".

Corollary 4.6. Let $F : E \to \mathbb{R}$ be measurable and bounded on E and such that, for every $r > 0$ and every $\eta > 0$,

$$\limsup_{\varepsilon \to 0} \mu\left(x; \sup_{|h| \leq r} |F(h+\varepsilon x) - F(h)| > \eta\right) < 1.$$

Then,

$$\lim_{\varepsilon \to 0} \varepsilon^2 \log\left(\int \exp\left(-\frac{1}{\varepsilon^2} F(\varepsilon x)\right) d\mu(x)\right) = -\inf_{x \in E} (F(x) + \mathcal{I}(x)).$$

It has to be mentioned that the continuity assumption in Corollary 4.6 is not of the Malliavin calculus type since limits are taken along the elements of E and not the elements of $\mathcal{H}$.

Proof. Set

$$L(\varepsilon) = \int \exp\left(-\frac{1}{\varepsilon^2} F(\varepsilon x)\right) d\mu(x), \quad \varepsilon > 0.$$

By a simple translation, we may assume that $F \geq 0$. For simplicity in the notation, let us assume moreover that $0 \leq F \leq 1$. For every integer $n \geq 1$, set

$$A_k^n = \left\{\frac{k-1}{n} < F \leq \frac{k}{n}\right\}, \quad k = 2,\ldots,n, \quad A_1^n = \left\{F \leq \frac{1}{n}\right\}.$$

Since

$$L(\varepsilon) \leq \sum_{k=1}^{n} \exp\left(-\frac{k-1}{\varepsilon^2 n}\right) \mu^\varepsilon(A_k^n),$$

we get that

$$\limsup_{\varepsilon \to 0} \varepsilon^2 \log L(\varepsilon) \leq -\min_k\left(\frac{k-1}{n} + \frac{1}{2} r(A_k^n)^2\right).$$

Since $r(A_k^n) \geq r(\{F \leq \frac{k}{n}\})$ and since n is arbitrary, it follows that

(4.16) $$\limsup_{\varepsilon \to 0} \varepsilon^2 \log L(\varepsilon) \leq -\inf_{t \in \mathbb{R}}\left(t + \frac{1}{2} r(\{F \leq t\})^2\right).$$

Now, we show that the right hand side of (4.16) is less than or equal to

$$-\inf_{x \in E}(F(x) + \mathcal{I}(x)).$$

Let $t \in \mathbb{R}$ be fixed. Let $\eta > 0$ and $r > r(\{F \leq t\})$ (assumed to be finite). Set

$$V = \left\{x; \sup_{|h| \leq r} |F(h+x) - F(h)| \leq \eta\right\}.$$

By the hypothesis, $V \in \mathcal{V}$. By the definition of r,

$$(V + r\mathcal{K}) \cap \{F \leq t\} \neq \emptyset.$$

Therefore, there exist v in V and $|h| \leq r$ such that $F(h+v) \leq t$. By definition of V, $F(h) \leq t + \eta$. Hence

$$\inf_{x \in E}(F(x) + \mathcal{I}(x)) \leq t + \eta + \frac{r^2}{2}.$$

Since $\eta > 0$ and $r > r(\{F \leq t\})$ are arbitrary, the claim follows and thus, together with (4.16),

(4.17) $$\limsup_{\varepsilon \to 0} \varepsilon^2 \log L(\varepsilon) \leq -\inf_{x \in E}(F(x) + \mathcal{I}(x)).$$

The proof of the lower bound is similar. We have, for every $n \geq 1$,

$$L(\varepsilon) \geq \sum_{k=1}^{n} \exp\left(-\frac{k}{\varepsilon^2 n}\right) \mu^{\varepsilon}(A_k^n)$$

$$\geq \sum_{k=1}^{n-1} \left[\exp\left(-\frac{k}{\varepsilon^2 n}\right) - \exp\left(-\frac{k+1}{\varepsilon^2 n}\right)\right] \mu^{\varepsilon}(\{F \leq \tfrac{k}{n}\})$$

$$\geq \frac{1}{2} \sum_{k=1}^{n-1} \exp\left(-\frac{k}{\varepsilon^2 n}\right) \mu^{\varepsilon}(\{F \leq \tfrac{k}{n}\})$$

at least for all $\varepsilon > 0$ small enough. Therefore,

(4.18) $$\liminf_{\varepsilon \to 0} L(\varepsilon) \geq - \inf_{t \in \mathbb{R}} \left(t + \frac{1}{2} s(\{F \leq t\})^2\right).$$

Now, let h be in $\mathcal{H}$ and set $t = F(h)$. Let $\eta > 0$ and $0 < s < s(\{F \leq t + \eta\})$. We will show that $|h| > s$. Let

$$V = \{x; F(h+x) \leq F(h) + \eta\}.$$

By the hypothesis, $V \in \mathcal{V}$ and by the definition of s,

$$(\{F \leq t + \eta\} \ominus V) \cap (s\mathcal{K}) = \emptyset.$$

It is clear that $h \in \{F \leq t + \eta\} \ominus V$. Hence $|h| > s$, and since s is arbitrary, we have $|h| \geq s(\{F \leq t + \eta\})$. Now, if $t > -\infty$,

$$t + \frac{1}{2} s(\{F \leq t + \eta\})^2 \leq F(h) + \mathcal{I}(h).$$

If $t = -\infty$, $0 \leq s(\{F = -\infty\}) \leq |h| < \infty$, and the preceding also holds. In any case,

$$- \inf_{t \in \mathbb{R}} \left(t + \frac{1}{2} s(\{F \leq t\})^2\right) \leq \inf_{x \in E} (F(x) + \mathcal{I}(x)).$$

Together with (4.18) and (4.17), the proof of Corollary 4.6 is complete. $\qquad\square$

In the last part of this chapter, we prove a large deviation principle for the Ornstein-Uhlenbeck process due to S. Kusuoka [Kus]. If μ is a Gaussian measure on E, define, for every say bounded measurable function f on E, and every $x \in E$ and $t \geq 0$,

$$P_t f(x) = \int_E f(e^{-t}x + (1 - e^{-2t})^{1/2}y)\, d\mu(y).$$

If A and B are Borel subsets of E, set then, as at the end of Chapter 2,

$$K_t(A, B) = \int_A P_t(I_B)\, d\mu, \quad t \geq 0.$$

We will be interested in the large deviation behavior of $K_t(A, B)$ in terms of the $\mathcal{H}$-distance between A and B. Set indeed

$$d_{\mathcal{H}}(A, B) = \inf\{|h - k|; h \in A, k \in B, h - k \in \mathcal{H}\}.$$

One defines in the same way $d_{\mathcal{H}}(x, A)$, $x \in E$, and notices that $d_{\mathcal{H}}(x, A) < \infty$ μ-almost everywhere if and only if $\mu(A + \mathcal{H}) = 1$. By the isoperimetric inequality, this is immediately the case as soon as $\mu(A) > 0$.

The main result is the following. S. Kusuoka's proof uses the wave equation. We folllow here the approach by S. Fang [Fa] (who actually establishes a somewhat stronger statement by using a slightly different distance on the subsets of E).

Theorem 4.7. *Let A and B be Borel subsets in E such that $\mu(A) > 0$ and $\mu(B) > 0$. Then*

$$\limsup_{t \to 0} 4t \log K_t(A, B) \leq -d_{\mathcal{H}}(A, B)^2.$$

If moreover A and B are open, then

$$\liminf_{t \to 0} 4t \log K_t(A, B) \geq -d_{\mathcal{H}}(A, B)^2.$$

Proof. We start with the upper bound which is thus based on Proposition 2.3. We use the same approximation procedure as the one described in the proof of Theorem 4.3 and, accordingly the probabilistic notation put forward in Proposition 4.2. Denote in particular by Y an independent copy of X (with thus distribution μ). Assume that $d_{\mathcal{H}}(A, B) > r > 0$. Choose $K \subset A$ and $L \subset B$ compact subsets of positive measure. Let $t \geq 0$ be fixed and let $\varepsilon > 0$. We can write that, for every $n \geq n_0$ large enough,

$$\mathbb{P}\{X \in K, e^{-t}X + (1 - e^{-2t})^{1/2}Y \notin K^{3\varepsilon} + r\mathcal{K}\}$$
$$\leq \mathbb{P}\{X_n \in K^\varepsilon, e^{-t}X_n + (1 - e^{-2t})^{1/2}Y_n \notin K^{2\varepsilon} + r\mathcal{K}\} + \varepsilon$$
$$\leq \mathbb{P}\{X_n \in K^\varepsilon, e^{-t}X_n + (1 - e^{-2t})^{1/2}Y_n \notin K^\varepsilon + r\mathcal{K}_n\} + \varepsilon.$$

Hence, according to (2.16) of Chapter 2,

$$\mathbb{P}\{X \in K, e^{-t}X + (1 - e^{-2t})^{1/2}Y \notin K^{3\varepsilon} + r\mathcal{K}\} \leq \exp\left(-\frac{r^2}{4(1 - e^{-t})}\right) + \varepsilon.$$

Letting ε decrease to zero, by compactness,

$$\mathbb{P}\{X \in K, e^{-t}X + (1 - e^{-2t})^{1/2}Y \notin K + r\mathcal{K}\} \leq \exp\left(-\frac{r^2}{4(1 - e^{-t})}\right)$$

and thus, by definition of r,

$$\mathbb{P}\{X \in K, e^{-t}X + (1 - e^{-2t})^{1/2}Y \in L\} \leq \exp\left(-\frac{r^2}{4(1 - e^{-t})}\right).$$

The first claim of Theorem 4.7 is proved.

The lower bound relies on Cameron-Martin translates. Let $r = d_{\mathcal{H}}(A, B) \geq 0$ (assumed to be finite). Let also $h \in A \cap \mathcal{H}$ and $k \in B \cap \mathcal{H}$. Since A and B are open, there exists $\eta > 0$ such that $B_E(h, 2\eta) \subset A$ and $B_E(k, 2\eta) \subset B$. Therefore, for every $t \geq 0$,

$$K_t(A, B) \geq K_t\big(B_E(h, 2\eta), B_E(k, 2\eta)\big).$$

By the Cameron-Martin translation formula (4.11),

$$K_t\big(B_E(h, 2\eta), B_E(k, 2\eta)\big)$$
$$= \exp\left(-\frac{|h - k|^2}{2(1 - e^{-2t})}\right) \int_{(x,y) \in C} \exp\left(\frac{\tilde{h}(y) - \tilde{k}(y)}{(1 - e^{-2t})^{1/2}}\right) d\mu(x) d\mu(y)$$

where $C = \{(x, y) \in E \times E; x \in B_E(h, 2\eta), e^{-t}x + (1 - e^{-2t})^{1/2}y \in B_E(h, 2\eta)\}$. Now, for $t \leq t_0(\eta, h)$ small enough,

$$B_E(h, \eta) \times B_E(0, 1) \subset C$$

so that

$$K_t(A, B) \geq \exp\left(-\frac{|h - k|^2}{2(1 - e^{-2t})}\right) \mu\big(B_E(h, \eta)\big) \int_{B_E(0,1)} \exp\left(\frac{\tilde{h} - \tilde{k}}{(1 - e^{-2t})^{1/2}}\right) d\mu$$

$$\geq \exp\left(-\frac{|h - k|^2}{2(1 - e^{-2t})}\right) \mu\big(B_E(h, \eta)\big) \mu\big(B_E(0, 1)\big)$$

by Jensen's inequality. Therefore,

$$\liminf_{t \to 0} 4t \log K_t(A, B) \geq -|h - k|^2$$

and the result follows since h and k are arbitrary in A and B respectively. The proof of Theorem 4.7 is complete. $\qquad \square$

Notes for further reading. There is an extensive literature on precise estimates on the tail behavior of norms of Gaussian random vectors (involving in particular the tool of entropy – cf. Chapter 6). We refer in particular the interested reader to the works [Ta4], [Ta13], [Lif2] and the references therein (see also [Lif3]). In the paper [Lif2], a Laplace method is developed to yield some unexpected irregular behaviors. Large deviations without topology may be applied to Strassen's law of the iterated logarithm for Brownian motion [B-BA-K], [BA-L1], [D-L]. In [D-L], a complete description of norms on Wiener space for which the law of the iterated logarithm holds is provided.

5. LARGE DEVIATIONS OF WIENER CHAOS

The purpose of this chapter is to further demonstrate the usefulness and interest of isoperimetric and concentration methods in large deviation theorems in the context of Wiener chaos. This chapter intends actually to present some aspects of the remarkable work of C. Borell on homogeneous chaos whose early ideas strongly influenced the subsequent developments. We present here, closely following the material in [Bo5], [Bo9], a simple isoperimetric proof of the large deviations properties of homogeneous Gaussian chaos (even vector valued). We take again the exposition of [Led2].

Let, as in the preceding chapter, $(E, \mathcal{H}, \mu)$ be an abstract Wiener space. According to Proposition 4.2, for any orthonormal basis $(g_i)_{i \in \mathbb{N}}$ of the closure E_2^* of E^* in $L^2(\mu)$, μ has the same distribution as the series $\sum_i g_i j^*(g_i)$. It will be convenient here (although this is not strictly necessary) to consider this basis in E^*. Let thus $(\xi_i)_{i \in \mathbb{N}} \subset E^*$ be any fixed orthonormal basis of E_2^* (take any weak-star dense sequence of the unit ball of E^* and orthonormalize it with respect to μ using the Gram-Schmidt procedure). Denote by $(h_k)_{k \in \mathbb{N}}$ the sequence of the Hermite polynomials defined from the generating series

$$e^{\lambda x - \lambda^2/2} = \sum_{k=0}^{\infty} \lambda^k h_k(x), \quad \lambda, x \in \mathbb{R}.$$

$(\sqrt{k!}\, h_k)_{k \in \mathbb{N}}$ is an orthonormal basis of $L^2(\gamma_1)$ where γ_1 is the canonical Gaussian measure on $\mathbb{R}$. If $\alpha = (\alpha_0, \alpha_1, \ldots) \in \mathbb{N}^{(\mathbb{N})}$, i.e. $|\alpha| = \alpha_0 + \alpha_1 + \cdots < \infty$, set

$$H_\alpha = \sqrt{\alpha!} \prod_i h_{\alpha_i} \circ \xi_i$$

(where $\alpha! = \alpha_0! \alpha_1! \cdots$). Then the family (H_α) constitutes an orthonormal basis of $L^2(\mu)$.

Let now B be a real separable Banach space with norm $\| \cdot \|$ (we denote in the same way the norm on E and the norm on B). $L^p((E, \mathcal{B}, \mu); B) = L^p(\mu; B)$

$(0 \leq p < \infty)$ is the space of all Bochner measurable functions F on (E, μ) with values in B ($p = 0$) such that $\int \|F\|^p d\mu < \infty$ ($0 < p < \infty$). For each integer $d \geq 1$, set

$$\mathcal{W}^{(d)}(\mu; B) = \{F \in \mathrm{L}^2(\mu; B); \langle F, H_\alpha \rangle = \int F H_\alpha d\mu = 0 \text{ for all } \alpha \text{ such that } |\alpha| \neq d\}.$$

$\mathcal{W}^{(d)}(\mu; B)$ defines the B-valued homogeneous Wiener chaos of degree d [Wi]. An element Ψ of $\mathcal{W}^{(d)}(\mu; B)$ can be written as

$$\Psi = \sum_{|\alpha|=d} \langle \Psi, H_\alpha \rangle H_\alpha$$

where the multiple sum is convergent (for any finite filtering) μ-almost everywhere and in $\mathrm{L}^2(\mu; B)$. (Actually, as a consequence of [Bo5], [Bo9] (see also [L-T2], or the subsequent main result), this convergence also takes place in $\mathrm{L}^p(\mu; B)$ for any p.) To see it, we simply follow the proof of Proposition 4.2. Let, for each n, $\mathcal{B}_n$ be the sub-σ-algebra of $\mathcal{B}$ generated by the functions $\xi_0, \ldots, \xi_n$ on E and let Ψ_n be the conditional expectation of Ψ with respect to $\mathcal{B}_n$. Recall that $\mathcal{B}$ may be assumed to be generated by $(\xi_i)_{i \in \mathbf{N}}$. Then

(5.1)
$$\Psi_n = \sum_{\substack{|\alpha|=d \\ \alpha_k=0, k>n}} \langle \Psi, H_\alpha \rangle H_\alpha$$

as can be checked on linear functionals, and therefore, by the vector valued martingale convergence theorem (cf. [Ne2]), the claim follows. One could actually take this series representation as the definition of a homogeneous chaos, which would avoid the assumption $F \in \mathrm{L}^2(\mu; B)$ in $\mathcal{W}^{(d)}(\mu; B)$. By the preceding comment, both definitions actually agree (cf. [Bo5], [Bo9]).

As a consequence of the Cameron-Martin formula, we may define for every F in $\mathrm{L}^0(\mu; B)$ and every h in $\mathcal{H}$, a new element $F(\cdot + h)$ of $\mathrm{L}^0(\mu; B)$. Furthermore, if F is in $\mathrm{L}^2(\mu; B)$, for any $h \in \mathcal{H}$,

(5.2)
$$\int \|F(x + h)\| \, d\mu(x) \leq \exp\left(\frac{|h|^2}{2}\right) \left(\int \|F(x)\|^2 d\mu(x)\right)^{1/2}.$$

Indeed,

$$\int \|F(x + h)\| \, d\mu(x) = \int \exp\left(-\tilde{h}(x) - \frac{|h|^2}{2}\right) \|F(x)\| d\mu(x)$$

from which (5.2) follows by Cauchy-Schwarz inequality and the fact that $\tilde{h} = (j^*_{|E_2^*})^{-1}(h)$ is Gaussian with variance $|h|^2$.

Let F be in $\mathrm{L}^2(\mu; B)$. By (5.2), for any h in $\mathcal{H}$, we can define an element $F^{(d)}(h)$ of B by setting

$$F^{(d)}(h) = \int F(x + h) d\mu(x).$$

If $\Psi \in \mathcal{W}^{(d)}(\mu; B)$, $\Psi^{(d)}(h)$ is homogeneous of degree d. To see it, we can work by approximation on the Ψ_n's and use then the easy fact (checked on the generating series for example) that, for any real number λ and any integer k,

$$\int h_k(x + \lambda) d\gamma_1(x) = \frac{1}{k!} \lambda^k.$$

Actually, $\Psi^{(d)}(h)$ can be written as the convergent multiple sum

$$\Psi^{(d)}(h) = \sum_{|\alpha|=d} \frac{1}{\alpha!} \langle \Psi, H_\alpha \rangle h^\alpha$$

where h^α is meant as $\langle \xi_0, h \rangle^{\alpha_0} \langle \xi_1, h \rangle^{\alpha_1} \cdots$.

Given thus Ψ in $\mathcal{W}^{(d)}(\mu; B)$, for any s in B, set $\mathcal{I}_\Psi(s) = \inf\{\frac{1}{2}|h|^2; s = \Psi^{(d)}(h)\}$ if there exists h in $\mathcal{H}$ such that $s = \Psi^{(d)}(h)$, $\mathcal{I}_\Psi(s) = \infty$ otherwise. For a subset A of B, set $\mathcal{I}_\Psi(A) = \inf_{s \in A} \mathcal{I}_\Psi(s)$.

We can now state the large deviation properties for the elements Ψ of $\mathcal{W}^{(d)}(\mu; B)$. The case $d = 1$ of course corresponds to the classical large deviation result for Gaussian measures (cf. (4.14) and (4.15) for $B = E$ and Ψ the identity map on E). From the point of view of isoperimetry and concentration, the proof for higher order chaos is actually only the appropriate extension of the case $d = 1$.

Theorem 5.1. *Let* $\mu_\varepsilon(\cdot) = \mu(\varepsilon^{-1}(\cdot))$, $\varepsilon > 0$. *Let* d *be an integer and let* Ψ *be an element of* $\mathcal{W}^{(d)}(\mu; B)$. *Then, if* A *is a closed subset of* B,

$$(5.3) \qquad \limsup_{\varepsilon \to 0} \varepsilon^2 \log \mu_\varepsilon (x; \Psi(x) \in A) \leq -\mathcal{I}_\Psi(A).$$

If A *is an open subset of* B,

$$(5.4) \qquad \liminf_{\varepsilon \to 0} \varepsilon^2 \log \mu_\varepsilon (x; \Psi(x) \in A) \geq -\mathcal{I}_\Psi(A).$$

The proof of (5.4) follows rather easily from the Cameron-Martin translation formula. (5.3) is rather easy too, but our approach thus rests on the tool of isoperimetric and concentration inequalities. The proof of (5.3) also sheds some light on the structure of Gaussian polynomials as developed by C. Borell, and in particular the homogeneous structures. As it is clear indeed from [Bo5] (and the proof below), the theorem may be shown to hold for all Gaussian polynomials, i.e. elements of the closure in $L^0(\mu; B)$ of all continuous polynomials from E into B of degree less than or equal to d. As we will see, $\mathcal{W}^{(d)}(\mu; B)$ may be considered as a subspace of the closure of all homogeneous Gaussian polynomials of degree d (at least if the support of μ is infinite dimensional), and hence, the elements of $\mathcal{W}^{(d)}(\mu; B)$ are μ-almost everywhere d-homogeneous. In particular, (5.3) and (5.4) of the theorem are equivalent to saying that (changing moreover ε into t^{-1})

$$(5.5) \qquad \limsup_{t \to \infty} \frac{1}{t^2} \log \mu (x; \Psi(x) \in t^d A) \leq -\mathcal{I}_\Psi(A)$$

(A closed) and

(5.6)
$$\liminf_{t\to\infty} \frac{1}{t^2} \log \mu\big(x; \Psi(x) \in t^d A\big) \geq -\mathcal{I}_\Psi(A),$$

(A open) and these are the properties we will actually establish.

Before turning to the proof of Theorem 5.1, let us mention some application. If we take A in the theorem to be the complement U^c of the (open or closed) unit ball U of B, one immediately checks that

$$\mathcal{I}_\Psi(U^c) = \frac{1}{2}\Big(\sup_{h\in\mathcal{K}} \big\|\Psi^{(d)}(h)\big\|\Big)^{-2/d}.$$

We may therefore state the following corollary of Theorem 5.1 which was actually established directly from the isoperimetric inequality by C. Borell [Bo5] (see also [Bo8], [L-T2]). It is the analogue for chaos of Theorem 4.1.

Corollary 5.2. *Let Ψ be an element of $\mathcal{W}^{(d)}(\mu; B)$. Then*

$$\lim_{t\to\infty} \frac{1}{t^{2/d}} \log \mu\big(x; \big\|\Psi(x)\big\| \geq t\big) = -\frac{1}{2}\Big(\sup_{h\in\mathcal{K}} \big\|\Psi^{(d)}(h)\big\|\Big)^{-2/d}.$$

As in Theorem 4.1, we have that

$$\int \exp(\alpha\|\Psi\|^{2/d})\,d\mu < \infty \quad \text{if and only if} \quad \alpha < \frac{1}{2}\Big(\sup_{h\in\mathcal{K}} \big\|\Psi^{(d)}(h)\big\|\Big)^{-2/d}.$$

Furthermore, the proof of the theorem will show that all moments of Ψ are equivalent (see also Chapter 8, (8.23)).

In the setting of the classical Wiener space $E = C_0([0,1])$ equipped with the Wiener measure μ, and when $B = E$, K. Itô [It] (see also [Ne1] and the recent approach [Str]) identified the elements Ψ of $\mathcal{W}^{(d)}(\mu; E)$ with the multiple stochastic integrals

$$\Psi = \left(\int_0^t \int_0^{t_1} \cdots \int_0^{t_{d-1}} k(t_1,\ldots,t_d)\,dW(t_1)\cdots dW(t_d)\right)_{t\in[0,1]}$$

where k deterministic is such that

$$\int_0^1 \int_0^{t_1} \cdots \int_0^{t_{d-1}} k(t_1,\ldots,t_d)^2\,dt_1 \cdots dt_d < \infty.$$

If h belongs to the reproducing kernel Hilbert space of the Wiener measure, then

$$\Psi^{(d)}(h) = \left(\int_0^t \int_0^{t_1} \cdots \int_0^{t_{d-1}} k(t_1,\ldots,t_d)\,h'(t_1)\cdots h'(t_d)\,dt_1 \cdots dt_d\right)_{t\in[0,1]}.$$

Proof of Theorem 5.1. Let us start with the simpler property (5.4). Recall Ψ_n from (5.1). We can write (explicitly on the Hermite polynomials), for all x in E, h in $\mathcal{H}$ and t real number,

$$\Psi_n(x + th) = \sum_{k=0}^{d} t^k \Psi_n^{(k)}(x, h).$$

If $P(t) = a_0 + a_1 t + \cdots + a_d t^d$ is a polynomial of degree d in $t \in \mathbb{R}$ with vector coefficients $a_0, a_1, \ldots, a_d$, there exist real constants $c(i, k, d)$, $0 \leq i, k \leq d$, independent of P, such that, for every $k = 0, \ldots, d$,

$$a_k = c(0, k, d)P(0) + \sum_{i=1}^{d} c(i, k, d)P(2^{i-1}).$$

Hence, for every $h \in \mathcal{H}$,

$$\Psi_n^{(k)}(\cdot, h) = c(0, k, d)\Psi_n(\cdot) + \sum_{i=1}^{d} c(i, k, d)\Psi_n(\cdot + 2^{i-1}h)$$

from which we deduce together with (5.2) that, for every $k = 0, \ldots, d$,

$$\int \left\| \Psi_n^{(k)}(x, h) \right\| d\mu(x) \leq C(k, d; h) \left(\int \left\| \Psi_n(x) \right\|^2 d\mu(x) \right)^{1/2}$$

for some constants $C(k, d; h)$ thus only depending on k, d and $h \in \mathcal{H}$. In the limit, we conclude that there exist, for every h in $\mathcal{H}$ and $k = 0, \ldots, d$, elements $\Psi^{(k)}(\cdot, h)$ of $L^1(\mu; B)$ such that

$$\Psi(\cdot + th) = \sum_{k=0}^{d} t^k \Psi^{(k)}(\cdot, h)$$

for every $t \in \mathbb{R}$, with

$$\int \left\| \Psi^{(k)}(x, h) \right\| d\mu(x) \leq C(k, d; h) \left(\int \left\| \Psi(x) \right\|^2 d\mu(x) \right)^{1/2}$$

and $\Psi^{(0)}(\cdot, h) = f(\cdot)$, $\Psi^{(d)}(\cdot, h) = \Psi^{(d)}(h)$ (since $\int f(x + th) d\mu(x) = t^d f^{(d)}(h)$). As a main consequence, we get that, for every h in $\mathcal{H}$,

$$(5.7) \qquad \lim_{t \to \infty} \frac{1}{t^d} \int \left\| \Psi(x + th) - t^d \Psi^{(d)}(h) \right\| d\mu(x) = 0.$$

This limit can be made uniform in $h \in \mathcal{K}$ but we will not use this observation in this form later (that is in the proof of (5.3); we use instead a stronger property, (5.9) below).

To establish (5.4), let A be open in B and let $s = \Psi^{(d)}(h)$, $h \in \mathcal{H}$, belong to A (if no such s exists, then $\mathcal{I}_\Psi(A) = \infty$ and (5.4) then holds trivially). Since A is open, there is $\eta > 0$ such that the ball $B(s, \eta)$ in B with center s and radius η is contained

228

in A. Therefore, if $V = V(t) = \{x \in E; \Psi(x) \in t^d B(s, \eta)\}$, by the Cameron-Martin translation formula (4.11),

$$\mu(x; \Psi(x) \in t^d A) \geq \mu(V) = \int_{V-th} \exp\left(t\tilde{h} - \frac{t^2|h|^2}{2}\right) d\mu.$$

Furthermore, by Jensen's inequality,

$$\mu(V) \geq \exp\left(-\frac{t^2|h|^2}{2}\right)\mu(V - th)\exp\left(\frac{t}{\mu(V-th)}\int_{V-th}\tilde{h}d\mu\right).$$

By (5.7),

$$\mu(V - th) = \mu(x; \|\Psi(x + th) - t^d\Psi^{(d)}(h)\| \leq \eta t^d) \geq \frac{1}{2}$$

for all $t \geq t_0$ large enough. We have

$$\int_{V-th}\tilde{h}d\mu \geq -\int|\tilde{h}|d\mu \geq -\left(\int\tilde{h}^2 d\mu\right)^{1/2} = -|h|.$$

Thus, for all $t \geq t_0$,

$$\frac{t}{\mu(V-th)}\int_{V-th}\tilde{h}d\mu \geq -2t|h|,$$

and hence, summarizing,

$$\mu(x; \Psi(x) \in t^d A) \geq \frac{1}{2}\exp\left(-\frac{t^2|h|^2}{2} - 2t|h|\right).$$

It follows that

$$\liminf_{t\to\infty}\frac{1}{t^2}\log\mu(x; \Psi(x) \in t^d A) \geq -\frac{1}{2}|h|^2 = -\mathcal{I}_\Psi(s)$$

and since s is arbitrary in A, property (5.6) is satisfied. As a consequence of what we will develop now, (5.4) will be satisfied as well.

Now, we turn to (5.3) and in the first part of this investigation, we closely follow C. Borell [Bo5], [Bo9]. We start by showing that every element Ψ of $\mathcal{W}^{(d)}(\mu; B)$ is limit (at least if the dimension of the support of μ is infinite), μ-almost everywhere and in $L^2(\mu; B)$, of a sequence of d-homogeneous polynomials. In particular, Ψ is μ-almost everywhere d-homogeneous justifying therefore the equivalences between (5.3) and (5.4) and respectively (5.5) and (5.6). Assume thus in the following that μ is infinite dimensional. We can actually always reduce to this case by appropriately tensorizing μ, for example with the canonical Gaussian measure on $\mathbb{R}^\mathbb{N}$. Recall that Ψ is limit almost surely and in $L^2(\mu; B)$ of the Ψ_n's of (5.1). The finite sums Ψ_n can be decomposed into their homogeneous components as

$$\Psi_n = \Psi_n^{(d)} + \Psi_n^{(d-2)} + \cdots,$$

where, for any x in E,

$$\text{(5.8)} \qquad \Psi_n^{(k)}(x) = \sum_{i_1,\ldots,i_k=0}^{\infty} b_{i_1,\ldots,i_k} \langle \xi_{i_1}, x \rangle \langle \xi_{i_2}, x \rangle \cdots \langle \xi_{i_k}, x \rangle$$

with only finitely many $b_{i_1,\ldots,i_k}$ in B nonzero. The main observation is that the constant 1 is limit of homogeneous polynomials of degree 2: indeed, simply take by the law of large numbers

$$p_n(x) = \frac{1}{n+1} \sum_{k=0}^{n} \langle \xi_k, x \rangle^2.$$

Since p_n and $\Psi_n^{(k)}$ belong to $L^p(\mu)$ and $L^p(\mu; B)$ respectively for every p, and since $p_n - 1$ tends there to 0, it is easily seen that there exists a subsequence m_n of the integers such that $(p_{m_n} - 1)(\Psi_n^{(d-2)} + \Psi_n^{(d-4)} + \cdots)$ converges to 0 in $L^2(\mu; B)$. This means that Ψ is the limit in $L^2(\mu; B)$ of $\Psi_n^{(d)} + p_{m_n}(\Psi_n^{(d-2)} + \Psi_n^{(d-4)} + \cdots)$, that is limit of a sequence of polynomials Ψ_n' whose decomposition in homogeneous polynomials

$$\Psi_n' = \Psi_n'^{(d)} + \Psi_n'^{(d-2)} + \cdots$$

is such that $\Psi_n'^{(1)}$, or $\Psi_n'^{(0)}$ and $\Psi_n'^{(2)}$, according as d is odd or even, can be taken to be 0. Repeating this procedure, Ψ is indeed seen to be the limit in $L^2(\mu; B)$ of a sequence (Ψ_n') of d-homogeneous polynomials (i.e. polynomials of the type (5.8)).

The important property in order to establish (5.5) is the following. It improves upon (5.7) and claims that, in the preceding notations, i.e. if Ψ is limit of the sequence (Ψ_n') of d-homogeneous polynomials,

$$\text{(5.9)} \qquad \lim_{t \to \infty} \frac{1}{t^{2d}} \sup_n \int \sup_{h \in \mathcal{K}} \left\| \Psi_n'(x + th) - t^d \Psi_n'(h) \right\|^2 d\mu(x) = 0$$

where we recall that $\mathcal{K}$ is the unit ball of the reproducing kernel Hilbert space $\mathcal{H}$ of μ. To establish this property, given

$$\Psi_n'(x) = \sum_{i_1,\ldots,i_d=0}^{\infty} b_{i_1,\ldots,i_d}^n \langle \xi_{i_1}, x \rangle \langle \xi_{i_2}, x \rangle \cdots \langle \xi_{i_d}, x \rangle$$

(with only finitely many $b_{i_1,\ldots,i_d}^n$ nonzero), let us consider the (unique) multilinear symmetric polynomial $\widehat{\Psi}_n'$ on E^d such that $\widehat{\Psi}_n'(x,\ldots,x) = \Psi_n'(x)$; $\widehat{\Psi}_n'$ is given by

$$\widehat{\Psi}_n'(x_1,\ldots,x_d) = \sum_{i_1,\ldots,i_d=0}^{\infty} \widehat{b}_{i_1,\ldots,i_d}^n \langle \xi_{i_1}, x_1 \rangle \cdots \langle \xi_{i_d}, x_d \rangle, \quad x_1,\ldots,x_d \in E,$$

where

$$\widehat{b}_{i_1,\ldots,i_d}^n = \frac{1}{d!} \sum_{\sigma} b_{\sigma(i_1),\ldots,\sigma(i_d)}^n,$$

180

the sum running over all permutations σ of $\{1,\ldots,d\}$. We use the following polarization formula: letting $\varepsilon_1,\ldots,\varepsilon_d$ be independent random variables taking values ± 1 with probability $\frac{1}{2}$ and denoting by $\mathbb{E}$ expectation with respect to them,

$$(5.10) \qquad \widehat{\Psi}'_n(x_1,\ldots,x_d) = \frac{1}{d!}\,\mathbb{E}\big(\Psi'_n(\varepsilon_1 x_1 + \cdots + \varepsilon_d x_d)\,\varepsilon_1\cdots\varepsilon_d\big).$$

We adopt the notation $x^{d-k}y^k$ for the element $(x,\ldots,x,y,\ldots,y)$ in E^d where x is repeated $(d-k)$-times and y k-times. Then, for any x,y in E, we have

$$(5.11) \qquad \Psi'_n(x+y) = \sum_{k=0}^{d}\binom{d}{k}\widehat{\Psi}'_n(x^{d-k}y^k).$$

To establish (5.9), we see from (5.11) that it suffices to show that for all $k = 1,\ldots,d-1$,

$$(5.12) \qquad \sup_n \int \sup_{h\in\mathcal{K}}\big\|\widehat{\Psi}'_n(x^{d-k}h^k)\big\|^2\,d\mu(x) < \infty.$$

Let k be fixed. By orthogonality,

$$\sup_{h\in\mathcal{K}}\big\|\widehat{\Psi}'_n(x^{d-k}h^k)\big\|^2$$

$$\leq \sup_{\|\zeta\|\leq 1}\ \sup_{h_1,\ldots,h_k\in\mathcal{K}} \langle\zeta,\widehat{\Psi}'_n(x,\ldots,x,h_1,\ldots,h_k)\rangle^2$$

$$\leq \sup_{\|\zeta\|\leq 1}\ \sum_{i_{d-k+1},\ldots,i_d=0}^{\infty}\Big|\sum_{i_1,\ldots,i_{d-k}=0}^{\infty}\langle\zeta,\widehat{b}^n_{i_1,\ldots,i_d}\rangle\langle\xi_{i_1},x\rangle\cdots\langle\xi_{i_{d-k}},x\rangle\Big|^2$$

$$= \sup_{\|\zeta\|\leq 1}\int\cdots\int\langle\zeta,\widehat{\Psi}'_n(x,\ldots,x,y_1,\ldots,y_k)\rangle^2\,d\mu(y_1)\cdots d\mu(y_k)$$

$$\leq \int\cdots\int\big\|\widehat{\Psi}'_n(x,\ldots,x,y_1,\ldots,y_k)\big\|^2\,d\mu(y_1)\cdots d\mu(y_k).$$

By the polarization formula (5.10),

$$\widehat{\Psi}'_n(x,\ldots,x,y_1,\ldots,y_k)$$
$$= \frac{1}{d!}\,\mathbb{E}\big(\Psi'_n((\varepsilon_{k+1}+\cdots+\varepsilon_d)x + \varepsilon_1 y_1 + \cdots + \varepsilon_k y_k)\,\varepsilon_1\cdots\varepsilon_d\big).$$

Therefore, we obtain from the rotational invariance of Gaussian distributions and homogeneity that

$$(d!)^2\int\sup_{h\in\mathcal{K}}\big\|\widehat{\Psi}'_n(x^{d-k}h^k)\big\|^2\,d\mu(x)$$

$$\leq\mathbb{E}\int\!\!\int\cdots\int\big\|\Psi'_n((\varepsilon_{k+1}+\cdots+\varepsilon_d)x + \varepsilon_1 y_1 + \cdots + \varepsilon_k y_k)\big\|^2 d\mu(x)d\mu(y_1)\cdots d\mu(y_k)$$

$$=\mathbb{E}\int\big\|\Psi'_n\big(((\varepsilon_{k+1}+\cdots+\varepsilon_d)^2 + k)^{1/2}x\big)\big\|^2\,d\mu(x)$$

$$=\mathbb{E}\big(((\varepsilon_{k+1}+\cdots+\varepsilon_d)^2 + k)^d\big)\int\big\|\Psi'_n(x)\big\|^2\,d\mu(x).$$

Hence (5.12) and therefore (5.9) are established.

We can now conclude the proof of (5.5) and thus of the theorem. It is intuitively clear that

$$(5.13) \qquad \lim_{n\to\infty} \sup_{h\in\mathcal{K}} \left\| \Psi'_n(h) - \Psi^{(d)}(h) \right\| = 0.$$

This property is an easy consequence of (5.9). Indeed, for all n and $t > 0$,

$$\sup_{h\in\mathcal{K}} \left\| \Psi'_n(h) - \Psi^{(d)}(h) \right\|$$

$$\leq \sup_m \sup_{h\in\mathcal{K}} \left\| \Psi'_m(h) - t^{-d} \int \Psi'_m(x + th) d\mu(x) \right\|$$

$$+ \sup_{h\in\mathcal{K}} t^{-d} \left\| \int \Psi'_n(x + th) - \Psi(x + th) \right\| d\mu(x)$$

$$\leq \sup_m \int \sup_{h\in\mathcal{K}} \left\| \Psi'_m(h) - t^{-d}\Psi'_m(x + th) \right\| d\mu(x)$$

$$+ \sup_{h\in\mathcal{K}} t^{-d} \int \left\| \Psi'_n(x + th) - \Psi(x + th) \right\| d\mu(x)$$

and, using (5.2) and (5.9), the limit in n and then in t yields (5.13). Let now A be closed in B and take $0 < r < \mathcal{I}_\Psi(A)$. The definition of $\mathcal{I}_\Psi(A)$ indicates that $(2r)^{d/2}\Psi^{(d)}(\mathcal{K}) \cap A = \emptyset$ where we recall that the unit ball $\mathcal{K}$ of $\mathcal{H}$ is a compact subset of E. Therefore, since $\Psi^{(d)}(\mathcal{K})$ is clearly seen to be compact in B by (5.13), and since A is closed, one can find $\eta > 0$ such that

$$(5.14) \qquad \left((2r)^{d/2}\Psi^{(d)}(\mathcal{K}) + B(0, 2\eta) \right) \cap \left(A + B(0, \eta) \right) = \emptyset.$$

By (5.13), there exists $n_0 = n_0(\eta)$ large enough such that for every $n \geq n_0$,

$$(5.15) \qquad (2r)^{d/2}\Psi'_n(\mathcal{K}) \subset (2r)^{d/2}\Psi^{(d)}(\mathcal{K}) + B(0, \eta).$$

Let thus $n \geq n_0$. For any $t > 0$, we can write

$$\mu\big(x; \Psi(x) \in t^d A\big)$$
$$(5.16) \qquad \leq \mu\big(x; \left\| \Psi(x) - \Psi'_n(x) \right\| > \eta t^d\big) + \mu\big(x; \Psi'_n(x) \in t^d (A + B(0, \eta))\big)$$
$$\leq \mu\big(x; \left\| \Psi(x) - \Psi'_n(x) \right\| > \eta t^d\big) + \mu^*\big(x; x \notin V + t\sqrt{2r}\mathcal{K}\big)$$

where

$$V = V(t, n) = \big\{ v; \sup_{h\in\mathcal{K}} t^{-d} \left\| \Psi'_n(v + t\sqrt{2r}h) - t^d(2r)^{d/2}\Psi'_n(h) \right\| \leq \eta \big\}.$$

To justify the second inequality in (5.16), observe that if $x = v + t\sqrt{2r}h$ with $v \in V$ and $h \in \mathcal{K}$, then

$$t^{-d}\Psi'_n(x) = t^{-d}\big[\Psi'_n(v + t\sqrt{2r}h) - t^d(2r)^{d/2}\Psi'_n(h)\big] + (2r)^{d/2}\Psi'_n(h),$$

so that the claim follows by (5.14), (5.15) and the definition of V. By (5.9), let now $t_0 = t_0(\eta)$ be large enough so that, for all $t \geq t_0$,

$$\sup_n \frac{1}{t^d} \int \sup_{h \in \mathcal{K}} \left\| \Psi'_n(x + t\sqrt{2r}h) - t^d (2r)^{d/2} \Psi'_n(h) \right\|^2 d\mu(x) \leq \frac{\eta^2}{2} .$$

That is, for every n and every $t \geq t_0$, $\mu(V(t,n)) \geq \frac{1}{2}$. By Theorem 4.3 (one could use equivalently (4.6)), it follows that

$$(5.17) \qquad\qquad \mu^*\left(x; x \notin V + t\sqrt{2r}\mathcal{K}\right) \leq e^{-rt^2}.$$

Fix now $t \geq t_0 = t_0(\eta)$. Choose $n = n(t) \geq n_0 = n_0(\eta)$ large enough in order that

$$\mu\left(x; \left\| \Psi(x) - \Psi'_n(x) \right\| > \eta t^d\right) \leq e^{-rt^2}.$$

Together with (5.16) and (5.17), it follows that for every $t \geq t_0$,

$$\mu\left(x; \Psi(x) \in t^d A\right) \leq 2e^{-rt^2}.$$

Since $r < \mathcal{I}_\Psi(A)$ is arbitrary, the proof of (5.5) and therefore of Theorem 5.1 is complete. $\qquad\square$

Note that it would of course have been possible to work directly on Ψ rather than on the approximating sequence (Ψ'_n) in the preceding proof. This approach however avoids several measurability questions and makes everything more explicit.

It is probably possible to develop, as in Chapter 4, a nontopological approach to large deviations of Wiener chaos.

Notes for further reading. The reader may consult the recent paper [MW-N-PA] for a different approach to the results presented in this chapter, however also based on Borell's main contribution (Corollary 5.2). Borell's articles [Bo8], [Bo9]... contain further interesting results on chaos. See also [A-G], [G-K2], [L-T2]...

6. REGULARITY OF GAUSSIAN PROCESSES

In this chapter, we provide a complete treatment of boundedness and continuity of Gaussian processes via the tool of majorizing measures. After the work of R. M. Dudley, V. Strassen, V. N. Sudakov and X. Fernique on entropy, M. Talagrand [Ta2] gave, in 1987, necessary and sufficient conditions on the covariance structure of a Gaussian process in order that it is almost surely bounded or continuous. These necessary and sufficient conditions are based on the concept of majorizing measure introduced in the early seventies by X. Fernique and C. Preston, and inspired in particular by the "real variable lemma" of A. M. Garsia, E. Rodemich and H. Rumsey Jr. [G-R-R]. Recently, M. Talagrand [Ta7] gave a simple proof of his theorem on necessity of majorizing measures based on the concentration phenomenon for Gaussian measures. We follow this approach here. The aim of this chapter is in fact to demonstrate the actual simplicity of majorizing measures that are usually considered as difficult and obscure.

Let T be a set. A Gaussian random process (or better, random function) $X = (X_t)_{t \in T}$ is a family, indexed by T, of random variables on some probability space $(\Omega, \mathcal{A}, \mathbb{P})$ such that the law of each finite family $(X_{t_1}, \ldots, X_{t_n})$, $t_1, \ldots, t_n \in T$, is centered Gaussian on $\mathbb{R}^n$. Throughout this work, Gaussian will always mean centered Gaussian. In particular, the law (the distributions of the finite dimensional marginals) of the process X is uniquely determined by the covariance structure $\mathbb{E}(X_s X_t)$, $s, t \in T$. Our aim will be to characterize almost sure boundedness and continuity (whenever T is a topological space) of the Gaussian process X in terms of an as simple as possible criterion on this covariance structure. Actually, the main point in this study will be the question of boundedness. As we will see indeed, once the appropriate bounds for the supremum of X are obtained, the characterization of continuity easily follows. Due to the integrability properties of norms of Gaussian random vectors or supremum of Gaussian processes (Theorem 4.1), we will avoid, at a first stage, various cumbersome and unessential measurability questions, by considering the supremum functional

$$F(T) = \sup\{\mathbb{E}(\sup_{t \in U} X_t); U \text{ finite in } T\}.$$

(If $S \subset T$, we define in the same way $F(S)$.) Thus, $F(T) < \infty$ if and only if X is almost surely bounded in any reasonable sense. In particular, we already see that the main question will reduce to a uniform control of $F(U)$ over the finite subsets U of T.

After various preliminary results [Fe1], [De]..., the first main idea in the study of regularity of Gaussian processes is the introduction (in the probabilistic area), by R. M. Dudley, V. Strassen and V. N. Sudakov (cf. [Du1], [Du2], [Su1-4]), of the notion of ε-entropy. The idea consists in connecting the regularity of the Gaussian process $X = (X_t)_{t \in T}$ to the size of the parameter set T for the L^2-metric induced by the process itself and given by

$$d(s,t) = \left(\mathbb{E}|X_s - X_t|^2\right)^{1/2}, \quad s,t \in T.$$

Note that this metric is entirely characterized by the covariance structure of the process. It does not necessarily separate points in T but this is of no importance. The size of T is more precisely estimated by the entropy numbers: for every $\varepsilon > 0$, let $N(T, d; \varepsilon)$ denote the minimal number of (open to fix the idea) balls of radius ε for the metric d that are necessary to cover T. The two main results concerning regularity of Gaussian processes under entropy conditions, due to R. M. Dudley [Du1] for the upper bound and V. N. Sudakov [Su3] for the lower bound (cf. [Du2], [Fe4]), are summarized in the following statement.

Theorem 6.1. *There are numerical constants $C_1 > 0$ and $C_2 > 0$ such that for all Gaussian processes $X = (X_t)_{t \in T}$,*

$$(6.1) \qquad C_1^{-1} \sup_{\varepsilon > 0} \varepsilon \left(\log N(T, d; \varepsilon)\right)^{1/2} \leq F(T) \leq C_2 \int_0^\infty \left(\log N(T, d; \varepsilon)\right)^{1/2} d\varepsilon.$$

As possible numerical values for C_1 and C_2, one may take $C_1 = 6$ and $C_2 = 42$ (see below). The convergence of the entropy integral is understood for the small values of ε since it stops at the diameter $D(T) = \sup\{d(s,t); s,t \in T\}$. Actually, if any of the three terms of (6.1) is finite, then (T, d) is totally bounded and in particular $D(T) < \infty$. We will show in more generality below that the process $X = (X_t)_{t \in T}$ actually admits an almost surely continuous version when the entropy integral is finite. Conversely, if $X = (X_t)_{t \in T}$ is continuous, one can show that $\lim_{\varepsilon \to 0} \varepsilon (\log N(T, d; \varepsilon))^{1/2} = 0$ (cf. [Fe4]).

For the matter of comparison with the more refined tool of majorizing measures we will study next, we present a sketch of the proof of Theorem 6.1.

Proof. We start with the upper bound. We may and do assume that T is finite (although this is not strictly necessary). Let $q > 1$ (usually an integer). (We will consider q as a power of discretization; a posteriori, its value is completely arbitrary.) Let n_0 be the largest integer n in $\mathbb{Z}$ such that $N(T, d; q^{-n}) = 1$. For every $n \geq n_0$, we consider a family of cardinality $N(T, d; q^{-n}) = N(n)$ of balls of radius q^{-n} covering T. One may therefore construct a partition $\mathcal{A}_n$ of T of cardinality $N(n)$ on the basis of this covering with sets of diameter less than $2q^{-n}$. In each A of $\mathcal{A}_n$, fix a point of T and denote by T_n the collection of these points. For each t in T, denote by $A_n(t)$

the element of $\mathcal{A}_n$ that contains t. For every t and every n, let then $s_n(t)$ be the element of T_n such that $t \in A_n(s_n(t))$. Note that $d(t, s_n(t)) \leq 2q^{-n}$ for every t and $n \geq n_0$.

The main argument of the proof is the so-called chaining argument (which goes back to A. N. Kolmogorov in his proof of continuity of paths of processes under L^p-control of their increments): for every t,

$$(6.2) \qquad X_t = X_{s_0} + \sum_{n>n_0} \left(X_{s_n(t)} - X_{s_{n-1}(t)} \right)$$

where $s_0 = s_{n_0}(t)$ may be chosen independent of $t \in T$. Note that

$$d\big(s_n(t), s_{n-1}(t)\big) \leq 2q^{-n} + 2q^{-n+1} = 2(q+1)q^{-n}.$$

Let $c_n = 4(q+1)q^{-n}(\log N(n))^{1/2}$, $n > n_0$. It follows from (6.2) that

$$F(T) = \mathbb{E}\big(\sup_{t\in T} X_t \big)$$

$$\leq \sum_{n>n_0} c_n + \mathbb{E}\left(\sup_{t\in T} \sum_{n>n_0} |X_{s_n(t)} - X_{s_{n-1}(t)}| I_{\{|X_{s_n(t)}-X_{s_{n-1}(t)}|>c_n\}} \right)$$

$$\leq \sum_{n>n_0} c_n + \mathbb{E}\left(\sum_{n>n_0} \sum_{u,v\in H_n} |X_u - X_v| I_{\{|X_u-X_v|>c_n\}} \right)$$

where $H_n = \{(u,v) \in T_n \times T_{n-1}; d(u,v) \leq 2(q+1)q^{-n}\}$. If G is a real centered Gaussian variable with variance less than or equal to σ^2, for every $c > 0$

$$\mathbb{E}\big(|G|I_{\{|G|>c\}}\big) \leq \sigma e^{-c^2/2\sigma^2}.$$

Hence,

$$F(T) \leq \sum_{n>n_0} c_n + \sum_{n>n_0} \mathrm{Card}(H_n)2(q+1)q^{-n} \exp(-c_n^2/8(q+1)^2 q^{-2n})$$

$$\leq \sum_{n>n_0} 4(q+1)q^{-n}(\log N(n))^{1/2} + \sum_{n>n_0} 2(q+1)q^{-n}$$

$$\leq 7(q+1) \sum_{n>n_0} q^{-n}(\log N(n))^{1/2}$$

where we used that $\mathrm{Card}(H_n) \leq N(n)^2$. Since

$$\int_0^\infty (\log N(T,d;\varepsilon))^{1/2} d\varepsilon \geq \sum_{n>n_0} \int_{q^{-n-1}}^{q^{-n}} (\log N(T,d;\varepsilon))^{1/2} d\varepsilon$$

$$\geq (1-q^{-1}) \sum_{n>n_0} q^{-n}(\log N(n))^{1/2},$$

the conclusion follows. If $q = 2$, we may take $C_2 = 42$.

The proof of the lower bound relies on a comparison principle known as Slepian's lemma [Sl]. We use it in the following modified form due to V. N. Sudakov, S. Chevet and X. Fernique (cf. [Su1], [Su2], [Fe4], [L-T2]): if $Y = (Y_1, \ldots, Y_n)$ and $Z = (Z_1, \ldots, Z_n)$ are two Gaussian random vectors in $\mathbb{R}^n$ such that $\mathbb{E}|Y_i - Y_j|^2 \leq \mathbb{E}|Z_i - Z_j|^2$ for all i, j, then

$$(6.3) \qquad \mathbb{E}\big(\max_{1 \leq i \leq n} Y_i\big) \leq \mathbb{E}\big(\max_{1 \leq i \leq n} Z_i\big).$$

Fix $\varepsilon > 0$ and let $n \leq N(T, d; \varepsilon)$. There exist therefore $t_1, \ldots, t_n$ in T such that $d(t_i, t_j) \geq \varepsilon$. Let then $g_1, \ldots, g_n$ be independent standard normal random variables. We have, for every $i, j = 1, \ldots, n$,

$$\mathbb{E}\left|\frac{\varepsilon}{\sqrt{2}} g_i - \frac{\varepsilon}{\sqrt{2}} g_j\right|^2 = \varepsilon^2 \leq d(t_i, t_j) = \mathbb{E}|X_{t_i} - X_{t_j}|^2.$$

Therefore, by (6.3),

$$F(T) \geq \mathbb{E}\big(\max_{1 \leq i \leq n} X_{t_i}\big) \geq \frac{\varepsilon}{\sqrt{2}} \mathbb{E}\big(\max_{1 \leq i \leq n} g_i\big).$$

Now, it is classical and easily seen that

$$\mathbb{E}\big(\max_{1 \leq i \leq n} g_i\big) \geq c\,(\log n)^{1/2}$$

for some numerical $c > 0$ (one may choose c such that $\sqrt{2}/c \leq 6$). Since n is arbitrary less than or equal to $N(T, d; \varepsilon)$, the conclusion trivially follows. Theorem 6.1 is established. □

As an important remark for further purposes, note that simple proofs of Sudakov's minoration avoiding the rather rigid Slepian's lemma are now available. These are based on a dual Sudakov inequality [L-T2], p. 82-83, and duality of entropy numbers [TJ].They allow the investigation of minoration inequalities outside the Gaussian setting (cf. [Ta10], [Ta12]). Note furthermore that we will only use the Sudakov inequality in the proof of the majorizing measure minoration principle (cf. Lemma 6.4).

A simple example of application of Theorem 6.1 is Brownian motion $(W(t))_{0 \leq t \leq 1}$ on $T = [0, 1]$. Since $d(s, t) = \sqrt{|s - t|}$, the entropy numbers $N(T, d; \varepsilon)$ are of the order of ε^{-2} as ε goes to zero and the entropy integral is trivially convergent. Together with the proof of continuity presented below in the framework of majorizing measures, Theorem 6.1 is certainly the shortest way to prove boundedness and continuity of the Brownian paths.

In Theorem 6.1, the difference between the upper and lower bounds is rather tight. It however exists. The examples of a standard orthogaussian sequence or of the canonical Gaussian process indexed by an ellipsoid in a Hilbert space (see [Du1], [Du2], [L-T2], [Ta13]) are already instructive. We will see later on that the convergence of Dudley's entropy integral however characterizes $F(T)$ when T has a group structure and the metric d is translation invariant, an important result of X. Fernique [Fe4].

If one tries to imagine what can be used instead of the entropy numbers in order to sharpen the conclusions of Theorem 6.1, one realizes that one feature of entropy is that is attributes an equal weight to each piece of the parameter set T. One is then naturally led to the possible following definition. Let, as in the proof of Theorem 6.1, q be (an integer) larger than 1. Let $\mathcal{A} = (\mathcal{A}_n)_{n\in\mathbb{Z}}$ be an increasing sequence (i.e. each $A \in \mathcal{A}_{n+1}$ is contained in some $B \in \mathcal{A}_n$) of finite partitions of T such that the diameter $D(A)$ of each element A of $\mathcal{A}_n$ is less than or equal to $2q^{-n}$. If $t \in T$, denote by $A_n(t)$ the element of $\mathcal{A}_n$ that contains t. Now, for each partition $\mathcal{A}_n$, one may consider nonnegative weights $\alpha_n(A)$, $A \in \mathcal{A}_n$, such that $\sum_{A\in\mathcal{A}_n} \alpha_n(A) \leq 1$. Set then

$$(6.4) \qquad \Theta_{\mathcal{A},\alpha} = \sup_{t\in T} \sum_n q^{-n} \left(\log \frac{1}{\alpha_n(A_n(t))} \right)^{1/2}.$$

It is worthwhile mentioning that for $2q^{-n} \geq D(T)$, one can take $\mathcal{A}_n = \{T\}$ and $\alpha_n(T) = 1$. Denote by $\Theta(T)$ the infimum of the functional $\Theta_{\mathcal{A},\alpha}$ over all possible choices of partitions $(\mathcal{A}_n)_{n\in\mathbb{Z}}$ and weights $\alpha_n(A)$. In this definition, we may take equivalently

$$\Theta_{\mathcal{A},m} = \sup_{t\in T} \sum_n q^{-n} \left(\log \frac{1}{m(A_n(t))} \right)^{1/2}$$

where m is a probability measure on (T, d). Indeed, if $\Theta_{\mathcal{A},\alpha} < \infty$, it is easily seen that $D(T) < \infty$. Let then n_0 be the largest integer n in $\mathbb{Z}$ such that $2q^{-n} \leq D(T)$. Fix a point in each element of $\mathcal{A}_n$ and denote by T_n, $n \geq n_0$, the collection of these points. It is then clear that if m is a (discrete) probability measure such that

$$m \geq (1 - q^{-1}) \sum_{n\geq n_0} q^{-n+n_0} \sum_{t\in T_n} \alpha_n(A_n(t))\delta_t,$$

where δ_t is point mass at t, the functional $\Theta_{\mathcal{A},m}$ is of the same order as $\Theta_{\mathcal{A},\alpha}$ (see also below). We need not actually be concerned with these technical details and consider for simplicity the functionals $\Theta_{\mathcal{A},\alpha}$. Furthermore, the number $q > 1$ should be thought as a universal constant.

The condition $\Theta(T) < \infty$ is called a majorizing measure condition and the main result of this section is that $C^{-1}\Theta(T) \leq F(T) \leq C\Theta(T)$ for some constant $C > 0$ only depending on q. In order to fully appreciate this definition, it is worthwhile comparing it to the entropy integral. As we used it in the proof of Theorem 6.1, the entropy integral is equivalent (for any q) to the series

$$\sum_{n>n_0} q^{-n} \left(\log N(T, d; q^{-n}) \right)^{1/2}.$$

We then construct an associated sequence $(\mathcal{A}_n)_{n\in\mathbb{Z}}$ of increasing partitions of T and weights $\alpha_n(A)$ in the following way. Let $\mathcal{A}_n = \{T\}$ and $\alpha_n(T) = 1$ for every

$n \leq n_0$. Once $\mathcal{A}_n$ ($n > n_0$) has been constructed, partition each element A of $\mathcal{A}_n$ with a covering of A of cardinality at most $N(A, d; q^{-n-1}) \leq N(T, d; q^{-n-1})$ and let $\mathcal{A}_{n+1}$ be the collection of all the subsets of T obtained in this way. To each A in $\mathcal{A}_n$, $n > n_0$, we give the weight

$$\alpha_n(A) = \left(\prod_{i=n_0+1}^{n} N(T, d; q^{-i}) \right)^{-1}$$

($\alpha(T) = 1$). Clearly $\sum_{A \in \mathcal{A}_n} \alpha_n(A) \leq 1$. Moreover, for each t in T,

$$\sum_{n > n_0} q^{-n} \left(\log \frac{1}{\alpha(A_n(t))} \right)^{1/2} \leq \sum_{n > n_0} \sum_{i=n_0+1}^{n} q^{-n} (\log N(T, d; q^{-i}))^{1/2}$$

$$\leq (q-1)^{-1} \sum_{i > n_0} q^{-i} (\log N(T, d; q^{-i}))^{1/2}.$$

In other words,

$$\Theta(T) \leq C \int_0^\infty (\log N(T, d; \varepsilon))^{1/2} d\varepsilon$$

where $C > 0$ only depends on $q > 1$.

It is clear from this construction how entropy numbers give a uniform weight to each subset of T and how the possible refined tool of majorizing measures can allow a better understanding of the metric properties of T. (Actually, one has rather to think about entropy numbers as the equal weight that is put on each piece of a partition of the parameter set T.) This is what we will investigate now. First however, we would like to briefly comment on the name "majorizing measure" as well as the dependence on $q > 1$ in the definition of the functional $\Theta(T)$. Classically, a majorizing measure m on T is a probability measure on the Borel sets of T such that

$$(6.5) \qquad \sup_{t \in T} \int_0^\infty \left(\log \frac{1}{m(B(t, \varepsilon))} \right)^{1/2} d\varepsilon < \infty$$

where $B(t, \varepsilon)$ is the ball in T with center t and radius $\varepsilon > 0$. As the definition of the entropy integral, a majorizing measure condition only relies on the metric structure of T and the convergence of the integral is for the small values of ε. In order to connect this definition with the preceding one (6.4), let $q > 1$ and let $(\mathcal{A}_n)_{n \in \mathbb{Z}}$ be an increasing sequence of finite partitions of T such that the diameter $D(A)$ of each element A of $\mathcal{A}_n$ is less than or equal to $2q^{-n}$. Let furthermore m be a probability measure on T. Note that $A_n(t) \subset B(t, 2q^{-n})$ for every t. Therefore

$$\int_0^\infty \left(\log \frac{1}{m(B(t, \varepsilon))} \right)^{1/2} d\varepsilon \leq C \sum_n q^{-n} \left(\log \frac{1}{m(B(t, 2q^{-n}))} \right)^{1/2}$$

$$\leq C \sum_n q^{-n} \left(\log \frac{1}{m(A_n(t))} \right)^{1/2}$$

where $C > 0$ only depends on q. Since m is a probability measure, we can set $\alpha_n(A) = m(A)$ for every A in $\mathcal{A}_n$ and every n. It immediately follows that, for every $q > 1$,

$$\inf_m \sup_{t \in T} \int_0^\infty \left(\log \frac{1}{m(B(t,\varepsilon))} \right)^{1/2} d\varepsilon \leq C\Theta(T)$$

where C only depends on q. One can prove the reverse inequality in the same spirit with the help however of a somewhat technical and actually nontrivial discretization lemma (cf. [L-T2], Proposition 11.10). In particular, the various functionals $\Theta(T)$ when q varies are all equivalent. We actually need not really be concerned with these technical details since our aim is to show that $F(T)$ and $\Theta(T)$ are of the same order (for some $q > 1$). (It will actually follow from the proofs presented below that the functionals $\Theta(T)$ are equivalent up to constants depending only on $q \geq q_0$ for some universal q_0 large enough.)

Now, we start our investigation of the regularity properties of a Gaussian process $X = (X_t)_{t \in T}$ under majorizing measure conditions. The first part of our study concerns upper bounds and sufficient conditions for boundedness and continuity of X. The following theorem is due, in this form and with this proof, to X. Fernique [Fe3], [Fe4]. It follows independently from the work of C. Preston [Pr1], [Pr2].

Theorem 6.2. *Let $X = (X_t)_{t \in T}$ be a Gaussian process indexed by a set T. Then, for every $q > 1$,*

$$F(T) \leq C\Theta(T)$$

where $C > 0$ only depends on q. If, in addition to $\Theta_{\mathcal{A},\alpha} < \infty$ for some partition $\mathcal{A}$ and weights α, one has

$$(6.6) \qquad \lim_{k \to \infty} \sup_{t \in T} \sum_{n \geq k} q^{-n} \left(\log \frac{1}{\alpha(A_n(t))} \right)^{1/2} = 0,$$

then X admits a version with almost all sample paths bounded and uniformly continuous on (T, d).

Proof. It is very similar to the proof of the upper bound in Theorem 6.1. We first establish the inequality $F(T) \leq C\Theta_{\mathcal{A},\alpha}(T)$ for any partition $\mathcal{A}$ and any family of weights α. We may asssume that T is finite. Let n_0 be the largest integer n in $\mathbb{Z}$ such that the diameter $D(T)$ of T is less than or equal to $2q^{-n}$. For every $n \geq n_0$, fix a point in each element of the partition $\mathcal{A}_n$ and denote by T_n the (finite) collection of these points. We may take $T_{n_0} = \{s_0\}$ for some fixed s_0 in T. For every t in T, denote by $s_n(t)$ the element of T_n which belongs to $A_n(t)$. As in (6.2), for every t,

$$X_t = X_{s_0} + \sum_{n > n_0} \left(X_{s_n(t)} - X_{s_{n-1}(t)} \right).$$

Since the partitions $\mathcal{A}_n$ are increasing,

$$s_n(t) \in A_{n-1}(s_n(t)) = A_{n-1}(t), \quad n > n_0.$$

In particular, $d(s_n(t), s_{n-1}(t)) \leq 2q^{-n+1}$. Now, for every t in T and every $n > n_0$, let

$$c_n(t) = 2\sqrt{2}q^{-n+1}\left(\log \frac{1}{\alpha(A_n(t))}\right)^{1/2}.$$

With respect to the entropic proof, note here the dependence of c_n on t which is the main feature of the majorizing measure technique. Actually, the partitions $\mathcal{A}$ and weights α are used to bound, in the chaining argument, the "heaviest" portions of the process. We can now write, almost as in the proof of Theorem 6.1,

$$F(T)$$

$$\leq \sup_{t \in T} \sum_{n > n_0} c_n(t) + \mathbb{E}\left(\sup_{t \in T} \sum_{n > n_0} |X_{s_n(t)} - X_{s_{n-1}(t)}| I_{\{|X_{s_n(t)} - X_{s_{n-1}(t)}| > c_n(t)\}}\right)$$

$$\leq \sup_{t \in T} \sum_{n > n_0} c_n(t) + \mathbb{E}\left(\sum_{n > n_0} \sum_{u \in T_n} |X_u - X_{s_{n-1}(u)}| I_{\{|X_u - X_{s_{n-1}(u)}| > c_n(u)\}}\right)$$

$$\leq \sup_{t \in T} \sum_{n > n_0} c_n(t) + \sum_{n > n_0} \sum_{u \in T_n} 2q^{-n+1} \exp(-c_n^2(u)/8q^{-2n+2}).$$

Therefore

$$F(T) \leq \sup_{t \in T} \sum_{n > n_0} c_n(t) + \sum_{n > n_0} 2q^{-n+1} \sum_{u \in T_n} \alpha(A_n(u))$$

$$\leq \sup_{t \in T} \sum_{n > n_0} c_n(t) + 2(q-1)^{-1}q^{-n_0+1}.$$

Since

$$\Theta_{\mathcal{A},\alpha} \geq (\log 2)^{1/2} q^{-n_0-1},$$

the first claim of Theorem 6.2 follows.

We turn to the sample path continuity. Let $\eta > 0$. For each k ($> n_0$), set

$$V = V_k = \{(x,y) \in T_k \times T_k; \exists u, v \text{ in } T \text{ such that}$$

$$d(u,v) \leq \eta \text{ and } s_k(u) = x, s_k(v) = y\}.$$

If $(x,y) \in V$, we fix $u_{x,y}, v_{x,y}$ in T such that $s_k(u_{x,y}) = x$, $s_k(v_{x,y}) = y$ and $d(u_{x,y}, v_{x,y}) \leq \eta$. Now, let s, t in T with $d(s,t) \leq \eta$. Set $x = s_k(s)$, $y = s_k(t)$. Clearly $(x,y) \in V$. By the triangle inequality,

$$|X_s - X_t| \leq |X_s - X_{s_k(s)}| + |X_{s_k(s)} - X_{u_{x,y}}| + |X_{u_{x,y}} - X_{v_{x,y}}|$$

$$+ |X_{v_{x,y}} - X_{s_k(t)}| + |X_{s_k(t)} - X_t|$$

$$\leq \sup_{(x,y) \in V} |X_{u_{x,y}} - X_{v_{x,y}}| + 4 \sup_{r \in T} |X_r - X_{s_k(r)}|.$$

Clearly,

$$\mathbb{E}\left(\sup_{(x,y) \in V} |X_{u_{x,y}} - X_{v_{x,y}}|\right) \leq \eta(\mathrm{Card}(T_k))^2.$$

Now, the chaining argument in the proof of boundedness similarly shows that

$$\mathbb{E}\big(\sup_{t \in T} |X_t - X_{s_k(t)}|\big) \leq C \sup_{t \in T} \sum_{n \geq k} q^{-n} \Big(\log \frac{1}{\alpha(A_n(t))}\Big)^{1/2}$$

for some constant $C > 0$ (independent of k). Therefore, hypothesis (6.6) and the preceding inequalities ensure that for each $\varepsilon > 0$ there exists $\eta > 0$ such that, for every finite and thus also countable subset U of T,

$$\mathbb{E}\big(\sup_{s,t \in U, d(s,t) \leq \eta} |X_s - X_t|\big) \leq \varepsilon.$$

Since (T, d) is totally bounded, there exists U countable and dense in T. Then, set $\widetilde{X}_t = X_t$ if $t \in U$ and $\widetilde{X}_t = \lim X_t$ where the limit, in probability or in L^1, is taken for $u \to t$, $u \in U$. Then $(\widetilde{X}_t)_{t \in T}$ is a version of the process X with uniformly continuous sample paths on (T, d). Indeed, let, for each integer n, $\eta_n > 0$ be such that

$$\mathbb{E}\big(\sup_{d(s,t) \leq \eta_n} |\widetilde{X}_s - \widetilde{X}_t|\big) \leq 4^{-n}.$$

Then, if $C_n = \{\sup_{d(s,t) \leq \eta_n} |\widetilde{X}_s - \widetilde{X}_t| \geq 2^{-n}\}$, $\sum_n \mathbb{P}(C_n) < \infty$ and the claim follows from the Borel-Cantelli lemma. The proof of Theorem 6.2 is complete. $\qquad\square$

We now turn to the theorem of M. Talagrand [Ta2] on necessity of majorizing measures. This result was conjectured by X. Fernique back in 1974. As announced, we follow the simplified proof of the author [Ta7] based on concentration of Gaussian measures. This new proof moreover allows us to get some insight on the weights α of the "minorizing" measure.

Theorem 6.3. There exists a universal value $q_0 \geq 2$ such that for every $q \geq q_0$ and every Gaussian process $X = (X_t)_{t \in T}$ indexed by T,

$$\Theta(T) \leq CF(T)$$

where $C > 0$ is a constant only depending on q.

Proof. The key step is provided by the following minoration principle based on concentration and Sudakov's inequality. It may actually be considered as a strengthening of the latter.

Lemma 6.4. There exists a numerical constant $0 < c < \frac{1}{2}$ with the following property. If $\varepsilon > 0$ and if $t_1, \ldots, t_N$ are points in T such that $d(t_k, t_\ell) \geq \varepsilon$, $k \neq \ell$, $N \geq 2$, and if $B_1, \ldots, B_N$ are subsets of T such that $B_k \subset B(t_k, c\varepsilon)$, $k = 1, \ldots N$, we have

$$\mathbb{E}\big(\max_{1 \leq k \leq N} \sup_{t \in B_k} X_t\big) \geq c\varepsilon(\log N)^{1/2} + \min_{1 \leq k \leq N} \mathbb{E}\big(\sup_{t \in B_k} X_t\big).$$

Proof. We may assume that B_k is finite for every k. Set $Y_k = \sup_{t \in B_k}(X_t - X_{t_k})$, $k = 1, \ldots, N$. Then,

$$\sup_{t \in B_k} X_t = (Y_k - \mathbb{E}Y_k) + \mathbb{E}Y_k + X_{t_k}$$

and thus

(6.7) $$\max_{1\le k\le N} X_{t_k} \le \max_{1\le k\le N} \sup_{t\in B_k} X_t + \max_{1\le k\le N} |Y_k - \mathbb{E}Y_k| - \min_{1\le k\le N} \mathbb{E}\Big(\sup_{t\in B_k} X_t\Big).$$

Integrate both sides of this inequality. By Sudakov's minoration (Theorem 6.1),

$$\mathbb{E}\Big(\max_{1\le k\le N} X_{t_k}\Big) \ge C_1^{-1}\varepsilon(\log N)^{1/2}.$$

Furthermore, the concentration inequalities, in the form for example of (2.9) or (4.2), (4.3), show that, for every $r \ge 0$, and every k,

$$\mathbb{P}\{|Y_k - \mathbb{E}Y_k| \ge r\} \le 2e^{-r^2/2c^2\varepsilon^2}.$$

This estimate easily and classically implies that

$$\mathbb{E}\Big(\max_{1\le k\le N} |Y_k - \mathbb{E}Y_k|\Big) \le C_3 c\varepsilon(\log N)^{1/2}$$

where $C_3 > 0$ is numerical. Indeed, by the integration by parts formula, for every $\delta > 0$,

$$\mathbb{E}\Big(\max_{1\le k\le N} |Y_k - \mathbb{E}Y_k|\Big) \le \delta + \int_\delta^\infty \mathbb{P}\{\max_{1\le k\le N} |Y_k - \mathbb{E}Y_k| \ge r\}dr$$

$$\le \delta + 2N\int_\delta^\infty e^{-r^2/2c^2\varepsilon^2}\,dr$$

and the conclusion follows by letting δ be of the order of $c\varepsilon(\log N)^{1/2}$. Hence, coming back to (6.7), we see that if $c > 0$ is such that $\frac{1}{C_1} - cC_3 = c$, the minoration inequality of the lemma holds. The value of q_0 in Theorem 6.3 only depends on this choice. (Since we may take $C_1 = 6$ and $C_3 = 20$ (for example), we see that $c = .007$ will work.) Lemma 6.4 is proved. $\square$

We now start the proof of Theorem 6.3 itself and the construction of a partition $\mathcal{A}$ and weights α. Assume that $F(T) < \infty$ otherwise there is nothing to prove. In particular, (T, d) is totally bounded. We further assume that $q \ge q_0$ where $q_0 = c^{-1}$ has been determined by Lemma 6.4.

For each n and each subset of T of diameter less than or equal to $2q^{-n}$, we will construct an associated partition in sets of diameter less than or equal to $2q^{-n-1}$. Let thus S be a subset of T with $D(S) \le 2q^{-n}$. We first construct by induction a (finite) sequence $(t_k)_{k\ge 1}$ of points in S. t_1 is chosen so that $F(S \cap B(t_1, q^{-n-2}))$ is maximal. Assume that $t_1, \ldots, t_{k-1}$ have been constructed and set

$$H_k = \bigcup_{\ell < k}\big(S \cap B(t_\ell, q^{-n-1})\big).$$

If $H_k = S$, the construction stops (and it will eventually stop since (T, d) is totally bounded). If not, choose t_k in $S \setminus H_k$ such that $F(B_k)$ is maximal where we set $B_k = (S \setminus H_k) \cap B(t_k, q^{-n-2})$. For every k, let

$$A_k = (S \setminus H_k) \cap B(t_k, q^{-n-1}).$$

Clearly $D(A_k) \leq 2q^{-n-1}$ and the A_k's define a partition of S. One important feature of this construction is that, for every t in A_k,

$$(6.8) \qquad F\big(A_k \cap B(t, q^{-n-2})\big) \leq F(B_k).$$

On the other hand, the minoration lemma 6.4 applied with $\varepsilon = q^{-n-1}$ yields (since $q \geq c^{-1}$), for every k,

$$(6.9) \qquad F(S) \geq cq^{-n-1}(\log k)^{1/2} + F(B_k).$$

We denote by $\mathcal{A}(S)$ this ordered finite partition $\{A_1, \ldots, A_k, \ldots\}$ of S. (6.8) and (6.9) together yield: for every $A_k \in \mathcal{A}(S)$ and every $U \in \mathcal{A}(A_k)$,

$$(6.10) \qquad F(S) \geq cq^{-n-1}(\log k)^{1/2} + F(U).$$

We now complete the construction. Let n_0 be the largest in $\mathbb{Z}$ with $D(T) \leq 2q^{-n_0}$. Set $\mathcal{A}_n = \{T\}$ and $\alpha_n(T) = 1$ for every $n \leq n_0$. Suppose that $\mathcal{A}_n$ and $\alpha_n(S)$, $S \in \mathcal{A}_n$, $n > n_0$, have been constructed. We define

$$\mathcal{A}_{n+1} = \bigcup \{\mathcal{A}(S); S \in \mathcal{A}_n\}.$$

If $U \in \mathcal{A}_{n+1}$, there exists $S \in \mathcal{A}_n$ such that $U = A_k \in \mathcal{A}(S)$. We then set $\alpha_{n+1}(U) = \alpha_n(A)/2k^2$. Let t be fixed in T. With this notation, (6.10) means that for all $n \geq n_0$,

$$F\big(A_n(t)\big) \geq c\, 2^{-1/2} q^{-n-1} \left(\log \frac{\alpha_n(A_n(t))}{2\alpha_{n+1}(A_{n+1}(t))} \right)^{1/2} + F\big(A_{n+2}(t)\big)$$

where we recall that we denote by $A_n(t)$ the element of $\mathcal{A}_n$ that contains t. Summing these inequalities separately on the even and odd integers, we get

$$2F(T) \geq c\, 2^{-1/2} \sum_{n > n_0} q^{-n-1} \left(\log \frac{\alpha_n(A_n(t))}{2\alpha_{n+1}(A_{n+1}(t))} \right)^{1/2}$$

and thus

$$c(q-1)^{-1} q^{-n_0} + 2F(T) \geq c\, 2^{-1/2}(1 - q^{-1}) \sum_{n > n_0} q^{-n} \left(\log \frac{1}{\alpha_n(A_n(t))} \right)^{1/2}.$$

Since $2q^{-n_0} \leq D(T)$, and since

$$2F(T) = \sup\{\mathbb{E}\big(\sup_{s,t \in U} |X_s - X_t|\big); U \text{ finite in } T\}$$

$$\geq \sup_{s,t \in T} \mathbb{E}|X_s - X_t| = \left(\frac{2}{\sqrt{\pi}}\right)^{1/2} D(T),$$

it follows that, for some constant $C > 0$ only depending on q,

$$CF(T) \geq c \sum_{n > n_0} q^{-n} \left(\log \frac{1}{\alpha_n(A_n(t))} \right)^{1/2}.$$

Theorem 6.3 is therefore established. $\qquad\qquad\qquad\qquad\qquad\qquad\qquad\square$

It may be shown that if the Gaussian process X in Theorem 6.3 is almost surely continuous on (T, d), then there is a majorizing measure satisfying (6.6). We refer to [Ta2] or [L-T2] for the details.

Theorem 6.3 thus solved the question of the regularity properties of any Gaussian process. Prior to this result however, X. Fernique showed [Fe4] that the convergence of Dudley's entropy integral was necessary for a stationary Gaussian process to be almost surely bounded or continuous. One can actually easily show (cf. [L-T2]) that, in this case, the entropy integral coincides with a majorizing measure integral with respect to the Haar measure on the underlying parameter set T endowed with a group structure. One may however also provide a direct and transparent proof of the stationary case on the basis of the above minoration principle (Lemma 6.4). We would like to conclude this chapter with a brief sketch of this proof.

Let thus T be a locally compact Abelian group. Let $X = (X_t)_{t \in T}$ be a stationary centered Gaussian process indexed by T, in the sense that the L^2-metric d induced by X is translation invariant on T. As announced, we aim to prove directly that for some numerical constant $C > 0$,

$$\int_0^\infty \big(\log N(T, d; \varepsilon) \big)^{1/2} d\varepsilon \leq CF(T).$$

(cf. [Fe4], [M-P], [L-T2] for more general statements along these lines.) Since d is translation invariant,

$$\mathbb{E}\big(\sup_{s \in B(t,\varepsilon)} X_s \big) \quad \text{and} \quad N\big(B(t, \varepsilon), d; \eta \big), \quad \varepsilon, \eta > 0,$$

are independent of the point t. They will therefore be simpler denoted as

$$\mathbb{E}\big(\sup_{s \in B(\varepsilon)} X_s \big) \quad \text{and} \quad N\big(B(\varepsilon), d; \eta \big).$$

Let $n \in \mathbb{Z}$. Choose in a ball $B(q^{-n})$ a maximal family $(t_1, \ldots, t_M)$ under the relations $d(t_k, t_\ell) \geq q^{-n-1}$, $k \neq \ell$. Then the balls $B(t_k, q^{-n-1})$, $1 \leq k \leq M$, cover $B(q^{-n})$ so that $M \geq N(B(q^{-n}), d; q^{-n-1})$. Apply then Lemma 6.4 with $\varepsilon = q^{-n-1}$, $q \geq q_0 = c^{-1}$ and $B_k = B(t_k, q^{-n-2})$. We thus get

$$\mathbb{E}\big(\sup_{t \in B(q^{-n})} X_t \big) \geq cq^{-n-1} \big(\log N(B(q^{-n}), d; q^{-n-1}) \big)^{1/2} + \mathbb{E}\big(\sup_{t \in B(q^{-n-2})} X_t \big).$$

Summing as before these inequalities along the even and the odd integers yields

$$F(T) \geq C^{-1} \sum_n q^{-n} \big(\log N(B(q^{-n}), d; q^{-n-1} \big)^{1/2}.$$

Since

$$N(T, d; q^{-n-1}) \leq N(T, d; q^{-n}) N\big(B(q^{-n}), d; q^{-n-1})\big),$$

the proof is complete.

To conclude, let us mention the following challenging open problem. Let x_i, $i \in \mathbb{N}$, be real valued functions on a set T such that $\sum_i x_i(t)^2 < \infty$ for every $t \in T$. Let furthermore $(\varepsilon_i)_{i \in \mathbb{N}}$ be a sequence of independent symmetric Bernoulli random variables and set, for each $t \in T$, $X_t = \sum_i \varepsilon_i x_i(t)$ which converges almost surely. The question of characterizing those "Bernoulli" processes $(X_t)_{t \in T}$ which are almost surely bounded is almost completely open (cf. [L-T2], [Ta14]). The Gaussian study of this chapter of course corresponds to the choice for $(\varepsilon_i)_{i \in \mathbb{N}}$ of a standard Gaussian sequence.

Notes for further reading. On the history of entropy and majorizing measures, one may consult respectively [Du2], [Fe4] and [He], [Fe4], [Ta2], [Ta18]. The first proof of Theorem 6.3 by M. Talagrand [Ta2] was quite different from the proof presented here following [Ta7]. Another proof may be found in [L-T2]. These proofs are based on the fundamental principle, somewhat hidden here, that the size of a metric space with respect to the existence of a majorizing measure can be measured by the size of the well separated subsets it contains (see [Ta10], [Ta12] for more on this principle). More on majorizing measures and minoration of random processes may be found in [L-T2] and in the papers [Ta10], [Ta12], and in the recent survey [Ta18] where in particular new examples of applications are described. It is shown in [L-T2] how the upper bound techniques based on entropy or majorizing measures (Theorems 6.1 and 6.2) can yield deviation inequalities of the type (4.2), which are optimal by Theorem 6.3. Sharp bounds on the tail of the supremum of a Gaussian process can be obtained with these methods (see e.g. [Ta13], [Lif2], [Lif3] and the many references therein). On construction of majorizing measures, see [L-T2], [Ta14], [Ta18]. For the applications of the Dudley-Fernique theorem on stationary Gaussian processes to random Fourier series, see [M-P], [L-T2].

7. SMALL BALL PROBABILITIES FOR GAUSSIAN MEASURES AND RELATED INEQUALITIES AND APPLICATIONS

While, as we saw in Chapter 4, the behavior of (the complement of) large balls for Gaussian measures is relatively well described, small ball probabilities are much less known. This problem has gone recently a quick development and we intend to present in this chapter some significant recent results, although it seems that there is still a long way to the final word (if there is any). In the first part of this chapter, we describe a simple method to evaluate small Brownian balls and to establish various sharper concentration inequalities. Then, we present some more abstract and general results (due to J. Kuelbs and W. Li and M. Talagrand) which show in particular, on the basis of the isoperimetric tool, that small ball probabilities for Gaussian measures are closely related to some entropy numbers. In particular, we establish an important concentration inequality for enlarged balls due to M. Talagrand. To conclude this chapter, we briefly discuss some correlation inequalities which have been used recently to extend the support of a diffusion theorem, the large deviations of dynamical systems as well as the existence of Onsager-Machlup functionals for stronger norms or topologies on Wiener space.

We introduce the question of small ball probabilities for Gaussian measures with the example of Wiener measure. Let $W = (W(t))_{t \geq 0}$ be Brownian motion with values in $\mathbb{R}^d$. Denote by $\|x\|_\infty = \sup_{t \in [0,1]} |x(t)|$ the supnorm on the space of continuous functions $C_0([0,1]; \mathbb{R}^d)$ (vanishing at the origin) where we equip, for example, $\mathbb{R}^d$ with its usual Euclidean norm $|\cdot|$. Let $\varepsilon > 0$. By the scaling property, for every $\lambda > 0$,

$$\mathbb{P}\{\|W\|_\infty \leq \varepsilon\} = \mathbb{P}\{\sup_{0 \leq t \leq \lambda} |W(t)| \leq \varepsilon\sqrt{\lambda}\}.$$

Choosing $\lambda = \varepsilon^{-2}$, we see that

$$\mathbb{P}\{\|W\|_\infty \leq \varepsilon\} = \mathbb{P}\{\tau \geq \varepsilon^{-2}\}$$

where τ is the exit time of W from the unit ball B of $\mathbb{R}^d$. It is known (cf. [I-W]) that $u(t,x) = \mathbb{E}(f(W(t)+x)I_{\{\tau \geq t\}})$, $x \in B$, $t \geq 0$, is the solution of the initial value

/

Dirichlet problem

$$\frac{\partial u}{\partial t} = \frac{1}{2}\Delta u \text{ in } B, \quad u_{|\partial B} = 0, \quad u_{|t=0} = f.$$

Therefore

$$u(t,x) = \sum_{n=1}^{\infty} e^{-\lambda_n t} \phi_n(x) \int_B \phi_n(y) f(y) dy,$$

where $0 < \lambda_1 \leq \lambda_2 \leq \dots$ are eigenvalues and $\phi_1, \phi_2, \dots$ are corresponding eigenfunctions of the eigenvalue problem

$$\frac{1}{2}\Delta\phi + \lambda\phi = 0 \text{ in } B, \quad \phi_{|\partial B} = 0.$$

In particular

$$\mathbb{P}\{\tau \geq \varepsilon^{-2}\} = \sum_{n=1}^{\infty} e^{-\lambda_n/\varepsilon^2} \phi_n(0) \int_B \phi_n(y) dy$$

and thus

(7.1) $$\mathbb{P}\{\|W\|_\infty \leq \varepsilon\} \sim e^{-\lambda_1/\varepsilon^2} \phi_1(0) \int_B \phi_1(y) dy.$$

In particular, it is known that $\lambda_1 = \pi^2/8$ for $d = 1$.

While the proof of (7.1) relies on some very specific properties of both the Brownian paths and the supnorm, one may wonder for the behavior of small ball probabilities for some other norms on Wiener space, such as for example L^p-norms or the classical Hölder norms of index α for every $0 < \alpha < \frac{1}{2}$. In what follows, we will describe some small ball Brownian probabilities, including the ones just mentioned, using some more abstract tools (which could eventually generalize to other Gaussian measures). We will however only work at the logarithmic scale. We use series expansions of Brownian motion in the Haar basis of $[0,1]$. We present the various results following the exposition of W. Stolz [St1], inspired by the works [B-R], [Ta9] and [Ta14] (among others). For simplicity, we work below with a one-dimensional Brownian motion and write $C_0([0,1])$ for $C_0([0,1]; \mathbb{R})$.

We only concentrate here on the Brownian case. We mention at the end of the chapter references of extensions to some more general processes. Of course, a lot is known on small Hilbert balls for arbitrary Gaussian measures (cf. e.g. [Sy], [Zo], [K-L-L], [Li]...).

Let h_0, h_m, $m = 2^n + k - 1$, $n \geq 0$, $k = 1, \dots, 2^n$ be the Haar functions on $[0,1]$. That is, $h_0 \equiv 1$,

$$h_1 = I_{[0,1/2)} - I_{[1/2,1]},$$

and, for every $m = 2^n + k - 1$, $n \geq 1$, $k = 1, \dots, 2^n$,

$$h_m(t) = 2^{n/2} h_1(2^n t - k + 1), \quad 0 \leq t \leq 1.$$

Define then the Schauder functions φ_m, $m \in \mathbb{N}$, on $[0,1]$ by setting $\varphi_m(t) = \int_0^t h_m(s) ds$. The Schauder functions form a basis of the space of continous functions on $[0,1]$. In particular, Lévy's representation of Brownian motion may be expressed by saying that, almost surely,

$$(7.2) \qquad W(t) = \sum_{m=0}^{\infty} g_m \varphi_m(t), \quad t \in [0,1],$$

where $(g_m)_{m \in \mathbb{N}}$ is a standard Gaussian sequence and where the convergence takes place uniformly on $[0,1]$ (cf. Proposition 4.2).

In what follows, $\| \cdot \|$ is a measurable norm on $C_0([0,1])$ for which the Wiener measure is a Radon measure, in other words for which the series (7.2) converges almost surely (cf. Proposition 4.2).

Theorem 7.1. *Let* $0 \leq \alpha < \frac{1}{2}$. *If, for some constant* $C > 0$,

$$\left\| \sum_{k=1}^{2^n} a_k \varphi_{2^n+k-1} \right\| \leq C 2^{-(\frac{1}{2}-\alpha)n} \max_{1 \leq k \leq 2^n} |a_k|$$

for all real numbers $a_1, \ldots, a_{2^n}$ *and every* $n \geq 0$, *then*

$$\log \mathbb{P}\{\|W\| \leq \varepsilon\} \geq -C' \varepsilon^{-2/1-2\alpha}, \quad 0 < \varepsilon \leq 1,$$

where $C' > 0$ *only depends on* α *and* C.

Proof. We simply replace the ball $\{\|W\| \leq \varepsilon\}$ by an appropriate cube in $\mathbb{R}^{\mathbb{N}}$ through the representation (7.2). For q integer ≥ 1, define

$$b_n = b_n(q) = \begin{cases} 2^{(\frac{3}{4}-\frac{\alpha}{2})(n-q)} & \text{if } n \leq q, \\ 2^{(\frac{1}{4}-\frac{\alpha}{2})(n-q)} & \text{if } n > q. \end{cases}$$

The choice of this sequence is not unique. If $|a_{2^n+k}| \leq b_n$ for every $n \geq 0$ and $k = 1, \ldots, 2^n$, and $|a_0| \leq b_0$, by the triangle inequality and the hypothesis,

$$\left\| \sum_{m=0}^{\infty} a_m \varphi_m \right\| \leq C_1 2^{-(\frac{1}{2}-\alpha)q}$$

for some constant C_1 only depending on α. Therefore,

$$\mathbb{P}\{\|W\| \leq C_1 2^{-(\frac{1}{2}-\alpha)p}\} \geq \mathbb{P}\{|g_0| \leq b_0, |g_{2^n+k-1}| \leq b_n, n \geq 0, k = 1, \ldots, 2^n\}$$

$$= \mathbb{P}\{|g| \leq b_0\} \prod_{n=0}^{\infty} \mathbb{P}\{|g| \leq b_n\}^{2^n}$$

where g is a standard normal variable. Now, we simply need evaluate this infinite product. To this aim, we use that

$$(7.3) \qquad \mathbb{P}\{|g| \leq u\} \geq \frac{u}{3} \quad \text{if } |u| \leq 1$$

and

$$(7.4) \qquad \mathbb{P}\{|g| \le u\} \ge 1 - \frac{1}{2} 2e^{-u^2/2} \ge \exp\left(-2e^{-u^2/2}\right) \quad \text{if} \quad |u| \ge 1.$$

It easily follows, after some elementary computations, that

$$\mathbb{P}\{\|W\| \le C_1 2^{-(\frac{1}{2}-\alpha)q}\} \ge \exp\left(-C_2 2^q\right)$$

from which Theorem 7.1 immediately follows. $\qquad\square$

The next theorem gives an upper bound of the small ball probabilities under hypotheses dual to those of Theorem 7.1.

Theorem 7.2. Let $0 \le \alpha < \frac{1}{2}$. If, for some constant $C > 0$,

$$\left\|\sum_{k=1}^{2^n} a_k \varphi_{2^n+k-1}\right\| \ge \frac{1}{C} 2^{-(\frac{1}{2}-\alpha)n}\left(2^{-n}\sum_{k=1}^{2^n} |a_k|\right).$$

for all real numbers $a_1, \ldots, a_{2^n}$ and every $n \ge 0$, then

$$\log \mathbb{P}\{\|W\| \le \varepsilon\} \le -\frac{1}{C''} \varepsilon^{-2/1-2\alpha}, \quad 0 < \varepsilon \le 1,$$

where $C'' > 0$ only depends on α and C.

Proof. First recall Anderson's inequality [An]. Let μ be a centered Gaussian measure on a Banach space E as in Chapter 4. Then, for every convex symmetric subset A of E and every x in E,

$$(7.5) \qquad \mu(x+A) \le \mu(A).$$

Note that (7.5) is an easy consequence of (1.8) or the logconcavity of Gaussian measures (1.9) (cf. [Bo1], [Bo3], [D-HJ-S]...). Indeed, the set

$$Z = \{a \in E; \, \mu(a+A) \le \mu(x+A)\}$$

is symmetric and convex by (1.9). Now $x \in Z$, so that $-x \in Z$ by symmetry, and, by convexity, $0 = \frac{1}{2}x + \frac{1}{2}(-x) \in Z$ which is the result (7.5). By the series representation (7.2), independence and Fubini's theorem, it follows that

$$\mathbb{P}\{\|W\| \le \varepsilon\} \le \mathbb{P}\left\{\left\|\sum_{k=1}^{2^n} g_k \, \varphi_{2^n+k-1}\right\| \le \varepsilon\right\}$$

for every $\varepsilon > 0$ and every $n \ge 0$. Therefore, by the hypothesis,

$$\mathbb{P}\{\|W\| \le \varepsilon\} \le \mathbb{P}\left\{\sum_{k=1}^{2^n} |g_k| \le \varepsilon C 2^{(\frac{1}{2}-\alpha)n} 2^n\right\}.$$

By Chebyshev's exponential inequality, for every integer $N \geq 1$,

$$\mathbb{P}\left\{\sum_{k=1}^{N} |g_k| \leq cN\right\} \leq e^{cN}\left(\mathbb{E}(e^{-|g|})\right)^N \leq e^{-cN}$$

where $c > 0$ is such that $e^{-2c} = \mathbb{E}(e^{-|g|}) < 1$. Take then n to be the largest integer such that $\varepsilon C 2^{(\frac{1}{2}-\alpha)n} \leq c$. The conclusion easily follows. The proof of Theorem 7.2 is complete. $\qquad\square$

The main interest of Theorems 7.1 and 7.2 lies in the examples for which the hypotheses may easily be checked. Let us consider L^p-norms $\|\cdot\|_p$, $1 \leq p < \infty$, on $[0,1]$ for which

$$\left\|\sum_{k=1}^{2^n} a_k \varphi_{2^n+k-1}\right\|_p = \frac{1}{2}(p+1)^{-1/p} 2^{-n/2}\left(2^{-n}\sum_{k=1}^{2^n}|a_k|^p\right)^{1/p}$$

for all real numbers $a_1, \ldots, a_{2^n}$. Since

$$2^{-n}\sum_{k=1}^{2^n}|a_k| \leq \left(2^{-n}\sum_{k=1}^{2^n}|a_k|^p\right)^{1/p} \leq \max_{1\leq k\leq 2^n}|a_k|,$$

we deduce from Theorem 7.1 and 7.2 that, for some constant $C > 0$ only depending on p and every $0 < \varepsilon \leq 1$,

$$(7.6) \qquad -C\varepsilon^{-2} \leq \log \mathbb{P}\{\|W\|_p \leq \varepsilon\} \leq -C^{-1}\varepsilon^{-2}.$$

More precise estimates on the constant C are obtained in [B-M].

In the same way, let $\|\cdot\|_\alpha$ be the Hölder norm of index $0 < \alpha < \frac{1}{2}$ defined by

$$\|x\|_\alpha = \sup_{0\leq s\neq t\leq 1}\frac{|x(s)-x(t)|}{|s-t|^\alpha}.$$

Again, it is easily seen that for every $a_1, \ldots, a_{2^n} \in \mathbb{R}$,

$$\frac{1}{2} 2^{-(\frac{1}{2}-\alpha)n}\max_{1\leq k\leq 2^n}|a_k| \leq \left\|\sum_{k=1}^{2^n}a_k\varphi_{2^n+k-1}\right\|_\alpha \leq \sqrt{2}\,2^{-(\frac{1}{2}-\alpha)n}\max_{1\leq k\leq 2^n}|a_k|.$$

Hence, for some constant $C > 0$ only depending on α, for every $0 < \varepsilon \leq 1$,

$$(7.7) \qquad -C\varepsilon^{-2/1-2\alpha} \leq \log \mathbb{P}\{\|W\|_\alpha \leq \varepsilon\} \leq -C^{-1}\varepsilon^{-2/1-2\alpha}.$$

This result is due to P. Baldi and B. Roynette [B-R].

Note that the supnorm may be included in either $p = \infty$ in (7.6) or $\alpha = 0$ in (7.7) so that we recover (7.1) with these elementary arguments, with however worse constants. More examples may be treated by these methods such as Besov's norm or Sobolev norms on the Wiener space. We refer to [St1] and [Li-S] for more details along these lines.

To try to investigate some further cases with these tools, let us consider, on some probability space $(\Omega, \mathcal{A}, \mathbb{P})$, a sequence $(G_m)_{m \in \mathbb{N}}$ of independent standard one dimensional Brownian motions (on $[0, 1]$). Replace then, in the series representation (7.2), the standard Gaussian sequence by this sequence of independent Brownian motions. We define in this way a Brownian motion S with values in $C_0([0, 1])$ and with "reference measure" the Wiener measure itself. This is one way of defining the Wiener sheet which thus turns out to be a centered Gaussian process $S = (S(s, t))_{s, t \in [0, 1]}$ with covariance

$$\mathbb{E}\big(S(s, t) S(s', t')\big) = \min(s, s') \min(t, t').$$

In this framework, we may thus ask for the behavior of $\mathbb{P}\{\|S\|_\infty \le \varepsilon\}$, $0 < \varepsilon \le 1$, for the supnorm on $[0, 1]^2$. Since this norm is also the supremum norm of W considered as a one dimensional process with values in $C_0([0, 1])$ (equipped with the supnorm), some of the preceding material may be used in this investigation. In particular, we can replace, in the proof of Theorem 7.1, (7.3) by the small ball behavior of Brownian motion (7.1). By Theorem 4.1, the large ball behavior (7.4) is unchanged at the exception of possibly different numerical constants. The argument of Theorem 7.3 then implies, exactly in the same way, that for some constant $C > 0$, and every $0 < \varepsilon \le 1$,

$$\log \mathbb{P}\{\|S\|_\infty \le \varepsilon\} \ge -C\varepsilon^{-2} \big(\log \varepsilon^{-1}\big)^3.$$

A similar vector valued extension of Theorem 7.2 however only yields that

$$\log \mathbb{P}\{\|S\|_\infty \le \varepsilon\} \le -C^{-1}\varepsilon^{-2} \big(\log \varepsilon^{-1}\big).$$

These estimates, which go back to M. A. Lifshits [Lif-T] (see also [Bas]), only rely on the small ball behavior (7.1) and are best possible among all Gaussian measures having this small ball behavior. For the special case of Wiener measure and the Wiener sheet, M. Talagrand [Ta15] however proved the striking following theorem. The proof is based on a new wavelet decomposition of the space $L^2([0, 1]^2)$ and various combinatorial arguments from Banach space theory. The method does not allow any precise information on constants. We refer to [Ta15] for the proof.

Theorem 7.3. *There is a numerical constant $C > 0$ such that, for every $0 < \varepsilon \le 1$,*

$$-C\varepsilon^{-2} \big(\log \varepsilon^{-1}\big)^3 \le \log \mathbb{P}\{\|S\|_\infty \le \varepsilon\} \le -C^{-1}\varepsilon^{-2} \big(\log \varepsilon^{-1}\big)^3.$$

In this framework of small ball probabilities for Gaussian measures, let us now come back to some of the concentration inequalities of Chapters 2 and 4. There, we studied inequalities for general sets A and their enlargements A_r. Now, we try to take advantage of some geometric structures on A, such as for example being a ball (convex and symmetric with respect to the origin). In a first step, we will notice how some of the preceding tools may be applied successfully to improve, for example, a statement such as Theorem 4.4. In particular, we aim to prove inequalities for subsets A with small measure and to be able to keep the dependence in this measure. The next statement (cf. [Ta8]) is a first example of what can be accomplished for various norms on the Wiener space. Recall the unit ball $\mathcal{K}$ of the Cameron-Martin Hilbert space $\mathcal{H}$ of absolutely continuous functions on $[0,1]$ whose almost everywhere derivative is in L^2.

Theorem 7.4. *Let $\| \cdot \|$ be a norm on $C_0([0,1])$ for which Wiener measure is a Radon measure. Denote by U the unit ball of $\| \cdot \|$. Let furthermore $0 \leq \alpha < \frac{1}{2}$ and assume that, for some constant $C > 0$,*

$$\left\| \sum_{k=1}^{2^n} a_k \varphi_{2^n + k - 1} \right\| \leq C 2^{-(\frac{1}{2} - \alpha)n} \max_{1 \leq k \leq 2^n} |a_k|$$

for all real numbers $a_1, \ldots, a_{2^n}$ and every $n \geq 0$. Then, for every $\varepsilon > 0$ and every $r \geq 0$,

$$\mathbb{P}\{W \in \varepsilon U + r\mathcal{K}\} \geq 1 - \exp\left(\frac{C'}{\varepsilon^{2/1-2\alpha}} - \frac{\varepsilon r}{2\sigma} - \frac{r^2}{2\sigma^2} \right)$$

where $C' > 0$ only depends on α and C where we recall that $\sigma = \sup_{x \in \mathcal{K}} \|x\|$.

Proof. We take again the notation of Theorem 7.1. First note that since $\mathcal{K} \subset \sigma U$,

$$\varepsilon U + r\mathcal{K} \supset \frac{\varepsilon}{2} U + \left(r + \frac{\varepsilon}{2\sigma} \right) \mathcal{K}.$$

(The choice of $\varepsilon/2$ is rather arbitrary here.) Set $r' = r + \frac{\varepsilon}{2\sigma}$. Recall the sequence $(b_n)_{n \in \mathbb{N}}$ of the proof of Theorem 7.1 which depends on some integer $q \geq 1$. Define a sequence of real numbers $(c_m)_{m \in \mathbb{N}}$ by setting

$$c_0 = b_0, \quad c_{2^n + k - 1} = b_n \quad \text{for all} \quad k = 1, \ldots, 2^n, \ n \geq 0.$$

Consider the set $V = V_q$ of all functions φ on $[0,1]$ that can be written as $\varphi = \sum_{m=0}^{\infty} a_m \varphi_m$ where $|a_m| \leq c_m$ for every m. By the hypothesis on the norm $\| \cdot \|$ and the triangle inequality, $V \subset C_1 2^{-(\frac{1}{2} - \alpha)q} U$ for some constant $C_1 > 0$. Therefore, if q is the smallest integer such that $2 C_1 2^{-(\frac{1}{2} - \alpha)q} \leq \varepsilon$, then $\varepsilon U + r\mathcal{K} \supset V + r'\mathcal{K}$. Hence, by the series representation (7.2),

$$\mathbb{P}\{W \in \varepsilon U + r\mathcal{K}\} \geq \mathbb{P}\{W \in V + r'\mathcal{K}\} = \gamma_\infty(Q + r'\sigma^{-1}B_2)$$

where γ_∞ is the canonical Gaussian measure on $\mathbb{R}^{\mathbb{N}}$, B_2 the unit ball of the reproducing kernel of γ_∞, that is the unit ball of ℓ^2, and Q the "cube" in $\mathbb{R}^{\mathbb{N}}$

$$Q = \left\{ x = (x_m)_{m \in \mathbb{N}} \in \mathbb{R}^{\mathbb{N}}; |x_m| \leq c_m, \ m \in \mathbb{N} \right\}.$$

Consider the function on $\mathbb{R}^{\mathbb{N}}$ given by $d(x) = \inf\{u \geq 0; x \in Q + uB_2\}$. Note that $\gamma_\infty(Q + uB_2) = \gamma_\infty(d < u)$. By Chebyshev's inequality,

$$\gamma_\infty(d \geq u) \leq e^{-u^2/2} \int e^{d^2/2} d\gamma_\infty.$$

For every $m \geq 0$, let $d_m(x) = (|x_m| - c_m)^+$. Then

$$\int e^{d_m^2/2} d\gamma_\infty = \frac{2}{\sqrt{2\pi}} \int_0^\infty \exp\left(\frac{1}{2}((|t| - c_m)^+)^2 - \frac{t^2}{2}\right) dt$$

$$\leq 1 + \frac{2}{\sqrt{2\pi}} \int_{c_m}^\infty \exp\left(\frac{1}{2}(|t| - c_m)^2 - \frac{t^2}{2}\right) dt$$

$$\leq 1 + \int_{c_m}^\infty \exp\left(-c_m t + \frac{c_m^2}{2}\right) dt = 1 + \frac{1}{c_m} e^{-c_m^2/2}.$$

Now, the nice feature of this geometric construction is that $d^2 = \sum_{m=0}^\infty d_m^2$. Therefore, it follows from the preceding that, for every $u \geq 0$,

$$\gamma_\infty(d \geq u) \leq \prod_{m=0}^\infty \left(1 + \frac{1}{c_m} e^{-c_m^2/2}\right) e^{-u^2/2}.$$

To conclude the proof, we need simply estimate this infinite product. By the definition of the sequence $(c_m)_{m \in \mathbb{N}}$, we see that

$$\prod_{m=0}^\infty \left(1 + \frac{1}{c_m} e^{-c_m^2/2}\right) = \prod_{n=0}^\infty \left(1 + \frac{1}{b_n} e^{-b_n^2/2}\right)^{2^n}.$$

Now, the very definition of the sequence $(b_n)_{n \in \mathbb{N}}$ implies, after elementary, though somewhat tedious, computations that the preceding infinite product is bounded above by $\exp(C_2 2^p)$ for some numerical constant $C_2 > 0$. By the choice of q, this completes the proof of Theorem 7.4 . $\qquad\square$

With respect to the classical isoperimetric and concentration inequalities usually stated for sets with measure larger than $\frac{1}{2}$, we note here that the probability $\mathbb{P}\{W \subset \varepsilon U\}$ can be very small as $\varepsilon \to 0$. Moreover, according to Theorem 7.1, the first term in the exponential extimate of Theorem 7.4 is precisely the order of $\mathbb{P}\{W \in \varepsilon U\}$. Theorem 7.4 applies to the supnorm and the Hölder norms and may be used in the study of rates of convergence in Strassen's law of the iterated logarithm. Let for example

$$Z_n(t) = \left(\frac{W(nt)}{\sqrt{2n\mathrm{LL}n}}\right)_{t \in [0,1]}, \quad n \geq 1,$$

where $\mathrm{LL}n = \log \log n$ if $n \geq 3$, $\mathrm{LL}n = 1$ if $n = 1, 2$. It is shown in [Ta8] using Theorem 7.4 that, almost surely,

$$0 < \limsup_{n \to \infty} (\mathrm{LL}n)^{2/3} d(Z_n, \mathcal{K}) < \infty$$

where $d(\cdot, \mathcal{K})$ is the uniform distance to the Strassen set (Cameron-Martin unit ball) on $C_0([0,1])$. See also [Gri] for an alternate proof and [Ta9] for further results.

Recently, M. Talagrand [Ta9] proved a deep extension of Theorem 7.4 in the abstract setting of enlarged balls. We now would like to present this statement. We will state and prove the main result for the canonical Gaussian measure γ_n on

$\mathbb{R}^n$. As in the preceding chapters, this is again the main inequality and standard tools may then be used to extend it to arbitrary Gaussian measures as in Chapter 4. The isoperimetric and concentration inequalities for γ_n yield powerful bounds of the measure of an enlarged set A_r, especially when r is large. However, the extremal sets of Gaussian isoperimetry are the half-spaces and it may well be that the concentration properties could be sharpened for sets with special geometrical structures such as for example convex symmetric bodies. The next theorem [Ta10] answers this problem.

Theorem 7.5. *Let C be a closed convex symmetric subset of $\mathbb{R}^n$. Assume that the polar C° of C may be covered by N sets $(T_i)_{1 \le i \le N}$ such that $\int \sup_{y \in T_i} \langle x, y \rangle d\gamma_n(x) \le \frac{1}{2}$. Then, for every $r \ge 1$,*

$$\gamma_n(C_r) \ge 1 - 4N \log(er) e^{-r^2/2}.$$

Proof. Denote for simplicity by B the closed Euclidean unit ball in $\mathbb{R}^n$. Since C is closed and B is compact, $C_r = C + rB$ is closed. By the bipolar theorem, $C + rB = U^\circ$ where $U = (C + rB)^\circ$. By definition,

$$U = \{ x \in \mathbb{R}^n; \forall y \in C, \forall z \in B, |\langle x, y \rangle + r \langle x, z \rangle| \le 1 \}.$$

Setting $\|x\|_C = \sup_{y \in C} \langle x, y \rangle = \sup_{y \in C} |\langle x, y \rangle|$, we see that

(7.8) $$U = \{ x \in \mathbb{R}^n; \|x\|_C + r|x| \le 1 \}.$$

Observe also by the definition of the polar that $x \in \|x\|_C C^\circ$. If T is a subset of $\mathbb{R}^n$, we set

$$E(T) = \int \sup_{y \in T} \langle x, y \rangle d\gamma_n(x).$$

Let p_0 be the largest integer p such that $2^{p-1} \le r^2$. In particular, $p_0 \le 1 + 4 \log r$. Now, set

$$U_0 = \{ x \in U; |x| \ge r^{-1}(1 - r^{-2}) \}$$

and, for $1 \le p \le p_0$,

$$U_p = \{ x \in U; r^{-1}(1 - r^{-2} 2^p) \le |x| \le r^{-1}(1 - r^{-2} 2^{p-1}) \}.$$

Thus we have $U \subset \bigcup_{0 \le p \le p_0} U_p$. Moreover, for $x \in U_p$, by (7.8), $\|x\|_C \le r^{-2} 2^p$. Therefore, $U_p \subset r^{-2} 2^p C^\circ$. It thus follows from the hypothesis on C° that U_p can be covered by subsets $(T_{p,i})_{1 \le i \le N}$ where $T_{p,i} = r^{-2} 2^p T_i \cap U_p$. Hence $E(T_{p,i}) \le r^{-2} 2^{p-1}$.

The essential step of the proof is concentration. From (4.3) for example, we get that, for every subset T of $\mathbb{R}^n$ and every $t \ge E(T)$,

(7.9) $$\gamma_n \big(x; \sup_{y \in T} \langle y, x \rangle \ge t \big) \le \exp \left(-\frac{(t - E(T))^2}{2\sigma^2} \right)$$

where $\sigma = \sigma(T) = \sup_{x \in T} |x|$. Note that for $p \leq p_0$, $E(T_{p,i}) \leq r^{-2} 2^{p-1} \leq 1$. Hence, using (7.9) for $t = 1$, we get, for every $0 \leq p \leq p_0$, $1 \leq i \leq N$,

$$(7.10) \qquad \gamma_n\left(x; \sup_{y \in T_{p,i}} \langle y, x \rangle \geq 1\right) \leq \exp\left(-\frac{(1 - r^{-2} 2^{p-1})^2}{2\sigma(T_{p,i})^2}\right).$$

We first consider the case $p = 0$. We have $\sigma(T_{0,i}) \leq r^{-1}$ so that, by summation over $1 \leq i \leq N$,

$$\gamma_n\left(x; \sup_{y \in U_0} \langle y, x \rangle \geq 1\right) \leq N \exp\left(-\frac{r^2}{2}(1 - r^{-2})^2\right) \leq N e \, e^{-r^2/2}.$$

For $p \geq 1$, by definition of U_p, we have $\sigma(T_{p,i}) \leq r^{-1}(1 - r^{-2} 2^{p-1})$, so that, by summation of (7.10) over $1 \leq i \leq N$, we get

$$\gamma_n\left(x; \sup_{y \in U_p} \langle y, x \rangle \geq 1\right) \leq N e^{-r^2/2}.$$

Now, summation over $0 \leq p \leq p_0$ and the fact that $p_0 \leq 1 + 4 \log r$ yield

$$\gamma_n\left(x; \sup_{y \in U} \langle y, x \rangle \geq 1\right) \leq N(e + 1 + 4 \log r) e^{-r^2/2}$$

$$\leq 4N \log(er) e^{-r^2/2}.$$

Since $C + rB = U^\circ$, the result follows. The proof of Theorem 7.5 is complete. $\square$

Of course, Theorem 7.5 can be useful in applications only if the number N of the statement may be appropriately bounded. We will not go far in the technical details, but one of the main conclusions of the important paper [Ta9] is that N may actually be controlled by the behavior of $\gamma_n(\varepsilon A)$ for the small values of $\varepsilon > 0$. Actually, this observation is strongly related to a remarkable result of J. Kuelbs and W. Li [K-L2] connecting the small ball probabilities to some entropy numbers related to N. We now turn to this discussion. Related work of M. A. Lifshits [Lif1] deals with the geometric tool of Kolmogorov's widths.

Given two (convex) sets A and B in $\mathbb{R}^n$ (or more generaly in a linear vector space), denote by $N(A, B)$ the smallest number of translates of B which are needed to cover A. Now, let, as in Theorem 7.5, C be a closed convex symmetric set and let B be the Euclidean unit ball in $\mathbb{R}^n$. If $x \in \mathbb{R}^n$ is such that $(x + \varepsilon B) \cap C^\circ \neq \emptyset$, for $y \in (x + \varepsilon B) \cap C^\circ$ we have

$$(x + \varepsilon B) \cap C^\circ \subset (y + 2\varepsilon B) \cap C^\circ \subset y + (2\varepsilon B \cap 2C^\circ).$$

Hence, if ε is such that $E(C^\circ \cap \varepsilon B) \leq \frac{1}{8}$, then the number N in Theorem 7.5 satisfies $N \leq N(C^\circ, \varepsilon B)$. Now, it has been observed in local theory of Banach spaces [TJ] that the growth of the entropy numbers $N(C^\circ, \varepsilon B)$ is very similar to the growth of the dual entropy numbers $N(B, \varepsilon C)$ (cf. [L-T2], p. 82-83). The observation of J. Kuelbs and W. Li is precisely that the behavior of the small ball probabilities $\gamma_n(\varepsilon A)$ is related to these dual entropy numbers $N(B, \varepsilon C)$. They established namely the following theorem. One crucial argument in the proof is the Gaussian isoperimetric inequality. A prior partial result appeared in [Go2].

Theorem 7.6. *Under the preceding notation, if C is compact, convex and symmetric, and if $t = (2\log(\gamma_n(C)^{-1}))^{-1/2} > 0$, then*

$$\frac{1}{2\gamma_n(2C)} \leq N(B, tC) \leq \frac{1}{2\gamma_n(C/2)^2} \, .$$

Proof. First note, as a consequence of Cameron-Martin's formula (in finite dimension) and Anderson's inequality (7.5), that for every $x \in \mathbb{R}^n$,

$$(7.11) \qquad e^{-|x|^2/2}\gamma_n(C) \leq \gamma_n(x + C) \leq \gamma_n(C).$$

Consider now $u > 0$ and a finite subset F of uB such that for any two distinct points of F, the translates of C by these points are disjoints. By (7.11), for every x in F,

$$\gamma_n(x + C) \geq e^{-u^2/2}\gamma_n(C).$$

It follows that $\mathrm{Card}(F) \leq \gamma_n(C)^{-1}e^{u^2/2}$. When F is maximal, the sets $(x + 2C)_{x \in F}$ cover uB so that

$$N(uB, 2C) \leq \gamma_n(C)^{-1}e^{u^2/2}.$$

(When $\gamma_n(C) \geq \frac{1}{2}$, this is how the dual Sudakov inequality is proved in [L-T2], p. 83.) If we choose $u = t^{-1} = (2\log(\gamma_n(C)^{-1}))^{1/2}$, we have $N(uB, 2C) \leq \gamma_n(C)^{-2}$. Since $N(uB, C) = N(B, tC)$, the right hand side of Theorem 7.6 follows by replacing C by $\frac{1}{2}C$.

Conversely, by (7.11) again,

$$N(uB, C)\gamma_n(2C) \geq N(C + uB, 2C)\gamma_n(2C) \geq \gamma_n(C + uB).$$

Now, by the isoperimetric inequality (Theorem 1.3),

$$\Phi^{-1}\big(\gamma_n(C + uB)\big) \geq \Phi^{-1}\big(\gamma_n(C)\big) + u.$$

Let again $u = t^{-1} = (2\log(\gamma_n(C)^{-1}))^{1/2}$. Since $\Phi(-u) \leq e^{-u^2/2} = \gamma_n(C)$, the isoperimetric inequality implies that $\Phi^{-1}(\gamma_n(C+uB)) \geq 0$ that is, $\gamma_n(C+uB) \geq \frac{1}{2}$. The left hand side of the inequality of the theorem is thus also satisfied. The proof is complete. $\square$

If we set

$$\varphi(\varepsilon) = \left(2\log \frac{1}{\gamma_n(\varepsilon C)}\right)^{1/2}, \quad \varepsilon > 0,$$

we see from Theorem 7.6 that

$$\frac{1}{2}\exp\left(\frac{\varphi(2\varepsilon)^2}{2}\right) \leq N\left(B, \frac{\varepsilon}{\varphi(\varepsilon)}\right) \leq \exp\left(\varphi\left(\frac{\varepsilon}{2}\right)^2\right).$$

Therefore, if φ is regularly varying, its behavior is essentially given by the behavior of the entropy numbers $N(B, \varepsilon C)$ (and conversely). Much more on the structure of C is thus involved with respect for example with the large ball behavior (cf. Chapter 4). While Theorem 7.6 and its proof are presented in finite dimension, the infinite dimensional extension yields a rather precise equivalence between small ball probabilities for a Gaussian measure μ on a Banach space E and the entropy numbers $N(\mathcal{K}, \varepsilon U)$ where $\mathcal{K}$ is the unit ball of the reproducing kernel Hilbert space $\mathcal{H}$ and U the unit ball of E. It has been shown by J. Kuelbs and W. Li [K-L2] to have striking consequences in approximation theory. For example, using the small ball behaviors for Wiener measure, we see that if $\mathcal{K}$ is the unit ball of the Cameron-Martin Hilbert space and C the L^p-ball on $([0,1], dt)$, $1 \leq p \leq \infty$, then

$$\log N(\mathcal{K}, \varepsilon C) \sim \frac{1}{\varepsilon} \quad \text{as } \varepsilon \to 0.$$

Theorem 7.3 similarly shows that for $\mathcal{K}$ the unit ball of the Cameron-Martin space associated to the Wiener sheet and for C the uniform unit ball on $C([0,1]^2; \mathbb{R})$,

$$\log N(\mathcal{K}, \varepsilon C) \sim \frac{1}{\varepsilon} \left(\log \frac{1}{\varepsilon} \right)^{3/2} \quad \text{as } \varepsilon \to 0.$$

This deep connection between entropy numbers and small ball probabilities is further investigated in [K-L2] and [Ta9]. In particular, in [Ta9], the author obtains very general rates for the variables $(2 \log n)^{-1/2} X_n$ to cluster to $\mathcal{K}$, when $(X_n)_{n \in \mathbb{N}}$ is a sequence of independent identically distributed sequence with distribution μ. These rates depend only on the behavior of the small ball probabilities $\mu(\varepsilon U)$. These results have applications to rates of convergence in Strassen's law of the iterated logarithm for Brownian motion. Prior results on the convergence of $(2 \log n)^{-1/2} X_n$ to $\mathcal{K}$ at the origin of this study are due to V. Goodman [Go1].

In [Ta9], M. Talagrand also established a general lower bound on supremum of Gaussian processes under entropy conditions. At the present time, it is one of the only few general results available in this subject of small ball probabilities. We briefly describe one simple statement. Let $(X_t)_{t \in T}$ be a (centered) Gaussian process as in Chapter 6. Recall also from this chapter the entropy numbers $N(T, d; \varepsilon)$, $\varepsilon > 0$, for the Dudley metric $d(s,t) = (\mathbb{E}|X_s - X_t|^2)^{1/2}$, $s, t \in T$. Assume that there is a nonnegative function ψ on $\mathbb{R}_+$ such that

(7.11) $$N(T, d; \varepsilon) \leq \psi(\varepsilon), \quad \varepsilon > 0,$$

and such that for some constants $1 < c_1 \leq c_2 < \infty$ and all $\varepsilon > 0$

(7.12) $$c_1 \psi(\varepsilon) \leq \psi\left(\frac{\varepsilon}{2}\right) \leq c_2 \psi(\varepsilon).$$

We thus have in mind a power type behavior $\psi(\varepsilon) = \varepsilon^{-a}$ of the entropy numbers. Then, for some $K > 0$ and every $\varepsilon > 0$,

(7.13) $$\mathbb{P}\left\{ \sup_{s,t \in T} |X_s - X_t| \leq \varepsilon \right\} \geq \exp(-K\psi(\varepsilon)).$$

We prove this result following the notations introduced in the previous chapter. Let n_0 be the largest n in $\mathbb{Z}$ such that $2^{-n} \geq D(T)$ where $D(T)$ is the diameter of T, assumed to be finite (we may actually start with T finite). For every $n \geq n_0$, consider a subset T_n of T of cardinality $N(n) = N(T, d; 2^{-n})$ such that each point of T is within distance 2^{-n} of T_n. We let $T_{n_0} = \{t_0\}$ where t_0 is any fixed point in T. For $n > n_0$, choose $s_{n-1}(t) \in T_{n-1}$ such that $d(t, s_{n-1}(t)) \leq 2^{-n+1}$ and set

$$\mathcal{Y} = \{X_t - X_{s_{n-1}(t)}; t \in T_n\}.$$

Note that $\|Y\|_2 \leq 2^{-n+1}$ for every Y in $\mathcal{Y}$. Clearly, each X_t can be written as

$$X_t = X_{t_0} + \sum_{n > n_0} Y_n$$

where $Y_n \in \mathcal{Y}$, $n > n_0$. Therefore, if $(b_n)_{n > n_0}$ is a sequence of positive numbers with $\sum_{n > n_0} b_n \leq \frac{u}{2}$, $u > 0$,

(7.14)
$$\mathbb{P}\Big\{ \sup_{s,t \in T} |X_s - X_t| \leq u \Big\} \geq \mathbb{P}\{\forall n > n_0, \forall Y \in \mathcal{Y}, |Y_n| \leq b_n\}$$
$$\geq \prod_{n > n_0} \left(\mathbb{P}\{|g| \leq b_n 2^{n-1}\} \right)^{N(n)}$$

where g is a standard normal variable. We used here the following consequence of the main inequality of [Kh], [Sc], [Si]... (see (7.16) below): if $(Z_1, \ldots, Z_n)$ is a (centered) Gaussian random vector, for every $\lambda_1, \ldots, \lambda_n \geq 0$,

$$\mathbb{P}\{|Z_1| \leq \lambda_1, \ldots, |Z_n| \leq \lambda_n\} \geq \prod_{i=1}^{n} \mathbb{P}\{|Z_i| \leq \lambda_i\}.$$

Let q be an integer with $q > n_0$ and set

$$b_n = b_n(q) = \begin{cases} 2^{-\frac{3q}{2} + \frac{n}{2} + 1} & \text{if } n_0 < n \leq q, \\ 2^{-\frac{q}{2} - \frac{n}{2} + 1} & \text{if } n > q. \end{cases}$$

Then $\sum_{n > n_0} b_n \leq 2^{-q+3}$. Apply then (7.14) with $u = 2^{-q+3}$. Using (7.3) and (7.4) and the hypothesis $N(n) \leq \psi(2^{-n})$, we get

$$\mathbb{P}\Big\{ \sup_{s,t \in T} |X_s - X_t| \leq u \Big\} \geq \prod_{n_0 < n \leq q} \left(3^{-1} 2^{-3(n-q)/2}\right)^{\psi(2^{-n})} \prod_{n > q} \exp\left(-2\psi(2^{-n}) e^{-2^{n-q}}\right).$$

Now, by (7.12),

$$\sum_{n_0 < n \leq q} \psi(2^{-n}) \log\left(3^{-1} 2^{3(n-q)/2}\right) \leq \psi(2^{-q}) \sum_{n_0 < n \leq q} c_1^{n-q} \log\left(3^{-1} 2^{3(n-q)/2}\right)$$
$$\leq K(c_1) \psi(2^{-q})$$

while

$$\sum_{n>q} \psi(2^{-n})\, e^{-2^{n-q}} \leq \psi(2^{-q}) \sum_{n>q} c_2^{n-q} e^{-2^{n-q}}$$

$$\leq K(c_2)\psi(2^{-q})$$

where $K(c_1), K(c_2) > 0$ only depend on c_1 and c_2 respectively. It follows that

$$\mathbb{P}\big\{ \sup_{s,t\in T} |X_s - X_t| \leq 2^{-q+3} \big\} \geq \exp\big(-K\psi(2^{-q})\big)$$

where $q > n_0$. Let $\varepsilon \leq 8D(T)$ and let $q > n_0$ be the largest integer such that $2^{-q+4} \geq \varepsilon$ ($\varepsilon \leq 8D(T) \leq 2^{-n_0+3}$, $2^{-q+3} \leq \varepsilon$). Then

$$\mathbb{P}\big\{ \sup_{s,t\in T} |X_s - X_t| \leq \varepsilon \big\} \geq \exp\big(-K\psi(2^{-q})\big) \geq \exp\big(-K\psi(\varepsilon)\big).$$

When $\varepsilon \geq 8D(T)$, by concentration,

$$\mathbb{P}\big\{ \sup_{s,t\in T} |X_s - X_t| \leq \varepsilon \big\} \geq 1 - 2\exp\Big(\frac{\varepsilon^2}{2D(T)^2}\Big) \geq \frac{1}{2} \geq \exp\big(-\psi(\varepsilon)\big)$$

since $\psi(\varepsilon) \geq N(T,d;\varepsilon) \geq 1$. (7.13) thus is established.

To conclude this chapter, we mention some related correlation and conditional inequalities and their applications. These results have been used recently in various topological questions on Wiener space briefly discussed below.

The next inequality seems to mix small ball and large ball behaviors and might be of some interest in other contexts. It is related to conjecture (7.17) below. Let $W = (W(t))_{t\geq 0}$ be Brownian motion starting at the origin with values in $\mathbb{R}^d$. By Lévy's modulus of continuity of Brownian motion, one may consider some stronger topologies on the Wiener space $C_0([0,1];\mathbb{R}^d)$, such as Hölder topologies. For every function $x : [0,1] \to \mathbb{R}^d$, recall the Hölder norm of index $0 < \alpha < 1$ defined as

$$\|x\|_\alpha = \sup_{0\leq s\neq t\leq 1} \frac{|x(s)-x(t)|}{|s-t|^\alpha}.$$

It is known, and due to Z. Ciesielski [Ci1], that these Hölder norms are equivalent to sequence norms. More precisely, for every continuous function $x : [0,1] \to \mathbb{R}^d$ such that $x(0) = 0$, let, for $m = 2^n + k - 1$, $n \geq 0$, $k = 1,\dots,2^n$,

$$\xi_m(x) = \xi_{2^n+k-1}(x) = 2^{n/2}\Big[2x\Big(\frac{2k-1}{2^{n+1}}\Big) - x\Big(\frac{k}{2^n}\Big) - x\Big(\frac{k-1}{2^n}\Big)\Big]$$

and $\xi_0(x) = x(1)$, be the evaluation of x in the Schauder basis on $C_0([0,1];\mathbb{R}^d)$. Set

$$\|x\|'_\alpha = \sup_{m\geq 0}(m+1)^{\alpha-\frac{1}{2}}|\xi_m(x)|.$$

Then, for every $0 < \alpha < 1$, there exists $C_\alpha^d > 0$ such that, for all $x \in C_0([0,1]; \mathbb{R}^d)$,

$$(7.15) \qquad (C_\alpha^d)^{-1} \|x\|_\alpha' \le \|x\|_\alpha \le C_\alpha^d \|x\|_\alpha'.$$

Note also that Wiener measure is a Radon measure on the subspace of the space of Hölder functions x such that

$$\lim_{\eta \to 0} \sup_{\substack{|s-t| \le \eta \\ 0 \le s \ne t \le 1}} \frac{|x(s) - x(t)|}{|s-t|^\alpha} = 0.$$

The next proposition is the main conditional Gaussian inequality we would like to emphasize. It evaluates large oscillations of the Brownian paths conditionally on the fact that these paths are bounded [BA-G-L].

Proposition 7.7. *Let $0 < \alpha < \frac{1}{2}$. There exists a constant $C > 0$ only depending on d and α such that for every $u > 0$ and $v > 0$,*

$$\mathbb{P}\{\|W\|_\alpha \ge u \mid \|W\|_\infty \le v\} \le C \max\left(1, \left(\frac{u}{v}\right)^{1/\alpha}\right) \exp\left(-\frac{u^{1/\alpha}}{Cv^{(1/\alpha)-2}}\right).$$

Proof. We use (7.15) to write that, for $u, v > 0$,

$$\mathbb{P}\{\|W\|_\alpha' \ge u \mid \|W\|_\infty \le v\} \le \sum_{m \ge 0} \mathbb{P}\{|\xi_m(W)| \ge u(m+1)^{\frac{1}{2}-\alpha} \mid \|W\|_\infty \le v\}$$

$$\le \sum_{m \ge m_0} \mathbb{P}\{|\xi_m(W)| \ge u(m+1)^{\frac{1}{2}-\alpha} \mid \|W\|_\infty \le v\}$$

where $m_0 = \max(0, (u/4v)^{1/\alpha} - 1)$ since, on $\{\|W\|_\infty \le v\}$, $|\xi_m(W)| \le 4v\sqrt{m+1}$. Now, if $a > 0$ and if A is a convex symmetric subset of $\mathbb{R}^n$, it has been shown in [Kh], [Si], [Sco]... (see also [DG-E-...]) that

$$(7.16) \qquad \gamma_n(A \cap S) \ge \gamma_n(A)\gamma_n(S)$$

where, as usual, γ_n is the canonical Gaussian measure on $\mathbb{R}^n$ and where S is the strip $\{x \in \mathbb{R}^n; |x_1| \le a\}$. Since the ξ_m are continuous linear functionals on the Wiener space, a simple finite dimensional approximation on (7.16) (in the spirit, for example, of the approximation procedures described in Chapter 4) then shows that

$$\mathbb{P}\{|\xi_m(W)| \ge u(m+1)^{\frac{1}{2}-\alpha} \mid \|W\|_\infty \le v\} \le \mathbb{P}\{|\xi_m(W)| \ge u(m+1)^{\frac{1}{2}-\alpha}\}$$

for every m. Hence,

$$\mathbb{P}\{\|W\|_\alpha' \ge u \mid \|W\|_\infty \le v\} \le \sum_{m \ge m_0} \mathbb{P}\{|\xi_m(W)| \ge u(m+1)^{\frac{1}{2}-\alpha}\}.$$

Now, the variables $\xi_m(W)$ are distributed according to γ_d on $\mathbb{R}^d$. By the classical Gaussian exponential bound,

$$\mathbb{P}\{\|W\|'_\alpha \geq u \mid \|W\|_\infty \leq v\} \leq \sum_{m \geq m_0} \exp\left(-\frac{1}{C_d}u^2(m+1)^{1-2\alpha}\right)$$

where $C_d > 0$ only depends on d. The conclusion then easily follows after some elementary computations. Proposition 7.7 is established. $\qquad\Box$

It might be worthwhile noting that we obtain a weaker, although already useful result, by replacing in Proposition 7.7 the conditional probability by the probability of the intersection, that is

$$\mathbb{P}\{\|W\|_\alpha \geq u, \|W\|_\infty \leq v\}.$$

The proof for this quantity is in fact easier since it does not use (7.16). M. A. Lifshits recently mentioned to me that the bound of Proposition 7.7 is actually two-sided at the logarithmic scale as the ratio $u^{1/\alpha}/v^{(1/\alpha)-2}$ is large. His argument is based on a delicate partitioning and clever use of the Markov property. One may ask for a general version of Proposition 7.7 dealing with some arbitrary norms on a Gaussian space.

In the proof of Proposition 7.7, we made crucial use of the correlation inequality (7.16). More generally than (7.16), one may ask whether, given two symmetric convex bodies A and B in $\mathbb{R}^n$,

(7.17) $$\gamma_n(A \cap B) \geq \gamma_n(A)\gamma_n(B).$$

This was established when $n = 2$ by L. Pitt [Pit], and thus for arbitrary n when B is a symmetric strip in [Kh], [Si], [Sco] (see also [DG-E-...], [Bo7]...). The general case is so far open.

Proposition 7.7 was used recently in [BA-G-L] to extend the Strook-Varadhan support of a diffusion theorem (cf. [I-W]) to the stronger Hölder topology of index $0 < \alpha < \frac{1}{2}$ on Wiener space. This result was obtained independently in [A-K-S] and [M-SS] by other methods. It was further used in [BA-L2] to extend to this topology the Freidlin-Wentzell large deviation principle for small perturbations of dynamical systems. These results may appear as attempts to understand the role of the topolgy in these classical statements. In this direction, the support theorem is established in [G-N-SS] (see also [Me]) for fairly general modulus norms (related to the description of the natural functional norms on the Brownian paths given in [Ci2]). In the context of large deviations, one may wonder for example whether some analogue of Theorem 4.5 holds for diffusion processes. An even more precise result would be a concentration inequality for diffusions.

The next theorem is due to C. Borell [Bo4] in 1977 with a proof using the logconcavity (1.9) of Gaussian measures. We follow here the alternate proof of [S-Z1] based on the correlation inequality (7.16). This result may be used to establish conditional exponential inequalities that allow one to prove existence of Onsager-Machlup functionals for tubes around every element in the Cameron-Martin space.

Theorem 7.8. Let $(E, \mathcal{H}, \mu)$ be an abstract Wiener space and let $h \in \mathcal{H}$. Then

$$\lim_{\varepsilon \to 0} \frac{\mu(h + B(0, \varepsilon))}{\mu(B(0, \varepsilon))} = e^{-|h|^2/2}$$

where $B(0, \varepsilon)$ is the (closed) ball with center the origin and radius $\varepsilon > 0$ for the norm on E. Equivalently, by Cameron-Martin's formula (4.11),

$$\lim_{\varepsilon \to 0} \frac{1}{\mu(B(0, \varepsilon))} \int_{B(0, \varepsilon)} e^{\tilde{h}} d\mu = 1$$

where we recall that $\tilde{h} = (j^*_{|E_2^*})^{-1}(h)$.

On the Wiener space $C_0([0, 1])$ (with the supnorm), if h is an element of the Cameron-Martin Hilbert space, we know that $\tilde{h} = \int_0^1 h'(t)dW(t)$. As we have seen in Chapter 4, this is still the case for a norm $\|\cdot\|$ on $C_0([0, 1]$ such that, for example, $\|x\| \geq C \int_0^1 |x(t)|dt$ for every x in $C_0([0, 1]$ and some constant $C > 0$. See [Bog] for further results and improvements in this direction.

Proof. By symmetry and Jensen's inequality, for each $\varepsilon > 0$,

$$\frac{1}{\mu(B(0, \varepsilon))} \int_{B(0, \varepsilon)} e^{\tilde{h}} d\mu \geq 1.$$

Therefore, it suffices to show that

(7.18)
$$\limsup_{\varepsilon \to 0} \frac{1}{\mu(B(0, \varepsilon))} \int_{B(0, \varepsilon)} e^{\tilde{h}} d\mu \leq 1.$$

It is plain that (7.18) holds when $h = j^* j(\xi)$ for some $\xi \in E^*$, in other words, $\tilde{h}(\cdot) = j(\xi)(\cdot) = \langle \xi, \cdot \rangle$ (considered as an element of $L^2(\mu)$). Now, since $\mathcal{H} = j^*(E_2^*)$, where we recall that E_2^* is the closure of E^* in $L^2(\mu)$ (cf. Chapter 4), there is a sequence $(\xi_n)_{n \in \mathbf{N}}$ in E^* such that $\lim_{n \to \infty} \|\tilde{h} - j(\xi_n)\|_{L^2(\mu)} = 0$. By the Cauchy-Schwarz inequality, for every $\varepsilon > 0$ and every n,

$$\int_{B(0, \varepsilon)} e^{\tilde{h}} d\mu \leq \left(\int_{B(0, \varepsilon)} e^{2j(\xi_n)} d\mu \right)^{1/2} \left(\int_{B(0, \varepsilon)} e^{2(\tilde{h} - j(\xi_n))} d\mu \right)^{1/2}.$$

The result will therefore be established if we show that, for every $\varepsilon > 0$ and every k in $\mathcal{H}$,

(7.19)
$$\frac{1}{\mu(B(0, \varepsilon))} \int_{B(0, \varepsilon)} e^{\tilde{k}} d\mu \leq \int e^{|\tilde{k}|} d\mu.$$

Indeed, if this is the case, let $k = k_n = 2(h - j^*j(\xi_n))$. Then $\tilde{k}_n$ is a Gaussian random variable on the probability space $(E, \mathcal{B}, \mu)$ with variance $4\|\tilde{h} - j(\xi_n)\|_{L^2(\mu)}^2 \to 0$. Therefore, by the dominated convergence theorem,

$$\lim_{n \to \infty} \int e^{|\tilde{k}_n|} d\mu = 1.$$

Hence, letting ε tend to zero and then n tend to infinity yields the result. We are left with the proof of (7.19). We will actually establish that, for every $t \geq 0$,

(7.20) $$\mu(|\tilde{k}| \geq t \mid B(0, \varepsilon)) \leq \mu(|\tilde{k}| \geq t)$$

from which (7.19) immediately follows by integration by parts. To this purpose, assume that $|k| = 1$. We may choose an orthonormal basis $(e_i)_{i \geq 1}$ of $\mathcal{H}$ such that $e_1 = k$. Recall from Proposition 4.2 that the $g_i = (j^*_{|E_i^*})^{-1}(e_i) = \tilde{e}_i$, $i \geq 1$, are independent standard Gaussian random variables. By (7.16), for every convex symmetric set B in $\mathbb{R}^n$, and every $t \geq 0$,

$$\mathbb{P}\{|g_1| < t, (g_1, \ldots, g_n) \in B\} \geq \mathbb{P}\{|g_1| < t\}\mathbb{P}\{(g_1, \ldots, g_n) \in B\}.$$

If we let then $B = \{x \in \mathbb{R}^n; \|\sum_{i=1}^n x_i e_i\| \leq \varepsilon\}$, (7.20) immediately follows from this inequality by Proposition 4.2. The proof of Theorem 7.8 is complete. $\square$

Note that the proof of Theorem 7.8 also applies to $|\tilde{h}|$ and $c\tilde{h}^2$ (with $c < 1/2|h|^2$) instead of $\tilde{h}$. With this tool, L. A. Shepp and O. Zeitouni initiated in [S-Z2] the study of Onsager-Machlup functionals for some completely symmetric norms on Wiener space. In [Ca], a general result in this direction is proved for rotational invariant norms with a known small ball behavior (including in particular Hölder norms and various Sobolev type norms).

Notes for further reading. More on small ball probabilities for Gaussian measures may be found in [D-HJ-S] and in the more recent papers [Gri], [K-L2], [K-L-L], [K-L-S], [K-L-T], [Li], [Lif3], [M-R], [Sh], [S-W], [St2]... In particular, in the latter papers, the small ball behaviors are used in the study of rates of convergence in both Strassen's and Chung's law of the iterated logarithm. Some general statements towards this goal are stated in [Ta9]. Recall also the paper [D-L] on Strassen's law of the iterated logarithm for Brownian motion for arbitrary seminorms. See also the recent reference [Lif3]. More on the support of a diffusion theorem, small perturbations of dynamical systems and Onsager-Machlup functionals in stronger topologies on Wiener space can be found in the afore mentioned references [A-K-S], [B-R], [BA-G-L], [BA-L2], [Bog], [Ca], [Ci2], [G-N-SS], [Me], [M-SS], [S-Z1], [S-Z2]...

8. ISOPERIMETRY AND HYPERCONTRACTIVITY

In this last chapter, we further investigate the tight relationships between isoperimetry and semigroup techniques as started in Chapter 2. More precisely, we present some of the semigroup tools which may be used to investigate the isoperimetric inequality in Euclidean and Gauss space. In particular, we will concentrate on the isoperimetric and concentration inequalities for Gaussian measures and show how these relate to hypercontractivity of the Ornstein-Uhlenbeck semigroup. The overwhole approach is inspired by the work of N. Varopoulos in his functional approach to isoperimetric inequalities on groups and manifolds. To better illustrate the scheme of proofs, we start with the classical isoperimetry in $\mathbb{R}^n$ and observe, in particular, that the isoperimetric inequality in $\mathbb{R}^n$ is equivalent to saying that the L^2-norm of the heat semigroup acting on characteristic functions of sets increases under isoperimetric rearrangement. Then, we investigate the analogous situation with respect to the canonical Gaussian measure γ_n. As for the concentration of measure phenomenon, we will discover how the various properties of the Ornstein-Uhlenbeck semigroup such as the commutation property or hypercontractivity can yield in a simple way (a form of) the isoperimetric inequality for Gaussian measures.

Recall from Chapter 1 that the classical isoperimetric inequality in $\mathbb{R}^n$ states that among all compact subsets A with fixed volume $\text{vol}_n(A)$ and smooth boundary ∂A, Euclidean balls minimize the surface measure of the boundary. In other words, whenever $\text{vol}_n(A) = \text{vol}_n(B)$ where B is a ball with some radius r (and $n > 1$),

$$(8.1) \qquad \text{vol}_{n-1}(\partial A) \geq \text{vol}_{n-1}(\partial B).$$

Now, $\text{vol}_{n-1}(\partial B) = nr^{n-1}\omega_n$ where ω_n is the volume of the ball of radius 1 so that (8.1) is equivalent to saying that

$$(8.2) \qquad \text{vol}_{n-1}(\partial A) \geq n\omega_n^{1/n}\text{vol}_n(A)^{(n-1)/n}.$$

The function $n\omega_n^{1/n}x^{(n-1)/n}$ on $\mathbb{R}^+$ is the isoperimetric function of the classical isoperimetric problem on $\mathbb{R}^n$. Euclidean balls are the extremal sets and achieve equality in (8.2).

It is well-known that (8.2) may be expressed equivalently on functions by means of the coarea formula [Fed], [Maz2], [Os]. After integration by parts (see e.g. [Maz2], p. ...), it yields

$$(8.3) \qquad n\omega^{1/n}\|f\|_{n/n-1} \leq \||\nabla f|\|_1$$

for every C^∞ compactly supported function f on $\mathbb{R}^n$. This inequality is equivalent to (8.2) by letting f approximate the characterisitic function I_A of a set A whose boundary ∂A is smooth enough so that $\int |\nabla f| \, dx$ approaches $\mathrm{vol}_{n-1}(\partial A)$. For simplicity, smoothness properties will be understood in this way here. Inequality (8.3) is due independently to E. Gagliardo [Ga] and L. Nirenberg [Ni] with a nice inductive proof on the dimension. This proof, however, does not seem to yield the optimal constant, and therefore the extremal character of balls. The connection between (8.2) and (8.3) through the coarea formula seems to be due to H. Federer and W. H. Fleming [F-F] and V. G. Maz'ja [Maz1] (cf. [Os]).

Inequality (8.3) of course belongs to the family of Sobolev inequalities. Replacing f (positive) by f^α for some appropriate α easily yields after an application of Hölder's inequality that, for every C^∞ compactly supported function f on $\mathbb{R}^n$,

$$(8.4) \qquad \|f\|_q \leq C(n,p,q)\||\nabla f|\|_p$$

with $\frac{1}{q} = \frac{1}{p} - \frac{1}{n}$ and $C(n,p,q) > 0$ a constant only depending on n, p, q, $1 \leq p < n$. The family of inequalities (8.4) with $1 < p < n$ goes back to S. Sobolev [So], the inequality for $p = 1$ (which implies the others) having thus been established later on. Of particular interest is the value $p = 2$ which may be expressed equivalently by integration by parts as $(n > 2)$

$$(8.5) \qquad \|f\|_{2n/n-2}^2 \leq C \int |\nabla f|^2 dx = C \int f(-\Delta f) dx$$

where Δ is the usual Laplacian on $\mathbb{R}^n$. As developed in an abstract setting by N. Varopoulos [Va2] (cf. [Va5], [V-SC-C]), this Dirichlet type inequality (8.5) is closely related to the behavior of the heat semigroup $T_t = e^{t\Delta}$, $t \geq 0$, as $\|T_t f\|_\infty \leq Ct^{-n/2}\|f\|_1$, $t > 0$. We will come back to this below.

Our first task will be to describe, in this concrete setting, some aspects of the semigroup techniques of [Va2], [Va3], and to show how these can yield, in a very simple way, (a form of) the isoperimetric inequality. We will work with the integral representation of the heat semigroup $T_t = e^{t\Delta}$, $t \geq 0$, as

$$T_t f(x) = \int_{\mathbb{R}^n} f(x + \sqrt{2t}\, y)\, d\gamma_n(y), \quad x \in \mathbb{R}^n, \quad f \in L^1(dx),$$

where γ_n is the canonical Gaussian measure on $\mathbb{R}^n$.

The following proposition is crucial for the understanding of the general principle. Set, for Borel subsets A, B in $\mathbb{R}^n$, and $t \geq 0$,

$$K_t^T(A,B) = \int_B T_t(I_A)\, dx.$$

A^c denotes below the complement of A.

Proposition 8.1. *For every compact set A in $\mathbb{R}^n$ with smooth boundary ∂A and every $t \geq 0$,*

$$K_t^T(A, A^c) \leq \left(\frac{t}{\pi}\right)^{1/2} \mathrm{vol}_{n-1}(\partial A).$$

Proof. Let f, g be smooth functions on $\mathbb{R}^n$. For every $t \geq 0$, we can write

$$\int g\,(T_t f - f)dx = \int_0^t \left(\int g\,\Delta T_s f\,dx \right) ds$$

$$= -\int_0^t \left(\int \langle \nabla T_s g, \nabla f \rangle\,dx \right) ds.$$

Now, by integration by parts,

$$\nabla T_s g = \frac{1}{\sqrt{2s}} \int_{\mathbb{R}^n} y\,g(x + \sqrt{2s}\,y)d\gamma_n(y).$$

Hence

$$\int g\,(T_t f - f)dx = -\int_0^t \frac{1}{\sqrt{2s}} \int\!\!\int \langle \nabla f(x), y \rangle\,g(x + \sqrt{2s}\,y)dx d\gamma_n(y)ds.$$

This inequality of course extends to $g = I_{A^c}$. Since

$$\int\!\!\int \langle \nabla f(x), y \rangle dx d\gamma_n(y) = 0,$$

we see that, for every s,

$$-\int\!\!\int \langle \nabla f(x), y \rangle\,I_{A^c}(x + \sqrt{2s}\,y)dx d\gamma_n(y) \leq \int\!\!\int (\langle \nabla f(x), y \rangle)^- dx d\gamma_n(y)$$

$$= \frac{1}{2} \int\!\!\int |\langle \nabla f(x), y \rangle| dx d\gamma_n(y)$$

$$= \frac{1}{\sqrt{2\pi}} \int |\nabla f| dx$$

by partial integration with respect with respect to $d\gamma_n(y)$. The conclusion follows since, by letting f approximate I_A, $\int |\nabla f|\,dx$ approaches $\mathrm{vol}_{n-1}(\partial A)$. The proof of Proposition 8.1 is complete. $\square$

Proposition 8.1 is sharp since it may be tested on balls. Namely, if B is an Euclidean ball, one may check that

$$(8.6) \qquad \lim_{t \to 0} \left(\frac{\pi}{t}\right)^{1/2} K_t^T(B, B^c) = \mathrm{vol}_{n-1}(\partial B).$$

By translation invariance and homogeneity, one may assume that B is the unit ball with center the origin and radius 1. Then, for $t > 0$,

$$K_t^T(B, B^c) = \int_{\{|x|>1\}} \gamma_n\left(y \in \mathbb{R}^n; |x + \sqrt{2t}\, y| \le 1\right) dx.$$

Using polar coordinates and the rotational invariance of γ_n,

$$K_t^T(B, B^c) = \int_1^\infty \int_{\omega \in \partial B} \rho^{n-1} \gamma_n\left(y; |\rho\omega + \sqrt{2t}\, y| \le 1\right) d\rho\, d\omega$$

$$= \mathrm{vol}_{n-1}(\partial B) \int_1^\infty \rho^{n-1} \gamma_1 \otimes \gamma_{n-1}\left((y_1, \tilde{y}); |\rho + \sqrt{2t}y_1|^2 + 2t|\tilde{y}|^2 \le 1\right) d\rho$$

where $y = (y_1, \tilde{y})$, $y_1 \in \mathbb{R}$, $\tilde{y} \in \mathbb{R}^{n-1}$. We then use Fubini's theorem to write

$$K_t^T(B, B^c) = \mathrm{vol}_{n-1}(\partial B) \int J_t(y_1, \tilde{y}) d\gamma_1(y_1) d\gamma_{n-1}(\tilde{y})$$

where

$$J_t(y_1, \tilde{y}) = I_{\{2t|\tilde{y}|^2 \le 1; \sqrt{2t}y_1 \le \sqrt{1-2t|\tilde{y}|^2}-1\}} \int_1^\infty \rho^{n-1} I_{\{|\rho + \sqrt{2t}y_1|^2 \le 1 - 2t|\tilde{y}|^2\}} d\rho.$$

By a simple integration of the preceding, it is easily seen that

$$\lim_{t \to 0} \frac{1}{\sqrt{t}} J_t(y_1, \tilde{y}) = -\sqrt{2}\, y_1 I_{\{y_1 \le 0\}}$$

so that, by dominated convergence,

$$\lim_{t \to 0} \frac{1}{\sqrt{t}} K_t^T(B, B^c) = -\mathrm{vol}_{n-1}(\partial B) \int_{-\infty}^0 \sqrt{2}\, y_1 d\gamma_1(y_1) = \frac{1}{\sqrt{\pi}} \mathrm{vol}_{n-1}(\partial B)$$

which is the claim (8.6).

As a consequence of (8.6), the isoperimetric inequality (8.2) is equivalent to saying that, for every $t \ge 0$ and every compact subset A with smooth boundary, $K_t^T(A, A) \le K_t^T(B, B)$ whenever B is a ball with the same volume as A. In other words, since $K_t^T(A, A) = \|T_{t/2}(I_A)\|_2^2$,

$$(8.7) \qquad \|T_t(I_A)\|_2 \le \|T_t(I_B)\|_2, \quad t \ge 0.$$

Indeed, under such a property, by Proposition 8.1, for every $t > 0$,

$$\mathrm{vol}_{n-1}(\partial A) \ge \left(\frac{\pi}{t}\right)^{1/2} K_t^T(A, A^c) \ge \left(\frac{\pi}{t}\right)^{1/2} K_t^T(B, B^c)$$

and, when $t \to 0$, $\mathrm{vol}_{n-1}(\partial A) \ge \mathrm{vol}_{n-1}(\partial B)$ by (8.6).

Inequality (8.7) is part of the Riesz-Sobolev rearrangement inequalities (cf. e.g. [B-L-L]). While we noticed its equivalence with isoperimetry, one may wonder for an independent analytic proof of (8.7).

If one does not mind bad constants, one can actually deduce (a form of) isoperimetry from Proposition 8.1 in an elementary way. We will use below this simpler argument in the context of Riemannian manifolds. Note from the uniform estimate $\|T_t f\|_\infty \leq Ct^{-n/2}\|f\|_1$, $t > 0$, that, by interpolation, $\|T_t f\|_2 \leq \sqrt{C}t^{-n/4}\|f\|_1$, $t > 0$, for every f in $L^1(dx)$. Hence, by Proposition 8.1, for every compact subset A in $\mathbb{R}^n$ with smooth boundary ∂A, and every $t > 0$,

$$\text{vol}_{n-1}(\partial A) \geq \left(\frac{\pi}{t}\right)^{1/2} K_t^T(A, A^c)$$

$$\geq \left(\frac{\pi}{t}\right)^{1/2}\left[\text{vol}_n(A) - \|T_{t/2}(I_A)\|_2^2\right]$$

$$\geq \left(\frac{\pi}{t}\right)^{1/2}\left[\text{vol}_n(A) - C\left(\frac{t}{2}\right)^{-n/2}\text{vol}_n(A)^2\right].$$

Optimizing over $t > 0$ then yields

$$\text{vol}_{n-1}(\partial A) \geq C'\text{vol}_n(A)^{(n-1)/n}$$

hence (8.2), with however a worse constant. This easy proof could appear even simpler than the one by E. Gagliardo and L. Nirenberg.

These elementary arguments may be used in the same way in greater generality, for example in Riemannian manifolds. Following [Va2], [Va3], we briefly describe how the arguments should be developed in this case.

It is known ([C-L-Y], [Va1]) that an isoperimetric inequality on a Riemannian manifold M, for example, always forces some control on the heat kernel of M. More precisely, let M be a complete connected Riemannian manifold of dimension N, and, say, noncompact and of infinite volume. Let furthermore Δ be the Laplace-Beltrami operator on M and denote by $(P_t)_{t\geq0}$ the heat semigroup with kernel $p_t(x,y)$.

Theorem 8.2. *Assume that there exist $n > 1$ and $C > 0$ such that for all compacts subsets A of M with smooth boundary ∂A,*

(8.8) $$\text{vol}(A)^{(n-1)/n} \leq C\,\text{vol}(\partial A).$$

Then, for some constant $C' > 0$,

(8.9) $$p_t(x,y) \leq \frac{C'}{t^{n/2}}$$

for every $t > 0$ and every $x, y \in M$. Furthermore, for each $\delta > 0$, there exists $C_\delta > 0$ such that

(8.10) $$p_t(x,y) \leq \frac{C_\delta}{t^{n/2}}\exp\left(-\frac{d(x,y)^2}{4(1+\delta)t^2}\right)$$

for every $t > 0$ and every $x, y \in M$.

The proof of this theorem is entirely similar to the Euclidean case. We compare both (8.8) and (8.9) on the scale of Sobolev inequalities. One of the main points is the formal equivalence, due to N. Varopoulos [Va2] (cf. [Va5], [V-SC-C] and the references therein), of the L^2-Sobolev inequality (8.5) and the uniform control of the heat semigroup or kernel

$$(8.11) \qquad \|P_t f\|_\infty \leq \frac{C}{t^{n/2}} \|f\|_1, \quad t > 0, \quad f \in C_o^\infty(M).$$

This result, inspired from the work of J. Nash [Na] and J. Moser [Mo] on the regularity of solutions of parabolic differential equations, is the main link between analysis and geometry. Various techniques then allow one to deduce from the uniform control (8.11) of the kernel the Gaussian off-diagonal estimates (8.10) (cf. [Da], [L-Y], [Va4]...). Theorem 8.2 may be localized in small time (from an isoperimetric inequality on sets of small volume), or in large time [C-F] (sets of large volume).

As we have seen in the classical case, it is sometimes possible to reverse the preceding procedure and to deduce some isoperimetric property from a (uniform) control of the heat kernel. To emphasize the methods rather than the result itself, let us consider only, for simplicity, Riemannian manifolds with nonnegative Ricci curvature. Owing to the Euclidean example, we need to understand how we should complement a Sobolev inequality at the level L^2 (8.5) in order to reach the level L^1 (8.3) and therefore isoperimetry. In this Riemannian setting, this step may be performed with a fundamental inequality due to P. Li et S.-T. Yau [L-Y] in their study of parabolic Harnack inequalities. This inequality is a functional translation of curvature and its proof (see e.g. [Da]) is only based, as in Chapter 2, on Bochner formula and the related curvature-dimension inequalities (cf. Proposition 2.2). We only state it in manifolds with nonnegative Ricci curvature.

Proposition 8.3. *Let M be a Riemannian manifold of dimension N and nonnegative Ricci curvature and let $(P_t)_{t>0}$ be the heat semigroup on M. For every strictly positive function f in $C_o^\infty(V)$ and every $t > 0$,*

$$(8.12) \qquad \frac{|\nabla P_t f|^2}{(P_t f)^2} - \frac{\Delta P_t f}{P_t f} \leq \frac{N}{2t}.$$

As shown by N. Varopoulos [Va4], one easily deduces from the pointwise inequality (8.12) that, for every f smooth enough and every $t > 0$,

$$(8.13) \qquad \||\nabla P_t f|\|_\infty \leq \frac{C}{\sqrt{t}} \|f\|_\infty$$

for some C only depending on the dimension N, that is a control of the spatial derivatives of the heat kernel. Indeed, according to (8.12), $(\Delta P_t f)^- \leq N(2t)^{-1} P_t f$ so that $\|\Delta P_t f\|_1 \leq N t^{-1} \|f\|_1$. By duality, $\|\Delta P_t f\|_\infty \leq N t^{-1} \|f\|_\infty$. This estimate, used in (8.12) again, then immediately yields (8.13).

The control (8.13) of the gradient of the semigroup in $\sqrt{t}$ (similar to Proposition 8.1) is then the crucial information which, together with (8.11), allows us to reach isoperimetry. Note that the dimension only comes into (8.11) and that (8.13) is in a sense independent of this dimension (besides the constant). We will come back to this comment in the Gaussian setting next. Inequality (8.13) shows that, by duality, for every f in $C_o^\infty(M)$ and every $t > 0$,

$$(8.14) \qquad \|f - P_t f\|_1 \leq C\sqrt{t}\, \big\|\,|\nabla f|\,\big\|_1.$$

Indeed, for every smooth function g such that $\|g\|_\infty \leq 1$,

$$\int g\,(f - P_t f)\,dx = -\int_0^t \left(\int g\,\Delta P_s f\,dx\right)ds$$

$$= -\int_0^t \left(\int \Delta P_s g\,f\,dx\right)ds$$

$$= \int_0^t \left(\int \langle \nabla P_s g, \nabla f\rangle\,dx\right)ds \leq \int_0^t \|\nabla P_s g\|_\infty\,\big\|\,|\nabla f|\,\big\|_1\,ds.$$

Now (8.14) together with (8.11) imply, exactly as in the Euclidean setting, that for some constant $C > 0$ and every compact subset A of M with smooth boundary ∂A,

$$\mathrm{vol}(A)^{(n-1)/n} \leq C\,\mathrm{vol}(\partial A),$$

that is the announced isoperimetry. We thus established the following theorem [Va4].

Theorem 8.4. *Let M be a Riemannian manifold with nonnegative Ricci curvature. If for some $n > 1$ and some $C > 0$,*

$$p_t(x, y) \leq \frac{C}{t^{n/2}}$$

uniformly in $t > 0$ and $x, y \in M$, then, for some constant $C' > 0$ and every compact subset A of M with smooth boundary ∂A

$$\mathrm{vol}(A)^{(n-1)/n} \leq C'\,\mathrm{vol}(\partial A).$$

When the Ricci curvature is only bounded below, the preceding result can only hold locally. In general, the geometry at infinity of the manifold is such that a heat kernel estimate of the type (8.11) (for large t's) only yields isoperimetry for half of the dimension (cf. [C-L] for further details).

A third most important part of the theory concerns the relation of the preceding isoperimetric and Sobolev inequalities with minorations of volumes of balls. We refer to the works of P. Li and S.-T. Yau [L-Y] and N. Varopoulos [Va4], [Va5] and to the monographs [Da], [V-C-SC].

Now, we turn to the Gaussian isoperimetric inequality and the Ornstein-Uhlenbeck semigroup. We already saw in Chapter 2 how this semigroup may be used in order to describe the concentration properties of Gaussian measures. We use it here to try to reach the full isoperimetric statement and base our approach on hypercontractivity. As we will see indeed, hypercontractivity and logarithmic Sobolev inequalities may indeed be considered as analogues of heat kernel bounds and L^2-Sobolev inequalities in this context.

Recall the canonical Gaussian measure γ_n on $\mathbb{R}^n$ with density with respect to Lebesgue measure $\varphi_n(x) = (2\pi)^{-n/2} \exp(-|x|^2/2)$. Recall also that the isoperimetric property for γ_n indicates that if A is a Borel set in $\mathbb{R}^n$ and H is a half-space

$$H = \{x \in \mathbb{R}^n; \langle x, u \rangle \le a\}, \quad |u| = 1, \quad a \in \mathbb{R},$$

such that $\gamma_n(A) = \gamma_n(H) = \Phi(a)$, then, for any real number $r \ge 0$,

$$\gamma_n(A_r) \ge \gamma_n(H_r) = \Phi(a + r).$$

In the applications to hypercontractivity and logarithmic Sobolev inequalities, we will use the Gaussian isoperimetric inequality in its infinitesimal formulation connecting the "Gaussian volume" of a set to the "Gaussian length" of its boundary (which is really isoperimetry). More precisely, given a Borel subset A of $\mathbb{R}^n$, define ([Eh3], [Fed]) the Gaussian Minkowski content of its boundary ∂A as

$$\mathcal{O}_{n-1}(\partial A) = \liminf_{r \to 0} \frac{1}{r} [\gamma_n(A_r) - \gamma_n(A)].$$

If ∂A is smooth, $\mathcal{O}_{n-1}(\partial A)$ may be obtained as the integral of the Gaussian density along ∂A (see below). In this langague, the isoperimetric inequality then expresses that if H is a half-space with the same measure as A, then

$$\mathcal{O}_{n-1}(\partial A) \ge \mathcal{O}_{n-1}(\partial H).$$

Now, one may easily compute (in dimension one) the Minkowski content of a half-space as

$$\mathcal{O}_{n-1}(\partial H) = \liminf_{r \to 0} \frac{1}{r} [\Phi(a + r) - \Phi(a)] = \varphi_1(a)$$

where $\Phi(a) = \gamma_n(H) = \gamma_n(A)$ and where $\varphi_1(x) = (2\pi)^{-1/2} \exp(-x^2/2)$, $x \in \mathbb{R}$. Hence, denoting by Φ^{-1} the inverse function of Φ, we get that for every Borel set A in $\mathbb{R}^n$,

$$(8.15) \qquad \mathcal{O}_{n-1}(\partial A) \ge \varphi_1 \circ \Phi^{-1}(\gamma_n(A)).$$

The function $\varphi_1 \circ \Phi^{-1}$ is the isoperimetric function of the Gauss space $(\mathbb{R}^n, \gamma_n)$. It may be compared to the function $n\omega^{1/n} x^{(n-1)/n}$ of the classical isoperimetric inequality in $\mathbb{R}^n$. The function $\varphi_1 \circ \Phi^{-1}$ is still concave; it is defined on $[0, 1]$, is symmetric with respect to the vertical line going through $\frac{1}{2}$ with a maximum there equal to $(2\pi)^{-1/2}$, and its behavior at the origin (or at 1 by symmetry) is governed by the equivalence

$$(8.16) \qquad \lim_{x \to 0} \frac{\varphi_1 \circ \Phi^{-1}(x)}{x(2\log(1/x))^{1/2}} = 1.$$

This can easily be established by noting that the derivative of $\varphi_1 \circ \Phi^{-1}$ is $-\Phi^{-1}$ and by comparing $\Phi^{-1}(x)$ to $(2\log(1/x))^{1/2}$.

As in the classical case, (8.15) may be expressed equivalently on functions by means, again, of the coarea formula (see [Fed], [Maz2], [Eh3]). Writing for a smooth function f on $\mathbb{R}^n$ with gradient ∇f that

$$\int |\nabla f| d\gamma_n = \int_0^\infty \left(\int_{C_s} \varphi_n(x) \, d\mathcal{H}_{n-1}(x) \right) ds$$

where $C_s = \{x \in \mathbb{R}^n; |f(x)| = s\}$ and where $d\mathcal{H}_{n-1}$ is the Hausdorff measure of dimension $n-1$ on C_s, we deduce from (8.15) that

(8.17)
$$\int |\nabla f| d\gamma_n \geq \int_0^\infty \varphi_1 \circ \Phi^{-1}\big(\gamma_n(|f| \geq s)\big) ds.$$

When f is a smooth function approximating the indicator function of a set A, we of course recover (8.15) from (8.17), at least for subsets A with smooth boundary. Due to the equivalence (8.16), one sees in particular on (8.17) that a smooth function f satisfying $\int |\nabla f| d\gamma_n < \infty$ is such that $\int |f|(\log(1+|f|))^{1/2} d\gamma_n < \infty$. Indeed, we first see from (8.17) and (8.16) that for every s_0 large enough

$$\int |\nabla f| d\gamma_n \geq \int_{s_0}^\infty \gamma_n(|f| \geq s) ds$$

from which $\int |f| d\gamma_n \leq C < \infty$ by the classical integration by parts formula. For every $s \geq 0$, $\gamma_n(|f| \geq s) \leq C/s$ so that, by (8.17) and (8.16) again, for every large s_0,

$$\int |\nabla f| d\gamma_n \geq \int_{s_0}^\infty \gamma_n(|f| \geq s) \big(\log(s/C)\big)^{1/2} ds$$

from which the claim immediately follows. In analogy with (8.3), such an inequality belongs to the family of Sobolev inequalities, but here of logarithmic type.

It is plain that inequalities (8.15) and (8.17) have analogues in infinite dimension for the appropriate notions of surface measure and gradient (as we did for example with concentration in Chapter 4). Again, the crucial inequalities are the ones in finite dimension.

We showed in Chapter 2 how the Ornstein-Uhlenbeck semigroup $(P_t)_{t\geq 0}$ (and for the large values of the time t) may be used to investigate the concentration phenomenon of Gaussian measures. Our purpose here will be to show, in the same spirit as what we presented in the classical case, that the behavior of $(P_t)_{t\geq 0}$ for the small values of t together with its hypercontractivity property may properly be combined to yield (a version of) the infinitesimal version (8.15) of the isoperimetric inequality. More precisely, we will show, with these tools, that there exists a small enough numerical constant $0 < c < 1$ such that for every A with smooth boundary,

$$\mathcal{O}_{n-1}(\partial A) \geq c\,\varphi_1 \circ \Phi^{-1}\big(\gamma_n(A)\big).$$

We doubt that this approach can lead to the exact constant $c = 1$. The line of reasoning will follow the one of the classical case, simply replacing actually the classical heat semigroup estimates and Sobolev inequalities on $\mathbb{R}^n$ by the hypercontractivity property and logarithmic Sobolev inequalities of the Ornstein-Uhlenbeck semigroup. We follow [Led5] and now turn to hypercontractivity and logarithmic Sobolev inequalities.

Let $(W(t))_{t\geq 0}$ be a standard Brownian motion starting at the origin with values in $\mathbb{R}^n$. Consider the stochastic differential equation

$$dX(t) = \sqrt{2}\,dW(t) - X(t)dt$$

with initial condition $X(0) = x$, whose solution simply is

$$X(t) = e^{-t}\left(x + \sqrt{2}\int_0^t e^s dW(s)\right), \quad t \geq 0.$$

Since $\sqrt{2}\int_0^t e^s dW(s)$ has the same distribution as $W(e^{2t}-1)$, the Markov semigroup $(P_t)_{t\geq 0}$ of $(X(t))_{t\geq 0}$ is given by

$$(8.18)\quad P_t f(x) = \mathbb{E}(f(e^{-t}x + e^{-t}W(e^{2t}-1))) = \int_{\mathbb{R}^n} f(e^{-t}x + (1-e^{-2t})^{1/2}y)\,d\gamma_n(y)$$

for any f in $L^1(\gamma_n)$ (for example), thus defining the Ornstein-Uhlenbeck or Hermite semigroup with respect to the Gaussian measure γ_n. As we have seen in Chapter 2, $(P_t)_{t\geq 0}$ is a Markovian semigroup of contractions on all $L^p(\gamma_n)$-spaces, $1 \leq p \leq \infty$, symmetric and invariant with respect to γ_n, and with generator L which acts on each smooth function f on $\mathbb{R}^n$ as $Lf(x) = \Delta f(x) - \langle x, \nabla f(x)\rangle$. The generator L satisfies the integration by parts formula with respect to γ_n

$$\int f(-Lg)\,d\gamma_n = \int \langle \nabla f, \nabla g\rangle\,d\gamma_n$$

for every smooth functions f, g on $\mathbb{R}^n$.

One of the remarkable properties of the Ornstein-Uhlenbeck semigroup is the hypercontractivity property discovered by E. Nelson [Nel]: whenever $1 < p < q < \infty$ and $t > 0$ satisfy $e^t \geq [(q-1)/(p-1)]^{1/2}$, then, for all functions f in $L^p(\gamma_n)$,

$$(8.19)\qquad\qquad \|P_t f\|_q \leq \|f\|_p$$

where (now) $\|\cdot\|_p$ is the norm in $L^p(\gamma_n)$. In other words, P_t maps $L^p(\gamma_n)$ in $L^q(\gamma_n)$ $(q > p)$ with norm one. Many simple proofs of (8.19) have been given in the literature (see [Gr4]), mainly based on its equivalent formulation as logarithmic Sobolev inequalities due to L. Gross [Gr3]. Fix $p = 2$ and take $q(t) = 1 + e^{2t}$, $t \geq 0$. Given a smooth function f, set $\Psi(t) = \|P_t f\|_{q(t)}$ where $q(t) = 1 + e^{2t}$. Under the hypercontractivity property (2.2), $\Psi(t) \leq \Psi(0)$ for every $t \geq 0$ and thus $\Psi'(0) \leq 0$. Performing this differentiation, we see that

$$(8.20)\quad \int f^2 \log|f|\,d\gamma_n - \int f^2 d\gamma_n \log\left(\int f^2 d\gamma_n\right)^{1/2}$$
$$\leq \int |\nabla f|^2\,d\gamma_n \quad \left(= \int f(-Lf)d\gamma_n\right)$$

which in turn implies (8.19) by applying it to $(P_t f)^p$ instead of $f \geq 0$ for every t and every $p \geq 1$ (cf. [B-É]). The inequality (8.20) is called a logarithmic Sobolev inequality. One may note, with respect to the classical Sobolev inequalities on $\mathbb{R}^n$, that it is only of logarithmic type, with however constants independent of the dimension, a characteristic feature of Gaussian measures.

Simple proofs of (8.20) may be found in e.g. [Ne3], [A-C], [B-É], [Bak]... (cf. [Gr4]). The one which we present now for completeness already appeared in [Led3] and only relies (see also [B-É]) on the commutation property (2.6)

$$\nabla P_t f = e^{-t} P_t(\nabla f).$$

That is, the proof we will give of hypercontractivity relies on exactly the same argument which allowed us to describe the concentration of γ_n in the form of (2.7) through Proposition 2.1 and is actually very similar. We will come back to this important point. In order to establish (8.20), replacing f (positive, or better such that $0 < a \leq f \leq b$ for constants a, b) by $\sqrt{f}$, it is enough to show that

$$(8.21) \qquad \int f \log f \, d\gamma_n - \int f \, d\gamma_n \log \left(\int f \, d\gamma_n \right) \leq \frac{1}{2} \int \frac{1}{f} |\nabla f|^2 \, d\gamma_n.$$

To this aim, we can write by the semigroup properties and integration by parts that

$$
\begin{aligned}
\int f \log f \, d\gamma_n - \int f \, d\gamma_n \log \left(\int f \, d\gamma_n \right) &= -\int_0^\infty \left(\frac{d}{dt} \int P_t f \log P_t f \, d\gamma_n \right) dt \\
&= -\int_0^\infty \left(\int L P_t f \log P_t f \, d\gamma_n \right) dt \\
&= \int_0^\infty \left(\int \langle \nabla P_t f, \nabla(\log P_t f) \rangle \, d\gamma_n \right) dt \\
&= \int_0^\infty \left(\int \frac{1}{P_t f} |\nabla P_t f|^2 \, d\gamma_n \right) dt.
\end{aligned}
$$

Now, setting

$$F(t) = \int \frac{1}{P_t f} |\nabla P_t f|^2 \, d\gamma_n \quad t \geq 0,$$

the commutation property $\nabla P_t f = e^{-t} P_t(\nabla f)$ and Cauchy-Schwarz inequality on the integral representation of P_t show that, for every $t \geq 0$,

$$
\begin{aligned}
F(t) &= e^{-2t} \sum_{i=1}^n \int \frac{1}{P_t f} \left(P_t \frac{\partial f}{\partial x_i} \right)^2 d\gamma_n \\
&\leq e^{-2t} \sum_{i=1}^n \int P_t \left(\frac{1}{f} \left(\frac{\partial f}{\partial x_i} \right)^2 \right) d\gamma_n = e^{-2t} \int \frac{1}{f} |\nabla f|^2 \, d\gamma_n
\end{aligned}
$$

which immediately yields (8.21). Therefore, hypercontractivity is established in this way.

While our aim is to investigate isoperimetric inequalities via semigroup techniques, it is of interest however to notice that the Gaussian isoperimetric inequality (8.15) or (8.17) may be used to establish the logarithmic Sobolev inequality (8.20) and therefore hypercontractivity. This was observed in [Led1] in analogy with the classical case discussed in the first part of this chapter. Let f be a smooth positive function on $\mathbb{R}^n$ with $\|f\|_2 = 1$. Apply then (8.17) to $g = f^2(\log(1 + f^2))^{1/2}$. Using (8.16), one obtains after some elementary, although cumbersome, computations that for every $\varepsilon > 0$ there exists $C(\varepsilon) > 0$ only depending on ε such that

$$\int f^2 \log(1+f^2) \, d\gamma_n \leq (1+\varepsilon)\left(2\int |\nabla f|^2 d\gamma_n\right)^{1/2}\left(\int f^2 \log(1+f^2)\, d\gamma_n + 2\right)^{1/2} + C(\varepsilon).$$

It follows that

$$2\int f^2 \log f \, d\gamma_n \leq \int f^2 \log(1 + f^2)\, d\gamma_n$$

$$\leq 2(1 + \varepsilon)^4 \int |\nabla f|^2 d\gamma_n + 2(1 + \varepsilon)^2\left(\int |\nabla f|^2 d\gamma_n\right)^{1/2} + C'(\varepsilon)$$

where $C'(\varepsilon) = (1 + \varepsilon)C(\varepsilon)/\varepsilon$. To get rid of the extra terms on the left of this inequality, we use a tensorization argument of A. Ehrhard [Eh4]: this inequality namely holds with constants independent of the dimension n; therefore, applying it to $f^{\otimes k}$ in $(\mathbb{R}^n)^k = \mathbb{R}^{nk}$ yields

$$k\int f^2 \log f \, d\gamma_n \leq k(1 + \varepsilon)^4 \int |\nabla f|^2 d\gamma_n + \sqrt{k}(1 + \varepsilon)^2\left(\int |\nabla f|^2 d\gamma_n\right)^{1/2} + C'(\varepsilon).$$

Divide then by k, let k tend to infinity and then ε to zero and we obtain (8.20).

Now, we would like to try to understand how hypercontractivity and logarithmic Sobolev inequalities may be used in order to reach isoperimetry in this Gaussian setting. Of course, our approach to known results and theorems is only formal, but it could be of some help in more abstract frameworks.

Before turning to the main argument, let us briefly discuss, on two specific questions, why hypercontractiviy should be of potential interest to isoperimetry and concentration. The following comments are not presented in the greatest generality.

Recall the Hermite polynomials $\{\sqrt{k!}\, h_k; k \in \mathbb{N}\}$ which forms an orthonormal basis of $L^2(\gamma_1)$ (cf. the introduction of Chapter 5). In the same way, for any fixed $n \geq 1$, set, for every $\underline{k} = (k_1, \ldots, k_n) \in \mathbb{N}^n$ and every $x = (x_1, \ldots, x_n) \in \mathbb{R}^n$,

$$H_{\underline{k}}(x) = \prod_{i=1}^{n} \sqrt{k_i!}\, h_{k_i}(x_i).$$

Then, $\{H_{\underline{k}}; \underline{k} \in \mathbb{N}^n\}$ is an orthonormal basis of $L^2(\gamma_n)$. Therefore, as in Chapter 5 in greater generality, a function f in $L^2(\gamma_n)$ can be written as

$$f = \sum_{\underline{k} \in \mathbb{N}^n} f_{\underline{k}} H_{\underline{k}}$$

where $f_{\underline{k}} = \int f H_{\underline{k}} d\gamma_n$. This sum may also be written as

$$f = \sum_{d=0}^{\infty} \left(\sum_{|\underline{k}|=d} f_{\underline{k}} H_{\underline{k}} \right) = \sum_{d=0}^{\infty} \Psi^{(d)}(f)$$

where $|\underline{k}| = k_1 + \cdots + k_n$. $\Psi^{(d)}(f)$ is known as the chaos of degree d of f. Since $h_0 \equiv 1$, $\Psi^{(0)}(f)$ is simply the mean of f; $h_1(x) = x$, so chaos of order or degree 1 are (in probabilistic notation) Gaussian sums $\sum_{i=1}^{n} g_i a_i$ (where $(g_1, \ldots, g_n)$ are independent standard Gaussian random variables and a_i real numbers) etc (cf. Chapter 5).

Now, it is easily seen that, for every $t \geq 0$,

$$(8.22) \qquad\qquad P_t \Psi^{(d)}(f) = e^{-dt} \Psi^{(d)}(f).$$

But we can then apply the hypercontractivity property of $(P_t)_{t \geq 0}$. Fix for example $p = 2$ and let $q = q(t) = 1 + e^{2t}$. Then, combining (8.22) and (8.19) we get that, for every $q \geq 2$ or $t \geq 0$,

$$(8.23) \quad (q-1)^{-d/2} \left\| \Psi^{(d)}(f) \right\|_q = e^{-dt} \left\| \Psi^{(d)}(f) \right\|_q = \left\| P_t \Psi^{(d)}(f) \right\|_q \leq \left\| \Psi^{(d)}(f) \right\|_2$$

The next step in this development is that (8.23) applies in the same way to vector valued functions. Let E be a Banach space with norm $\|\cdot\|$. Given f on $\mathbb{R}^n$ with values in E, the previous chaotic decomposition is entirely similar. We need then simply apply hypercontractivity to the real valued function $\|f\|$ and Jensen's inequality immediately shows that (8.19) also holds for E-valued functions, with the $L^p(\gamma_n)$-norms replaced by $L^p(\gamma_n; E)$-norms. In particular, if $e_1, \ldots, e_n$ are elements of E, the vector valued version of (8.23) for $d = 1$ for example implies that, for every $q \geq 2$,

$$(8.24) \qquad\qquad \left\| \sum_{i=1}^{n} g_i e_i \right\|_q \leq (q-1)^{1/2} \left\| \sum_{i=1}^{n} g_i e_i \right\|_2.$$

These inequalities are exactly the moment equivalences (4.5) which we obtain next to Theorem 4.1, with the same behavior of the constant as q increases to infinity (and with even a better numerical value). Since this constant is independent of n, it is not difficult to see (although we will not go into these details) that (8.24) essentially allows us to recover the integrability properties and tail behaviors of norms of Gaussian random vectors (Theorem 4.1) as well as of Wiener chaos (cf. Chapter 5). This very interesting and powerful line of reasoning was extensively developed by C. Borell to which we refer the interested reader ([Bo8], [Bo9]). Note that these hypercontractivity ideas may also be used in the context of the two point space to recover, for example, inequalities (3.6) [Bon], [Bo6].

Recently, a parallel approach was developed by S. Aida, T. Masuda and I. Shigekawa [A-M-S], but on the basis of logarithmic Sobolev inequalities rather than hypercontractivity. As we already noticed it, we established both the concentration of measure phenomenon for γ_n (Proposition 2.1) and the logarithmic Sobolev inequality (8.20) on the basis of the same commutation property $\nabla P_t f = e^{-t} P_t(\nabla f)$ of the Ornstein-Uhlenbeck semigroup. In [A-M-S], it is actually shown that concentration follows from a logarithmic Sobolev inequality and hypercontractivity. Although the paper [A-M-S] is concerned with logarithmic Sobolev inequalities in an abstract Dirichlet space setting, let us restrict again to the Gaussian case to sketch the idea and show how (2.7) may be deduced from the logarithmic Sobolev inequality. (The implication is thus only formal, as this whole chapter actually.) Let thus f be a Lipschitz map on $\mathbb{R}^n$ with $\|f\|_{\text{Lip}} \leq 1$ and mean zero. Let us apply the logarithmic Sobolev inequality (8.20) to $e^{\lambda f/2}$ for every $\lambda \in \mathbb{R}$. Setting

$$\varphi(\lambda) = \int e^{\lambda f} d\gamma_n, \quad \lambda \in \mathbb{R},$$

we see that

$$\lambda \varphi'(\lambda) - \varphi(\lambda) \log \varphi(\lambda) \leq \tfrac{1}{2} \lambda^2 \varphi(\lambda), \quad \lambda \in \mathbb{R}.$$

We need then simply integrate this differential inequality (this was first done in [Da-S], originally by I. Herbst). Set $\psi(\lambda) = \frac{1}{\lambda} \log \varphi(\lambda)$, $\lambda > 0$. Hence, for every $\lambda > 0$, $\psi'(\lambda) \leq \tfrac{1}{2}$. Since $\psi(0) = \varphi'(0)/\varphi(0) = \int f d\gamma_n = 0$, it follows that

$$\psi(\lambda) \leq \frac{\lambda}{2}$$

for every $\lambda \geq 0$. Therefore, we have obtained (2.7), that is

$$\int e^{\lambda f} d\gamma_n \leq e^{\lambda^2/2}$$

for every $\lambda \geq 0$ and, replacing f by $-f$, also for all $\lambda \in \mathbb{R}$.

As we discussed it in Chapter 2, there is however a long way from concentration to true isoperimetry. To complete this chapter, we turn to the isoperimetric inequality (8.15) itself which we would like to analyze with the Ornstein-Uhlenbeck semigroup as we did in the classical case in the first part of this chapter. The next proposition, implicit in [Pil, p. 180], is the first step towards our goal and is the analogue of Proposition 8.1. Given Borel sets A, B in $\mathbb{R}^n$ and $t \geq 0$, we set

$$K_t(A, B) = \int_A P_t(I_B) \, d\gamma_n.$$

Note that $K_t(A, A) = \|P_{t/2}(I_A)\|_2^2$. The notation K_t is used in analogy with that of a kernel. Large deviation estimates of the kernel $K_t(A, B)$ for the Wiener measure when $d(A, B) > 0$ are developed at the end of Chapter 4.

Proposition 8.5. *For every Borel set A in $\mathbb{R}^n$ with smooth boundary ∂A and every $t \geq 0$,*

$$K_t(A, A^c) \leq (2\pi)^{-1/2} \arccos(e^{-t}) \mathcal{O}_{n-1}(\partial A).$$

Proof. It is similar to the proof of Proposition 8.1. Let f, g be smooth functions on $\mathbb{R}^n$. For every $t \geq 0$, we can write

$$\int g\left(P_t f - f\right) d\gamma_n = \int_0^t \left(\int g\, LP_s f\, d\gamma_n\right) ds$$

$$= -\int_0^t \left(\int \langle \nabla P_s g, \nabla f\rangle d\gamma_n\right) ds.$$

Now, by integration by parts on the representation of P_s using the Gaussian density,

$$\nabla P_s f = \frac{e^{-s}}{(1 - e^{-2s})^{1/2}} \int_{\mathbb{R}^n} y\, g\left(e^{-s}x + (1 - e^{-2s})^{1/2}y\right) d\gamma_n(y).$$

Hence

$$\int g\left(P_t f - f\right) d\gamma_n$$

$$= -\int_0^t \frac{e^{-s}}{(1 - e^{-2s})^{1/2}} \iint \langle \nabla f(x), y\rangle\, g\left(e^{-s}x + (1 - e^{-2s})^{1/2}y\right) d\gamma_n(x) d\gamma_n(y) ds.$$

This identity of course extends to $g = I_{A^c}$. Since

$$\iint \langle \nabla f(x), y\rangle d\gamma_n(x) d\gamma_n(y) = 0,$$

we see that, for every s,

$$-\iint \langle \nabla f(x), y\rangle I_{A^c}\left(e^{-s}x + (1 - e^{-2s})^{1/2}y\right) d\gamma_n(x) d\gamma_n(y)$$

$$\leq \iint \left(\langle \nabla f(x), y\rangle\right)^- d\gamma_n(x) d\gamma_n(y)$$

$$= \frac{1}{2} \iint \left|\langle \nabla f(x), y\rangle\right| d\gamma_n(x) d\gamma_n(y)$$

$$= \frac{1}{\sqrt{2\pi}} \int |\nabla f| d\gamma_n.$$

The conclusion follows by letting f approximate I_A since then $\int |\nabla f| d\gamma_n$ will approach $\mathcal{O}_{n-1}(\partial A)$ when ∂A is smooth enough. Proposition 8.5 is established. $\square$

The inequality of the proposition is sharp in many respects. When $t \to \infty$, it reads

(8.25) $$\mathcal{O}_{n-1}(\partial A) \geq 2\left(\frac{2}{\pi}\right)^{1/2} \gamma_n(A)\left(1 - \gamma_n(A)\right),$$

that is, when $\gamma_n(A) = \frac{1}{2}$, the maximum of the function $\varphi_1 \circ \Phi^{-1}(x)$ at $x = \frac{1}{2}$. Inequality (8.25) may actually be interpreted as Cheeger's isoperimetric constant [Ch] of the Gauss space $(\mathbb{R}^n, \gamma_n)$. It is responsible for the optimal factor $\pi/2$ which appears in the vector valued inequalities (4.10). Indeed, one may integrate (8.25) by the coarea formula (see [Ya]) to get that for every smooth function f with mean zero,

$$\int |f| \, d\gamma_n \le \left(\frac{\pi}{2}\right)^{1/2} \int |\nabla f| \, d\gamma_n,$$

an inequality which is easily seen to be best possible (take $n = 1$ and f on $\mathbb{R}$ be defined by $f(x) = x/\varepsilon$ for $|x| \le \varepsilon$, $f(x) = x/|x|$ elsewhere, and let $\varepsilon \to 0$).

Proposition 8.5 may also be tested on half-spaces, as we did on balls in the classical case. Namely, if we let $H = \{x \in \mathbb{R}^n; \langle x, u \rangle \le a\}$, $|u| = 1$, $a \in \mathbb{R}$, it is easily checked (start in dimension one and use polar coordinates) that

$$
\begin{aligned}
K_t(H, H^c) &= \frac{1}{2\pi} \iint_{\mathbb{R}^2} e^{-x^2/2} e^{-y^2/2} I_{\{x \le |a|, \, e^{-t}x + (1-e^{-2t})^{1/2}y > |a|\}} \, dx \, dy \\
&= \frac{1}{2\pi} \int_0^{2\pi} \int_0^\infty \rho \, e^{-\rho^2/2} I_{\{\rho \sin(\varphi) \le |a|, \, \rho \sin(\varphi+\theta) > |a|\}} \, d\varphi \, d\rho \\
&= \frac{\theta}{2\pi} e^{-a^2/2} - \frac{1}{2\pi} \int_{|a|}^{|a|/\sin((\pi-\theta)/2)} \left(2 \arcsin(\rho^{-1}|a|) + \theta - \pi\right) \rho \, e^{-\rho^2/2} \, d\rho
\end{aligned}
$$

where $\theta = \arccos(e^{-t})$. The absolute value of the second term of the latter may be bounded by

$$\frac{\theta}{2\pi} \left(e^{-a^2/2} - e^{-a^2/2 \cos^2(\theta/2)} \right) \le \frac{\theta}{2\pi} \cdot \frac{a^2}{2} \tan^2\left(\frac{\theta}{2}\right) e^{-a^2/2} \le \frac{\theta^3}{2\pi} a^2 \, e^{-a^2/2}$$

at least for all θ small enough. In particular, since $\theta = \arccos(e^{-t})$ and thus $\theta \sim \sqrt{2t}$ when $t \to 0$, it follows that

(8.26) $$\lim_{t \to 0} (2\pi)^{1/2} \left[\arccos(e^{-t})\right]^{-1} K_t(H, H^c) = \mathcal{O}_{n-1}(\partial H).$$

On the basis of Proposition 8.5, we now would need lower estimates of the functional $K_t(A, A^c)$ for the small values of t. The typical isoperimetric approach would be to use a symmetrization result of C. Borell [Bo10], analogous to (8.7), asserting that if H is a half-space with the same measure as A, then for every $t \ge 0$,

(8.27) $$K_t(A, A) \le K_t(H, H).$$

Hence $K_t(A, A^c) \ge K_t(H, H^c)$ and we would conclude from Proposition 8.5 and (8.26) that

$$\mathcal{O}_{n-1}(\partial A) \ge \mathcal{O}_{n-1}(\partial H).$$

In particular, and as in the classical case, isoperimetry is therefore equivalent to saying that

(8.28) $$\|P_t(I_A)\|_2 \le \|P_t(I_H)\|_2, \quad t \ge 0,$$

for H a half-space with the same measure as A. This inequality is established in [Bo10], extending ideas of [Eh2] on Gaussian symmetrization and based on Baernstein's transformation [Ba] developed in the classical case. Borell's techniques also apply to some other diffusion processes [Bo11], [Bo12]. Inequality (8.28) may also be seen to follow from rearrangement inequalities on the sphere [B-T] via Poincaré's limit as was shown in [Ca-L] following indications of [Be3].

Our approach to bound $K_t(A, A)$ will be to use hypercontractivity as the corresponding semigroup estimate in this Gaussian setting. Namely, we simply write for A a Borel set in $\mathbb{R}^n$ and $p(t) = 1 + e^{-t}$ that

$$(8.29) \qquad K_t(A, A) = \left\| P_{t/2}(I_A) \right\|_2^2 \leq \left\| I_A \right\|_{p(t)}^2, \quad t \geq 0.$$

Hence

$$K_t(A, A^c) \geq \gamma_n(A) \left[1 - \gamma_n(A)^{(2/p(t))-1} \right].$$

Therefore, combined with Proposition 8.5,

$$\mathcal{O}_{n-1}(\partial A) \geq (2\pi)^{1/2} \gamma_n(A) \sup_{t>0} \left[\left(\arccos(e^{-t}) \right)^{-1} \left(1 - \gamma_n(A)^{(2/p(t))-1} \right) \right].$$

Setting $\theta = \arccos(e^{-t}) \in (0, \frac{\pi}{2}]$ we need to evaluate

$$\sup_{0 < \theta \leq \frac{\pi}{2}} \frac{1}{\theta} \left[1 - \exp \left(-\frac{1 - \cos \theta}{1 + \cos \theta} \log \frac{1}{\gamma_n(A)} \right) \right].$$

To this aim, we can note for example that

$$\frac{1 - \cos \theta}{1 + \cos \theta} \geq \frac{\theta^2}{2\pi},$$

and choosing thus θ of the form

$$\theta = (2\pi)^{1/2} \left(\log \frac{1}{\gamma_n(A)} \right)^{-1/2},$$

provided that $\gamma_n(A) \leq e^{-8/\pi}$, we find that

$$\mathcal{O}_{n-1}(\partial A) \geq \left(1 - \frac{1}{e} \right) \gamma_n(A) \left(\log \frac{1}{\gamma_n(A)} \right)^{1/2}.$$

Due to the equivalence (8.16), there exists $\delta > 0$ such that when $\gamma_n(A) \leq \delta$,

$$\mathcal{O}_{n-1}(\partial A) \geq \frac{1}{3} \varphi_1 \circ \Phi^{-1}(\gamma_n(A)).$$

When $\delta < \gamma_n(A) \leq 1/2$, we can always use (8.25) to get

$$\mathcal{O}_{n-1}(\partial A) \geq \left(\frac{\pi}{2} \right) \gamma_n(A) \geq c(\delta) \varphi_1 \circ \Phi^{-1}(\gamma_n(A))$$

for some $c(\delta) > 0$. These two inequalities, together with symmetry, yield that, for some numerical constant $0 < c < 1$ and all subsets A in $\mathbb{R}^n$ with smooth boundary,

$$(8.30) \qquad \mathcal{O}_{n-1}(\partial A) \geq c \, \varphi_1 \circ \Phi^{-1}(\gamma_n(A)).$$

One may try to tighten the preceding computations to reach the value $c = 1$ in (8.30). This however does not seem likely and it is certainly in the hypercontractive estimate (8.29) that a good deal of the best constant is lost. One may wonder why this is the case. It seems that hypercontractivity, while an equality on exponential functions, is perhaps not that sharp on indicator functions. This would have to be understood in connection with (8.28). Note finally that one may easily integrate back (8.30) to obtain, with these functional tools, the following analogue of the Gaussian isoperimetric inequality: if $\gamma_n(A) \geq \Phi(a)$, for every $r \geq 0$,

$$(8.31) \qquad \gamma_n(A_r) \geq \Phi(a + cr).$$

We briefly sketch one argument taken from [Bob1] (where a related equivalent functional formulation of the Gaussian isoperimetry is studied) that works for arbitrary measurable sets A. First, if $f_r(x) = (1 - d(x, A_r)/2r)^+$, $r > 0$,

$$\lim_{r \to 0} \int |\nabla f_r| d\gamma_n = \mathcal{O}_{n-1}(\partial A) = \liminf_{r \to 0} \frac{1}{r}\big[\gamma_n(A_r) - \gamma_n(A)\big]$$

if A is closed. In general, one may note that $\mathcal{O}_{n-1}(\partial A) = \mathcal{O}_{n-1}(\partial \bar{A})$ if $\gamma_n(A) = \gamma_n(\bar{A})$ and $\mathcal{O}_{n-1}(\partial A) = \infty$ if not. Now, the family of functions

$$R_r(p) = \Phi\big(\Phi^{-1}(p) + r\big), \quad 0 \leq p \leq 1, \quad r \geq 0,$$

satisfy $R_{r_1} \circ R_{r_2} = R_{r_1 + r_2}$, $r_1, r_2 \geq 0$. Similarly, $(A_{r_1})_{r_2} = A_{r_1 + r_2}$. Therefore, if (8.31) holds for r_1 and r_2, then it also holds for $r_1 + r_2$. Hence, (8.31) is satisfied as soon as it is satisfied for all $r > 0$ small enough and this is actually given by (8.30) since the derivative of $\Phi^{-1}(\gamma_n(A_r))$ is

$$\mathcal{O}_{n-1}(\partial A_r)/\varphi_1 \circ \Phi^{-1}\big(\gamma_n(A_r)\big).$$

To be more precise, one should actually work out this argument with the functions $\Phi(x/\sigma)$, $\sigma > 1$, and let then σ tend to one. We refer to [Bob1] for all the details.

It is likely that the preceding approach has some interesting consequences in more abstract settings.

It might be worthwhile noting finally that Ehrhard's tensorization argument together with symmetrization may also be used to establish directly hypercontractivity, a comment we learned from C. Borell. One approach through logarithmic Sobolev inequalities is developed in [Eh4]. Alternatively, by the result of [Bo10],

$$\int g P_t f d\gamma_n \leq \int g^* P_t f^* d\gamma_1$$

for every $t \geq 0$ and every f, g say in $L^2(\gamma_n)$ where f^* denotes the (one-dimensional) nonincreasing rearrangement of f with respect to the Gaussian measure γ_n (see [Eh3], [Bo10]). If $1 < p < q < \infty$ and $q < 1 + (p-1)e^{2t}$, a trivial application of Hölder's inequality shows that, for every φ in $L^p(\gamma_1)$,

$$\|P_t \varphi\|_q \leq C \|\varphi\|_p$$

for some numerical $C > 0$. Now, if q' is the conjugate of q,

$$\int g P_t f \, d\gamma_n \leq \int g^* P_t f^* \, d\gamma_1$$

$$\leq \|g^*\|_{q'} \|P_t f^*\|_q$$

$$\leq C \|g^*\|_{q'} \|f^*\|_p \leq C \|g\|_{q'} \|f\|_p$$

so that, by duality,

$$\|P_t f\|_q \leq C \|f\|_p.$$

Applying this inequality to $f^{\otimes k}$ on $(\mathbb{R}^n)^k = \mathbb{R}^{nk}$ yields

$$\|P_t f\|_q \leq C^{1/k} \|f\|_{p}.$$

Letting k tend to infinity, and q to its optimal value $1 + (p - 1)e^{2t}$ concludes the proof of the claim.

REFERENCES

[A-C]   R. A. Adams, F. H. Clarke. Gross's logarithmic Sobolev inequality: a simple proof. Amer. J. Math. 101, 1265–1269 (1979).

[A-K-S]   S. Aida, S. Kusuoka, D. Stroock. On the support of Wiener functionals. Asymptotic problems in probability theory: Wiener functionals and asymptotics. Pitman Research Notes in Math. Series 284, 1–34 (1993). Longman.

[A-M-S]   S. Aida, T. Masuda, I. Shigekawa. Logarithmic Sobolev inequalities and exponential integrability. J. Funct. Anal. 126, 83–101 (1994).

[A-L-R]   M. Aizenman, J. L. Lebowitz, D. Ruelle. Some rigorous results on the Sherrington-Kirkpatrick spin glass model. Comm. Math. Phys. 112, 3–20 (1987).

[An]   T. W. Anderson. The integral of a symmetric unimodal function over a symmetric convex set and some probability inequalities. Proc. Amer. Math. Soc. 6, 170–176 (1955).

[A-G]   M. Arcones, E. Giné. On decoupling, series expansions and tail behavior of chaos processes. J. Theoretical Prob. 6, 101–122 (1993).

[Az]   R. Azencott. Grandes déviations et applications. École d'Été de Probabilités de St-Flour 1978. Lecture Notes in Math. 774, 1–176 (1978). Springer-Verlag.

[Azu]   K. Azuma. Weighted sums of certain dependent random variables. Tohoku Math. J. 19, 357–367 (1967).

[B-C]   A. Badrikian, S. Chevet. Mesures cylindriques, espaces de Wiener et fonctions aléatoires gaussiennes. Lecture Notes in Math. 379, (1974). Springer-Verlag.

[Ba]   A. Baernstein II. Integral means, univalent functions and circular symmetrization. Acta Math. 133, 139–169 (1974).

[B-T]   A. Baernstein II, B. A. Taylor. Spherical rearrangements, subharmonic functions and *-functions in n-space. Duke Math. J. 43, 245–268 (1976).

[Bak]   D. Bakry. L'hypercontractivité et son utilisation en théorie des semigroupes. École d'Été de Probabilités de St-Flour. Lecture Notes in Math. 1581, 1–114 (1994). Springer-Verlag.

[B-É]   D. Bakry, M. Émery. Diffusions hypercontractives. Séminaire de Probabilités XIX. Lecture Notes in Math. 1123, 175–206 (1985). Springer-Verlag.

[B-R]   P. Baldi, B. Roynette. Some exact equivalents for Brownian motion in Hölder norm. Prob. Th. Rel. Fields 93, 457–484 (1992).

[B-BA-K]   P. Baldi, G. Ben Arous, G. Kerkyacharian. Large deviations and the Strassen theorem in Hölder norm. Stochastic Processes and Appl. 42, 171–180 (1992).

234

[Bas]   R. Bass. Probability estimates for multiparameter Brownian processes.
         Ann. Probability 16, 251–264 (1988).

[Be1]   W. Beckner. Inequalities in Fourier analysis. Ann. Math. 102, 159–182
         (1975).

[Be2]   W. Beckner. Unpublished (1982).

[Be3]   W. Beckner. Sobolev inequalities, the Poisson semigroup and analysis
         on the sphere S^n. Proc. Nat. Acad. Sci. 89, 4816–4819 (1992).

[Bel]   D. R. Bell. The Malliavin calculus. Pitman Monographs 34. Longman
         (1987).

[BA-L1] G. Ben Arous, M. Ledoux. Schilder's large deviation principle without
         topology. Asymptotic problems in probability theory: Wiener func-
         tionals and asymptotics. Pitman Research Notes in Math. Series 284,
         107–121 (1993). Longman.

[BA-L2] G. Ben Arous, M. Ledoux. Grandes déviations de Freidlin-Wentzell en
         norme hölderienne. Séminaire de Probabilités XXVIII. Lecture Notes
         in Math. 1583, 293–299 (194). Springer-Verlag.

[BA-G-L] G. Ben Arous, M. Gradinaru, M. Ledoux. Hölder norms and the sup-
         port theorem for diffusions. Ann. Inst. H. Poincaré 30, 415–436 (1994).

[Bob1]   S. Bobkov. A functional form of the isoperimetric inequality for the
         Gaussian measure (1993). To appear in J. Funct. Anal..

[Bob2]   S. Bobkov. An isoperimetric inequality on the discrete cube and an ele-
         mentary proof of the isoperimetric inequality in Gauss space. Preprint
         (1994).

[Bog]   V. I. Bogachev. Gaussian measures on linear spaces (1994). To appear.

[Bon]   A. Bonami. Etude des coefficients de Fourier des fonctions de $L^p(G)$.
         Ann. Inst. Fourier 20, 335–402 (1970).

[Bo1]   C. Borell. Convex measures on locally convex spaces. Ark. Mat. 12,
         239–252 (1974).

[Bo2]   C. Borell. The Brunn-Minskowski inequality in Gauss space. Invent.
         Math. 30, 207–216 (1975).

[Bo3]   C. Borell. Gaussian Radon measures on locally convex spaces. Math.
         Scand. 38, 265–284 (1976).

[Bo4]   C. Borell. A note on Gauss measures which agree on small balls. Ann.
         Inst. H. Poincaré 13, 231–238 (1977).

[Bo5]   C. Borell. Tail probabilities in Gauss space. Vector Space Measures
         and Applications, Dublin 1977. Lecture Notes in Math. 644, 71–82
         (1978). Springer-Verlag.

[Bo6]   C. Borell. On the integrability of Banach space valued Walsh poly-
         nomials. Séminaire de Probabilités XIII. Lecture Notes in Math. 721,
         1–3 (1979). Springer-Verlag.

[Bo7]   C. Borell. A Gaussian correlation inequality for certain bodies in $\mathbb{R}^n$.
         Math. Ann. 256, 569–573 (1981).

[Bo8]   C. Borell. On polynomials chaos and integrability. Prob. Math. Statist.
         3, 191–203 (1984).

[Bo9]   C. Borell. On the Taylor series of a Wiener polynomial. Seminar Notes on multiple stochastic integration, polynomial chaos and their integration. Case Western Reserve University, Cleveland (1984).

[Bo10]   C. Borell. Geometric bounds on the Ornstein-Uhlenbeck process. Z. Wahrscheinlichkeitstheor. verw. Gebiete 70, 1–13 (1985).

[Bo11]   C. Borell. Intrinsic bounds on some real-valued stationary random functions. Probability in Banach spaces V. Lecture Notes in Math. 1153, 72–95 (1985). Springer-Verlag.

[Bo12]   C. Borell. Analytic and empirical evidences of isoperimetric processes. Probability in Banach spaces 6. Progress in Probability 20, 13–40 (1990). Birkhäuser.

[B-M]   A. Borovkov, A. Mogulskii. On probabilities of small deviations for stochastic processes. Siberian Adv. Math. 1, 39–63 (1991).

[B-L-L]   H. Brascamp, E. H. Lieb, J. M. Luttinger. A general rearrangement inequality for multiple integrals. J. Funct. Anal. 17, 227–237 (1974).

[B-Z]   Y. D. Burago, V. A. Zalgaller. Geometric inequalities. Springer-Verlag (1988). First Edition (russian): Nauka (1980).

[C-M]   R. H. Cameron, W. T. Martin. Transformations of Wiener integrals under translations. Ann. Math. 45, 386–396 (1944).

[Ca]   M. Capitaine. Onsager-Machlup functional for some smooth norms on Wiener space (1994). To appear in Prob. Th. Rel. Fields.

[Ca-L]   E. Carlen, M. Loss. Extremals of functionals with competing symmetries. J. Funct. Anal. 88, 437–456 (1990).

[C-F]   I. Chavel, E. Feldman. Modified isoperimetric constants, and large time heat diffusion in Riemannian manifold. Duke Math. J. 64, 473–499 (1991).

[Ch]   J. Cheeger. A lower bound for the smallest eigenvalue of the Laplacian. Problems in Analysis, Symposium in honor of S. Bochner, 195–199, Princeton Univ. Press, Princeton (1970).

[C-L-Y]   S. Cheng, P. Li, S.-T. Yau. On the upper estimate of the heat kernel on a complete Riemannian manifold. Amer. J. Math. 156, 153–201 (1986).

[Che]   S. Chevet. Gaussian measures and large deviations. Probability in Banach spaces IV. Lecture Notes in Math. 990, 30–46 (1983). Springer-Verlag.

[Ci1]   Z. Ciesielski. On the isomorphisms of the spaces H_α and m. Bull. Acad. Pol. Sc. 8, 217–222 (1960).

[Ci2]   Z. Ciesielski. Orlicz spaces, spline systems and brownian motion. Constr. Approx. 9, 191–208 (1993).

[Co]   F Comets. A spherical bound for the Sherrington-Kirkpatrick model. Preprint (1994).

[C-N]   F. Comets, J. Neveu. The Sherrington-Kirkpatrick model of spin glasses and stochastic calculus: the high temperature case. Preprint (1993).

[C-L]   T. Coulhon, M. Ledoux. Isopérimétrie, décroissance du noyau de la chaleur et transformations de Riesz: un contre-exemple. Ark. Mat. 32, 63–77 (1994).

[DG-E-...]   S. Das Gupta, M. L. Eaton, I. Olkin, M. Perlman, L. J. Savage, M. Sobel. Inequalities on the probability content of convex regions for elliptically contoured distributions. Proc. Sixth Berkeley Symp. Math. Statist. Prob. 2, 241–264 (1972). Univ. of California Press.

[Da]   E. B. Davies. Heat kernels and spectral theory. Cambridge Univ. Press (1989).

[Da-S]   E. B. Davies, B. Simon. Ultracontractivity and the heat kernel for Schrödinger operators and Dirichlet Laplacians. J. Funct. Anal. 59, 335–395 (1984).

[D-L]   P. Deheuvels, M. A. Lifshits. Strassen-type functional laws for strong topologies. Prob. Th. Rel. Fields 97, 151–167 (1993).

[De]   J. Delporte. Fonctions aléatoires presque sûrement continues sur un intervalle fermé. Ann. Inst. H. Poincaré 1, 111–215 (1964).

[D-S]   J.-D. Deuschel, D. Stroock. Large deviations. Academic Press (1989).

[D-F]   P. Diaconis, D. Freedman. A dozen de Finetti-style results in search of a theory. Ann. Inst. H. Poincaré 23, 397–423 (1987).

[D-V]   M. D. Donsker, S. R. S. Varadhan. Asymptotic evaluation of certain Markov process expectations for large time III. Comm. Pure Appl. Math. 29, 389–461 (1976).

[Du1]   R. M. Dudley. The sizes of compact subsets of Hilbert space and continuity of Gaussian processes. J. Funct. Anal. 1, 290–330 (1967).

[Du2]   R. M. Dudley. Sample functions of the Gaussian process. Ann. Probability 1, 66–103 (1973).

[D-HJ-S]   R. M. Dudley, J. Hoffmann-Jorgensen, L. A. Shepp. On the lower tail of Gaussian seminorms. Ann. Probability 7, 319–342 (1979).

[Dv]   A. Dvoretzky. Some results on convex bodies and Banach spaces. Proc. Symp. on Linear Spaces, Jerusalem, 123–160 (1961).

[Eh1]   A. Ehrhard. Une démonstration de l'inégalité de Borell. Ann. Scientifiques de l'Université de Clermont-Ferrand 69, 165–184 (1981).

[Eh2]   A. Ehrhard. Symétrisation dans l'espace de Gauss. Math. Scand. 53, 281–301 (1983).

[Eh3]   A. Ehrhard. Inégalités isopérimétriques et intégrales de Dirichlet gaussiennes. Ann. scient. Éc. Norm. Sup. 17, 317–332 (1984).

[Eh4]   A. Ehrhard. Sur l'inégalité de Sobolev logarithmique de Gross. Séminaire de Probabilités XVIII. Lecture Notes in Math. 1059, 194–196 (1984). Springer-Verlag.

[Eh5]   A. Ehrhard. Eléments extrémaux pour les inégalités de Brunn-Minkowski gaussiennes. Ann. Inst. H. Poincaré 22, 149–168 (1986).

[E-S]   O. Enchev, D. Stroock. Rademacher's theorem for Wiener functionals. Ann. Probability 21, 25–33 (1993).

[Fa]   S. Fang. On the Ornstein-Uhlenbeck process. Stochastics and Stochastic Reports 46, 141–159 (1994).

[Fed]   H. Federer. Geometric measure theory. Springer-Verlag (1969).

[F-F]   H. Federer, W. H. Fleming. Normal and integral current. Ann. Math. 72, 458–520 (1960).

[Fe1]   X. Fernique. Continuité des processus gaussiens. C. R. Acad. Sci. Paris 258, 6058–6060 (1964).

[Fe2]   X. Fernique. Intégrabilité des vecteurs gaussiens. C. R. Acad. Sci. Paris 270, 1698–1699 (1970).

[Fe3]   X. Fernique. Régularité des processus gaussiens. Invent. Math. 12, 304–320 (1971).

[Fe4]   X. Fernique. Régularité des trajectoires des fonctions aléatoires gaussiennes. École d'Été de Probabilités de St-Flour 1974. Lecture Notes in Math. 480, 1–96 (1975). Springer-Verlag.

[Fe5]   X. Fernique. Gaussian random vectors and their reproducing kernel Hilbert spaces. Technical report, University of Ottawa (1985).

[F-L-M]   T. Figiel, J. Lindenstrauss, V. D. Milman. The dimensions of almost spherical sections of convex bodies. Acta Math. 139, 52–94 (1977).

[F-W1]   M. Freidlin, A. Wentzell. On small random perturbations of dynamical systems. Russian Math. Surveys 25, 1–55 (1970).

[F-W2]   M. Freidlin, A. Wentzell. Random perturbations of dynamical systems. Springer-Verlag (1984).

[Ga]   E. Gagliardo. Proprieta di alcune classi di funzioni in piu variabili. Ricerche Mat. 7, 102–137 (1958).

[G-R-R]   A. M. Garsia, E. Rodemich, H. Rumsey Jr.. A real variable lemma and the continuity of paths of some Gaussian processes. Indiana Math. J. 20, 565–578 (1978).

[Gal]   L. Gallardo. Au sujet du contenu probabiliste d'un lemme d'Henri Poincaré. Ann. Scientifiques de l'Université de Clermont-Ferrand 69, 185–190 (1981).

[G-H-L]   S. Gallot, D. Hulin, J. Lafontaine. Riemannian Geometry. Second Edition. Springer-Verlag (1990).

[Go1]   V. Goodman. Characteristics of normal samples. Ann. Probability 16, 1281–1290 (1988).

[Go2]   V. Goodman. Some probability and entropy estimates for Gaussian measures. Probability in Banach spaces 6. Progress in Probability 20, 150–156 (1990). Birkhäuser.

[G-K1]   V. Goodman, J. Kuelbs. Cramér functional estimates for Gaussian measures. Diffusion processes and related topics in Analysis. Progress in Probability 22, 473–495 (1990). Birkhäuser.

[G-K2]   V. Goodman, J. Kuelbs. Gaussian chaos and functional laws of the iterated logarithm for Ito-Wiener integrals. Ann. Inst. H. Poincaré 29, 485–512 (1993).

238

[Gri]   K. Grill. Exact convergence rate in Strassen's law of the iterated log-
         arithm. J. Theoretical Prob. 5, 197–204 (1991).

[Gro]   M. Gromov. Paul Lévy's isoperimetric inequality. Preprint I.H.E.S.
         (1980).

[G-M]   M. Gromov, V. D. Milman. A topological application of the isoperi-
         metric inequality. Amer. J. Math. 105, 843–854 (1983).

[Gr1]   L. Gross. Abstract Wiener spaces. Proc. 5th Berkeley Symp. Math.
         Stat. Prob. 2, 31–42 (1965).

[Gr2]   L. Gross. Potential theory on Hilbert space. J. Funct. Anal. 1, 123–181
         (1967).

[Gr3]   L. Gross. Logarithmic Sobolev inequalities. Amer. J. Math. 97, 1061–
         1083 (1975).

[Gr4]   L. Gross. Logarithmic Sobolev inequalities and contractive properties
         of semigroups. Dirichlet forms, Varenna (Italy) 1992. Lecture Notes in
         Math. 1563, 54–88 (1993). Springer-Verlag.

[G-N-SS] I. Gyöngy, D. Nualart, M. Sanz-Solé. Approximation and support the-
         orems in modulus spaces (1994). To appear in Prob. Th. Rel. Fields.

[Ha]   H. Hadwiger. Vorlesungen über Inhalt, Oberfläche und Isoperimetrie.
         Springer-Verlag (1957).

[Har]   L. H. Harper. Optimal numbering and isoperimetric problems on graphs.
         J. Comb. Th. 1, 385–393 (1966).

[He]   B. Heinkel. Mesures majorantes et régularité de fonctions aléatoires.
         Aspects Statistiques et Aspects Physiques des Processus Gaussiens,
         St-Flour 1980. Colloque C.N.R.S. 307, 407–434 (1980).

[I-S-T] I. A. Ibragimov, V. N. Sudakov, B. S. Tsirel'son. Norms of Gaussian
         sample functions. Proceedings of the third Japan-USSR Symposium
         on Probability Theory. Lecture Notes in Math. 550, 20–41 (1976).
         Springer-Verlag.

[I-W]   N. Ikeda, S. Watanabe. Stochastic differential equations and diffusion
         processes. North-Holland (1989).

[It]   K. Itô. Multiple Wiener integrals. J. Math. Soc. Japan 3, 157–164
         (1951).

[Ka1]   J.-P. Kahane. Sur les sommes vectorielles $\sum \pm u_n$. C. R. Acad. Sci.
         Paris 259, 2577–2580 (1964).

[Ka2]   J.-P. Kahane. Some random series of functions. Heath Math. Mono-
         graphs (1968). Second Edition: Cambridge Univ. Press (1985).

[Ke]   H. Kesten. On the speed of convergence in first-passage percolation.
         Ann. Appl. Probability 3, 296–338 (1993).

[Kh]   C. Khatri. On certain inequalities for normal distributions and their
         applications to simultaneous confidence bounds. Ann. Math. Statist.
         38, 1853–1867 (1967).

[K-L1]   J. Kuelbs, W. Li. Small ball probabilities for Brownian motion and
         the Brownian sheet. J. Theoretical Prob. 6, 547–577 (1993).

[K-L2]   J. Kuelbs, W. Li. Metric entropy and the small ball problem for Gaussian measures J. Funct. Anal. 116, 133-157 (1993).

[K-L-L] J. Kuelbs, W. Li, W. Linde. The Gaussian measure of shifted balls. Prob. Th. Rel. Fields 98, 143–162 (1994).

[K-L-S] J. Kuelbs, W. Li, Q.-M. Shao. Small ball probabilities for Gaussian processes with stationary increments under Hölder norms (1993). To appear in J. Theoretical Prob..

[K-L-T] J. Kuelbs, W. Li, M. Talagrand. Liminf results for Gaussian samples and Chung's functional LIL. Ann. Probability 22, 1879–1903 (1994).

[Ku]   H.-H. Kuo. Gaussian measures in Banach spaces. Lecture Notes in Math. 436 (1975). Springer-Verlag.

[Kus]   S. Kusuoka. A diffusion process on a fractal. Probabilistic methods in mathematical physics. Proc. of Taniguchi International Symp. 1985, 251–274. Kinokuniga, Tokyo (1987).

[Kw]   S. Kwapień. A theorem on the Rademacher series with vector valued coefficients. Probability in Banach Spaces, Oberwolfach 1975. Lecture Notes in Math. 526, 157–158 (1976). Springer-Verlag.

[K-S]   S. Kwapień, J. Sawa. On some conjecture concerning Gaussian measures of dilatations of convex symmetric sets. Studia Math. 105, 173–187 (1993).

[L-S]   H. J. Landau, L. A. Shepp. On the supremum of a Gaussian process. Sankhyà A32, 369–378 (1970).

[La]   R. Latała. A note on the Ehrhard inequality. Preprint (1994).

[L-O]   R. Latała, K. Oleszkiewicz. On the best constant in the Khintchine-Kahane inequality. Studia Math. 109, 101–104 (1994).

[Led1]   M. Ledoux. Isopérimétrie et inégalités de Sobolev logarithmiques gaussiennes. C. R. Acad. Sci. Paris 306, 79–82 (1988).

[Led2]   M. Ledoux. A note on large deviations for Wiener chaos. Séminaire de Probabilités XXIV, Lecture Notes in Math. 1426, 1–14 (1990). Springer-Verlag.

[Led3]   M. Ledoux. On an integral criterion for hypercontractivity of diffusion semigroups and extremal functions. J. Funct. Anal. 105, 444–465 (1992).

[Led4]   M. Ledoux. A heat semigroup approach to concentration on the sphere and on a compact Riemannian manifold. Geom. and Funct. Anal. 2, 221–224 (1992).

[Led5]   M. Ledoux. Semigroup proofs of the isoperimetric inequality in Euclidean and Gauss space. Bull. Sci. math. 118, 485–510 (1994).

[L-T1]   M. Ledoux, M. Talagrand. Characterization of the law of the iterated logarithm in Banach spaces. Ann. Probability 16, 1242–1264 (1988).

[L-T2]   M. Ledoux, M. Talagrand. Probability in Banach spaces (Isoperimetry and processes). Ergebnisse der Mathematik und ihrer Grenzgebiete. Springer-Verlag (1991).

[Lé]   P. Lévy. Problèmes concrets d'analyse fonctionnelle. Gauthier-Villars (1951).

[Li]   W. Li. Comparison results for the lower tail of Gaussian semi-norms. J. Theoretical Prob. 5, 1–31 (1992).

[Li-S]   W. Li, Q.-M. Shao. Small ball estimates for Gaussian processes under Sobolev type norms. Preprint (1994).

[L-Y]   P. Li, S.-T. Yau. On the parabolic kernel of the Schrödinger operator. Acta Math. 156, 153–201 (1986).

[Lif1]   M. A. Lifshits. On the distribution of the maximum of a Gaussian process. Probability Theory and its Appl. 31, 125-132 (1987).

[Lif2]   M. A. Lifshits. Tail probabilities of Gaussian suprema and Laplace transform. Ann. Inst. H. Poincaré 30, 163–180 (1994).

[Lif3]   M. A. Lifshits. Gaussian random functions (1994). Kluwer, to appear.

[Lif-T]   M. A. Lifshits, B. S. Tsirel'son. Small deviations of Gaussian fields. Probability Theory and its Appl. 31, 557-558 (1987).

[L-Z]   T. Lyons, W. Zheng. A crossing estimate for the canonical process on a Dirichlet space and tightness result. Colloque Paul Lévy, Astérisque 157-158, 249–272 (1988).

[MD]   C. J. H. McDiarmid. On the method of bounded differences. Twelfth British Combinatorial Conference. Surveys in Combinatorics, 148–188 (1989). Cambrige Univ. Press.

[MK]   H. P. McKean. Geometry of differential space. Ann. Probability 1, 197–206 (1973).

[M-P]   M. B. Marcus, G. Pisier. Random Fourier series with applications to harmonic analysis. Ann. Math. Studies, vol. 101 (1981). Princeton Univ. Press.

[M-S]   M. B. Marcus, L. A. Shepp. Sample behavior of Gaussian processes. Proc. of the Sixth Berkeley Symposium on Math. Statist. and Prob. 2, 423–441 (1972).

[Ma1]   B. Maurey. Constructions de suites symétriques. C. R. Acad. Sci. Paris 288, 679–681 (1979).

[Ma2]   B. Maurey. Sous-espaces ℓ^p des espaces de Banach. Séminaire Bourbaki, exp. 608. Astérisque 105-106, 199–216 (1983).

[Ma3]   B. Maurey. Some deviations inequalities. Geometric and Funct. Anal. 1, 188–197 (1991).

[MW-N-PA] E. Mayer-Wolf, D. Nualart, V. Perez-Abreu. Large deviations for multiple Wiener-Itô integrals. Séminaire de Probabilités XXVI. Lecture Notes in Math. 1526, 11–31 (1992). Springer-Verlag.

[Maz1]   V. G. Maz'ja. Classes of domains and imbedding theorems for function spaces. Soviet Math. Dokl. 1, 882–885 (1960).

[Maz2]   V. G. Maz'ja. Sobolev spaces. Springer-Verlag (1985).

[Me]   M. Mellouk. Support des diffusions dans les espaces de Besov-Orlicz. C. R. Acad. Sci. Paris 319, 261–266 (1994).

[M-SS]   A. Millet, M. Sanz-Solé. A simple proof of the support theorem for diffusion processes. Séminaire de Probabilités XXVIII, Lecture Notes in Math. 1583, 36–48 (1994). Springer-Verlag.

[Mi1]   V. D. Milman. New proof of the theorem of Dvoretzky on sections of convex bodies. Funct. Anal. Appl. 5, 28–37 (1971).

[Mi2]   V. D. Milman. The heritage of P. Lévy in geometrical functional analysis. Colloque Paul Lévy sur les processus stochastiques. Astérisque 157-158, 273–302 (1988).

[Mi3]   V. D. Milman. Dvoretzky's theorem - Thirty years later (Survey). Geometric and Funct. Anal. 2, 455–479 (1992).

[Mi-S]   V. D. Milman, G. Schechtman. Asymptotic theory of finite dimensional normed spaces. Lecture Notes in Math. 1200 (1986). Springer-Verlag.

[M-R]   D. Monrad, H. Rootzén. Small values of Gaussian processes and functional laws of the iterated logarithm (1993). To appear in Prob. Th. Rel. Fields.

[Mo]   J. Moser. On Harnack's theorem for elliptic differential equations. Comm. Pure Appl. Math. 14, 557–591 (1961).

[Na]   J. Nash. Continuity of solutions of parabolic and elliptic equations. Amer. J. Math. 80, 931–954 (1958).

[Nel]   E. Nelson. The free Markov field. J. Funct. Anal. 12, 211–227 (1973).

[Ne1]   J. Neveu. Processus aléatoires gaussiens. Presses de l'Université de Montréal (1968).

[Ne2]   J. Neveu. Martingales à temps discret. Masson (1972).

[Ne3]   J. Neveu. Sur l'espérance conditionnelle par rapport à un mouvement brownien. Ann. Inst. H. Poincaré 2, 105–109 (1976).

[Ni]   L. Nirenberg. On elliptic partial differential equations. Ann. Sc. Norm. Sup. Pisa 13, 116–162 (1959).

[Nu]   D. Nualart. The Malliavin calculs and related topics (1994). To appear.

[Os]   R. Osserman. The isoperimetric inequality. Bull. Amer. Math. Soc. 84, 1182–1238 (1978).

[Pi1]   G. Pisier. Probabilistic methods in the geometry of Banach spaces. Probability and Analysis, Varenna (Italy) 1985. Lecture Notes in Math. 1206, 167–241 (1986). Springer-Verlag.

[Pi2]   G. Pisier. Riesz transforms : a simpler analytic proof of P. A. Meyer inequality. Séminaire de Probabilités XXII. Lecture Notes in Math. 1321, 485–501, Springer-Verlag (1988).

[Pi3]   G. Pisier. The volume of convex bodies and Banach space geometry. Cambridge Univ. Press (1989).

[Pit]   L. Pitt. A Gaussian correlation inequality for symmetric convex sets. Ann. Probability 5, 470–474 (1977).

[Pr1]   C. Preston. Banach spaces arising from some integral inequalities. Indiana Math. J. 20, 997–1015 (1971).

[Pr2]   C. Preston. Continuity properties of some Gaussian processes. Ann. Math. Statist. 43, 285–292 (1972).

[Sc]   M. Schilder. Asymptotic formulas for Wiener integrals. Trans. Amer.
       Math. Soc. 125, 63–85 (1966).

[Sch] E. Schmidt. Die Brunn-Minkowskische Ungleichung und ihr Spiegel-
       bild sowie die isoperime- trische Eigenschaft der Kugel in der euklidis-
       chen und nichteuklidischen Geometrie. Math. Nach. 1, 81–157 (1948).

[Sco] A. Scott. A note on conservative confidence regions for the mean value
       of multivariate normal. Ann. Math. Statist. 38, 278–280 (1967).

[S-Z1] L. A. Shepp, O. Zeitouni. A note on conditional exponential mo-
       ments and Onsager-Machlup functionals. Ann. Probability 20, 652–654
       (1992).

[S-Z2] L. A. Shepp, O. Zeitouni. Exponential estimates for convex norms
       and some applications. Barcelona seminar on Stochastic Analysis, St
       Feliu de Guixols 1991. Progress in Probability 32, 203–215 (1993).
       Birkhäuser.

[Sh]   Q.-M. Shao. A note on small ball probability of a Gaussian process
       with stationary increments. J. Theoretical Prob. 6, 595–602 (1993).

[S-W] Q.-M. Shao, D. Wang. Small ball probabilities of Gaussian fields.
       Preprint (1994).

[Si]   Z. Sidak. Rectangular confidence regions for the means of multivariate
       normal distributions. J. Amer. Statist. Assoc. 62, 626–633 (1967).

[Sk]   A. V. Skorohod. A note on Gaussian measures in a Banach space.
       Theor. Probability Appl. 15, 519–520 (1970).

[Sl]   D. Slepian. The one-sided barrier problem for Gaussian noise. Bell.
       System Tech. J. 41, 463–501 (1962).

[So]   S. L. Sobolev. On a theorem in functional analysis. Amer. Math. Soc.
       Translations (2) 34, 39–68 (1963); translated from Mat. Sb. (N.S.) 4
       (46), 471–497 (1938).

[St1] W. Stolz. Une méthode élémentaire pour l'évaluation de petites boules
       browniennes. C. R. Acad. Sci. Paris, 316, 1217–1220 (1993).

[St2] W. Stolz. Some small ball probabilities for Gaussian processes under
       non-uniform norms (1994). To appear in J. Theoretical Prob..

[Str] D. Stroock. Homogeneous chaos revisited. Séminaire de Probabilités
       XXI. Lecture Notes in Math. 1247, 1–7 (1987). Springer-Verlag.

[Su1] V. N. Sudakov. Gaussian measures, Cauchy measures and ε-entropy.
       Soviet Math. Dokl. 10, 310–313 (1969).

[Su2] V. N. Sudakov. Gaussian random processes and measures of solid an-
       gles in Hilbert spaces. Soviet Math. Dokl. 12, 412–415 (1971).

[Su3] V. N. Sudakov. A remark on the criterion of continuity of Gaussian
       sample functions. Proceedings of the Second Japan-USSR Symposium
       on Probability Theory . Lecture Notes in Math. 330, 444–454 (1973).
       Springer-Verlag.

[Su4] V. N. Sudakov. Geometric problems of the theory of infinite-dimensional
       probability distributions. Trudy Mat. Inst. Steklov 141 (1976).

[S-T]   V. N. Sudakov, B. S. Tsirel'son. Extremal properties of half-spaces for spherically invariant measures. J. Soviet. Math. 9, 9–18 (1978); translated from Zap. Nauch. Sem. L.O.M.I. 41, 14–24 (1974).

[Sy]   G. N. Sytaya. On some asymptotic representation of the Gaussian measure in a Hilbert space. Theory of Stochastic Processes (Kiev) 2, 94-104 (1974).

[Sz]   S. Szarek. On the best constant in the Khintchine inequality. Studia Math. 58, 197–208 (1976).

[Tak]   M. Takeda. On a martingale method for symmetric diffusion processes and its applications. Osaka J. Math. 26, 605–623 (1989).

[Ta1]   M. Talagrand. Sur l'intégrabilité des vecteurs gaussiens. Z. Wahrschein-lichkeitstheor. verw. Gebiete 68, 1–8 (1984).

[Ta2]   M. Talagrand. Regularity of Gaussian processes. Acta Math. 159, 99–149 (1987).

[Ta3]   M. Talagrand. An isoperimetric theorem on the cube and the Khint-chin-Kahane inequalities. Proc. Amer. Math. Soc. 104, 905–909 (1988).

[Ta4]   M. Talagrand. Small tails for the supremum of a Gaussian process. Ann. Inst. H. Poincaré 24, 307–315 (1988).

[Ta5]   M. Talagrand. Isoperimetry and integrability of the sum of independent Banach space valued random variables. Ann. Probability 17, 1546–1570 (1989).

[Ta6]   M. Talagrand. A new isoperimetric inequality for product measure and the tails of sums of independent random variables. Geometric and Funct. Anal. 1, 211-223 (1991).

[Ta7]   M. Talagrand. Simple proof of the majorizing measure theorem. Geometric and Funct. Anal. 2, 118–125 (1992).

[Ta8]   M. Talagrand. On the rate of clustering in Strassen's law of the iterated logarithm. Probability in Banach spaces 8. Progress in Probability 30, 339–351 (1992). Birkhäuser.

[Ta9]   M. Talagrand. New Gaussian estimates for enlarged balls. Geometric and Funct. Anal. 3, 502–526 (1993).

[Ta10] M. Talagrand. Regularity of infinitely divisible processes. Ann. Probability 21, 362–432 (1993).

[Ta11] M. Talagrand. Isoperimetry, logarithmic Sobolev inequalities on the discrete cube, and Margulis' graph connectivity theorem. Geometric and Funct. Anal. 3, 295-314 (1993).

[Ta12] M. Talagrand. The supremum of some canonical processes. Amer. Math. J. 116, 283–325 (1994).

[Ta13] M. Talagrand. Sharper bounds for Gaussian and empirical processes. Ann. Probability 22, 28–76 (1994).

[Ta14] M. Talagrand. Constructions of majorizing measures. Bernoulli processes and cotype. Geometric and Funct. Anal. 4, 660–717 (1994).

[Ta15] M. Talagrand. The small ball problem for the Brownian sheet. Ann. Probability 22, 1331–1354 (1994).

294

[Ta16]   M. Talagrand. Concentration of measure and isoperimetric inequalities in product spaces (1994). To appear in Publ. de l'IHES.

[Ta17]   M. Talagrand. Isoperimetry in product spaces: higher level, large sets. Preprint (1994).

[Ta18]   M. Talagrand. Majorizing measures: the generic chaining. Preprint (1994).

[TJ]   N. Tomczak-Jaegermann. Dualité des nombres d'entropie pour des opérateurs à valeurs dans un espace de Hilbert. C. R. Acad. Sci. Paris 305, 299–301 (1987).

[Var]   S. R. S. Varadhan. Large deviations and applications. S. I. A. M. Philadelphia (1984).

[Va1]   N. Varopoulos. Une généralisation du théorème de Hardy-Littlewood-Sobolev pour les espaces de Dirichlet. C. R. Acad. Sci. Paris 299, 651–654 (1984).

[Va2]   N. Varopoulos. Hardy-Littlewood theory for semigroups. J. Funct. Anal. 63, 240–260 (1985).

[Va3]   N. Varopoulos. Isoperimetric inequalities and Markov chains. J. Funct. Anal. 63, 215–239 (1985).

[Va4]   N. Varopoulos. Small time Gaussian estimates of heat diffusion kernels. Part I: The semigroup technique. Bull. Sc. math. 113, 253–277 (1989).

[Va5]   N. Varopoulos. Analysis and geometry on groups. Proceedings of the International Congress of Mathematicians, Kyoto (1990), vol. II, 951–957 (1991). Springer-Verlag.

[V-SC-C] N. Varopoulos, L. Saloff-Coste, T. Coulhon. Analysis and geometry on groups. Cambridge Univ. Press (1992).

[Wa]   S. Watanabe. Lectures on stochastic differential equations and Malliavin calculus. Tata Institute of Fundamental Research Lecture Notes. Springer-Verlag (1984).

[W-W]   D. L. Wang, P. Wang. Extremal configurations on a discrete torus and a generalization of the generalized Macaulay theorem. Siam J. Appl. Math. 33, 55–59 (1977).

[Wi]   N. Wiener. The homogeneous chaos. Amer. Math. J. 60, 897–936 (1930).

[Ya]   S.-T. Yau. Isoperimetric constants and the first eigenvalue of a compact Riemannian manifold. Ann. scient. Éc. Norm. Sup. 8, 487–507 (1975).

[Zo]   V. M. Zolotarev. Asymptotic behavior of the Gaussian measure in ℓ^2. J. Sov. Math. 24, 2330-2334 (1986).

LECTURES ON FINITE MARKOV CHAINS

Laurent SALOFF-COSTE

Originally published in: *Ecole d'Eté de Probabilités de Saint-Flour XXVI – 1996*, Lecture Notes in Mathematics, Vol. **1665**, 301–413, DOI: 10.1007/BFb0092621, © Springer-Verlag Berlin Heidelberg 1997, Reprint by Springer-Verlag Berlin Heidelberg 2012

Contents

Chapter 1

Introduction and background material

1.1 Introduction

I would probably never have worked on finite Markov chains if I had not met Persi Diaconis. These notes are based on our joint work and owe a lot to his broad knowledge of the subject although the presentation of the material would have been quite different if he had given these lectures.

The aim of these notes is to show how functional analysis techniques and geometric ideas can be helpful in studying finite Markov chains from a quantitative point of view.

A Markov chain will be viewed as a Markov operator K acting on functions defined on the state space. The action of K on the spaces $\ell^p(\pi)$ where π is the stationary measure of K will be used as an important tool. In particular, the Hilbert space $\ell^2(\pi)$ and the Dirichlet form

$$\mathcal{E}(f, f) = \frac{1}{2} \sum_{x,y} |f(x) - f(y)|^2 K(x, y)\pi(x)$$

associated to K will play crucial roles. Functional inequalities such as Poincaré inequalities, Sobolev and Nash inequalities, or Logarithmic Sobolev inequalities will be used to study the behavior of the chain.

There is a natural graph structure associated to any finite Markov chain K. The geometry of this graph and the combinatorics of paths enter the game as tools to prove functional inequalities such as Poincaré or Nash inequalities and also to study the behavior of different chains through comparison of their Dirichlet forms.

The potential reader should be aware that these notes contain no probabilistic argument. Coupling and strong stationary times are two powerful techniques that have also been used to study Markov chains. They form a set of techniques that are very different in spirit from the one presented here. See, e.g., [1, 19]. Diaconis' book [17] contains a chapter on these techniques. David Aldous and Jim Fill are writing a book on finite Markov chains [3] that contains many wonderful things.

The tools and ideas presented in these notes have emerged recently as useful techniques to obtain quantitative convergence results for complex finite Markov chains. I have tried to illustrate these techniques by natural, simple but non trivial examples. More complex (and more interesting) examples require too much additional specific material to be treated in these notes. Here are a few references containing compelling examples:

- For eigenvalue estimates using path techniques, see [35, 41, 53, 72].
- For comparison techniques, see [23, 24, 30]
- For other geometric techniques, see [21, 38, 39, 43, 60].

Acknowledgements: Many thanks to Michel Benaim, Sergei Bobkov, Persi Diaconis, Susan Holmes, Michel Ledoux, Pascal Lezaud and Laurent Miclo for their help. Thanks also to David Aldous, Jim Fill, Mark Jerrum, Alistair Sinclair for useful discussions and comments over the years.

1.1.1 My own introduction to finite Markov chains

Finite Markov chains provide nice exercises in linear algebra and elementary probability theory. For instance, they can serve to illustrate diagonalization or triangularization in linear algebra and the notion of conditional probability or stopping times in probability. That is often how the subject is known to professional mathematicians.

The ultimate results then appear to be the classification of the states and, in the ergodic case, the existence of an invariant measure and the convergence of the chain towards its invariant measure at an exponentiel rate (the Perron-Frobenius theorem). Indeed, this set of results describes well the asymptotic behavior of the chain.

I used to think that way, until I heard Persi Diaconis give a couple of talks on card shuffling and other examples.

How many times do you have to shuffle a deck of cards so that the deck is well mixed?

The fact that shuffling many, many times does mix (the Perron-Frobenius Theorem) is reassuring but does not at all answer the question above.

Around the same time I started to read a paper by David Aldous [1] on the subject because a friend of mine, a student at MIT, was asking me questions about it. I was working on analysis on Lie groups and random walk on finitely generated, infinite group under the guidance of Nicolas Varopoulos. I had the vague feeling that the techniques that Varopolous had taught me could also be applied to random walks on finite groups. Of course, I had trouble deciding whether this feeling was correct or not because, on a finite set, everything is always true, any functional inequality is satisfied with appropriate constants.

Consider an infinite group G, generated by a finite symmetric set S. The associated random walk proceeds by picking an element s in S at random and move from the current state x to xs. An important nontrivial result in random walk theory is that the transient/recurrent behavior of these walks depends only on G and not on the choosen generating set S. The proof proceeds by comparison of Dirichlet forms. The Dirichlet form associated to S is

$$\mathcal{E}_S(f, f) = \frac{1}{2|S|} \sum_{g \in G, h \in S} |f(g) - f(gh)|^2.$$

If S and T are two generating sets, one easily shows that there are constants $a, A > 0$ such that

$$a\mathcal{E}_S \leq \mathcal{E}_T \leq A\mathcal{E}_S.$$

To prove these inequalities one writes the elements of S as finite products of elements of T and vice versa. They can be used to show that the behavior of finitely generated symmetric random walks on G, in many respects, depends only on G, not on the generating set.

I felt that this should have a meaning on finite groups too although clearly, on a finite group, different generating finite sets may produce different behaviors.

I went to see Persi Diaconis and we had the following conversation:

L: Do you have an example of finite group on which there are many different walks of interest?

P: Yes, the symmetric group S_n!

L: Is there a walk that you really know well?

P: Yes there is. I know a lot about random transpositions.

L: Now, we need another walk that you do not know as well as you wish.

P: Take the generators $\tau = (1, 2)$ and $c^{\pm 1} = (1, \ldots, n)^{\pm 1}$.

L& P: Lets try it. Any transposition can be written as a product of τ and $c^{\pm 1}$ of length at most $10n$. Each of τ, c, c^{-1} is used at most $10n$ times to write a given transposition. Hence, (after some computations) we get

$$\mathcal{E}_T \leq 100\, n^2\, \mathcal{E}_S$$

where $\mathcal{E}_T$ is the Dirichlet form for random transpositions and $S = \{\tau, c, c^{-1}\}$. What can we do with this? Well, the first nontrivial eigenvalue of random transpositions is $1 - 2/n$ by Fourier analysis. This yields a bound of order $1 - 50/n^3$ for the walk based on the generating set S.

L: I have no idea whether this is good or not.

P: Well, I do not know how to get this result any other way (as we later realized $1 - c/n^3$ is the right order of magnitude for the first nontrivial eigenvalue of the walk based on S).

L: Do you have any other example? ....

This took place during the spring of 1991. The conversation is still going on and these notes are based on it.

1.1.2 Who cares?

There are many ways in which finite Markov chains appear as interesting or useful objects. This section presents briefly some of the aspects that I find most compelling.

Random walks on finite groups. I started working on finite Markov chains by looking at random walks on finite groups. This is still one of my favorite aspects of the subject. Given a finite group G and a generating set $S \subset G$, define a Markov chain as follows. If the current state is g, pick s in S uniformly at random and move to gs. For instance, take $G = S_n$ and $S = \{\mathrm{id}\} \cup \{(i,j) : 1 \le i < j \le n\}$. This yields the "random transpositions" walk. Which generating sets of S_n are most efficient? Which sets yield random walks that are slow to converge? How slow can it be? More generally, which groups carry fast generating sets of small cardinality? How does the behavior of random walks relate to the algebraic structure of the group? These are some of the questions that one can ask in this context. These notes do not study finite random walks on groups in detail except for a few examples. The book [17] gives an introduction and develops tools from Fourier analysis and probability theory. See also [42]. The survey paper [27] is devoted to random walks on finite groups. It contains pointers to the literature and some open questions. Many examples of walks on the symmetric group are treated by comparison with random transpositions in [24]. M. Hildebrand [49] studies random transvections in finite linear groups by Fourier analysis. The recent paper of D. Gluck [45] contains results for some classical finite groups that are based on the classification of simple finite groups. Walks on finite nilpotent groups are studied in [25, 26] and in [74, 75, 76].

Markov Chain Monte Carlo. Markov chain Monte Carlo algorithms use a Markov chain to draw from a given distribution π on a state space $\mathcal{X}$ or to approximate π and compute quantities such as $\pi(f)$ for certain functions f. The **Metropolis** algorithm and its variants provide ways of constructing Markov chains which have the desired distribution π as stationary measure. For instance let Λ be a 100 by 100 square grid, $\mathcal{X} = \{x : \Lambda \to \{\pm 1\}\}$ and

$$\pi(x) = z(c)^{-1} \exp\left\{ c \left(\sum_{i,j:i \sim j} x_i x_j + h \sum_i x_i \right) \right\}$$

where $z(c)$ is the unknown normalizing constant. This is the **Gibbs** measure of a finite two-dimentional Ising model with inverse temperature $c > 0$ and external field strength h. In this case the Metropolis chain proceed as follows. Pick a site $i \in \Lambda$ at random and propose the move $x \to x^i$ where x^i is obtained from x by changing $x(i)$ to $-x(i)$. If $\pi(x^i)/\pi(x) \ge 1$ accept this move. If not, flip a coin with probability of heads $\pi(x^i)/\pi(x)$. If the coin comes up heads, move to x^i. If the coins comes up tails, stay at x. It is not difficult to show that this chain has stationary measure π as desired. It can then be used (in principle) to draw from π (i.e., to produce typical configurations), or to estimate the normalizing constant $z(c)$. Observe that running this chain implies computing $\pi(x^i)/\pi(x)$. This is reasonable because the unknown normalizing constant disappears in this ratio and the computation only involves looking at neighbors of the site i.

Application of the Metropolis algorithm are widespread. Diaconis recommends looking at papers in the Journal of the Royal Statistical Society, Series B, 55(3), (1993) for examples and pointers to the literature. Clearly, to validate (from a theoretical point of view) the use of this type of algorithm one needs to be able to answer the question: how many steps are sufficient (necessary) for the chain to yield a good approximation of π? These chains and algorithms are often used without any theoretical knowledge of how long they should be run. Instead, the user most often relies on experimental knowledge, hoping for the best.

Let us emphasize here the difficulties that one encounters in trying to produce theoretical results that bear on applications. In order to be directly relevant to applied work, theoretical results concerning finite Markov chains must not only be quantitative but they must yield bounds that are close to be sharp. If the bounds are not sharp enough, the potential user is likely to disregard them as unreasonably conservative (and too expensive in running time). It turns out that many finite Markov chains are very effective (i.e., are fast to reach stationarity) for reasons that seem to defy naive analysis. A good example is given by the Swendsen-Wang algorithm which is a popular sampling procedure for Ising configuration according to the Gibbs distribution [77]. This algorithm appears to work extremely well but there are no quantitative theoretical results to support this experimental finding. A better understood example of this phenomenon is given by random transpositions (and other walks) on the symmetric group. In this case, a precise analysis can be obtained through the well developed representation theory of the symmetric group. See [17].

Theoretical Computer Science. Much recent progress in quantitative finite Markov chain theory is due to the Computer Science community. I refer the reader to [54, 56, 71, 72] and also [31] for pointers to this literature. Computer scientists are interested in classifying various combinatorial tasks according to their complexity. For instance, given a bipartite connected graph on $2n$ vertices with vertex set $O \cup I$, $\#O = \#I = n$, and edges going from I to O, they ask whether or not there exists a deterministic algorithm in polynomial time in n for the following tasks:

(1) decide whether there exists a perfect matching in this graph

(2) count how many perfect matchings there are.

A perfect matching is a set of n edges such that each vertex appears once. It turn out that the answer is yes for (1) and most probably no for (2) in a precise sense, that is, (2) is an example of a # P-complete problem. See e.g., [72].

Using previous work of Broder, Mark Jerrum and Alistair Sinclair were able to produce a stochastic algorithm which approximate the number of matchings in polynomial time (for a large class of graphs). The main step of their proof consists in studying a finite Markov chain on perfect and near perfect matchings. They need to show that this chain converges to stationarity in polynomial time. They introduce paths and their combinatorics as a tool to solve this problem. See [54, 72]. This technique will be discussed in detail in these notes.

Computer scientists have a host of problems of this type, including the celebrated problem of approximating the volume of a convex set in high dimension. See [38, 39, 56, 60].

To conclude this section I would like to emphasize that although the present notes only contain theoretical results these results are motivated by the question obviously relevant to applied works:

How many steps are needed for a given finite Markov chain to be close to equilibrium?

1.1.3 A simple open problem

I would like to finish this introduction with a simple example of a family of Markov chains for which the asymptotic theory is trivial but satisfactory quantitative results are still lacking. This example was pointed out to me by M. Jerrum.

Start with the hypercube $\mathcal{X} = \{0,1\}^n$ endowed with its natural graph structure where x and y are neighbors if and only if they differ at exactly one coordinate, that is, $|x - y| = \sum |x_i - y_i| = 1$. The simple random walk on this graph can be analysed by commutative Fourier analysis on the group $\{0,1\}^n$ (or otherwise). The corresponding Markov operator has eigenvalues $1 - 2j/n$, $j = 0, 1, \ldots, n$, each with multiplicity $\binom{n}{j}$. It can be shown that this walk reaches approximate equilibrium after $\frac{1}{4} n \log n$ many steps in a precise sense.

Now, fix a sequence $\mathbf{a} = (a_i)_1^n$ of non-negative numbers and $b > 0$. Consider

$$\mathcal{X}(\mathbf{a}, b) = \left\{ x \in \{0,1\}^n : \sum a_i x_i \le b \right\}.$$

This is the hypercube chopped by a hyperplane. Consider the chain $K = K_{\mathbf{a},b}$ on this set defined by $K(x,y) = 1/n$ if $|x - y| = 1$, $K(x,y) = 0$ if $|x - y| > 1$ and $K(x,x) = 1 - n(x)/n$ where $n(x) = n_{\mathbf{a},b}(x)$ is the number of y in $\mathcal{X}(\mathbf{a}, b)$ such that $|x - y| = 1$. This chain has the uniform distribution on $\mathcal{X}(\mathbf{a}, b)$ as stationary measure.

At this writing it is an open problem to prove that this chain is close to stationarity after $n^{O(1)}$ many steps, uniformly over all choices of a, b. A partial result when the set $\mathcal{X}(\mathbf{a}, b)$ is large enough will be described in these notes. See also [38].

1.2   The Perron-Frobenius Theorem

One possible approach for studying finite Markov chains is to reduce everything to manipulations of finite-dimensional matrices. Kemeny and Snell [57] is a useful reference written in this spirit. From this point of view, the most basic result concerning the asymptotic behavior of finite Markov chains is a theorem in linear algebra, namely the celebrated Perron-Frobenius theorem.

1.2.1 Two proofs of the Perron-Frobenius theorem

A *stochastic matrix* is a square matrix with nonnegative entries whose rows all sum to 1.

Theorem 1.2.1 *Let M be an n-dimensional stochastic matrix. Assume that there exists k such that M^k has all its entries positive. Then there exists a row vector $m = (m_j)_1^n$ with positive entries summing to 1 such that for each $1 \leq i \leq n$,*

$$\lim_{\ell \to \infty} M_{i,j}^\ell = m_j. \tag{1.2.1}$$

Furthermore, $m = (m_i)_1^n$ is the unique row vector such that $\sum_1^n m_i = 1$ and $mM = m$.

We start with the following Lemma.

Lemma 1.2.2 *Let M be an n-dimensional stochastic matrix. Assume that for each pair $(i,j), 1 \leq i, j \leq n$ there exists $k = k(i,j)$ such that $M_{i,j}^k > 0$. Then there exists a unique row vector $m = (m_j)_1^n$ with positive entries summing to 1 such that $mM = m$. Furthermore, 1 is a simple root of the characteristic polynomial of M.*

PROOF: By hypothesis, the column vector 1 with all entries equal to 1 satisfies $M1 = 1$. By linear algebra, the transpose M^t of M also has 1 as an eigenvalue, i.e., there exists a row vector v such that $vM = v$. We claim that $|v|$ also satisfies $|v|M = |v|$. Indeed, we have $\sum_i |v_i| M_{i,j} \geq |v_j|$. If $|v|M \neq |v|$, there exists j_0 such that $\sum_i |v_i| M_{i,j_0} > |v_{j_0}|$. Hence, $\sum_i |v_i| = \sum_j \sum_i |v_i| M_{i,j} > \sum_j |v_j|$, a contradiction. Set $m_j = v_j/(\sum_i |v_i|)$. The weak irreducibility hypothesis in the lemma suffices to insure that there exists ℓ such that $A = (I + M)^\ell$ has all its entries positive. Now, $mA = 2^\ell m$ implies that m has positive entries.

Let u be such that $uM = u$. Since $|u|$ is also an eigenvector its follows that the vector u^+ with entries $u_i^+ = \max\{u_i, 0\}$ is either trivial or an eigenvector. Hence, u^+ is either trivial or equal to u (because it must have positive entries). We thus obtain that each vector $u \neq 0$ satisfying $uM = u$ has entries that are either all positive or all negative. Now, if m, m' are two normalized eigenvectors with positive entries then $m - m'$ is either trivial or an eigenvector. If $m - m'$ is not trivial its entries must change sign, a contradiction. So, in fact, $m = m'$.

To see that 1 has geometric multiplicity one, let V be the space of column vectors. The subspace $V_0 = \{v : \sum_i v_i = 0\}$ is stable under M: $MV_0 \subset V_0$ and $V = \mathbb{R}1 \oplus V_0$. So either $M - I$ is invertible on V_0 or there is a $0 \neq v \in V_0$ such that $Mv = v$. The second possibility must be ruled out because we have shown that the entries of such a v would have constant sign. This ends the proof of Lemma 1.2.2. We now complete the proof of Theorem 1.2.1 in two different ways.

PROOF (1) OF THEOREM 1.2.1: Using the strong irreducibility hypothesis of the theorem, let k be such that $\forall\, i, j\ M_{i,j}^k > 0$. Let $m = (m_i)_1^n$ be the row vector constructed above and set $M_{i,j}^\infty = m_j$ so that M^∞ is the matrix with all rows equal to m. Observe that

$$MM^\infty = M^\infty M = M^\infty \tag{1.2.2}$$

and that $M_{i,j}^k \geq cM_{i,j}^\infty$ with $c = \min_{i,j}\{M_{i,j}^\infty / M_{i,j}^k\} > 0$. Consider the matrix

$$N = \frac{1}{1-c}\left(M^k - cM^\infty\right)$$

with the convention that $N = 0$ if $c = 1$ (in which case we must indeed have $M^k = M^\infty$). If $0 < c < 1$, N is a stochastic matrix and $NM^\infty = M^\infty N = M^\infty$. In all cases, the entries of $(N - M^\infty)^\ell = N^\ell - M^\infty$ are bounded by 1, in absolute value, for all $\ell = 1, 2, \ldots$. Furthermore

$$
\begin{aligned}
M^k - M^\infty &= (1-c)(N - M^\infty) \\
M^{k\ell} - M^\infty &= (M^k - M^\infty)^\ell = (1-c)^\ell(N - M^\infty)^\ell.
\end{aligned}
$$

Thus

$$|M_{i,j}^{k\ell} - M_{i,j}^\infty| \leq (1-c)^\ell.$$

Consider the norm $\|A\|_\infty = \max_{i,j}|A_{i,j}|$ on matrices. The function

$$\ell \to \|M^\ell - M^\infty\|_\infty$$

is nonincreasing because $M^{\ell+1} - M^\infty = M(M^\ell - M^\infty)$ implies

$$
\begin{aligned}
(M^{\ell+1} - M^\infty)_{i,j} &= \sum_s M_{i,s}(M^\ell - M^\infty)_{s,j} \\
&\leq \left(\sum_s M_{i,s}\right)\|M^\ell - M^\infty\|_\infty = \|M^\ell - M^\infty\|_\infty.
\end{aligned}
$$

Hence,

$$\max_{i,j}\left\{|M_{i,j}^\ell - m_j|\right\} \leq (1-c)^{\lfloor \ell/k \rfloor}.$$

In particular $\lim_{\ell\to\infty} M_{i,j}^\ell = m_j$. This argument is pushed further in Section 1.2.3 below.

PROOF (2) OF THEOREM 1.2.1: For any square matrix let

$$\rho(A) = \max\{|\lambda| : \lambda \text{ an eigenvalue of } A\}.$$

Observe that any norm $\|\cdot\|$ on matrices that is submultiplicative (i.e., $\|AB\| \leq \|A\|\|B\|$) must satisfy $\rho(A) \leq \|A\|$.

Lemma 1.2.3 *For any square matrix A and any $\epsilon > 0$ there exists a submultiplicative matrix norm $\|\cdot\|$ such that $\|A\| \leq \rho(A) + \epsilon$.*

PROOF: Let U be a unitary matrix such that $A' = UAU^*$ with A' upper-triangular. Let $D = D(t)$, $t > 0$, be the diagonal matrix with $D_{i,i} = t^i$. Then $A'' = DA'D^{-1}$ is upper-triangular with $A''_{i,j} = t^{-(j-i)}A'_{i,j}$, $j \geq i$. Note that, by construction, the diagonal entries are the eigenvalues of A. Consider the matrix norm (induced by the vector norm $\|v\|_1 = \sum |v_i|$)

$$\|B\|_1 = \max_j \sum_i |B_{i,j}|.$$

Then $\|A''\|_1 = \rho(A) + O(t^{-1})$. Pick $t > 0$ large enough so that $\|A''\|_1 \leq \rho + \epsilon$. For U, D fixed as above, define a matrix norm by setting, for any matrix B,

$$\|B\| = \|DUBU^*D^{-1}\|_1 = \|(UD)B(UD)^{-1})\|_1.$$

This norm satisfies the conclusion of the lemma (observe that it depends very much on A and ϵ).

Lemma 1.2.4 *We have* $\lim_{\ell \to \infty} \max_{i,j} A^\ell_{i,j} = 0$ *if and only if* $\rho(A) < 1$.

For each $\epsilon > 0$, the submultiplicative norm of Lemma 1.2.3 satisfies

$$\|A\| \leq \rho(A) + \epsilon.$$

If $\rho(A) < 1$, then we can pick $\epsilon > 0$ so that $\|A\| < 1$. Then $\lim_{\ell \to \infty} \|A^\ell\| \leq \lim_{\ell \to \infty} \|A\|^k = 0$. The desired conclusion follows from the fact that all norms on a finite dimensional vector space are equivalent. Conversely, if

$$\lim_{\ell \to \infty} \left(\max_{i,j} A^\ell_{i,j} \right) = 0$$

then $\lim_{\ell \to \infty} \|A^\ell\|_1 = 0$. Since $\| \cdot \|_1$ is multiplicative, $\rho(A) \leq \|A^\ell\|_1^{1/\ell} < 1$ for ℓ large enough.

Let us pause here to see how the above argument translates in quantitative terms. Let $\|A\|_\infty = \max_{i,j} |A_{i,j}|$ and $\|A\|^2 = \sum_{i,j} |A_{i,j}|^2$. We want to bound $\|A^\ell\|_\infty$ in terms of the norm $\|A^\ell\|$ of Lemma 1.2.3.

Lemma 1.2.5 *For any* $n \times n$ *matrix* A *and any* $\epsilon > 0$, *we can choose the norm* $\| \cdot \|$ *of Lemma 1.2.3 so that*

$$\|A^\ell\|_\infty \leq n^{1/2}(1 + \|A\|/\epsilon)^n \|A^\ell\|.$$

PROOF: With the notation of the proof of Lemma 1.2.3, we have

$$
\begin{aligned}
|A'_{i,j}| &= \sum_{s,t} U_{i,s} A_{s,t} \overline{U}_{j,t} \\
&\leq \left(\sum_{s,t} |A_{s,t}|^2 \right)^{1/2} \left(\sum_{s,t} |U_{i,s}|^2 |U_{j,t}|^2 \right)^{1/2} \\
&\leq \left(\sum_{s,t} |A_{s,t}|^2 \right)^{1/2} \leq \|A\|
\end{aligned}
$$

because U is unitary. It follows that

$$\sum_i |A''_{i,j}| \leq \rho(A) + \|A\|(t-1)^{-1}.$$

Hence, for $t = 1 + \|A\|/\epsilon$, we get

$$\|A\| = \|A''\|_1 \leq \rho(A) + \epsilon$$

as desired. Now, for any ℓ, set $B = A^\ell$, $B' = (A')^\ell$, $B'' = (A'')^\ell$. Then $\|A^\ell\| = \|B''\|_1$ and $A^\ell = U^* B' U = U^* D^{-1} B'' D U$. The matrix $B' = D^{-1} B'' D$ is upper-triangular with coefficients $B'_{i,j} = t^{j-i} B''_{i,j}$ for $j \geq i$. This yields

$$
\begin{aligned}
\|A^\ell\|_\infty &\leq \left(\sum_{\substack{i,j: \\ i \leq j}} t^{2(j-i)} |B''_{i,j}|^2 \right)^{1/2} \\
&\leq n^{1/2}(1 + \|A\|/\epsilon)^n \|B''\|_1 \\
&= n^{1/2}(1 + \|A\|/\epsilon)^n \|A^\ell\|.
\end{aligned}
$$

With this material at hand the following lemma suffices to finish the second proof or the Perron-Frobenius theorem.

Lemma 1.2.6 *Let M be a stochastic matrix satisfying the strong irreducibility condition of Theorem 1.2.1. Let $M^\infty_{i,j} = m_j$ where $m = (m_j)$ is the unique normalized row vector with positive entries such that $mM = m$. Then $\rho(M - M^\infty) < 1$.*

PROOF: Let λ be an eigenvalue of M with left eigenvector v. Assume that $|\lambda| = 1$. Then, again, $|v|$ is a left eigenvector with eigenvalue 1. Let k be such that $M^k > 0$. It follows that

$$\left| \sum_j M^k_{i,j} v_j \right| = \sum_j M^k_{i,j} |v_j|.$$

Since $M^k_{i,j} > 0$ for all j, this implies that $v_j = e^{i\theta} |v_j|$ for some fixed θ. Hence $\lambda = 1$. Let $\lambda_1 = 1$ and λ_i, $i = 2, \ldots, n$ be the eigenvalues of M repeated according to there geometric multiplicities. By Lemma 1.2.2, $|\lambda_i| < 1$ for $i = 2, \ldots, n$. The eigenvalues of M^∞ are 1 with eigenspace $\mathbb{R}1$ and 0 with eigenspace $V_0 = \{v : \sum_i v_i = 0\}$. By (1.2.2) it follows that the eigenvalues of $M - M^\infty$ are $0 = \lambda_1 - 1$ and $\lambda_i = \lambda_i - 0$, $i = 2, \ldots, n$. Hence $\rho(M - M^\infty) < 1$.

1.2.2 Comments on the Perron-Frobenius theorem

Each of the two proofs of Theorem 1.2.1 outlined above provides existence of $A > 0$ and $0 < \epsilon < 1$ such that

$$|M^\ell_{i,j} - m_j| \leq A(1 - \epsilon)^\ell. \tag{1.2.3}$$

However, it is rather dishonest to state the conclusion (1.2.1) in this form without a clear WARNING:

> the proof does not give a clue on how large A and how small ϵ can be.

Indeed, "Proof (1)" looks like a quantitative proof since it shows that

$$|M_{i,j}^\ell - m_j| \le (1-c)^{\lfloor \ell/k \rfloor} \tag{1.2.4}$$

whenever $M^k \ge cM^\infty$. But, in general, it is hard to find explicit reasonable k and c such that the condition $M^k \ge cM^\infty$ is satisfied.

EXAMPLE 1.2.1: Consider the random walk on $\mathbb{Z}/n\mathbb{Z}$, $n = 2p+1$, where, at each step, we add 1 or substract 1 or do nothing each with probability 1/3. Then M is an $n \times n$ matrix with $M_{i,j} = 1/3$ if $|i - j| = 0, 1$, $M_{1,n} = M_{n,1} = 1/3$, and all the orther entries equal to zero. The matrix M^∞ has all its entries equal to $1/n$. Obviously, $M^p \ge n\,3^{-p} M^\infty$, hence $|M_{i,j}^\ell - (1/n)| \le 2(1 - n3^{-p})^{\lfloor \ell/p \rfloor}$. This is a very poor estimate. It is quite typical of what can be obtained by using (1.2.4).

Still, there is an interesting conclusion to be drawn from (1.2.4). Let

$$k_0 = \inf\{\ell : M^\ell \ge (1 - 1/e)M^\infty\}$$

where the constant $c = 1 - 1/e$ as been chosen for convenience. This k_0 can be interpreted as a measure of how long is takes for the chain to be close to equilibrium in a crude sense. Then (1.2.4) says that this crude estimate suffices to obtain the exponential decay with rate $1/k_0$

$$|M_{i,j}^\ell - m_j| \le 3e^{-\ell/k_0}$$

"Proof (2)" has the important theoretical advantage of indicating what is the best exponential rate in (1.2.3). Namely, for any norm $\|\cdot\|$ on matrices, we have

$$\lim \|M^\ell - M^\infty\|^{1/\ell} = \rho \tag{1.2.5}$$

where

$$\rho = \rho(M - M^\infty) = \max\{|\lambda| : \lambda \ne 1, \lambda \text{ an eigenvalue of } M\}.$$

Comparing with (1.2.4) we discover that $M^k \ge cM^\infty$ implies

$$\rho \le \frac{1}{k} \log(1 - c).$$

Of course (1.2.5) shows that, for all $\epsilon > 0$, there exists $C(\epsilon)$ such that

$$|M_{i,j}^\ell - m_j| \le C(\epsilon)\,(\rho + \epsilon)^\ell.$$

The constant $C(\epsilon)$ can be large and is dificult to bound. Since $\|M^\ell - M^\infty\| \leq 2n^{1/2}$ (in the notation of the proof of Lemma 1.2.5), Lemma 1.2.5 yields

$$|M_{i,j}^\ell - m_j| \leq n^{1/2}\left(1 + \frac{2n^{1/2}}{\epsilon}\right)^n (\rho + \epsilon)^\ell. \tag{1.2.6}$$

This is quantitative, but essentially useless. I am not sure what is the best possible universal estimate of this sort but I find the next example quite convincing in showing that "Proof (2)" is not satisfactory from a quantitative point of view.

EXAMPLE 1.2.2: Let $\mathcal{X} = \{0,1\}^n$. Define a Markov chain with state space $\mathcal{X}$ as follows. If the current state is $x = (x_1, \ldots, x_n)$ then move to $y = (y_1, \ldots, y_n)$ where $y_i = x_{i+1}$ for $i = 1, \ldots, n-1$ and $y_n = x_1$ or $y_n = x_1 + 1$ (mod 2), each with equal probability $1/2$. It is not hard to verify that this chain is irreducible. Let M denote the matrix of this chain for some ordering of the state space. Then the left normalized eigenvector m with eigenvalue 1 is the constant vector with $m_i = 2^{-n}$. Furthermore, a moment of thought shows that $M^n = M^\infty$. Hence $\rho = \rho(M - M^\infty) = 0$. Now, $\max_{i,j}|M_{i,j}^{n-1} - m_j|$ is of order 2^{-n}. So, in this case, $C(\epsilon)$ of order $(2\epsilon)^{-n}$ is certainly needed for the inequality $|M_{i,j}^\ell - m_j| \leq C(\epsilon)(\rho + \epsilon)^\ell$ to be satisfied for all ℓ.

1.2.3 Further remarks on strong irreducibility

A n-dimensional stochastic matrix M is strongly irreducible if there exists an integer k such that, for all i, j, $M_{i,j}^k > 0$. This is related to what is known as the **Doeblin condition**. Say that M satisfies the Doeblin condition if there exist an integer k, a positive c, and a probability measure q on $\{1, \ldots, n\}$ such that

(D) $\qquad\qquad$ for all $i \in \{1, \ldots, n\}$, $M_{i,j}^k \geq cq_j$.

Proof (1) of Theorem 1.2.1 is based on the fact that strong irreducibility implies the Doeblin condition **(D)** with $q = m$ (the stationary measure) and some $k, c > 0$. The argument developed in this case yields the following well known result.

Theorem 1.2.7 *If M satisfies* **(D)** *for some $k, c > 0$ and a some probability q then*

$$\sum_j |M_{i,j}^\ell - m_j| \leq 2(1-c)^{\lfloor \ell/k \rfloor}$$

for all integer ℓ. Here $m = (m_j)_1^n$ is the vector appearing in Lemma 1.2.2, i.e., the stationary measure of M.

PROOF: Using (1.2.1), observe that **(D)** implies $m_j \geq cq_j$. Let M^∞ be the matrix with all rows equal to m, let Q be the matrix with all rows equal to q and set

$$N = \frac{1}{1-c}(M^k - cQ), \quad N^\infty = \frac{1}{1-c}(M^\infty - cQ).$$

These two matrices are stochatic. Furthermore

$$M^k - M^\infty = (1-c)(N - N^\infty)$$

and

$$
\begin{aligned}
M^{k\ell} - M^\infty &= (M^k - M^\infty)^\ell \\
&= (1-c)^\ell (N - N^\infty)^\ell.
\end{aligned}
$$

Observe that $(N - N^\infty)^2 = (N - N^\infty)N$ because N^∞ has constant columns so that $PN^\infty = N^\infty$ for any stochastic matrix P. It follows that $(N - N^\infty)^\ell = (N - N^\infty)N^{\ell-1}$. If we set $\|A\|_1 = \max_i \sum_j |A_{i,j}|$ for any matrix A and recall that $\|AB\|_1 \leq \|A\|_1 \|B\|_1$ we get

$$\|M^{k\ell} - M^\infty\|_1 \leq (1-c)^\ell \|N - N^\infty\|_1 \|N^{\ell-1}\|_1.$$

Since N is stochastic, we have $\|N\|_1 = 1$. Also $\|N - N^\infty\|_1 \leq 2$. Hence

$$\max_i \sum_j |M^{k\ell} - M^\infty| \leq 2(1-c)^\ell.$$

This implies the stated result because $\ell \to \|M^\ell - M^\infty\|_1$ is nonincreasing.

This section introduces notation and concepts from elementary functional analysis such as operator norms, interpolation, and duality. This tools turn out to be extremely useful in manipulating finite Markov chains.

1.2.4 Operator norms

Let A, B be two Banach spaces with norms $\|\cdot\|_A$, $\|\cdot\|_B$. Let $K : A \to B$ be a linear operator. We set

$$\|K\|_{A \to B} = \sup_{\substack{f \in A: \\ \|f\|_A \leq 1}} \{\|Kf\|_B\} = \sup_{f \in A: f \neq 0} \left\{ \frac{\|Kf\|_B}{\|f\|_A} \right\}.$$

If A^*, B^* are the (topological) duals of A, B, the dual operator $K^* : B^* \to A^*$ defined by $K^* b^*(a) = b^*(Ka), a \in A$, satisfies

$$\|K^*\|_{B^* \to A^*} \leq \|K\|_{A \to B}.$$

In particular, if $\mathcal{X}$ is a countable set equipped with a positive measure π and if $A = \ell^p(\pi)$ and $B = \ell^q(\pi)$ with

$$\|f\|_p = \|f\|_{\ell^p(\pi)} = \left(\sum_{x \in \mathcal{X}} |f(x)|^p \pi(x) \right)^{1/p} \quad \text{and} \quad \|f\|_\infty = \sup_{x \in \mathcal{X}} |f(x)|,$$

we write

$$\|K\|_{p \to q} = \|K\|_{\ell^p(\pi) \to \ell^q(\pi)}.$$

Let

$$\langle f, g \rangle = \langle f, g \rangle_\pi = \sum_x f(x)\overline{g(x)}\pi(x)$$

be the scalar product on $\ell^2(\pi)$. For $1 \leq p < \infty$, this scalar product can be used to identify $\ell^p(\pi)^*$ with $\ell^q(\pi)$ where p, q are Hölder conjugate exponents, that is $1/p + 1/q = 1$. Furthermore, for all $1 \leq p \leq \infty$, $\ell^q(\pi)$ norms $\ell^p(\pi)$. Namely,

$$\|f\|_p = \sup_{\substack{g \in \ell^q(\pi) \\ \|g\|_q \leq 1}} \langle f, g \rangle_\pi.$$

It follows that for any linear operator $K : \ell^p(\pi) \to \ell^r(\pi)$ with $1 \leq p, r \leq +\infty$,

$$\|K\|_{p \to r} = \|K^*\|_{s \to q}$$

where $1/p + 1/q = 1$, $1/r + 1/s = 1$. Assume now that the operator K is defined by

$$Kf(x) = \sum_{y \in \mathcal{X}} K(x, y)f(y)$$

for any finitely supported function f. Then the norm $\|K\|_{p \to \infty}$ is given by

$$\|K\|_{p \to \infty} = \max_{x \in \mathcal{X}} \left(\sum_{y \in \mathcal{X}} |K(x, y)/\pi(y)|^q \pi(y) \right)^{1/q} \tag{1.2.7}$$

where $1/p + 1/q = 1$. In particular,

$$\|K\|_{2 \to \infty} = \|K^*\|_{1 \to 2} = \max_{x \in \mathcal{X}} \left(\sum_{y \in \mathcal{X}} |K(x, y)/\pi(y)|^2 \pi(y) \right)^{1/2} \tag{1.2.8}$$

and

$$\|K\|_{1 \to \infty} = \|K^*\|_{1 \to \infty} = \max_{x, y \in \mathcal{X}} \{|K(x, y)/\pi(y)|\}. \tag{1.2.9}$$

For future reference we now recall the Riesz-Thorin interpolation theorem (complex method). It is a basic tools in modern analysis. See, e.g., Theorem 1.3, page 179 in [73].

Theorem 1.2.8 *Fix $1 \leq p_i, q_i \leq \infty$, $i = 1, 2$, with $p_1 \leq p_2$, $q_1 \leq q_2$. Let K be a linear operator acting on functions by $Kf(x) = \sum_y K(x, y)f(y)$. For any p such that $p_1 \leq p \leq p_2$ let θ be such that $1/p = \theta/p_1 + (1 - \theta)/p_2$ and define $q \in [q_1, q_2]$ by $1/q = \theta/q_1 + (1 - \theta)/q_2$. Then*

$$\|K\|_{p \to q} \leq \|K\|_{p_1 \to q_1}^\theta \|K\|_{p_2 \to q_2}^{1-\theta}.$$

1.2.5 Hilbert space techniques

For simplicity we assume now that $\mathcal{X}$ is finite of cardinality $n = |\mathcal{X}|$ and work on the (n-dimensional) Hilbert space $\ell^2(\pi)$. An operator $K : \ell^2(\pi) \to \ell^2(\pi)$ is self-adjoint if it satisfies

$$\langle Kf, g \rangle_\pi = \langle f, Kg \rangle_\pi, \quad \text{i.e.,} \quad K^* = K.$$

Let $K(x, y)$ be the kernel of the operator K. Then K^* has kernel

$$K^*(x, y) = \pi(y)\overline{K(y, x)}/\pi(x)$$

and it follows that K is selfadjoint if and only if

$$K(x, y) = \pi(y)\overline{K(y, x)}/\pi(x).$$

Lemma 1.2.9 *Assume that K is self-adjoint on $\ell^2(\pi)$. Then K is diagonalizable in an orthonormal basis of $\ell^2(\pi)$ and has real eigenvalues $\beta_0 \geq \beta_1 \dots \geq \beta_{n-1}$. For any associated orthonormal basis $(\psi_i)_0^{n-1}$ of eigenfunctions, we have*

$$K(x, y)/\pi(y) = \sum_i \beta_i \psi_i(x)\overline{\psi_i(y)}. \tag{1.2.10}$$

$$\|K(x, \cdot)/\pi(\cdot)\|_2^2 = \sum_i \beta_i^2 |\psi_i(x)|^2. \tag{1.2.11}$$

$$\sum_{x \in \mathcal{X}} \|K(x, \cdot)/\pi(\cdot)\|_2^2 \pi(x) = \sum_i \beta_i^2. \tag{1.2.12}$$

PROOF: We only prove the set of equalities. Let $z \to 1_x(z)$ be the function which is equal to 1 at x and zero everywhere else. Then $K(x, y) = K1_y(x)$. The function 1_y has coordinates $\langle 1_y, \psi_i \rangle_\pi = \overline{\psi_i(y)}\pi(y)$ in the orthonormal basis $(\psi_i)_0^{n-1}$. Hence $K1_y(x) = \pi(y) \sum_i \beta_i \psi_i(x)\overline{\psi_i(y)}$. The second and third results follow by using the fact that $(\psi_i)_0^{n-1}$ is orthonormal.

We now turn to an important tool known as the Courant-Fischer min-max theorem. Let $\mathcal{E}$ be a (positive) Hermitian form on $\ell^2(\pi)$. For any vector space $W \subset \ell^2(\pi)$, set

$$M(W) = \max_{\substack{f \in W \\ f \neq 0}} \left\{ \frac{\mathcal{E}(f, f)}{\|f\|_2^2} \right\}, \quad m(W) = \min_{f \in W} \left\{ \frac{\mathcal{E}(f, f)}{\|f\|_2^2} \right\}.$$

Recall from linear algebra that there exists a unique Hermitian matrice A such that $\mathcal{E}(f, f) = \langle Af, f \rangle_\pi$ and that, by definition, the eigenvalues of $\mathcal{E}$ are the eigenvalues of A. Furthermore, these are real.

Theorem 1.2.10 *Let $\mathcal{E}$ be a quadratic form on $\ell^2(\pi)$, with eigenvalues*

$$\lambda_0 \leq \lambda_1 \leq \dots \leq \lambda_{n-1}.$$

Then

$$\lambda_k = \min_{\substack{W \subset \ell^2(\pi): \\ \dim(W) \geq k+1}} M(W) = \max_{\substack{W \subset \ell^2(\pi): \\ \dim(W^\perp) \leq k}} m(W). \tag{1.2.13}$$

For a proof, see [51], page 179-180. Clearly, the minimum of $M(W)$ with $\dim(W) \geq k+1$ is obtained when W is the linear space spanned by the $k+1$ first eigenvectors ψ_i associated with λ_i, $i = 0, \ldots, k$. Similarly, the maximum of $m(W)$ with $\dim(W^\perp) \leq k$ is attained when W is spanned by the ψ_i's, $i = k, \ldots, n$. This result also holds in infinite dimension. It has the following corollary.

Theorem 1.2.11 *Let $\mathcal{E}, \mathcal{E}'$ be two quadratic forms on different Hilbert spaces $\mathcal{H}, \mathcal{H}'$ of dimension $n \leq n'$. Assume that there exists a linear map $f \to \tilde{f}$ from $\mathcal{H}$ into $\mathcal{H}'$ such that, for all $f \in \mathcal{H}$,*

$$\mathcal{E}'(\tilde{f}, \tilde{f}) \leq A\mathcal{E}(f, f) \quad \text{and} \quad a\|f\|_{\mathcal{H}}^2 \leq \|\tilde{f}\|_{\mathcal{H}'}^2 \qquad (1.2.14)$$

for some constants $0 < a, A < \infty$. Then

$$\frac{a}{A} \lambda'_\ell \leq \lambda_\ell \quad \text{for} \quad \ell = 1, \ldots, n-1. \qquad (1.2.15)$$

PROOF: Fix $\ell = 0, 1, \ldots, n-1$ and let ψ_i be orthonormal eigenvectors associated to λ_i, $i = 0, \ldots, n-1$. Observe that the second condition in (1.2.14) implies that $f \to \tilde{f}$ is one to one. Let $W \subset \mathcal{H}$ be the vector space spanned by $(\psi_i)_0^{\ell-1}$, and let $\widetilde{W} \subset \mathcal{H}'$ be its image under the one to one map $f \to \tilde{f}$. Then $\widetilde{W}$ has dimension ℓ and by (3.7)

$$
\begin{aligned}
\lambda'_\ell &\leq M(\widetilde{W}) = \max_{f \in W} \left\{ \frac{\mathcal{E}'(\tilde{f}, \tilde{f})}{\|\tilde{f}\|_{\mathcal{H}'}^2} \right\} \\
&\leq \max_{f \in W} \left\{ \frac{A\mathcal{E}(f, f)}{a\|f\|_{\mathcal{H}}^2} \right\} \geq \frac{A\lambda_\ell}{a}.
\end{aligned}
$$

1.3 Notation for finite Markov chains

Let $\mathcal{X}$ be a finite space of cardinality $|\mathcal{X}| = n$. Let $K(x, y)$ be a Markov kernel on $\mathcal{X}$ with associated Markov operator defined by

$$Kf(x) = \sum_{y \in \mathcal{X}} K(x, y)f(y).$$

That is, we assume that

$$K(x, y) \geq 0 \quad \text{and} \quad \sum_y K(x, y) = 1.$$

The operator K^ℓ has a kernel $K^\ell(x, y)$ which satisfies

$$K^\ell(x, y) = \sum_{z \in \mathcal{X}} K^{\ell-1}(x, z)K(z, y).$$

Properly speaking, the Markov chain with initial distribution q associated with K is the sequence of $\mathcal{X}$-valued random variables $(X_n)_0^\infty$ whose law $\mathbf{P}_q$ is determined by

$$\forall \ell = 1, 2, \ldots, \quad \mathbf{P}_q(X_i = x_i, 1 \le i \le \ell) = q(x_0)K(x_0, x_1) \cdots K(x_{\ell-1}, x_\ell).$$

With this notation the probability measure $K^\ell(x, \cdot)$ is the law of X_ℓ for the Markov chain started at x:

$$\mathbf{P}_x(X_\ell = y) = K^\ell(x, y).$$

However, this language will almost never be used in these notes.

The continuous time semigroup associated with K is defined by

$$H_t f(x) = e^{-t(I-K)} = e^{-t} \sum_0^\infty \frac{t^i K^i f}{i!}. \tag{1.3.1}$$

Obviously, it has kernel

$$H_t(x, y) = e^{-t} \sum_0^\infty \frac{t^i K^i(x, y)}{i!}.$$

Observe that this is indeed a semigroup of operators, that is,

$$
\begin{aligned}
H_{t+s} &= H_t H_s \\
\lim_{t \to 0} H_t &= I.
\end{aligned}
$$

Furthermore, for any f, the function $u(t, x) = H_t f(x)$ solves

$$
\begin{cases}
(\partial_t + (I - K))\, u(t, x) &= 0 \text{ on } (0, \infty) \times \mathcal{X} \\
u(0, x) &= f(x).
\end{cases}
$$

Set $H_t^x(y) = H_t(x, y)$. Then $H_t^x(\cdot)$ is a probability measure on $\mathcal{X}$ which represents the distribution a time t of the continuous Markov chain $(X_t)_{t>0}$ associated with K and started at x. This process can be described as follows. The moves are those of the discrete time Markov chain with transition kernel K started at x, but the jumps occur after independent Poison(1) waiting times. Thus, the probability that there have been exactly i jumps at time t is $e^{-t} t^i/i!$ and the probability to be at y after exactly i jumps at time t is $e^{-t} t^i K^i(x, y)/i!$.

The operators K, H_t also acts on measures. If μ is a measure then μK (resp. μH_t) is defined by setting

$$\mu K(f) = \mu(Kf) \quad (\text{resp. } \mu H_t(f) = \mu(H_t f))$$

for all functions f. Thus

$$\mu K(x) = \sum_y \mu(y) K(y, x).$$

Definition 1.3.1 *A Markov kernel K on a finite set $\mathcal{X}$ is said to be irreducible if for any x, y there exists $j = j(x, y)$ such that $K^j(x, y) > 0$.*

Assume that K is irreducible and let π be the unique stationary measure for K, that is, the unique probability measure satisfying $\pi K = \pi$ (see Lemma 1.2.2). We will use the notation

$$\pi(f) = \sum_x f(x)\pi(x) \quad \text{and} \quad \mathrm{Var}_\pi(f) = \sum_x |f(x) - \pi(f)|^2 \pi(x).$$

We also set

$$\pi_* = \min_{x \in \mathcal{X}}\{\pi(x)\}. \tag{1.3.2}$$

Throughout these notes we will work with the Hilbert space $\ell^2(\pi)$ with scalar product

$$\langle f, g \rangle = \sum_{x \in \mathcal{X}} f(x)\overline{g(x)}\pi(x),$$

and with the space $\ell^p(\pi)$, $1 \le p \le \infty$, with norm

$$\|f\|_p = \left(\sum_{x \in \mathcal{X}} |f(x)|^p \pi(x)\right)^{1/p}, \quad \|f\|_\infty = \max_{x \in \mathcal{X}}\{|f(x)|\}.$$

In this context, it is natural and useful to consider the densities of the probability measures K_x^ℓ, H_t^x with respect to π which will be denoted by

$$k_x^\ell(y) = k^\ell(x, y) = \frac{K^\ell(x, y)}{\pi(y)}$$

and

$$h_t^x(y) = h_t(x, y) = \frac{H_t^x(y)}{\pi(y)}.$$

Observe that the semigroup property implies that, for all $t, s > 0$,

$$h_{t+s}(x, y) = \sum_z h_t(x, z)h_s(z, y)\pi(z).$$

The operator K (hence also H_t) is a contraction on each $\ell^p(\pi)$ (i.e., $\|Kf\|_p \le \|f\|_p$). Indeed, by Jensen's inequality, $|Kf(x)|^p \le K(|f|^p)(x)$ and thus

$$\|Kf\|_p^p \le \sum_{x,y} K(x, y)|f(y)|^p \pi(x) = \sum_y |f(y)|^p \pi(y) = \|f\|_p^p.$$

The adjoint K^* of K on $\ell^2(\pi)$ has kernel

$$K^*(x, y) = \pi(y)K(y, x)/\pi(x).$$

Since π is the stationary measure of K, it follows that K^* is a Markov operator. The associated semigroup is $H_t^* = e^{-t(I - K^*)}$ with kernel

$$H_t^*(x, y) = \pi(y)H_t(y, x)/\pi(x)$$

and density

$$h_t^*(x, y) = h_t(y, x).$$

The Markov process associated with H_t^* is the time reversal of the process associated to H_t.

If a measure μ has density f with respect to π, that is, if $\mu(x) = f(x)\pi(x)$, then μK (resp. μH_t) has density $K^* f$ (resp. $H_t^* f$) with respect to π. Thus acting by K (resp. H_t) on a measure is equivalent to acting by K^* (resp H_t^*) on its density with respect to π. In particular, the density $h_t(x, \cdot)$ of the measure H_t^x with respect to π is $H_t^* \delta_x$ where $\delta_x = 1_x / \pi(x)$. Indeed, the measure 1_x has density $\delta_x = 1_x / \pi(x)$ with respect to π. Hence $H_t^x = 1_x H_t$ has density

$$H_t^* \delta_x(y) = \frac{H_t^*(y, x)}{\pi(x)} = h_t^*(y, x) = h_t(x, y)$$

with respect to π.

Recall the following classic definition.

Definition 1.3.2 *A pair (K, π) where K is Markov kernel and π a positive probability measure on $\mathcal{X}$ is reversible if*

$$\pi(x) K(x, y) = \pi(y) K(y, x).$$

This is sometimes called the detailed balance condition.

If (K, π) is reversible then $\pi K = \pi$. Furthermore, (K, π) is reversible if and only if K is self-adjoint on $\ell^2(\pi)$.

1.3.1 Discrete time versus continuous time

These notes are written for continuous time finite Markov chains. The reason of this choice is that it makes life easier from a technical point of view. This will allow us hopefully to stay more focussed on the main ideas. This choice however is not very satisfactory because in some respects (e.g., implementation of algorithms) discrete time chains are more natural. Furthermore, since the continuous time chain is obtained as a function of the discrete time chain through the formula $H_t = e^{-t(I-K)}$ it is often straightforward to transfer information from discrete time to continuous time whereas the converse can be more difficult. Thus, let us emphasize that the techniques presented in these lectures are not confined to continuous time and work well in discrete time. Treatments of discrete time chains in the spirit of these notes can be found in [23, 24, 25, 26, 27, 28, 29, 35, 41, 63].

For reversible chains, it is possible to relate precisely the behavior of H_t to that of K^ℓ through eigenvalues and eigenvectors as follows. Assuming that (K, π) is reversible and $|\mathcal{X}| = n$, let $(\lambda_i)_0^{n-1}$ be the eigenvalues of $I - K$ in non-decreasing order and let $(\psi_i)_0^{n-1}$ be an orthonormal basis of $\ell^2(\pi)$ made of real eigenfuntions associated to the eigenvalues $(\lambda_i)_0^{n-1}$ with $\psi_0 \equiv 1$.

Lemma 1.3.3 *If (K, π) is reversible, it satisfies*

(1) $k^\ell(x,y) = \sum_0^{n-1}(1-\lambda_i)^\ell \psi_i(x)\psi_i(y), \quad \|k_x^\ell - 1\|_2^2 = \sum_1^{n-1}(1-\lambda_i)^{2\ell}|\psi_i(x)|^2.$

(2) $h_t(x,y) = \sum_0^{n-1} e^{-t\lambda_i}\psi_i(x)\psi_i(y), \quad \|h_t^x - 1\|_2^2 = \sum_1^{n-1} e^{-2t\lambda_i}|\psi_i(x)|^2.$

This classic result follows from Lemma 1.2.9. The next corollary gives a useful way of transferring information between discrete and continuous time. It separates the effects of the largest eigenvalue λ_{n-1} from those of the rest of the spectrum.

Corollary 1.3.4 *Assume that (K,π) is reversible and set $\beta_- = \max\{0, -1 + \lambda_{n-1}\}$. Then*

(1) $\|h_t^x - 1\|_2^2 \le \frac{1}{\pi(x)} e^{-t} + \|k_x^{[t/2]} - 1\|_2^2.$

(2) $\|k_x^N - 1\|_2^2 \le \beta_-^{2m}\left(1 + \|h_\ell^x - 1\|_2^2\right) + \|h_N^x - 1\|_2^2 \quad for \ N = m + \ell + 1.$

Proof: For (1), use Lemma 1.3.3,

$$(1-\lambda_i)^{2\ell} = e^{2\ell\log(1-\lambda_i)}$$

and the inequality $\log(1-x) \ge -2x$ for $0 \le x \le 1/2$. For (2), observe that

$$k^{2\ell+1}(x,x) = \sum_0^{n-1}(1-\lambda_i)^{2\ell+1}|\psi_i(x)|^2 \ge 0.$$

This shows that

$$-\sum_{i:\lambda_i>1}(1-\lambda_i)^{2\ell+1}|\psi_i(x)|^2 \le \sum_{i:\lambda_i<1}(1-\lambda_i)^{2\ell+1}|\psi_i(x)|^2.$$

Hence

$$\sum_{i:\lambda_i>1}(1-\lambda_i)^{2\ell+2}|\psi_i(x)|^2 \le \sum_{i:\lambda_i<1}(1-\lambda_i)^{2\ell}|\psi_i(x)|^2.$$

Now, for those λ_i that are smaller than 1, we have

$$(1-\lambda_i)^{2\ell} = e^{2\ell\log(1-\lambda_i)} \le e^{-2\ell\lambda_i}$$

so that

$$\sum_{i:\lambda_i<1}(1-\lambda_i)^{2\ell}|\psi_i(x)|^2 \le \|h_\ell^x\|_2^2$$

and

$$\sum_{i\ne 0,\lambda_i<1}(1-\lambda_i)^{2\ell}|\psi_i(x)|^2 \le \|h_\ell^x - 1\|_2^2.$$

Putting these pieces together, we get for $N = m + \ell + 1$,

$$
\begin{aligned}
\|k_x^N - 1\|_2^2 &= \sum_1^{n-1} (1 - \lambda_i)^{2N} |\psi_i(x)|^2 \\
&= \sum_{i:\lambda_i > 1} (1 - \lambda_i)^{2N} |\psi_i(x)|^2 + \sum_{i \neq 0: \lambda_i < 1} (1 - \lambda_i)^{2N} |\psi_i(x)|^2 \\
&\leq \beta_-^{2m} \left(\sum_{i:\lambda_i > 1} (1 - \lambda_i)^{2\ell+2} |\psi_i(x)|^2 \right) + \sum_{i \neq 0: \lambda_i < 1} (1 - \lambda_i)^{2N} |\psi_i(x)|^2 \\
&\leq \beta_-^{2m} \|h_\ell^x\|_2^2 + \|h_N^x - 1\|_2^2 \\
&= \beta_-^{2m} \left(1 + \|h_\ell^x - 1\|_2^2 \right) + \|h_N^x - 1\|_2^2.
\end{aligned}
$$

Observe that, according to Corrolary 1.3.4, it is useful to have tools to bound $1 - \lambda_{n-1}$ away from -1.

Corollary 1.3.4 says that the behavior of a discrete time chain and of its associated continuous time chain can not be too different in the reversible case. It is interesting to see that this fails to be satisfied for nonreversible chains.

EXAMPLE 1.3.1: Consider the chain K on $\mathcal{X} = \mathbb{Z}/m\mathbb{Z}$ with $m = n^2$ an odd integer and

$$
K(x, y) = \begin{cases} 1/2 & \text{if } y = x + 1 \\ 1/2 & \text{if } y = x + n \end{cases} .
$$

On one hand, the discrete time chain takes order $m^2 \approx n^4$ steps to be close to stationarity. Indeed, there exists an affine bijection from $\mathcal{X}$ to $\mathcal{X}$ that send 1 to 1 and n to -1. On the other hand, one can show that the associated continuous time process is close to stationarity after a time of order $m = n^2$. See [25].

Lemma 1.3.3 is often hard to use directly because it involves both eigenvalues and eigenvectors. To have a similar statement involving only eigenvalues one has to work with the distance

$$
\|f - g\| = \left(\sum_{x,y} |f(x,y) - g(x,y)|^2 \pi(x) \pi(y) \right)^{1/2}
$$

between functions on $\mathcal{X} \times \mathcal{X}$.

Lemma 1.3.5 If (K, π) is reversible, it satisfies

$$
\|k^\ell - 1\|^2 = \sum_1^{n-1} (1 - \lambda_i)^{2\ell} \quad \text{and} \quad \|h_t - 1\|^2 = \sum_1^{n-1} e^{-2t\lambda_i}.
$$

It is possible to bound $\|k^\ell - 1\|$ using only $\beta_* = \max\{1 - \lambda_1, -1 + \lambda_{n-1}\}$ and the eigenvalues λ_i such that $\lambda_i < 1$. It is natural to state this result in terms of the eigenvalues $\beta_i = 1 - \lambda_i$ of K. Then $\beta_* = \max\{\beta_1, |\beta_{n-1}|\}$ and $\lambda_i < 1$ corresponds to the condition $\beta_i > 0$.

Corollary 1.3.6 *Assume that* (K, π) *is reversible. With the notation introduced above we have, for* $N = m + \ell + 1$,

$$\| k^{\overset{\ell}{m}} - 1 \|^2 \leq 2\beta_*^{2\ell} \left(\sum_{i:0<\beta_i\leq 1} \beta_i^{2m} \right).$$

PROOF: We have

$$\sum_{x} k^{2m+1}(x,x)\pi(x) = \sum_{0}^{n-1} \beta_i^{2m+1} \geq 0.$$

Hence

$$\sum_{\beta_i<0} \beta_i^{2m+2} \leq \sum_{\beta_i>0} \beta_i^{2m}.$$

It follows that

$$\| k^N - 1 \| = \sum_{1}^{n-1} \beta_i^{2m+2\ell+2}$$

$$\leq \beta_*^{2\ell} \left(\sum_{0}^{n-1} \beta_i^{2m+2} \right) \leq 2\beta_*^{2\ell} \left(\sum_{i:\beta_i>0} \beta_i^{2m} \right).$$

Chapter 2

Analytic tools

This chapter uses semigroup techniques to obtain quantitative estimates on the convergence of continuous time finite Markov chain in terms of various functional inequalities. The same ideas and techniques apply to discrete time but the details are somewhat more tedious. See [28, 29, 35, 41, 63, 72].

2.1 Nothing but the spectral gap

2.1.1 The Dirichlet form

Classicaly, the notion of *Dirichlet form* is introduced in relation with reversible Markov semigroups. The next definition coincides with the classical notion when (K, π) is reversible.

Definition 2.1.1 *The form*

$$\mathcal{E}(f, g) = \Re(\langle (I - K)f, g \rangle)$$

is called the Dirichlet form associated with $H_t = e^{-t(I-K)}$

The notion of Dirichlet form will be one of our main technical tools.

Lemma 2.1.2 *The Dirichlet form* $\mathcal{E}$ *satisfies* $\mathcal{E}(f, f) = \langle (I - \frac{1}{2}(K + K^*))f, f \rangle$,

$$\mathcal{E}(f, f) = \frac{1}{2} \sum_{x,y} |f(x) - f(y)|^2 K(x, y)\pi(x) \tag{2.1.1}$$

and

$$\frac{\partial}{\partial t} \|H_t f\|_2^2 = -2\,\mathcal{E}(H_t f, H_t f). \tag{2.1.2}$$

PROOF: The first equality follows from $\langle Kf, f \rangle = \langle f, K^*f \rangle = \overline{\langle K^*f, f \rangle}$. For the second, observe that $\mathcal{E}(f, f) = \|f\|_2^2 - \Re(\langle Kf, f \rangle)$ and

$$\frac{1}{2} \sum_{x,y} |f(x) - f(y)|^2 K(x, y)\pi(x)$$

$$= \frac{1}{2} \sum_{x,y} \left(|f(x)|^2 + |f(y)|^2 - 2\Re(\overline{f(x)}f(y)) \right) K(x,y)\pi(x)$$

$$= \|f\|_2^2 - \Re(\langle Kf, f \rangle).$$

The third is calculus. In a sense, (2.1.2) is the definition of $\mathcal{E}$ as the Dirichlet form of the semigroup H_t since

$$\mathcal{E}(f,f) = -\left. \partial_t \|H_t f\|_2^2 \right|_{t=0} = -\lim_{t \to 0} \frac{1}{t} \langle (I - H_t)f, f \rangle.$$

Lemma 2.1.2 shows that the Dirichlet forms of H_t, H_t^* and $S_t = e^{-t(I-R)}$ whith $R = \frac{1}{2}(K + K^*)$ are equal. Let us emphasize that equalities (2.1.1) and (2.1.2) are crucial in most developments involving Dirichlet forms. Equality (2.1.1) expresses the Dirichlet form as a sum of positive terms. It will allow us to estimate $\mathcal{E}$ in geometric terms and to compare different Dirichlet forms. Equality (2.1.2) is the key to translating functional inequalities such as Poincaré or logarithmic Sobolev inequalities into statements about the behavior of the semigroup H_t.

2.1.2 The spectral gap

This section introduces the notion of spectral gap and gives bounds on convergence that depend only on the spectral gap and the stationary measure.

Definition 2.1.3 *Let K be a Markov kernel with Dirichlet form $\mathcal{E}$. The spectral gap $\lambda = \lambda(K)$ is defined by*

$$\lambda = \min \left\{ \frac{\mathcal{E}(f,f)}{\mathrm{Var}_\pi(f)} ; \mathrm{Var}_\pi(f) \neq 0 \right\}.$$

Observe that λ is not, in general, an eigenvalue of $(I - K)$. If K is self-adjoint on $\ell^2(\pi)$ (that is, if (K, π) is reversible) then λ is the smallest non zero eigenvalue of $I - K$. In general λ is the smallest non zero eigenvalue of $I - \frac{1}{2}(K + K^*)$. Note also that the Dirichlet forms of K^* and K satisfy

$$\mathcal{E}_K(f,f) = \mathcal{E}_{K^*}(f,f).$$

It follows that $\lambda(K) = \lambda(K^*)$. Clearly, we also have

$$\lambda = \min \left\{ \mathcal{E}(f,f); \|f\|_2 = 1, \ \pi(f) = 0 \right\}.$$

Furthermore, if one wishes, one can impose that f be real in the definition of λ. Indeed, let λ_r be the quantity obtained for real f. Then $\lambda_r \geq \lambda$ and, if $f = u + iv$ with u, v real functions, then $\lambda_r \mathrm{Var}_\pi(f) = \lambda_r(\mathrm{Var}_\pi(u) + \mathrm{Var}_\pi(v)) \leq \mathcal{E}(v,v) + \mathcal{E}(u,u) = \mathcal{E}(f,f)$. Hence $\lambda_r \leq \lambda$ and finally $\lambda_r = \lambda$.

Lemma 2.1.4 *Let K be a Markov kernel with spectral gap $\lambda = \lambda(K)$. Then the semigroup $H_t = e^{-t(I-K)}$ satisfies*

$$\forall f \in \ell^2(\pi), \quad \|H_t f - \pi(f)\|_2^2 \leq e^{-2\lambda t} \, \mathrm{Var}_\pi(f).$$

PROOF: Set $u(t) = \mathrm{Var}_\pi(H_t f) = \|H_t(f - \pi(f))\|_2^2 = \|H_t f - \pi(f)\|_2^2$. Then

$$u'(t) = -2\,\mathcal{E}\left(H_t(f - \pi(f)), H_t(f - \pi(f))\right) \le -2\lambda u(t).$$

It follows that

$$u(t) \le e^{-2\lambda t} u(0)$$

which is the desired inequality because $u(0) = \mathrm{Var}_\pi(f)$.

As a corollary we obtain one of the simplest and most useful quantitative results in finite Markov chain theory.

Corollary 2.1.5 *Let K be a Markov kernel with spectral gap $\lambda = \lambda(K)$. Then the density $h_t^x(\cdot) = H_t^x(\cdot)/\pi(\cdot)$ satisfies*

$$\|h_t^x - 1\|_2 \le \sqrt{1/\pi(x)}\, e^{-\lambda t}.$$

It follows that

$$|H_t(x,y) - \pi(y)| \le \sqrt{\pi(y)/\pi(x)}\, e^{-\lambda t}.$$

PROOF: Let H_t^* be the adjoint of H_t on $\ell^2(\pi)$ (see Section 2.1.1). This is a Markov semigroup with spectral gap $\lambda(K^*) = \lambda(K)$. Set $\delta_x(y) = 1/\pi(x)$ if $y = x$ and $\delta_x(y) = 0$ otherwise. Then

$$h_t^x(y) = \frac{H_t^x(y)}{\pi(y)} = H_t^* \delta_x(y)$$

and, by Lemma 2.1.4 applied to K^*,

$$\|H_t^* \delta_x - 1\|_2^2 \le e^{-2\lambda t} \mathrm{Var}_\pi(\delta_x).$$

Hence

$$\|h_t^x - 1\|_2 \le \sqrt{\frac{1 - \pi(x)}{\pi(x)}}\, e^{-\lambda t} \le \frac{1}{\sqrt{\pi(x)}}\, e^{-\lambda t}.$$

Of course, the same result holds for H_t^*. Hence

$$|h_t(x,y) - 1| = \left|\sum_z (h_{t/2}(x,z) - 1)(h_{t/2}(z,y) - 1)\pi(z)\right|$$
$$\le \|h_{t/2}^x - 1\|_2 \|h_{t/2}^{*y} - 1\|_2$$
$$\le \frac{1}{\sqrt{\pi(x)\pi(y)}}\, e^{-\lambda t}.$$

Multiplying by $\pi(y)$ yields the desired inequality. This ends the proof of Corollary 2.1.5.

Definition 2.1.6 *Let $\omega = \omega(K) = \min\{\Re(\zeta) : \zeta \ne 0$ an eigenvalue of $I - K\}$.*

Let S denote the spectrum of $I - K$. Since $H_t = e^{-t(I-K)}$, the spectrum of H_t is $\{e^{-t\xi} : \xi \in S\}$. It follows that the spectral radius of $H_t - E_\pi$ in $\ell^2(\pi)$ is $e^{-t\omega}$. Using (1.2.5) we obtain the following result.

Theorem 2.1.7 *Let K be an irreducible Markov kernel. Then*

$$\forall \, 1 \le p \le \infty, \quad \lim_{t \to \infty} \frac{-1}{t} \log \left(\max_x \| h_t^x - 1 \|_p \right) = \omega.$$

In particular, $\lambda \le \omega$ with equality if (K, π) is reversible. Furthermore, if we set

$$T_p = T_p(K, 1/e) = \min \left\{ t > 0 : \max_x \| h_t^x - 1 \|_p \le 1/e \right\}, \qquad (2.1.3)$$

and define π_* as in (1.3.2) then, for $1 \le p \le 2$,

$$\frac{1}{\omega} \le T_p \le \frac{1}{2\lambda} \left(2 + \log \frac{1}{\pi_*} \right),$$

whereas, for for $2 < p \le \infty$,

$$\frac{1}{\omega} \le T_p \le \frac{1}{\lambda} \left(1 + \log \frac{1}{\pi_*} \right).$$

EXAMPLE 2.1.1: Let $\mathcal{X} = \{0, \ldots, n\}$. Consider the Kernel $K(x, y)) = 1/2$ if $y = x \pm 1$, $(x, y) = (0, 0)$ or (n, n), and $K(x, y) = 0$ otherwise. This is a symmetric kernel with uniform stationary distribution $\pi \equiv 1/(n+1)$. Feller [40], page 436, gives the eigenvalues and eigenfunctions of K. For $I - K$, we get the following:

$$\lambda_0 = 0, \quad \psi_0(x) \equiv 1$$

$$\lambda_j = 1 - \cos \frac{\pi j}{n+1}, \quad \psi_j(x) = \sqrt{2} \cos(\pi j(x + 1/2)/(n+1)) \quad \text{for} \quad j = 1, \ldots, n.$$

Let $H_t = e^{-t(I-K)}$ and write (using $\cos(\pi x) \le 1 - 2x^2$ for $0 \le x \le 1$)

$$
\begin{aligned}
|h_t(x, y) - 1| &= \left| \sum_{j=1}^{n} \psi_j(x) \psi_j(y) e^{-t(1 - \cos(\pi j/(n+1)))} \right| \\
&\le 2 \sum_{j=1}^{n} e^{-2tj^2/(n+1)^2} \\
&\le 2 e^{-2t/(n+1)^2} \left(1 + \sqrt{(n+1)^2/2t} \right).
\end{aligned}
$$

To obtain the last inequality, use

$$\sum_{2}^{n} e^{-2tj^2/(n+1)^2} \le \int_{1}^{\infty} e^{-2ts^2/(n+1)^2} ds = \frac{n+1}{\sqrt{2t}} \int_{\frac{\sqrt{2t}}{n+1}}^{\infty} e^{-u^2} du$$

and

$$\frac{2}{\sqrt{\pi}} \int_{z}^{\infty} e^{-u^2} du = \frac{2e^{-z^2}}{\sqrt{\pi}} \int_{z}^{\infty} e^{-(u-z)^2 - 2(u-z)z} du \le e^{-z^2}.$$

In particular,

$$\max_{x,y} |h_{2t}(x,y) - 1| = \max_x \|h_t^x - 1\|_2^2 \le 2e^{-c} \quad \text{for} \quad t = \frac{1}{4}(n+1)^2(1+c)$$

and $T_2(K, 1/e) \le 3(n+1)^2/4$. Also, $\omega = \lambda = 1 - \cos\frac{\pi}{n+1} \le \pi^2/(n+1)^2$. Hence in this case, the lower bound for $T_2(K, 1/e)$ given by Theorem 2.1.6 is of the right order of magnitude whereas the upper bound

$$T_2 \le \frac{1}{2\lambda}\left(2 + \log\frac{1}{\pi_*}\right) \le \frac{1}{4}(n+1)^2(2 + \log(n+1))$$

is off by a factor of $\log(n+1)$.

EXAMPLE 2.1.2: Let $\mathcal{X} = \{0,1\}^n$ and $K(x,y) = 0$ unless $|x-y| = \sum_i |x_i - y_i| = 1$ in which case $K(x,y) = 1/n$. Viewing $\mathcal{X}$ as an Abelian group it is not hard to see that the characters

$$\chi_y : x \to (-1)^{y.x}, \quad y \in \{0,1\}^n$$

where $x.y = \sum_i x_i y_i$, form an orthonormal basis of $\ell^2(\pi)$, $\pi \equiv 2^{-n}$. Also

$$K\chi_y(x) = \sum_z K(x,z)\chi_y(z)$$

$$= \left(\frac{1}{n}\sum_i (-1)^{e_i \cdot y}\right)\chi_y(x) = \frac{n - 2|y|}{n}\chi_y(x).$$

This shows that χ_y is an eigenfunction of $I - K$ with eigenvalue $2|y|/n$ where $|y|$ is the number of 1's in y. Thus the eigenvalue $2j/n$ has multiplicity $\binom{n}{j}$ $0 \le j \le n$. This information leads to the bound

$$\|h_t^x - 1\|_2^2 = \sum_1^n \binom{n}{j} e^{-4tj/n}$$

$$\le \sum_1^n \frac{n^j}{j!} e^{-4tj/n}$$

$$\le e^{ne^{-4t/n}} - 1.$$

Hence

$$\|h_t^x - 1\|_2^2 \le e^{1-c} \quad \text{for} \quad t = \frac{1}{4}n(\log n + c), \quad c > 0.$$

It follows that $T_2(K, 1/e) \le \frac{1}{4}n(2 + \log n)$. Also, $\|h_t^x - 1\|_2^2 \ge ne^{-4t/n}$ hence $T_2 = T_2(K, 1/e) \ge \frac{1}{4}n(1 + \log n)$. In this case, the lower bound

$$T_2 \ge \frac{1}{\lambda} = \frac{1}{\omega} = \frac{4}{n}$$

is off by a factor of $\log n$ whereas the upper bound

$$T_2 \le \frac{2}{\lambda}\left(2 + \log\frac{1}{\pi_*}\right) = \frac{n}{2}(2 + n).$$

is off by a factor of $n/\log n$.

2.1.3 Chernoff bounds and central limit theorems

It is well established that ergodic Markov chains satisfy large deviation bounds of Chernoff's type for

$$\mathbf{P}_q \left(\frac{1}{t} \int_0^t f(X_s)ds - \pi(f) > \gamma \right)$$

as well as central limit theorems to the effect that

$$\left| \mathbf{P}_q \left(\int_0^t f(X_s)ds - t\pi(f) \le \sigma t^{1/2}\gamma \right) - \Phi(\gamma) \right| \to 0$$

where $\Phi(\gamma)$ is the cumulative Gaussian distribution and σ is an appropriate number depending on f and K (the asymptotic variance).

The classical treatment of these problems leads to results having a strong asymptotic flavor. Turning these results into quantitative bounds is rather frustrating even in the context of finite Markov chains.

Some progress has been made recently in this direction. This short section presents without any detail two of the main results obtained by Pascal Lezaud [59] and Brad Mann [61] in their Ph.D. theses respectively at Toulouse and Harvard universities.

The work of Lezaud clarifies previous results of Gillman [44] and Dinwoodie [36, 37] on quantitative Chernoff bounds for finite Markov chains. A typical result is as follows (there are also discrete time versions).

Theorem 2.1.8 *Let (K, π) be a finite irreducible Markov chain. Let q denote the initial distribution and $\mathbf{P}_q$ be the law of the associated continuous time process $(X_t)_{t>0}$. Then, for all functions f such that $\pi(f) = 0$ and $\|f\|_\infty \le 1$,*

$$\mathbf{P}_q \left(\frac{1}{t} \int_0^t f(X_s)ds > \gamma \right) \le \|q/\pi\|_2 \exp \left(-\frac{\gamma^2 \lambda t}{10} \right).$$

Concerning the Berrry-Essen central limit theorem, we quote a continuous time version of one of Brad Mann's result which has been obtained by Pascal Lezeaud.

Theorem 2.1.9 *Let (K, π) be a finite irreducible reversible Markov chain. Let q denote the initial distribution and $\mathbf{P}_q$ be the law of the associated continuous time process $(X_t)_{t>0}$. Then, for $t > 0$, $-\infty < \gamma < \infty$ and for all functions f such that $\pi(f) = 0$ and $\|f\|_\infty \le 1$,*

$$\left| \mathbf{P}_q \left(\frac{1}{\sigma\sqrt{t}} \int_0^t f(X_s)ds \le \gamma \right) - \Phi(\gamma) \right| \le \frac{100\|q/\pi\|_2\|f\|_2^2}{\lambda^2 \sigma^3 t^{1/2}}$$

where

$$\sigma^2 = \lim_{t \to \infty} \frac{1}{t} \text{Var}_\pi \left(\int_0^t f(X_s)ds \right).$$

See [41, 61, 59, 28] for details and examples. There are non-reversible and/or discrete time versions of the last theorem. Mann's Thesis contains a nice discussion of the history of the subject and many references.

2.2 Hypercontractivity

This section introduces the notions of logarithmic Sobolev constant and of hyper-contractivity and shows how they enter convergence bounds. A very informative account of the development of hypercontractivity and logarithmic Sobolev in-equalities can be found in L. Gross survey paper [47]. See also [7, 8, 15, 16, 46]. The paper [29] develops applications of these notions to finite Markov chains.

2.2.1 The log-Sobolev constant

The definition of the logarithmic Sobolev constant α is similar to that of the spectral gap λ where the variance has been replaced by

$$\mathcal{L}(f) = \sum_{x \in X} |f(x)|^2 \log \left(\frac{|f(x)|^2}{\|f\|_2^2} \right) \pi(x).$$

Observe that $\mathcal{L}(f)$ is nonnegative. This follows from Jensen's inequality applied to the convex function $\phi(t) = t^2 \log t^2$. Furthermore $\mathcal{L}(f) = 0$ if and only if f is constant.

Definition 2.2.1 *Let K be an irreducible Markov chain with stationary measure π. The logarithmic constant $\alpha = \alpha(K)$ is defined by*

$$\alpha = \min \left\{ \frac{\mathcal{E}(f,f)}{\mathcal{L}(f)} ; \mathcal{L}(f) \neq 0 \right\}.$$

It follows from the definition that α is the largest constant c such that the logarithmic Sobolev inequality

$$c\mathcal{L}(f) \leq \mathcal{E}(f,f)$$

holds for all functions f. Observe that one can restrict f to be real nonnegative in the definition of α since $\mathcal{L}(f) = \mathcal{L}(|f|)$ and $\mathcal{E}(|f|,|f|) \leq \mathcal{E}(f,f)$.

To get a feel for this notion we prove the following result.

Lemma 2.2.2 *For any chain K the log-Sobolev constant α and the spectral gap λ satisfy $2\alpha \leq \lambda$.*

PROOF: We follow [67]. Let g be real and set $f = 1 + \varepsilon g$ and write, for ε small enough

$$|f|^2 \log |f|^2 = 2 \left(1 + 2\varepsilon g + \varepsilon^2 |g|^2 \right) \left(\varepsilon g - \frac{\varepsilon^2 |g|^2}{2} + O(\varepsilon^3) \right)$$

$$= 2\varepsilon g + 3\varepsilon^2 |g|^2 + O(\varepsilon^3)$$

and

$$|f|^2 \log \|f\|_2^2 = (1 + 2\varepsilon g + \varepsilon^2 |g|^2)(2\varepsilon \pi(g) + \varepsilon^2 \|g\|_2^2 - 2\varepsilon^2 (\pi(g))^2 + O(\varepsilon^3))$$

$$= 2\varepsilon \pi(g) + 4\varepsilon^2 g\pi(g) + \varepsilon^2 \|g\|_2^2 - 2\varepsilon^2 (\pi(g))^2 + O(\varepsilon^3).$$

Thus,

$$|f|^2 \log \frac{|f|^2}{\|f\|_2^2} = 2\varepsilon(g - \pi(g)) + \varepsilon^2 \left(3|g|^2 - \|g\|_2^2 - 4g\pi(g) + 2(\pi(g))^2\right) + O(\varepsilon^3)$$

and

$$\begin{aligned} \mathcal{L}(f) &= 2\varepsilon^2 \left(\|g\|^2 - (\pi(g))^2\right) + O(\varepsilon^3) \\ &= 2\varepsilon^2 \text{Var}(g) + O(\varepsilon^3). \end{aligned}$$

To finish the proof, observe that $\mathcal{E}(f,f) = \varepsilon^2\mathcal{E}(g,g)$, multiply by ε^{-2}, use the variational characterizations of α and λ, and let ε tend to zero.

It is not completely obvious from the definition that $\alpha(K) > 0$ for any finite irreducible Markov chain. The next result, adapted from [65, 66, 67], yields a proof of this fact.

Theorem 2.2.3 *Let K be an irreducible Markov chain with stationary measure π. Let α be its logarithmic Sobolev constant and λ its spectral gap. Then either $\alpha = \lambda/2$ or there exists a positive non-constant function u which is solution of*

$$2u \log u - 2u \log \|u\|_2 - \frac{1}{\alpha}(I - K)u = 0, \tag{2.2.1}$$

and such that $\alpha = \mathcal{E}(u,u)/\mathcal{L}(u)$. In particular $\alpha > 0$.

PROOF: Looking for a minimizer of $\mathcal{E}(f,f)/\mathcal{L}(f)$, we can restrict ourselves to non-negative functions satisfying $\pi(f) = 1$. Now, either there exists a non-constant non-negative minimizer (call it u), or the minimum is attained at the constant function 1 where $\mathcal{E}(1,1) = \mathcal{L}(1) = 0$. In this second case, the proof of Lemma 2.2.2 shows that we must have $\alpha = \lambda/2$ since, for any function $g \not\equiv 0$ satisfying $\pi(g) = 0$,

$$\lim_{\varepsilon \to 0} \frac{\mathcal{E}(1 + \varepsilon g, 1 + \varepsilon g)}{\mathcal{L}(1 + \varepsilon g)} = \lim_{\varepsilon \to 0} \frac{\varepsilon^2 \mathcal{E}(g,g)}{2\varepsilon^2 \text{Var}_\pi(g)} \geq \frac{\lambda}{2}.$$

Hence, either $\alpha = \lambda/2$ or there must exist a non-constant non-negative function u which minimizes $\mathcal{E}(f,f)/\mathcal{L}(f)$. It is not hard to show that any minimizer of $\mathcal{E}(f,f)/\mathcal{L}(f)$ must satisfy (2.2.1). Finally, if $u \geq 0$ is not constant and satisfies (2.2.1) then u must be positive. Indeed, if it vanishes at $x \in \mathcal{X}$ then $Ku(x) = 0$ and u must vanishe at all points y such that $K(x,y) > 0$. By irreducibility, this would imply $u \equiv 0$, a contradiction.

2.2.2 Hypercontractivity, α, and ergodicity

We now recall the main result relating log-Sobolev inequalities to the so-called hypercontractivity of the semigroup H_t. For a history of this result see Gross' survey [47]. See also [7, 8, 16, 46]. A proof can also be found in [29].

Theorem 2.2.4 *Let* (K, π) *be a finite Markov chain with log-Sobolev constant* α.

1. *Assume that there exists* $\beta > 0$ *such that* $\|H_t\|_{2 \to q} \leq 1$ *for all* $t > 0$ *and* $2 \leq q < +\infty$ *satisfying* $e^{4\beta t} \geq q - 1$. *Then* $\beta \mathcal{L}(f) \leq \mathcal{E}(f, f)$ *for all* f *and thus* $\alpha \geq \beta$.

2. *Assume that* (K, π) *is reversible. Then* $\|H_t\|_{2 \to q} \leq 1$ *for all* $t > 0$ *and all* $2 \leq q < +\infty$ *satisfying* $e^{4\alpha t} \geq q - 1$.

3. *For non-reversible chains, we still have* $\|H_t\|_{2 \to q} \leq 1$ *for all* $t > 0$ *and all* $2 \leq q < +\infty$ *satisfying* $e^{2\alpha t} \geq q - 1$.

We will not prove this result but only comment on the different statements. First let us assume that (K, π) is reversible. The first two statements show that α can also be characterized as the largest β such that

$$\|H_t\|_{2 \to q} \leq 1 \text{ for all } t > 0 \text{ and all } 2 \leq q < +\infty \text{ satisfying } e^{4\beta t} \geq q - 1. \quad (2.2.2)$$

Recall that H_t is always a contraction on $\ell^2(\pi)$ and that, in fact, $\|H_t\|_{2 \to 2} = 1$ for all $t > 0$. Also, (1.2.8) and (1.2.11) easily show that $\|H_t\|_{2 \to \infty} > 1$ for all $t > 0$ and tends to 1 as t tends to infinity. Thus, even in the finite setting, it is rather surprising that for each $2 < q < \infty$ there exists a finite $t_q > 0$ such that $\|H_t\|_{2 \to q} \leq 1$ for $t \geq t_q$. The fact that such a t_q exists follows from Theorem 2.2.3 and Theorem 2.2.4(2).

Statements 2 and 3 in Theorem 2.2.4 are the keys of the following theorem which describes how α enters quantitative bounds on convergence to stationarity.

Theorem 2.2.5 *Let* (K, π) *be a finite Markov chain. Then, for* $\varepsilon, \theta, \sigma \geq 0$ *and* $t = \varepsilon + \theta + \sigma$,

$$\|h_t^x - 1\|_2 \leq \begin{cases} \|h_\varepsilon^x\|_2^{2/(1 + e^{4\alpha\theta})} \, e^{-\lambda\sigma} & \text{if } (K, \pi) \text{ is revesible} \\ \|h_\varepsilon^x\|_2^{2/(1 + e^{2\alpha\theta})} \, e^{-\lambda\sigma} & \text{in general.} \end{cases} \quad (2.2.3)$$

In particular,

$$\|h_t^x - 1\|_2 \leq e^{1-c} \quad (2.2.4)$$

for all $c \geq 0$ *and*

$$t = \begin{cases} (4\alpha)^{-1} \log_+ \log(1/\pi(x)) + \lambda^{-1} c & \text{for reversible chains} \\ (2\alpha)^{-1} \log_+ \log(1/\pi(x)) + \lambda^{-1} c & \text{in general} \end{cases}$$

where $\log_+ t = \max\{0, \log t\}$.

PROOF: We treat the general case. The improvement for reversible chains follows from Theorem 2.2.4(2). For $\theta > 0$, set $q(\theta) = 1 + e^{2\alpha\theta}$. The third statement of Theorem 2.2.4(3) gives $\|H_\theta\|_{2 \to q(\theta)} \leq 1$. By duality, it follows that $\|H_\theta^*\|_{q'(\theta)\to 2} \leq 1$ where $q'(\theta)$ is the Hölder conjugate of $q(\theta)$ defined by $1/q'(\theta) + 1/q(\theta) = 1$. Write

$$
\begin{aligned}
\|h_{\varepsilon+\theta+\sigma}^x - 1\|_2 &= \|(H_{\theta+\sigma}^* - \pi)h_\varepsilon^x\|_2 \leq \|H_\theta^* h_\varepsilon^x\|_2 \|H_\sigma^* - \pi\|_{2\to 2} \\
&\leq \|h_\varepsilon^x\|_{q'(\theta)} \|H_\theta^*\|_{q'(\theta)\to 2} \|H_\sigma^* - \pi\|_{2\to 2} \leq \|h_\varepsilon^x\|_2^{2/q(\theta)} e^{-\lambda\sigma}.
\end{aligned}
$$

Here we have used $1 \leq q' \leq 2$ and the Hölder inequality

$$
\|f\|_{q'} \leq \|f\|_1^{1-2/q} \|f\|_2^{2/q}
$$

with $f = h_\varepsilon^x$, $\|h_\varepsilon^x\|_1 = 1$ to obtain the last inequality.

Consider the function δ_x defined by $\delta_x(x) = 1/\pi(x)$ and $\delta_x(y) = 0$ for $x \neq y$ and observe that $h_0^x = \delta_x$, $\|h_0^x\|_2 = \|\delta_x\|_2 \leq 1/\pi(x)^{1/2}$. Hence, for $t = \theta + \sigma$,

$$
\|h_t^x - 1\|_2 \leq \left(\frac{1}{\pi(x)}\right)^{1/(1+e^{2\alpha\theta})} e^{-\lambda\sigma}.
$$

Assuming $\pi(x) < 1/e$ and choosing

$$
\theta = \frac{1}{2\alpha} \log\log \frac{1}{\pi(x)}, \quad \sigma = \frac{c}{\lambda}
$$

we obtain $\|h_t - 1\|_2 \leq e^{1-c}$ which is the desired inequality. When $\pi(x) \geq 1/e$, simply use $\theta = 0$.

Corollary 2.2.6 *Let (K, π) be a finite Markov chain. Then*

$$
\left|\frac{H_t(x,y)}{\pi(y)} - 1\right| = |h_t(x,y) - 1| \leq e^{2-c} \tag{2.2.5}
$$

for all $c > 0$ and

$$
t = \begin{cases} (4\alpha)^{-1}\left(\log_+\log(1/\pi(x)) + \log_+\log(1/\pi(y))\right) + \lambda^{-1}c & \text{(reversible)} \\ (2\alpha)^{-1}\left(\log_+\log(1/\pi(x)) + \log_+\log(1/\pi(y))\right) + \lambda^{-1}c & \text{(general)}. \end{cases}
$$

PROOF: Use Theorem 2.2.5 for both H_t and H_t^* together with

$$
|h_{t+s}(x,y) - 1| \leq \|h_t^x - 1\|_2 \|h_s^{*y} - 1\|_2.
$$

The next result must be compared with Theorem 2.1.7.

Corollary 2.2.7 *Let (K, π) be a finite reversible Markov chain. For $1 \leq p \leq \infty$, let T_p be defined by (2.1.3). Then, for $1 \leq p \leq 2$,*

$$
\frac{1}{2\alpha} \leq T_p \leq \frac{1}{4\alpha}\left(4 + \log_+\log\frac{1}{\pi_*}\right)
$$

and for $2 < p \leq \infty$,

$$
\frac{1}{2\alpha} \leq T_p \leq \frac{1}{2\alpha}\left(3 + \log_+\log\frac{1}{\pi_*}\right)
$$

where $\pi_* = \min_x \pi(x)$ as in (1.3.2). Similar upper bounds holds in the non-reversible case (simply multiply the right-hand side by 2).

This result shows that α is closely related to the quantity we want to bound, namely the "time to equilibrium" T_2 (more generally T_p) of the chain (K, π). The natural question now is:

| can one compute or estimate the constant α? |

Unfortunately, the present answer is that it seems to be a very difficult problem to estimate α. To illustrate this point we now present what, in some sense, is the only example of finite Markov chain for which α is known explicitly.

EXAMPLE 2.2.1: Let $\mathcal{X} = \{0, 1\}$ be the two point space. Fix $0 < \theta \leq 1/2$. Consider the Markov kernel $K = K_\theta$ given by $K(0,0) = K(1,0) = \theta$, $K(0,1) = K(1,1) = 1 - \theta$. The chain K_θ is reversible with respect to π_θ where $\pi_\theta(0) = (1 - \theta)$, $\pi_\theta(1) = \theta$.

Theorem 2.2.8 *The log-Sobolev constant of the chain* (K_θ, π_θ) *on* $\mathcal{X} = \{0, 1\}$ *is given by*

$$\alpha_\theta = \frac{1 - 2\theta}{\log[(1 - \theta)/\theta]}$$

with $\alpha_{1/2} = 1/2$.

PROOF: The case $\theta = 1/2$ is due to Aline Bonami [10] and is well known since the work of L. Gross [46]. The case $\theta < 1/2$ has only been worked out recently in [29] and independently in [48]. The present elegant proof is due to Sergei Bobkov. He kindly authorized me to include his argument in these notes.

First, linearize the problem by observing that

$$\mathcal{L}(f) = \sup \left\{ \langle f^2, g \rangle : g \neq 0, \|e^g\|_1 = 1 \right\}.$$

Hence

$$\alpha = \inf \left\{ \alpha(g) : g \neq 0, \|e^g\|_1 = 1 \right\}$$

with

$$\alpha(g) = \inf \left\{ \frac{\mathcal{E}_\theta(f, f)}{\langle f^2, g \rangle} : f \neq 0 \right\}$$

where $\mathcal{E}_\theta$ is the Dirichlet form $\mathcal{E}_\theta(f, f) = \theta(1 - \theta)|f(0) - f(1)|^2$. This is valid for any Markov chain.

We now return to the two point space. Fix $g \neq 0$ and set $g(0) = b$, $g(1) = a$ with $\theta e^a + (1 - \theta)e^b = 1$. Observe that this implies $ab < 0$. To find $\alpha_\theta(g)$ we can assume $f > 0$, $f(0) = \sqrt{x}$, $f(1) = \sqrt{y} = 1$ with $x > 0$. Then

$$\alpha_\theta(g) = \inf_{x > 0} \left\{ \frac{\theta(1 - \theta)(\sqrt{x} - 1)^2}{\theta x a + (1 - \theta)b} \right\}.$$

One easily checks that the infimum is attained for $x = [(1 - \theta)b/\theta a]^2$. Therefore

$$\alpha_\theta(g) = \frac{\theta}{b} + \frac{1 - \theta}{a}.$$

It follows that

$$\alpha_\theta = \inf\left\{\frac{\theta}{b} + \frac{1-\theta}{a} : \theta e^a + (1-\theta)e^b = 1\right\}.$$

We set

$$t = e^a, \quad s = e^b$$

and

$$h(t) = \frac{\theta}{\log s} + \frac{1-\theta}{\log t} \quad \text{with } \theta t + (1-\theta)s = 1,$$

so that

$$\alpha_\theta = \inf\{h(t) : t \in (0,1) \cup (1, 1/\theta)\}.$$

By Taylor expansion at $t = 1$,

$$h(t) = \frac{1}{2} + \frac{2\theta - 1}{12(1-\theta)}(t-1) + \frac{\theta^3 + (1-\theta)^3}{24(1-\theta)^2}(t-1)^2 + O((t-1)^3).$$

So, we extend h as a continuous function on $[0, 1/\theta]$ by setting

$$h(0) = -\theta/\log(1-\theta), \quad h(1) = 1/2, \quad h(1/\theta) = -(1-\theta)/\log\theta.$$

Observe that $h(1)$ is not a local minimum if $\theta \neq 1/2$. We have

$$h'(t) = \frac{\theta^2}{(1-\theta)s[\log s]^2} - \frac{(1-\theta)}{t[\log t]^2}.$$

This shows that neither $h(0)$ nor $h(1/\theta)$ are minima of h since $h'(0) = -\infty$, $h'(1/\theta) = +\infty$.

Let us solve $h'(t) = 0$ and show that this equation has a unique solution in $(0, 1/\theta)$. The condition $h'(t) = 0$ is equivalent to (recall that $(\log s)(\log t) < 0$)

$$\begin{cases} \theta\sqrt{t}\log t = -(1-\theta)\sqrt{s}\log s \\ \theta t + (1-\theta)s = 1 \end{cases}.$$

Since $\theta t + (1-\theta)s = 1$, we have $\theta = (1-s)/(t-s)$, $1-\theta = (1-t)/(s-t)$. Hence $h'(t) = 0$ implies $s = t = 1$ or

$$\frac{\sqrt{t}\log t}{1-t} = \frac{\sqrt{s}\log s}{1-s}.$$

The function $t \to v(t) = \frac{\sqrt{t}\log t}{1-t}$ satisfies $v(0) = v(+\infty) = 0$, $v(1) = -1$ and $v(1/t) = v(t)$. It is decreasing on $(0,1)$ and increasing on $(1, +\infty)$. It follows that $h'(t) = 0$ implies that either $s = t = 1$ or $t = 1/s = (1-\theta)/\theta$ (because $\theta t + (1-\theta)s = 1$). If $\theta \neq 1/2$ then $h'(1) \neq 0$, the equation $h'(t) = 0$ has a unique solution $t = (1-\theta)/\theta$ and

$$\min_{t \in (0, 1/\theta)} h(t) = h((1-\theta)/\theta) = \frac{1 - 2\theta}{\log[(1-\theta)/\theta]}.$$

If $\theta = 1/2$, then $h'(1) = 0$ and 1 is the only solution of $h'(t) = 0$ so that $\min_{t \in (0,2)} h(t) = h(1) = 1/2$ in this case. This proves Theorem 2.2.8.

EXAMPLE 2.2.2: Using Theorems 2.2.3 and 2.2.8, one obtains the following result.

Theorem 2.2.9 *Let π be a positive probability measure on $\mathcal{X}$. Let $K(x,y) = \pi(y)$. Then the log-Sobolev constant of (K, π) is given by*

$$\alpha = \frac{1 - 2\pi_*}{\log[(1 - \pi_*)/\pi_*]}$$

where $\pi_* = \min_{\mathcal{X}} \pi$.

PROOF: Theorem 2.2.3 shows that any non trivial minimizer must take only two values. The desired result then follows from Theorem 2.2.8. See [29] for details. THeorem 2.2.9 yields a sharp universal lower bound on α in terms of λ.

Corollary 2.2.10 *The log-Sobolev constant α and the spectral gap λ of any finite Markov chain K with stationary measure π satisfy*

$$\alpha \geq \frac{1 - 2\pi_*}{\log[(1 - \pi_*)/\pi_*]} \lambda.$$

PROOF: The variance $\mathrm{Var}_\pi(f)$ is nothing else than the Dirichlet form of the chain considered in Theorem 2.2.9. Hence

$$\frac{1 - 2\pi_*}{\log[(1 - \pi_*)/\pi_*]} \mathcal{L}_\pi(f) \leq \mathrm{Var}_\pi(f) \leq \frac{1}{\lambda} \mathcal{E}_{K,\pi}(f,f).$$

The desired result follows.

2.2.3 Some tools for bounding α from below

The following two results are extremely useful in providing examples of chains where α can be either computed or bounded from below. Lemma 2.2.11 computes the log-Sobolev constant of products chains. This important result is due (in greater generality) to I Segal and to W. Faris, see [47]. Lemma 2.2.12 is a comparison result.

Lemma 2.2.11 *Let (K_i, π_i), $i = 1, \ldots, d$, be Markov chains on finite sets $\mathcal{X}_i$ with spectral gaps λ_i and log-Sobolev constants α_i. Fix $\mu = (\mu_i)_1^d$ such that $\mu_i > 0$ and $\sum \mu_i = 1$. Then the product chain (K, π) on $\mathcal{X} = \prod_1^d \mathcal{X}_i$ with Kernel*

$$K_\mu(x,y) = K(x,y)$$

$$= \sum_1^d \mu_i \delta(x_1, y_1) \ldots \delta(x_{i-1}, y_{i-1}) K_i(x_i, y_i) \delta(x_{i+1}, y_{i+1}) \ldots \delta(x_d, y_d)$$

(where $\delta(x,y)$ vanishes for $x \neq y$ and $\delta(x,x) = 1$) and stationary measure $\pi = \bigotimes_1^d \pi_i$ satisfies

$$\lambda = \min_i \{\mu_i \lambda_i\}, \quad \alpha = \min_i \{\mu_i \alpha_i\}.$$

PROOF: Let $\mathcal{E}_i$ denote the Dirichlet form associated to K_i, then the product chain K has Dirichlet form

$$\mathcal{E}(f,f) = \sum_1^d \mu_i \left(\sum_{x_j : j \neq i} \mathcal{E}_i(f,f)(x^i) \pi^i(x^i) \right)$$

where x^i is the sequence $(x_1, \ldots, x_d)$ with x_i omitted, $\pi^i = \bigotimes_{\ell : \ell \neq i} \pi_\ell$ and $\mathcal{E}_i(f,f)(x^i) = \mathcal{E}_i(f(x_1, \ldots, x_d), f(x_1, \ldots, x_d))$ has the obvious meaning: $\mathcal{E}_i$ acts on the ith coordinate whereas the other coordinates are fixed. It is enough to prove the Theorem when $d = 2$. We only prove the statement for α. The proof for λ is similar. Let $f : \mathcal{X}_1 \times \mathcal{X}_2 \to \mathbb{R}$ be a nonnegative function and set $F(x_2) = \left(\sum_{x_1} f(x_1, x_2)^2 \pi_1(x_1) \right)^{1/2}$. Write

$$
\begin{aligned}
\mathcal{L}(f) &= \sum_{x_1, x_2} |f(x_1, x_2)|^2 \log \frac{f(x_1, x_2)^2}{\|f\|_{2,\pi}^2} \pi(x_1, x_2) \\
&= \sum_{x_2} |F(x_2)|^2 \log \frac{F(x_2)^2}{\|F\|_{2,\pi_2}^2} \pi_2(x_2) \\
&\quad + \sum_{x_1, x_2} |f(x_1, x_2)|^2 \log \frac{f(x_1, x_2)^2}{F(x_2)^2} \pi(x_1, x_2) \\
&\leq [\mu_2 \alpha_2]^{-1} \mu_2 \mathcal{E}_2(F, F) + [\mu_1 \alpha_1]^{-1} \sum_{x_2} \mu_1 \mathcal{E}_1(f(\cdot, x_2), f(\cdot, x_2)) \pi_2(x_2).
\end{aligned}
$$

Now, the triangle inequality

$$
\begin{aligned}
|F(x_2) - F(y_2)| &= |\, \|f(\cdot, x_2)\|_{2,\pi_1} - \|f(\cdot, y_2)\|_{2,\pi_1} \,| \\
&\leq \|f(\cdot, x_2) - f(\cdot, y_2)\|_{2,\pi_1}
\end{aligned}
$$

implies that

$$\mathcal{E}_2(F, F) \leq \sum_{x_1} \mathcal{E}_2(f(x_1, \cdot), f(x_1, \cdot)) \pi_1(x_1).$$

Hence

$$
\begin{aligned}
\mathcal{L}(f) &\leq [\mu_2 \alpha_2]^{-1} \sum_{x_1} \mu_2 \mathcal{E}_2(f(x_1, \cdot), f(x_1, \cdot)) \pi_1(x_1) \\
&\quad + [\mu_1 \alpha_1]^{-1} \sum_{x_2} \mu_1 \mathcal{E}_1(f(\cdot, x_2), f(\cdot, x_2)) \pi_2(x_2)
\end{aligned}
$$

which yields

$$\mathcal{L}(f) \leq \max_i \{1/[\mu_i \alpha_i]\} \mathcal{E}(f, f).$$

This shows that $\alpha \geq \min_i[\mu_i \alpha_i]$. Testing on functions that depend only on one of the two variables shows that $\alpha = \min_i[\mu_i \alpha_i]$.

EXAMPLE 2.2.3: Fix $0 < \theta < 1$. Take each $\mathcal{X}_i = \{0, 1\}$, $\mu_i = 1/d$, $K_i = K_\theta$ as in Theorem 2.2.8. We obtain a chain on $\mathcal{X} = \{0, 1\}^d$ which proceeds as follows. If the current state is x, we pick a coordinate, say i, uniformly at random. If $x_i = 0$ we change it to 1 with probability $1 - \theta$ and do nothing with probability θ. If $x_i = 1$ we change it to 0 with probability θ and do nothing with pobability $1 - \theta$. According to Lemma 2.2.11, this chain has spectral gap $\lambda = 1/d$ and log-Sobolev constant

$$\alpha = \frac{1 - 2\theta}{d \log[(1 - \theta)/\theta]}.$$

Observe that the function $F(t) : t \to c(1 - \theta - t)$ with $c = (\theta(1 - \theta))^{-1/2}$ is an eigenfunction of K_i (for each i) with eigenvalue $0 = 1 - \lambda$ satisfying $\|F_i\|_2 = 1$. It follows that the eigenvalues of $I - K$ are the numbers j/d each with multiplicity $\binom{d}{j}$. The corresponding orthonormal eigenfunctions are

$$F_I : (x)_1^d \to \prod_{i \in I} F_i(x)$$

where $I \subset \{1, \ldots, d\}$, $F_i(x) = F(x_i)$ and $\#I = j$. The product structure of the chain K yields

$$\|h_t^x - 1\|_2^2 = h_{2t}(x, x) - 1 = \prod_1^d (1 + |F_i(x)|^2 e^{-2t/d})^d - 1.$$

For instance,

$$
\begin{aligned}
\|h_t^0 - 1\|_2^2 &= \left(1 + \frac{1 - \theta}{\theta} e^{-2t/d}\right)^d - 1 \\
&\leq \frac{(1 - \theta)d}{\theta} e^{-2t/d} e^{\frac{(1-\theta)d}{\theta} e^{-2t/d}}.
\end{aligned}
$$

In particular

$$\|h_t^0 - 1\|_2 \leq e^{\frac{1}{2} - c} \quad \text{for} \quad t = \frac{d}{2}\left(\log[(1 - \theta)d/\theta] + 2c\right), \quad c > 0.$$

Hence

$$T_2(K_\theta, 1/e) \leq \frac{d}{2}\left(3 + \log[(1 - \theta)d/\theta]\right), \quad c > 0.$$

Also, we have

$$\|h_t^0 - 1\|_2^2 \geq \frac{(1 - \theta)d}{\theta} e^{-2t/d}$$

which shows that the upper bound obtained above is sharp and that

$$T_2(K, 1/e) \geq \frac{d}{2} \left(2 + \log[(1-\theta)d/\theta]\right).$$

It is instructive to compare these precise results with the upper bound which follows from Theorem 2.2.5. In the present case this theorem yields

$$\|h_t^0 - 1\|_2 \leq e^{1-c} \quad \text{for } t = \frac{d}{2} \left(\frac{1}{2(1-2\theta)} \left(\log \frac{1-\theta}{\theta}\right) \log d + 2c\right).$$

For any fixed $\theta < 1/2$, this is slightly off, but of the right order of magnitude. For $\theta = 1/2$ this simplifies to

$$\|h_t^0 - 1\|_2 \leq e^{1-c} \quad \text{for } t = \frac{d}{2}(\log d + 2c)$$

which is very close to the sharp result described above. In this case, the upper bound

$$T_2 = T_2(K_{1/2}, 1/e) \leq \frac{1}{4\alpha} \left(4 + \log_+ \log \frac{1}{\pi_*}\right) \leq \frac{d}{2}(4 + \log d)$$

of Corollary 2.2.7 compares well with the lower bound

$$T_2 \geq \frac{d}{2}(2 + \log d).$$

EXAMPLE 2.2.4: Consider now $|x| = \sum_1^d x_i$, that is, the number of 1's in the chain in the preceding example, as random variable taking values in $\mathcal{X}_0 = \{0, \ldots, d\}$. Clearly, this defines a Markov chain on $\mathcal{X}_0$ with stationary measure

$$\pi_0(j) = \theta^j (1-\theta)^{d-j} \binom{d}{j}$$

and kernel

$$K_0(i,j) = \begin{cases} 0 & \text{if } |i-j| > 1 \\ (1-\theta)(1-i/d) & \text{if } j = i+1 \\ \theta i/d & \text{if } j = i-1 \\ (1-\theta)i/d + \theta(1-i/d) & \text{if } i = j. \end{cases}$$

All the eigenvalues of $I - K_0$ are also eigenvalues of $I - K$. It follows that $\lambda_0 \geq 1/d$. Furthermore, the function $F : i \to c_0[d(1-\theta) - i]$ with $c_0 = (d\theta(1-\theta))^{-1/2}$ is an eigenfunction with eigenvalue $1/d$ and $\|F\|_2 = 1$. Hence, $\lambda_0 = 1/d$. Concerning α_0, all we can say is that

$$\alpha_0 \geq \frac{1 - 2\theta}{d \log[(1-\theta)/\theta]}.$$

When $\theta = 1/2$ this inequality and Lemma 2.2.2 show that $\alpha_0 = 1/(2d) = \lambda/2$.

The next result allows comparison of the spectral gaps and log-Sobolev constants of two chains defined on different state spaces.

Lemma 2.2.12 *Let* (K, π), (K', π') *be two Markov chains defined respectively on the finite sets* $\mathcal{X}$ *and* $\mathcal{X}'$. *Assume that there exists a linear map*

$$\ell^2(\mathcal{X}, \pi) \to \ell^2(\mathcal{X}', \pi') : f \to \tilde{f}$$

and constants $A, B, a > 0$ *such that, for all* $f \in \ell^2(\mathcal{X}, \pi)$

$$\mathcal{E}'(\tilde{f}, \tilde{f}) \le A\mathcal{E}(f, f) \quad and \quad a\mathrm{Var}_\pi(f) \le \mathrm{Var}_{\pi'}(\tilde{f}) + B\mathcal{E}(f, f)$$

then

$$\frac{a\lambda'}{A + B\lambda'} \le \lambda.$$

Similarly, if

$$\mathcal{E}'(\tilde{f}, \tilde{f}) \le A\mathcal{E}(f, f) \quad and \quad a\mathcal{L}_\pi(f) \le \mathcal{L}_{\pi'}(\tilde{f}) + B\mathcal{E}(f, f),$$

then

$$\frac{a\alpha'}{A + B\alpha'} \le \alpha.$$

In particular, if $\mathcal{X} = \mathcal{X}'$, $\mathcal{E}' \le A\mathcal{E}$ *and* $a\pi \le \pi'$, *then*

$$\frac{a\lambda'}{A} \le \lambda, \quad \frac{a\alpha'}{A} \le \alpha.$$

PROOF: The two first assertions follow from the variational definitions of λ and α. For instance, for λ we have

$$
\begin{aligned}
a\mathrm{Var}_\pi(f) &\le \mathrm{Var}_{\pi'}(\tilde{f}) + B\mathcal{E}(f, f) \\
&\le \frac{1}{\lambda'}\mathcal{E}'(\tilde{f}, \tilde{f}) + B\mathcal{E}(f, f) \\
&\le \left(\frac{A}{\lambda'} + B\right)\mathcal{E}(f, f).
\end{aligned}
$$

The desired inequality follows.

To prove the last assertion, use $a\pi \le \pi'$ and the formula

$$\mathrm{Var}_\pi(f) = \min_{c \in \mathbb{R}} \sum_x |f(x) - c|^2 \pi(x)$$

to see that $a\mathrm{Var}_\pi(f) \le \mathrm{Var}_{\pi'}(f)$. The inequality between log-Sobolev constants follows from $\xi \log \xi - \xi \log \zeta - \xi + \zeta \ge 0$ for all $\xi, \zeta > 0$ and

$$
\begin{aligned}
\mathcal{L}_\pi(f) &= \sum_x \left(|f(x)|^2 \log |f(x)|^2 - |f(x)|^2 \log \|f\|_2^2 - |f(x)|^2 + \|f\|_2^2\right) \pi(x) \\
&= \min_{c > 0} \sum_x \left(|f(x)|^2 \log |f(x)|^2 - |f(x)|^2 \log c - |f(x)|^2 + c\right) \pi(x).
\end{aligned}
$$

This useful observation is due to Holley and Stroock [50].

EXAMPLE 2.2.5: Let $\mathcal{X} = \{0,1\}^n$ and set $|x - y| = \sum_i |x_i - y_i|$. Let $\tau : \mathcal{X} \to \mathcal{X}$ be the map defined by $\tau(x) = y$ where $y_i = x_{i-1}$, $1 < i \leq n$, $y_1 = x_n$. Consider the chain

$$K(x,y) = \begin{cases} 1/(n+1) & \text{if } |x - y| = 1 \\ 1/(n+1) & \text{if } y = \tau(x) \\ 0 & \text{oherwise.} \end{cases}$$

It is not hard to check that the uniform distribution $\pi \equiv 2^{-n}$ is the stationary measure of K. Observe that K is neither reversible nor an invariant chain on the group $\{0,1\}^n$. We will study this chain by comparison with the classic chain K' whose kernel vanishes if $|x - y| \neq 1$ and is equal to $1/n$ if $|x - y| = 1$. These two chains have the same stationary measure $\pi \equiv 2^{-n}$. Obviously the Dirichlet forms $\mathcal{E}'$ and $\mathcal{E}$ satisfy

$$\mathcal{E}' \leq \frac{n+1}{n} \mathcal{E}(f,f).$$

Applying Lemma 2.2.12, and using the known values $\lambda' = 2/n$, $\alpha' = 1/n$ of the spectral gap and log Sobolev constant of the chain K', we get

$$\lambda \geq \frac{2}{n+1}, \quad \alpha \geq \frac{1}{n+1}.$$

To obtain upper bounds, we use the test function $f = \sum_i (x_i - 1/2)$. This has $\pi(f) = 0$. Also

$$\mathcal{E}(f,f) = \frac{n}{n+1} \mathcal{E}'(f,f) = \frac{n}{n+1} \frac{2}{n} \text{Var}_\pi(f).$$

The first equality follows from the fact that $f(\tau(x)) = f(x)$. The second follows from the fact that f is an eigenvalue of $I - K'$ associated with the eigenvalue $2/n$ (in fact, one can check that f is an eigenfunction of K itself). Hence $\lambda \leq 2/(n+1)$. This implies

$$\lambda = \frac{2}{n+1}, \quad \alpha = \frac{1}{n+1}.$$

Applying Theorem 2.2.5 we get

$$\|h_t^x - 1\|_2 \leq e^{1-c} \quad \text{for} \quad t = \frac{n+1}{4}(2c + \log n), \quad c > 0.$$

The test function f used above has $\|f\|_\infty = n/2$ and $\|f\|_2^2 = n/4$ and is an eigenfunction associated with λ. Hence

$$\max_x \|h_t^x - 1\|_2 = \|H_t - \pi\|_{2 \to \infty} \geq \frac{\|H_t f\|_\infty}{\|f\|_2} = n^{1/2} e^{-2t/(n+1)}.$$

This proves the sharpness of our upper bound. A lower bound in ℓ^1 can be obtained by observing that the number of 1's in x, that is $|x|$, evolves has a Markov chain on $\{0, \ldots, n\}$ which is essentially the classic Ehrenfest's urn Markov chain.

This example generalizes easily as follows. The permutaion τ can be replaced by any other permutation without affecting the analysis presented above. We can also pick at random among several permutations of the coordinates. This will simply change the factor of comparison between $\mathcal{E}$ and $\mathcal{E}'$.

We end this section with a result that bounds α in terms of $\max_x \|h_t^x - 1\|_2 = \|H_t - \pi\|_{2\to\infty}$. See [29] for a proof. Similar results can be found in [8, 16]

Theorem 2.2.13 *Assume that (K, π) is reversible. Fix $2 < q \le +\infty$ and assume that t_q, M_q satisfy $\|H_{t_q} - \pi\|_{2\to q} \le M_q$. Then*

$$\alpha \ge \frac{(1 - \frac{2}{q})\lambda}{2(\lambda t_q + \log M_q + \frac{q-2}{q})} \cdot$$

In particular, if $q = \infty$ and t is such that $\max_x \|h_t^x - 1\|_2 \le M$, we have

$$\alpha \ge \frac{\lambda}{2(\lambda t + \log M)} \cdot$$

EXAMPLE 2.2.6: Consider the nearest neighbor chain K on $\{0, \ldots, n\}$ with loops at the ends. Then $\lambda = 1 - \cos \frac{\pi}{n+1}$. At the end of Section 2.1 it is proved that

$$\|H_t - \pi\|_{2\to\infty}^2 = \max_x \|h_t^x - 1\|_2^2 \le 2e^{-4t/(n+1)^2} \left(1 + \sqrt{(n+1)^2/4t}\right).$$

Thus, for $t = \frac{1}{2}(n + 1)^2$, $\|H_t - \pi\|_{2\to\infty} \le 1$. Using this and $\lambda \ge 2/(n+1)^2$ in Theorem 2.2.13 give

$$\frac{1}{2(n+1)^2} \le \alpha \le \frac{1}{2}\left(1 - \cos\frac{\pi}{n+1}\right) = \frac{\pi^2}{4(n+1)^2} + O(1/n^4).$$

The exact value of α is not known.

2.3 Nash inequalities

A Nash inequality for the finite Markov chain (K, π) is an inequality of the type

$$\forall f \in \ell^2(\mathcal{X}, \pi), \quad \|f\|_2^{2(1+2/d)} \le C\left(\mathcal{E}(f, f) + \frac{1}{T}\|f\|_2^2\right) \|f\|_1^{4/d}$$

where d, C, T are constants depending on K. The size of these constants is of course crucial in our applications. This inequality implies (in fact, is equivalent to)

$$H_t(x, y) \le B(d)\pi(y)(C/t)^{d/2} \quad \text{for } 0 < t \le T$$

where $B(d)$ depends only on d and d, C, T are as above. This is discussed in detail in this section. Nash inequalities have received considerable attention in recent years. I personally learned about them from Varopoulos [78]. Their use is emphasized in [11]. Applications to finite Markov chains are presented in [28], with many examples. See also [69]

2.3.1 Nash's argument for finite Markov chains I

Nash introduced his inequality in [64] to study the decay of the heat kernel of certain parabolic equations in Euclidean space. His argument only uses the formula 2.1.2 for the time derivative of $u(t) = \|H_t f\|_2^2$ which reads $u'(t) = -2\mathcal{E}(H_t f, H_t)$. This formula shows that any functional inequality between the ℓ^2 norm of g and the Dirichlet form $\mathcal{E}(g, g)$ (for all g, thus $g = H_t f$) can be translated into a differential inequation involving u. Namely, assume that the Dirichlet form $\mathcal{E}$ satisfies the inequality

$$\forall\, g, \;\; \mathrm{Var}_\pi(g)^{1+2/d} \le C\mathcal{E}(g,g)\|g\|_1^{4/d}.$$

Then fix f satisfying $\|f\|_1 = 1$ and set $u(t) = \|H_t(f - \pi(f))\|_2^2 = \mathrm{Var}_\pi(H_t f)$. In terms of u, the Nash's inequality above gives

$$\forall\, t, \;\; u(t)^{1+2/d} \le -\frac{C}{2}u'(t),$$

since $\|f\|_1 = 1$ implies $\|H_t f\|_1 \le 1$ for all $t > 0$. Setting $v(t) = \frac{dC}{4}u(t)^{-2/d}$ this differential inequality implies $v'(t) \ge 1$. Thus $v(t) \ge t$ (because $v(0) \ge 0$). Finally,

$$\forall\, t > 0, \;\; u(t) \le \left(\frac{dC}{4t}\right)^{d/2}.$$

Taking the supremum over all functions f with $\|f\|_1 = 1$ yields

$$\forall\, t, \;\; \|H_t - \pi\|_{1\to 2} \le \left(\frac{dC}{4t}\right)^{d/4}.$$

The same applies to adjoint H_t^* and thus

$$\forall\, t > 0, \;\; \|H_t - \pi\|_{2\to\infty} \le \left(\frac{dC}{4t}\right)^{d/4}.$$

Finally, using $H_t - \pi = (H_{t/2} - \pi)(H_{t/2} - \pi)$, we get

$$\forall\, t > 0, \;\; \|H_t - \pi\|_{1\to\infty} \le \left(\frac{dC}{2t}\right)^{d/2},$$

which is the same as

$$|h_t(x, y) - 1| \le (dC/2t)^{d/2}.$$

Theorem 2.3.1 *Assume that the finite Markov chain (K, π) satisfies*

$$\forall\, g \in \ell^2(\pi), \;\; \mathrm{Var}_\pi(g)^{(1+2/d)} \le C\mathcal{E}(g,g)\|g\|_1^{4/d}. \qquad (2.3.1)$$

Then

$$\forall\, t > 0, \;\; \|h_t^x - 1\|_2 \le \left(\frac{dC}{4t}\right)^{d/4}$$

and

$$\forall\, t > 0, \;\; |h_t(x, y) - 1| \le \left(\frac{dC}{2t}\right)^{d/2}.$$

Let us discuss what this says. First, the hypothesis 2.3.1 and Jensen's inequality imply $\forall\, g \in \ell^2(\pi)$, $\mathrm{Var}_\pi(g) \leq C\mathcal{E}(g,g)$. This is a Poincaré inequality and it shows that $\lambda \geq 1/C$. Thus, the conclusion of Theorem 2.3.1 must be compared with

$$\forall\, t > 0, \quad \|h_t^x - 1\|_2 \leq \pi(x)^{-1/2} e^{-t/C} \tag{2.3.2}$$

which follows from Corollary 2.1.5 when $\lambda \geq 1/C$. This last inequality looks better than the conclusion of Theorem 2.3.1 as it gives an exponential rate. However, Theorem 2.3.1 gives $\|h_t^x - 1\|_2 \leq 1$ for $t = dC/4$ whereas, for the same t, the right hand side of (2.3.2) is equal to $\pi(x)^{-1/2} e^{-d/4}$. Thus, if d is small and $1/\pi(x)$ large, the conclusion of Theorem 2.3.1 improves up on (2.3.2) at least for relatively small value of t. Assume for instance that (2.3.1) holds with $C = A/\lambda$ where we think of A as a numerical constant. Then, for $\theta = dA/(4\lambda)$, $\|H_\theta - \pi\|_{2\to\infty} = \max_x \|h_\theta^x - 1\|_2 \leq 1$. Hence, for $t = s + \theta = s + dA/(4\lambda)$

$$\begin{aligned}
\|h_t^x - 1\|_2 &\leq \|(H_s - \pi)(H_\theta - \pi)\|_{2\to\infty} \\
&\leq \|H_s - \pi\|_{2\to 2}\|H_\theta - \pi\|_{2\to\infty} \\
&\leq e^{-\lambda s}.
\end{aligned}$$

This yields

Corollary 2.3.2 *If (K,π) satisfies (2.3.1) with some constants $C, d > 0$. Then $\lambda \geq 1/C$ and*

$$\forall\, t > 0, \quad \|h_t^x - 1\|_2 \leq \min\left\{ (dC/4t)^{d/4}, e^{-(t - \frac{dC}{4})\lambda} \right\}.$$

If (K,π) is reversible, then K is self-adjoint on $\ell^2(\pi)$ and $1 - \lambda$ is the second largest eigenvalue of K. Consider an eigenfunction ψ for the eigenvalue $1 - \lambda$, normalized so that $\max |\psi| = 1$. Then,

$$\begin{aligned}
\max_x \|H_t^x - \pi\|_1 &= \max_{\|f\|_\infty \leq 1} \|(H_t - \pi)f\|_\infty \\
&\geq \|(H_t - \pi)\psi\|_\infty \\
&= e^{-t\lambda}.
\end{aligned}$$

Hence

Corollary 2.3.3 *Assume that (K,π) is a reversible Markov chain. Then*

$$e^{-\lambda t} \leq \max_x \|H_t^x - \pi\|_1.$$

Furthermore, if (K,π) satisfies (2.3.1) with $C = A/\lambda$ then

$$e^{-\lambda t} \leq \max_x \|H_t^x - \pi\|_1 \leq 2\, e^{-\lambda t + \frac{dA}{4}}$$

for all $t > 0$.

This illustrates well the strength of Nash inequalities. They produce sharp results in certain circumstances where the time needed to reach stationarity is approximatively $1/\lambda$.

2.3.2 Nash's argument for finite Markov chains II

We now presents a second version of Nash's argument for finite Markov chains which turns out to be often easier to use than Theorem 2.3.1 and Corollary 2.3.2.

Theorem 2.3.4 *Assume that the finite Markov chain* (K, π) *satisfies*

$$\forall\, g \in \ell^2(\pi), \quad \|g\|_2^{2(1+2/d)} \le C \left\{ \mathcal{E}(g,g) + \frac{1}{T}\|g\|_2^2 \right\} \|g\|_1^{4/d}. \tag{2.3.3}$$

Then

$$\forall\, t \le T, \quad \|h_t^x\|_2 \le e \left(\frac{dC}{4t} \right)^{d/4}$$

and

$$\forall\, t \le T, \quad h_t(x,y) \le e \left(\frac{dC}{2t} \right)^{d/2}.$$

The idea behind Theorem 2.3.4 is that Nash inequalities are most useful to capture the behavior of the chain for relatively small time, i.e., time smaller than T. In contrast with (2.3.1) the Nash inequality (2.3.3) implies no lower bound on the spectral gap. This is an advantage as it allows (2.3.3) to reflect the early behavior of the chain without taking into account the asymptotic behavior. This is well illustrated by two examples that will be treated later in these notes. Consider the natural chain on a square grid $\mathcal{G}_n$ of side length n and the natural chain on the n-dog $\mathcal{D}_n$ obtained by gluing together two copies of $\mathcal{G}_n$ at one of their corners. On one hand the spectral gap of $\mathcal{G}_n$ is of order $1/n^2$ whereas the spectral gap of $\mathcal{D}_n$ is of order $1/[n^2 \log n]$ (these facts will be proved later on). On the other hand, $\mathcal{G}_n$ and $\mathcal{D}_n$ both satisfy a Nash inequality of type (2.3.3) with C and T of order n^2. That is, the chains on $\mathcal{G}_n$ and $\mathcal{D}_n$ have similar behaviors for t less than n^2 whereas their asymptotic behavior as t goes to infinity are different. This is not surprising since the local structure of these two graphs are the same. For $\mathcal{D}_n$ a constant C of order $n^2 \log n$ is necessary for an inequality of type (2.3.1) to hold true.

PROOF OF THEOREM 2.3.4: Fix f satisfying $\|f\|_1 = 1$ and set

$$u(t) = e^{-2t/T} \|H_t f\|_2^2.$$

Then

$$u'(t) = -2e^{-2t/T} \left(\mathcal{E}(H_t f, H_t f) + \frac{1}{T}\|H_t f\|_2^2 \right).$$

Thus, Nash's argument yields

$$u(t) \le \left(\frac{dC}{4t} \right)^{d/2}$$

which implies

$$\|H_t\|_{1\to2} \le e^{t/T}\left(\frac{dC}{4t}\right)^{d/4}.$$

The announced results follow since

$$\max_x \|h_t^x\|_2 = \|H_t^*\|_{1\to2} \le e^{t/T}\left(\frac{dC}{4t}\right)^{d/4}$$

by the same argument applied to H_t^*.

Corollary 2.3.5 *Assume that (K,π) satisfies (2.3.3) and has spectral gap λ. Then for all $c \ge 0$ and all $0 < t_0 \le T$,*

$$\|h_t^x - 1\|_2 \le e^{1-c}$$

and

$$|h_{2t}(x,y) - 1| \le e^{2-2c}$$

for

$$t = t_0 + \frac{1}{\lambda}\left(\frac{d}{4}\log\left(\frac{dC}{4t_0}\right) + c\right).$$

PROOF: Write $t = s + t_0$ with $t_0 \le T$ and

$$
\begin{aligned}
\|h_t^x - 1\|_2 &\le \|(H_s - \pi)H_{t_0}\|_{2\to\infty} \\
&\le \|H_s - \pi\|_{2\to2}\|H_{t_0}\|_{2\to\infty} \\
&\le e(dC/4t_0)^{d/4}\,e^{-\lambda s}.
\end{aligned}
$$

The result easily follows.

In practice, a "good" Nash inequality is (2.3.3) with a small value of d and $C \approx T$. Indeed, if (2.3.3) holds with, say $d = 4$ and $C = T$, then taking $t_0 = T$ in Corollary 2.3.5 yields

$$\|h_t^x - 1\|_2 \le e^{1-c} \text{ for } t = T + c/\lambda.$$

We now give a simple example that illustrates the strength of a good Nash inequality.

EXAMPLE 2.3.1: Consider the Markov chain on $\mathcal{X} = \{-n, \ldots, n\}$ with Kernel $K(x,y) = 0$ unless $|x - y| = 1$ or $x = y = \pm n$ in which cases $K(x,y) = 1/2$. This is an irreducible chain which is reversible with respect to $\pi \equiv (2n+1)^{-1}$. The Dirichlet form of this chain is given by

$$\mathcal{E}(f,f) = \frac{1}{2n+1}\sum_{-n}^{n-1}|f(i+1) - f(i)|^2.$$

For any $u, v \in \mathcal{X}$, and any function f, we have

$$|f(v) - f(u)| \le \sum_{i,i+1 \text{ between } u,v}|f(i+1) - f(i)|.$$

349

Hence, if f is not of constant sign,

$$\|f\|_\infty \leq \sum_{-n}^{n-1} |f(i+1) - f(i)|.$$

To see this take u to be such that $\|f\|_\infty = f(u)$ and v such that $f(v)f(u) \leq 0$ so that $|f(u) - f(v)| \geq |f(u)|$. Fix a function g such that $\pi(g > 0) \leq 1/2$ and $\pi(g < 0) \leq 1/2$ (i.e., 0 is a median of g). Set $f = \text{sgn}(g)|g|^2$. Then f changes sign. Observe also that

$$\begin{aligned} |f(i+1) - f(i)| &= |\text{sgn}(g(i+1))g(i+1)^2 - \text{sgn}(g(i))g(i)^2| \\ &\leq |g(i+1) - g(i)|(|g(i+1)| + |g(i)|). \end{aligned}$$

Hence

$$\begin{aligned} \|f\|_\infty &\leq \sum_{-n}^{n-1} |f(i+1) - f(i)| \\ &\leq \sum_{-n}^{n-1} |g(i+1) - g(i)|(|g(i+1)| + |g(i)|) \\ &\leq \left(\sum_{-n}^{n-1} |g(i+1) - g(i)|^2\right)^{1/2} \left(\sum_{-n}^{n-1} (|g(i+1)| + |g(i)|)^2\right)^{1/2} \\ &\leq 2^{1/2}(2n+1)\mathcal{E}(g,g)^{1/2}\|g\|_2. \end{aligned}$$

That is

$$\|g\|_\infty^2 \leq 2^{1/2}(2n+1)\mathcal{E}(g,g)^{1/2}\|g\|_2.$$

It follows that

$$\begin{aligned} \|g\|_2^4 &\leq \|g\|_\infty^2 \|g\|_1^2 \\ &\leq 2^{1/2}(2n+1)\mathcal{E}(g,g)^{1/2}\|g\|_2\|g\|_1. \end{aligned}$$

Hence for any g with median 0,

$$\|g\|_2^6 \leq 2(2n+1)^2\mathcal{E}(g,g)\|g\|_1^4.$$

For any f with median c, we can apply the above to $g = f - c$ to get

$$\|f - c\|_2^6 \leq 2(2n+1)^2\mathcal{E}(f,f)\|f - c\|_1^4 \leq 2(2n+1)^2\mathcal{E}(f,f)\|f\|_1^4.$$

Hence

$$\forall f, \quad \text{Var}_\pi(f)^3 \leq 2(2n+1)^2\mathcal{E}(f,f)\|f\|_1^4.$$

This is a Nash inequality of type (2.3.1) with $C = 2(2n+1)^2$ and $d = 1$. It implies that

$$\lambda \geq \frac{1}{2(2n+1)^2}$$

and, by Theorem 2.3.1 and Corollary 2.3.2

$$\forall t > 0, \quad \|h_t^z - 1\|_2 \leq \left(\frac{(2n+1)^2}{2t}\right)^{1/4}$$

and

$$\forall c > 0, \quad \|h_t^z - 1\|_2 \leq e^{-c} \quad \text{with } t = \frac{1}{2(2n+1)^2}(4+c).$$

The test function $f(i) = \text{sgn}(i)|i|$ shows that

$$\lambda \leq \frac{12}{(2n+1)^2}$$

(in fact $\lambda = 1 - \cos(\pi/(2n+1))$). By Corollary 2.3.3 it follows that

$$e^{-\frac{12t}{(2n+1)^2}} \leq \max_x \|h_t^z - 1\|_1 \leq 2e^{-\frac{t}{2(2n+1)^2}+\frac{1}{4}}.$$

This shows that a time of order n^2 is necessary and sufficient for approximate equilibrium. This conclusion must be compare with

$$\|h_t^z - 1\|_1 \leq \sqrt{2n+1}\, e^{-\frac{t}{2(2n+1)^2}}$$

which follows by using only the spectral gap estimate $\lambda \geq 1/(2(2n+1)^2)$ and Corollary 2.1.5. This last inequality only shows that a time of order $n^2 \log n$ is sufficient for approximate equilibrium.

2.3.3 Nash inequalities and the log-Sobolev constant

Thanks to Theorem 2.2.13 and Nash's argument it is possible to bound the log-Sobolev constant α in terms of a Nash inequality.

Theorem 2.3.6 *Let (K, π) be a finite reversible Markov chain.*

1. *Assume that (K, π) satisfies (2.3.1), that is,*

$$\forall g \in \ell^2(\pi), \quad \text{Var}_\pi(g)^{(1+2/d)} \leq C\mathcal{E}(g,g)\|g\|_1^{4/d}.$$

Then the log-Sobolev constant α of the chain is bounded below by

$$\alpha \geq \frac{2}{dC}.$$

2. *Assume instead that (K, π) satisfies (2.3.3), that is,*

$$\forall g \in \ell^2(\pi), \quad \|g\|_2^{2(1+2/d)} \leq C\left\{\mathcal{E}(g,g) + \frac{1}{T}\|g\|_2^2\right\}\|g\|_1^{4/d},$$

and has spectral gap λ. Then the log-Sobolev constant α is bounded below by

$$\alpha \geq \frac{\lambda}{2\left[1 + \lambda t_0 + \frac{d}{4}\log\left(\frac{dC}{4t_0}\right)\right]}$$

for any $0 < t_0 \leq T$.

PROOF: For the first statement, observe that Theorem 2.3.1 gives $\|H_t - \pi\|_{2\to\infty} \leq 1$ for $t = dC/4$. Pluging this into Theorem 2.2.13 yields $\alpha \geq 2/(dC)$, as desired.

For the second inequality use Theorem 2.3.3 with $t = t_0 \leq T$ and Theorem 2.2.13.

EXAMPLE 2.3.2: Consider the Markov chain of Example 2.3.1 on $\mathcal{X} = \{-n, \ldots, n\}$ with Kernel $K(x, y) = 0$ unless $|x - y| = 1$ or $x = y = \pm n$ in which cases $K(x, y) = 1/2$. We have proved that it satisfies the Nash inequality

$$\forall f, \quad \mathrm{Var}_\pi(f)^3 \leq 2(2n+1)^2 \mathcal{E}(f, f)\|f\|_1^4$$

of type (2.3.1) with $C = 2(2n+1)^2$ and $d = 1$. Hence Theorem 2.3.6 yields

$$\alpha \geq \frac{1}{(2n+1)^2}.$$

2.3.4 A converse to Nash's argument

Carlen et al. [11] found that there is a converse to Nash's argument. We now present a version of their result.

Theorem 2.3.7 *Assume that (K, π) is reversible and satisfies*

$$\forall t \leq T, \quad \|H_t\|_{1\to 2} \leq \left(\frac{C}{t}\right)^{d/4}.$$

Then

$$\forall g \in \ell^2(\pi), \quad \|f\|_2^{2(1+2/d)} \leq C' \left(\mathcal{E}(f, f) + \frac{1}{2T}\|f\|_2^2\right) \|f\|_1^{4/d}$$

with $C' = 2^{2(1+2/d)}C$.

PROOF: Fix f with $\|f\|_1 = 1$ and write, for $0 < t \leq T$,

$$\|f\|_2^2 = \|H_t f\|_2^2 - \int_0^t \partial_s \|H_s f\|_2^2 ds$$

$$= \|H_t f\|_2^2 + 2\int_0^t \mathcal{E}(H_s f, H_s f) ds$$

$$\leq (C/t)^{d/2} + 2t\mathcal{E}(f, f).$$

The inequality uses the hypothesis (which implies $\|H_t f\|_2 \leq (C/t)^{d/4}$ because $\|f\|_1 \leq 1$) and the fact that $t \to \mathcal{E}(H_t f, H_t f)$ is nonincreasing, a fact that uses reversibility. This can be proved by writing

$$\mathcal{E}(H_t f, H_t f) = \|(I - K)^{1/2}H_t f\|_2^2 \leq \|(I - K)^{1/2}f\|_2^2 = \mathcal{E}(f, f).$$

It follows that

$$\|f\|_2^2 \leq (C/t)^{d/2} + 2t\left(\mathcal{E}(f, f) + \frac{1}{2T}\|f\|_2^2\right)$$

for all $t > 0$. The right-hand side is a minimum for

$$\frac{dC^{d/2}}{2}t^{-(1+d/2)} = 2\left(\mathcal{E}(f,f) + \frac{1}{2T}\|f\|_2^2\right)$$

and the minimum is

$$\left[(2/d)^{1/(1+2/d)} + (d/2)^{1/(1+d/2)}\right]\left[2C\left(\mathcal{E}(f,f) + \frac{1}{2T}\|f\|_2^2\right)\right]^{1/(1+2/d)}.$$

This yields

$$\|f\|_2^{2(1+2/d)} \le B\left(\mathcal{E}(f,f) + \frac{1}{2T}\|f\|_2^2\right)$$

with

$$\begin{aligned}
B &= 2C\left[(2/d)^{1/(1+2/d)} + (d/2)^{1-1/(1+2/d)}\right]^{1+2/d} \\
&= 2C(1 + 2/d)(1 + d/2)^{2/d} \le 2^{2+2/d}C.
\end{aligned}$$

2.3.5 Nash inequalities and higher eigenvalues

We have seen that a Poincaré inequality is equivalent to a lower bound on the spectral gap λ (i.e., the smallest non-zero eigenvalue of $I - K$). It is interesting to note that Nash inequalities imply bounds on higher eigenvalues. Compare with [14].

Let (K, π) be a finite reversible Markov chain. Let $1 = \lambda_0 \le \lambda_1 \le \ldots \le \lambda_{n-1}$ be the eigenvalues of $I - K$ and

$$N(s) = N_K(s) = \#\{i \in \{0, \ldots, n-1\} : \lambda_i \le s\}, \quad s \ge 0,$$

be the eigenvalue counting function. Thus, N is a step function with $N(s) = 1$ for $0 \le s < \lambda_1$ if (K, π) is irreducible. It is easy to relate the function N to the trace of the semigroup $H_t = e^{-t(I-K)}$. Since (K, π) is reversible, we have

$$\zeta(t) = \sum_x h_t(x,x)\pi(x) = \sum_x \|h_{t/2}^x\|_2^2\pi(x) = \sum_{i=0}^{n-1} e^{-t\lambda_i}.$$

If $\lambda_i \le 1/t$ then $e^{-t\lambda_i} \ge e^{-1}$. Hence

$$N(1/t) \le e\zeta(t).$$

Now, it is clear that Theorems 2.3.1, 2.3.4 give upper bounds on ζ in terms of Nash inequalities.

Theorem 2.3.8 Let (K, π) be a finite reversible Markov chain.

1. Assume that (K, π) satisfies (2.3.1), that is,

$$\forall\, g \in \ell^2(\pi), \ \operatorname{Var}_\pi(g)^{(1+2/d)} \leq C\mathcal{E}(g,g)\|g\|_1^{4/d}.$$

Then the counting function N satisfies

$$N(s) \leq 1 + e(dCs/2)^{d/2}$$

for all $s \geq 0$.

2. Assume instead that (K, π) satisfies (2.3.3), that is,

$$\forall\, g \in \ell^2(\pi), \ \|g\|_2^{2(1+2/d)} \leq C\left\{\mathcal{E}(g,g) + \frac{1}{T}\|g\|_2^2\right\}\|g\|_1^{4/d}.$$

Then

$$N(s) \leq e^3(dCs/2)^{d/2}$$

for all $s \geq 1/T$.

Clearly, if $M(s)$ is a continuous increasing function such that $N(s) \leq M(s)$, $s \geq 1/T$, then

$$\lambda_i = \max\{s : N(s) \leq i\} \geq M^{-1}(i+1)$$

for all $i > M(1/T) - 1$. Hence, we obtain

Corollary 2.3.9 Let (K, π) be a finite reversible Markov chain. Let $1 = \lambda_0 \leq \lambda_1 \leq \ldots \leq \lambda_{n-1}$ be the eigenvalues of $I - K$.

1. Assume that (K, π) satisfies (2.3.1), that is,

$$\forall\, g \in \ell^2(\pi), \ \operatorname{Var}_\pi(g)^{(1+2/d)} \leq C\mathcal{E}(g,g)\|g\|_1^{4/d}.$$

Then

$$\lambda_i \geq \frac{2i^{2/d}}{e^{2/d}dC}$$

for all $i \in 1, \ldots, n-1$.

2. Assume instead that (K, π) satisfies (2.3.3), that is,

$$\forall\, g \in \ell^2(\pi), \ \|g\|_2^{2(1+2/d)} \leq C\left\{\mathcal{E}(g,g) + \frac{1}{T}\|g\|_2^2\right\}\|g\|_1^{4/d}.$$

Then

$$\lambda_i \geq \frac{2(i+1)^{2/d}}{e^{6/d}dC}$$

for all $i > e^3(dC/(2T))^{d/2} - 1$.

EXAMPLE 2.3.3: Assume that (K, π) is reversible, has spectral gap λ, and satisfies the Nash inequality (2.3.1) with $C = A/\lambda$ and some d, where we think of A as a numerical constant (e.g., $A = 100$) and d as fixed. Then, the corollary above says that

$$\lambda_i \geq c\lambda i^{2/d}$$

for all $0 \leq i \leq n - 1$ with $c^{-1} = e^{2/d}dA$.

EXAMPLE 2.3.4: For the natural graph structure on $\mathcal{X} = \{-n, \ldots, n\}$, we have shown in Example 2.3.1 that the Nash inequality

$$\mathrm{Var}_\pi(f)^3 \leq 2(2n+1)^2 \mathcal{E}(f, f)\|f\|_1^4$$

holds. Corollary 2.3.9 gives

$$\lambda_j \geq \left(\frac{j}{e^2(2n+1)} \right)^2.$$

In this case, all the eigenvalues are known. They are given by

$$\lambda_j = 1 - \cos\frac{\pi j}{2n+1}, \quad 0 \leq j \leq 2n.$$

This compares well with our lower bound.

EXAMPLE 2.3.5: For a square grid on $\mathcal{X} = \{0, \ldots, n\}^2$, we will show later (Theorem 3.3.14) that

$$\mathrm{Var}_\pi(f)^2 \leq 64(n+1)^2 \mathcal{E}(f, f)\|f\|_1^2.$$

¿From this and corollary 2.3.9 we deduce

$$\lambda_i \geq \frac{i}{e2^6(n+1)^2}$$

for all $0 \leq i \leq (n+1)^2 - 1$. One can show that this lower bound is of the right order of magnitude for all i, n. Indeed the eigenvalues of this chain are the numbers

$$1 - \frac{1}{2}\left(\cos\frac{\pi\ell}{n+1} + \cos\frac{\pi k}{n+1} \right), \quad \ell, k \in \{0, \ldots, n\}$$

which are distributed roughly like

$$\frac{\ell^2 + k^2}{(n+1)^2}, \quad \ell, k \in \{0, \ldots, n\}$$

and we have

$$\# \left\{ (\ell, k) \in \{0, \ldots, n\}^2 : \ell^2 + k^2 \leq j \right\} \simeq j.$$

2.3.6 Nash and Sobolev inequalities

Nash inequalities are closely related to the better known Sobolev inequalities (for some fixed $d > 2$)

$$\|f - \pi(f)\|_{2d/(d-2)}^2 \leq C\mathcal{E}(f,f), \tag{2.3.4}$$

$$\|f\|_{2d/(d-2)}^2 \leq C\left\{\mathcal{E}(f,f) + \frac{1}{T}\|f\|_2^2\right\}. \tag{2.3.5}$$

Indeed, the Hölder inequality

$$\|f\|_2^{2(1+2/d)} \leq \|f\|_{2d/(d-2)}^2 \|f\|_1^{4/d}$$

shows that the Sobolev inequality (2.3.4) (resp. (2.3.5)) implies the Nash inequality (2.3.1) (resp. (2.3.3)) with the same constants d, C, T. The converse is also true. (2.3.1) (resp. (2.3.3)) implies (2.3.4) (resp. (2.3.5)) with the same d, T and a C that differ only by a numerical multiplicative factor for large d. See [9].

We now give a complete argument showing that (2.3.1) implies (2.3.4), in the spirit of [9]. The same type of argument works for (2.3.3)) implies (2.3.5).

For any function $f \geq 0$ and any k, we set $f_k = (f - 2^k)_+ \wedge 2^k$ where $(t)_+ = \max\{0, t\}$ and $t \wedge s = \min\{t, s\}$. Thus, f_k has support in $\{x : f(x) \geq 2^k\}$, $f_k(x) = 2^k$ if $x \in \{z : f(z) \geq 2^{k+1}\}$ and $f_k = f - 2^k$ on $\{x : 2^k \leq f \leq 2^{k+1}\}$.

Lemma 2.3.10 *Let K be a finite Markov chain with stationary measure π. With the above notation, for any function f,*

$$\sum_k \mathcal{E}(|f|_k, |f|_k) \leq 2\mathcal{E}(f,f).$$

PROOF: Since $\mathcal{E}(|f|, |f|) \leq \mathcal{E}(f, f)$, we can assume that $f \geq 0$. We can also assume that $K(x, y)\pi(x)$ is symmetric (if not use $\frac{1}{2}(K(x, y)\pi(x) + K(y, x)\pi(y))$). Observe that $|f_k(x) - f_k(y)| \leq |f(x) - f(y)|$ for all x, y. Write

$$\mathcal{E}(f_k, f_k) = \sum_{\substack{x,y \\ f(x) > f(y)}} (f_k(x) - f_k(y))^2 K(x, y)\pi(x).$$

Set

$$\begin{aligned}
B_k &= \{x : 2^k < f(x) \leq 2^{k+1}\}, \\
B_k^- &= \{x : f(x) \leq 2^k\}, \\
B_k^+ &= \{x : 2^{k+1} < f(x)\}.
\end{aligned}$$

Then

$$\mathcal{E}(f_k, f_k) =$$

$$2^{2k} \sum_{\substack{x \in B_k^+ \\ y \in B_k^-}} K(x,y)\pi(x) + \sum_{\substack{x \in B_k, y \in B_{k+1}^- \\ f(x) > f(y)}} (f_k(x) - f_k(y))^2 K(x,y)\pi(x)$$

$$\leq 2^{2k} \sum_{\substack{x \in B_k^+ \\ y \in B_k^-}} K(x,y)\pi(x) + \sum_{\substack{x \in B_k, y \in \mathcal{X} \\ f(x) > f(y)}} (f(x) - f(y))^2 K(x,y)\pi(x)$$

$$= A_1(k) + A_2(k).$$

We now bound $\sum_k A_1(k)$ and $\sum_k A_2(k)$ separately.

$$\sum_k A_1(k) = \sum_{\substack{x,y \\ f(x) > f(y)}} \sum_{k: f(y) \leq 2^k < f(x)/2} 2^{2k}.$$

For x, y fixed, let k_0 be the smallest integer such that $f(y) \leq 2^{k_0}$ and k_1 be the largest integer such that $2^{k_1} < f(x)$. Then

$$\sum_{k: f(y) \leq 2^k < f(x)/2} 2^{2k} = \sum_{k=k_0}^{k_1-1} 4^k = \frac{1}{3}(4^{k_1} - 4^{k_0}) \leq (f(x) - f(y))^2.$$

The last inequality follows from the elementary inequality

$$a^2 - b^2 \leq 3(a - b)^2 \text{ if } a \geq 2b \geq 0.$$

This shows that

$$\sum_k A_1(k) \leq \mathcal{E}(f, f).$$

To finish the proof, note that

$$\sum_k A_2(k) = \sum_k \sum_{\substack{x \in B_k, y \in \mathcal{X} \\ f(x) > f(y)}} (f(x) - f(y))^2 K(x,y)\pi(x) = \mathcal{E}(f, f).$$

Lemma 2.3.10 is a crucial tool for the proof of the following theorem.

Theorem 2.3.11 *Assume that (K, π) satisfies the Nash inequality (2.3.1), that is,*

$$\mathrm{Var}_\pi(g)^{(1+2/d)} \leq C\mathcal{E}(g,g)\|g\|_1^{4/d}$$

for some $d > 2$ and all functions g. Then

$$\|g - \pi(g)\|_{2d/(d-2)}^2 \leq B(d)C\mathcal{E}(g,g)$$

where $B(d) = 4^{6+2d/(d-2)}$.

PROOF: Fix a function g and let c denote a median of g. Consider the functions $f_\pm = (g - c)_\pm$ where $(t)_\pm = \max\{0, \pm t\}$. By definition of a median, we have

$$\pi(\{x : f_\pm(x) = 0\}) \geq 1/2.$$

For simplicity of notation, we set $f = f_+$ or f_-. For each k we define $f_k = (f - 2^k)_+ \wedge 2^k$ as in the proof of Lemma 2.3.10. Applying (2.3.1) to each f_k and setting $\pi_k = \pi(f_k)$, we obtain

$$\left[2^{2(k-1)}\pi(|f_k - \pi_k| \geq 2^{k-1})\right]^{1+2/d} \leq C\mathcal{E}(f_k, f_k)\left[2^k\pi(f \geq 2^k)\right]^{4/d}. \quad (2.3.6)$$

Observe that

$$\pi(\{x : f_k(x) = 0\}) \geq 1/2$$

and that, for any function $h \geq 0$ such that $\pi(\{x : h(x) = 0\}) \geq 1/2$ we have

$$\forall s \geq 0, \; \forall a, \quad \pi(\{h \geq s\}) \leq 2\pi(\{|h - a| \geq s/2\}). \quad (2.3.7)$$

Indeed, if $a \leq s/2$ then $\pi(\{|h - a| \geq s/2\}) \geq \pi(h \geq s)$ whereas if $a \geq s/2$ then $\pi(\{|h - a| \geq s/2\}) \geq \pi(h = 0) \geq 1/2$. Using (2.3.6) and (2.3.7) with $h = f_k$, $a = \pi_k$ we obtain

$$\left[2^{2(k-1)}\pi(f_k \geq 2^k)\right]^{1+2/d} \leq 2^{1+2/d}C\mathcal{E}(f_k, f_k)\left[2^k\pi(f \geq 2^k)\right]^{4/d}.$$

Now, set $q = 2d/(d-2)$, $b_k = 2^{qk}\pi(\{f \geq 2^k\})$ and $\theta = d/(d+2)$. The last inequality (raised to the power θ) yields, after some algebra,

$$b_{k+1} \leq 2^{3+q}C^\theta\mathcal{E}(f_k, f_k)^\theta \, b_k^{2(1-\theta)}.$$

By Hölder's inequality

$$\sum_k b_k = \sum_k b_{k+1} \leq 2^{3+q}C^\theta\left(\sum_k \mathcal{E}(f_k, f_k)\right)^\theta \left(\sum_k b_k^2\right)^{1-\theta}$$

$$\leq 2^{3+q+\theta}C^\theta\mathcal{E}(f, f)^\theta \left(\sum_k b_k\right)^{2(1-\theta)}.$$

It follows that

$$\left(\sum_k b_k\right)^{2\theta-1} \leq 2^{3+q+\theta}C^\theta\left(\sum_k \mathcal{E}(f_k, f_k)\right)^\theta.$$

Furthermore $2\theta - 1 = 2\theta/q$ and

$$(2^q - 1)\sum_k b_k = \sum_k (2^{q(k+1)} - 2^{qk})\pi(\{f \geq 2^k\})$$

$$= \sum_k (2^{q(k+1)})\pi(\{2^k \leq g < 2^{k+1}\}) \geq \|f\|_q^q.$$

Hence

$$\|f\|_q^2 \leq 2^{1+(3+q)/\theta}(2^q - 1)^{2/q}C\mathcal{E}(f, f).$$

Recall that $f = f_+$ or f_- with $f_\pm = (g - c)_\pm$, c a median of g. Note also that $\theta > 1/2$ when $d > 2$. Adding the inequalities for f_+ and f_- we obtain

$$\|g - c\|_q^2 \leq 2(\|f_+\|_q^2 + \|f_-\|_q^2) \leq 4^{5+q} C\mathcal{E}(g, g)$$

because $\mathcal{E}(f_+, f_+) + \mathcal{E}(f_-, f_-) \leq \mathcal{E}(g, g)$. This easily implies that

$$\|g - \pi(g)\|_q^2 \leq 4^{6+q} C\mathcal{E}(g, g)$$

which is the desired inequality. The constant 4^{6+q} can be improved by using a ρ-cutting, $\rho > 1$, instead of a dyadic cutting in the above argument. See [9].

2.4 Distances

This section discusses the issue of choosing a distance between probability distribution to study the convergence of finite Markov chains to their stationary measure. From the asymptotic point of view, this choice does not matter much. ¿From a more quantitative point of view, it does matter sometimes but it often happen that different choices lead to similar results. This is a phenomenon which is not yet well understood. Many aspects of this question will not be considered here.

2.4.1 Notation and inequalities

Let μ, π be two probability measures on a finite set $\mathcal{X}$ (we work with a finite $\mathcal{X}$ but most of what is going to be said holds without any particlar assumption on $\mathcal{X}$). We consider π has the reference measure. Total variation is arguably the most natural distance between probability measures. It is defined by

$$\|\mu - \pi\|_{\mathrm{TV}} = \max_{A \subset \mathcal{X}} |\mu(A) - \pi(A)| = \frac{1}{2} \sum_{x \in \mathcal{X}} |\mu(x) - \pi(x)|.$$

To see the second equality, use $\sum_x (\mu(x) - \pi(x)) = 0$. Note also that

$$\|\mu - \pi\|_{\mathrm{TV}} = \max \{|\mu(f) - \pi(f)| : |f| \leq 1\}$$

where $\mu(f) = \sum_x f(x)\mu(x)$. A well known result in Markov chain theory relates total variation with the coupling technique. See, e.g., [4, 17] and the references therein.

All the others metrics or metric type quantities that we will consider are defined in terms of the density of μ with respect to π. Hence, set $h = \mu/\pi$. The ℓ^p distances

$$\|h - 1\|_p = \left(\sum_{x \in \mathcal{X}} |h(x) - 1|^p \pi(x) \right)^{1/p}, \quad \|h - 1\|_\infty = \max_{x \in \mathcal{X}} |h(x) - 1|$$

are natural choices for the analyst and will be used throughout these notes. The case $p = 2$ is of special interest as it brings in a useful Hilbert space structure.

It is known to statisticians as the chi-square distance. The case $p = 1$ is nothing else that total variation since

$$\|h - 1\|_1 = \sum_{x \in \mathcal{X}} |h(x) - 1|\pi(x) = \sum_{x \in \mathcal{X}} |\mu(x) - \pi(x)| = 2\|\mu - \pi\|_{\mathrm{TV}}.$$

Jensen's inequality yields a clear ordering between these distances since it implies

$$\|h - 1\|_r \leq \|h - 1\|_s \quad \text{for all} \ 1 \leq r \leq s \leq \infty.$$

If we view (as we may) μ, π as linear functionals $\mu, \pi : \ell^p(\pi) \to \mathbb{R}$, $f \to \mu(f), \pi(f)$, then

$$\|\mu - \pi\|_{\ell^p(\pi) \to \mathbb{R}} = \sup \left\{ |\mu(f) - \pi(f)| : \|f\|_p \leq 1 \right\} = \|h - 1\|_q$$

where q is given by $1/p + 1/q = 1$ (see also Section 1.3.1). Most of the quantitative results described in these notes are stated in terms of the ℓ^2 and ℓ^∞ distances.

There are at least three more quantities that appear in the literature. The Kullback-Leibler separation, or entropy, is defined by

$$\mathrm{Ent}_\pi(h) = \sum_{x \in \mathcal{X}} [h(x) \log h(x)]\pi(x).$$

Observe that $\mathrm{Ent}_\pi(h) \geq 0$ by Jensen inequality. The Hellinger distance is

$$\begin{aligned}
\|\mu - \pi\|_H &= \sum_{x \in \mathcal{X}} \left| \sqrt{h(x)} - 1 \right|^2 \pi(x) = \sum_{x \in \mathcal{X}} \left| \sqrt{\mu(x)} - \sqrt{\pi(x)} \right|^2 \\
&= 2 \left(1 - \sum_{x \in \mathcal{X}} \sqrt{h(x)} \, \pi(x) \right).
\end{aligned}$$

It is not obvious why this distance should be of particular interest. However, Kakutani proved the following. Consider an infinite sequence $(\mathcal{X}_i, \pi_i)$ of probability spaces each of which carries a second probability measure $\mu_i = h_i \pi_i$ which is absolutely continuous with respect to π_i. Let $\mathcal{X} = \prod_i \mathcal{X}_i$, $\mu = \prod_i \mu_i$, $\pi = \prod_i \pi_i$. Kakutani's theorem asserts that μ is absolutely continuous with respect to π if and only if the product $\prod_i \left(\int_{\mathcal{X}_i} \sqrt{h_i} \, d\pi_i \right)$ converges.

Finally Aldous and Diaconis [4] introduces the notion of separation distance

$$d_{\mathrm{sep}}(\mu, \pi) = \max_{x \in \mathcal{X}} \{1 - h(x)\}$$

in connection with strong stationary (or uniform) stopping times. See [4, 17, 19]. Observe the absence of absolute value in this definition.

The next lemma collects inequalities between the various distances introduced above. These inequalities are all well known except possibly for the strange looking lower bounds in (2.4.2) and (2.4.4). The only inequality that uses the fact that $\mathcal{X}$ is discrete and finite is the upper bound in (2.4.1).

Lemma 2.4.1 *Let π and $\mu = h\pi$ be two probability measures on a finite set $\mathcal{X}$.*

1. *Set $\pi_* = \min_{\mathcal{X}} \pi$. For $1 \leq r \leq s \leq \infty$,*

$$\|h - 1\|_r \leq \|h - 1\|_s \leq \pi_*^{1/s - 1/r} \|h - 1\|_r. \tag{2.4.1}$$

   Also

$$\left(\|h - 1\|_2^2 - \|h - 1\|_3^3 \right) \leq \|h - 1\|_1 \leq \|h - 1\|_2. \tag{2.4.2}$$

2. *The Hellinger distance satisfies*

$$\frac{1}{4} \|h - 1\|_1^2 \leq \|\mu - \pi\|_H \leq \frac{1}{4} \|h - 1\|_1 \tag{2.4.3}$$

   and

$$\frac{1}{8} \left(\|h - 1\|_2^2 - \|h - 1\|_3^3 \right) \leq \|\mu - \pi\|_H \leq \|h - 1\|_2^2 \tag{2.4.4}$$

3. *The entropy satisfies*

$$\frac{1}{2} \|h - 1\|_1^2 \leq \mathrm{Ent}_\pi(h) \leq \frac{1}{2} \left(\|h - 1\|_1 + \|h - 1\|_2^2 \right). \tag{2.4.5}$$

4. *The separation $d_{\mathrm{sep}}(\mu, \pi)$ satisfies*

$$\frac{1}{2} \|h - 1\|_1 \leq d_{\mathrm{sep}}(\mu, \pi) \leq \|h - 1\|_\infty. \tag{2.4.6}$$

PROOF: The inequalities in (2.4.1) are well known (the first follows from Jensen's inequality). The inequalities in (2.4.6) are elementary.

The upper bound in (2.4.5) uses

$$\forall u > 0, \quad (1 + u) \log(1 + u) \leq u + \frac{1}{2} u^2$$

to bound the positive part of the entropy. The lower bound is more tricky. First, observe that

$$\forall u > 0, \quad 3(u - 1)^2 \leq (4 + 2u)(u \log(u) - u + 1).$$

Then take square roots and use Cauchy-Schwarz to obtain

$$3\|h - 1\|_1^2 \leq \|4 + 2h\|_1 \, \|h \log(h) - h + 1\|_1.$$

Finally observe that $u \log(u) - u + 1 \geq 0$ for $u \geq 0$. Hence $\|h \log(h) - h + 1\|_1 = \mathrm{Ent}_\pi(f)$ and

$$3\|h - 1\|_1^2 \leq 6\mathrm{Ent}_\pi(f)$$

which gives the desired inequality. In his Ph. D. thesis, F. Su noticed the complementary bound

$$\mathrm{Ent}_\pi(h) \leq \log \left(1 + \|h - 1\|_2^2 \right).$$

The upper bound in (2.4.3) follows from $|\sqrt{u}-1|^2 \leq |\sqrt{u}-1|(\sqrt{u}+1) = |u-1|$, $u \geq 0$. The lower bound in (2.4.3) uses $|u-1| = |\sqrt{u}-1|(\sqrt{u}+1)$, $u \geq 0$, Cauchy-Schwarz, and $\|\sqrt{h}+1\|_2^2 \leq 4$.

The upper bound in (2.4.4) follows from $|\sqrt{u}-1| \leq |u-1|$, $u \geq 0$. For the lower bound note that

$$\sqrt{1+u} \leq \begin{cases} 1 + \frac{1}{2}u - \frac{1}{16}u^2 & \text{for } -1 \leq u \leq 1 \\ 1 + \frac{1}{2}u \leq 1 + \frac{1}{2}u - \frac{1}{16}u^2 + \frac{1}{16}u^3 & \text{for } 1 \leq u. \end{cases}$$

It follows that

$$\forall\, , u \geq -1, \quad \sqrt{1+u} \leq 1 + \frac{1}{2}u - \frac{1}{16}u^2 + \frac{1}{16}|u|^3.$$

Now, $\|\mu - \pi\|_H = 2(1 - \|\sqrt{h}\|_1) = 2(1 - \|\sqrt{1+(h-1)}\|_1)$. Hence

$$\|\mu - \pi\|_H \geq \frac{1}{8}(\|h-1\|_2^2 - \|h-1\|_3^3)).$$

Finally, the upper bound in (2.4.2) is a special case of (2.4.1). The lower bound follows from the elementary inequality: $\forall u \geq -1$, $|u| \geq \frac{3}{4}u + u^2 - |u|^3$. This ends the proof of Lemma 2.4.1.

2.4.2 The cutoff phenomenon and related questions

This Section describe briefly a surprising property appearing in number of examples of natural finite Markov chains where a careful study is possible. We refer the reader to [4, 17] and the more recent [18] for further details and references.

Consider the following example of finite Markov chain. The state space $\mathcal{X} = \{0,1\}^n$ is the set of all binary vectors of length n. At each step, we pick a coordinate at random and flip it to its opposite. Hence, the kernel K of the chain is $K(x,y) = 0$ unless $|x - y| = 1$ in which case $K(x,y) = 1/n$. This chain is symmetric, irreducible but periodic. It has the uniform distribution $\pi \equiv 2^{-n}$ as stationary measure. Let $H_t = e^{-t} \sum_0^\infty \frac{t^i}{i!} K^i$ be the associated continuous time chain. Then, by the Perron-Frobenius theorem $H_t(x,y) \to 2^{-n}$ as t tends to infinity. This can be quantified very precisely.

Theorem 2.4.2 *For the continuous time chain on the hypercube $\{0,1\}^n$ described above, let $t_n = \frac{1}{4}n \log n$. Then for any $\varepsilon > 0$,*

$$\lim_{n \to \infty} \|H_{(1-\varepsilon)t_n}^x - 2^{-n}\|_{TV} = 1$$

whereas

$$\lim_{n \to \infty} \|H_{(1+\varepsilon)t_n}^x - 2^{-n}\|_{TV} = 0$$

In fact, a more precise description is feasible in this case. See [20, 18]. This theorem exhibits a typical case of the so called *cutoff phenomenon*. For n large enough, the graph of $t \to y(t) = \|H_t^x - 2^{-n}\|_{TV}$ stays very close to the line $y = 1$ for a long time, namely for about $t_n = \frac{1}{4}n \log n$. Then, it falls off rapidly to a value close to 0. This fall-off phase is much shorter than t_n. Reference [20] describes the shape of the curve around the critical time t_n.

Definition 2.4.3 *Let $\mathcal{F} = \{(\mathcal{X}_n, K_n, \pi_n) : n = 1, 2, \ldots\}$ be an infinite family of finite chains. Let $H_{n,t} = e^{-t(I-K_n)}$ be the corresponding continuous time chain.*

1. *One says that $\mathcal{F}$ presents a cutoff in total variation with critical time $(t_n)_1^\infty$ if $t_n \to \infty$ and*

$$\lim_{n\to\infty} \max_{\mathcal{X}_n} \|H^x_{n,(1-\varepsilon)t_n} - \pi_n\|_{\mathrm{TV}} = 1$$

and

$$\lim_{n\to\infty} \max_{\mathcal{X}_n} \|H^x_{n,(1+\varepsilon)t_n} - \pi_n\|_{\mathrm{TV}} = 0.$$

2. *Let $(t_n, b_n)_1^\infty$ such that $t_n, b_n \geq 0$, $t_n \to \infty$, $b_n/t_n \to 0$. One says that $\mathcal{F}$ presents a cutoff of type $(t_n, b_n)_1^\infty$ in total variation if for all real c*

$$\lim_{n\to\infty} \max_{\mathcal{X}_n} \|H^x_{n,t_n+b_n c} - \pi_n\|_{\mathrm{TV}} = f(c)$$

with $f(c) \to 1$ when $c \to -\infty$ and $f(c) \to 0$ when $c \to \infty$.

Clearly, $2 \Rightarrow 1$. The ultimate cutoff result consists in a precise description of the function f. In Theorem 2.4.2 there is in fact a (t_n, b_m)-cutoff with $t_n = \frac{1}{4}n \log n$ and $b_n = n$. See [20].

In practical terms, the cutoff phenomenon means the following: in order to approximate the stationary distribution π_n one should not stop the chain $H_{n,t}$ before $t = t_n$ and it is essentially useless to run the chain for more than t_n. It seems that the cutoff phenomenon is widespread among natural examples. See [4, 18]. Nevertheless it is rather difficult to verify that a given family of chains satisfy one or the other of the above two definitions. This motivates the following weaker definition.

Definition 2.4.4 *Let $\mathcal{F} = \{(\mathcal{X}_n, K_n, \pi_n) : n = 1, 2, \ldots\}$ be an infinite family of finite chains. Let $H_{n,t} = e^{-t(I-K_n)}$ be the corresponding continuous time chain. Fix $1 \leq p \leq \infty$.*

1. *One says that $\mathcal{F}$ presents a weak ℓ^p-cutoff with critical time $(t_n)_1^\infty$ if $t_n \to \infty$ and*

$$\lim_{n\to\infty} \max_{\mathcal{X}_n} \|h^x_{n,t_n} - 1\|_{\ell^p(\pi_n)} > 0 \quad \text{and} \quad \lim_{n\to\infty} \max_{\mathcal{X}_n} \|h^x_{n,(1+\varepsilon)t_n} - 1\|_{\ell^p(\pi_n)} = 0.$$

2. *Let $(t_n, b_n)_1^\infty$ such that $t_n, b_n \geq 0$, $t_n \to \infty$, $b_n/t_n \to 0$. One says that $\mathcal{F}$ presents a weak ℓ^p-cutoff of type $(t_n, b_n)_1^\infty$ if for all $c \geq 0$,*

$$\lim_{n\to\infty} \max_{\mathcal{X}_n} \|h^x_{n,t_n+cb_n} - 1\|_{\ell^p(\pi_n)} = f(c)$$

with $f(0) > 0$ and $f(c) \to 0$ when $c \to \infty$.

The notion of weak cutoff extends readily to Hellinger distance or entropy. The advantage of this definition is that it captures some of the spirit of the cutoff phenomenon without requiring a too precise understanding of what happens at relatively small times.

Observe that a cutoff of type $(t_n, b_n)_1^\infty$ is equivalent to a cutoff of type $(t_n, ab_n)_1^\infty$ with $a > 0$ but that t_n can not always be replaced by s_n even if $t_n \sim s_n$.

Note also that if $(t_n)_1^\infty$ and $(s_n)_1^\infty$ are critical times for a family $\mathcal{F}$ (the same for t_n and s_n) then $\lim_{n \to \infty} t_n/s_n = 1$. Indeed, for any $\epsilon > 0$, we must have $(1 + \epsilon)t_n > s_n$ and $(1 + \epsilon)s_n > t_n$ for n large enough.

Definition 2.4.5 *Let (K, π) be a finite irreducible Markov chain. For $1 \le p \le \infty$ and $\varepsilon > 0$, define the parameter $T_p(K, \varepsilon) = T_p(\varepsilon)$ by*

$$T_p(\varepsilon) = \inf\{t > 0 : \max_x \|h_t^x - 1\|_p \le \varepsilon\}$$

where $H_t = e^{-t(I-K)}$ is the associated continuous time chain.

The next lemma shows that for reversible chains and $1 < p \le \infty$ the different T_p's cannot be too different.

Lemma 2.4.6 *Let (K, π) be a finite irreducible reversible Markov chain. Then, for $2 \le p \le +\infty$ and $\varepsilon > 0$, we have*

$$T_2(K, \varepsilon) \le T_p(K, \varepsilon) \le T_\infty(K, \varepsilon) \le 2\,T_2(K, \varepsilon^{1/2}).$$

Furthermore, for $1 < p \le 2$ and $m_p = 1 + \lceil (2 - p)/[2(p - 1)] \rceil$,

$$T_p(K, \varepsilon) \le T_2(K, \varepsilon) \le m_p\,T_p(K, \varepsilon^{1/m_p}).$$

PROOF: The first assertion is easy and left as an exercise. For the second we need to use the fact that

$$\max_x \|h_{u+v}^x - 1\|_q \le \left(\max_x \|h_u^x - 1\|_r \right) \left(\max_x \|h_v^x - 1\|_s \right) \tag{2.4.7}$$

for all $u, v > 0$ and $1 \le q, r, s \le +\infty$ related by $1 + 1/q = 1/r + 1/s$. Fix $1 < p < 2$ and an integer j. Set, for $i = 1, \ldots, j - 1$, $p_1 = p$, $1 + 1/p_{i+1} = 1/p_i + 1/p$, and $u_i = it/j$, $v_i = t/j$. Applying (2.4.7) $j - 1$ times with $q = p_{i+1}$, $r = p_i$, $s = p$, $u = u_i$, $v = v_j$, we get

$$\max_x \|h_t^x - 1\|_{p_j} \le \left(\max_x \|h_{t/j}^x - 1\|_p \right)^j.$$

Now, $p_j = 1/p - (j - 1)(1 - 1/p)$. Thus $p_j \ge 2$ for

$$j \ge 1 + (2 - p)/[2(p - 1)].$$

The desired result follows.

Theorem 2.4.7 *Fix* $1 < p < \infty$ *and* $\varepsilon > 0$. *Let* $\mathcal{F} = \{(\mathcal{X}_n, K_n, \pi_n) : n = 1, 2, \ldots\}$ *be an infinite family of finite chains. Let* $H_{n,t} = e^{-t(I-K_n)}$ *be the corresponding continuous time chain. Let* λ_n *be the spectral gap of* K_n *and set* $t_n = T_p(K_n, \varepsilon)$. *Assume that*

$$\lim_{n\to\infty} \lambda_n t_n = \infty.$$

Then the family $\mathcal{F}$ *presents a weak* ℓ^p-*cutoff of type* $(t_n, 1/\lambda_n)_1^\infty$.

PROOF: By definition $\max_{\mathcal{X}_n} \|h_{n,t_n}^x - 1\|_p = \varepsilon > 0$. To obtain an upper bound write

$$
\begin{aligned}
\|h_{n,t_n+s}^x - 1\|_p &= \|(H_{n,s}^* - \pi_n)(h_{n,t_n}^x - 1)\|_p \\
&\leq \|h_{n,t_n}^x - 1\|_p \|H_{n,s}^* - \pi_n\|_{p\to p} \\
&\leq \varepsilon \|H_{n,s}^* - \pi_n\|_{p\to p}.
\end{aligned}
$$

By Theorem 2.1.4

$$\|H_{n,s}^* - \pi_n\|_{2\to 2} \leq e^{-s\lambda_n}.$$

Also, $\|H_{n,s}^* - \pi_n\|_{1\to 1} \leq 2$ and $\|H_{n,s}^* - \pi_n\|_{\infty\to\infty} \leq 2$. Hence, by interpolation, (see Theorem 1.2.8)

$$\|H_{n,s}^* - \pi_n\|_{p\to p} \leq 4^{|1/2-1/p|} e^{-s\lambda_n(1-2|1/2-1/p|)}.$$

It follows that

$$\|h_{n,t_n+c/\lambda_n}^x - 1\|_p \leq \varepsilon 4^{|1/2-1/p|} e^{-c(1-2|1/2-1/p|)}.$$

This proves the desired result since $1 - 2|1/2 - 1/p| > 0$ when $1 < p < \infty$. This also proves the following auxilliary result.

Lemma 2.4.8 *Fix* $1 < p < \infty$. *Let* $\mathcal{F} = \{(\mathcal{X}_n, K_n, \pi_n) : n = 1, 2, \ldots\}$ *be an infinite family of finite chains. Let* λ_n *be the spectral gap of* K_n. *If*

$$\lim_{n\to\infty} \lambda_n T_p(K_n, \varepsilon) \to \infty$$

for some fixed $\varepsilon > 0$, *then*

$$\lim_{n\to\infty} \frac{T_p(K_n, \varepsilon)}{T_p(K_n, \eta)} = 1.$$

for all $\eta > 0$.

For reversible chain we obtain a necessary and sufficient condition for weak ℓ^2-cutoff.

Theorem 2.4.9 *Fix* $\varepsilon > 0$. *Let* $\mathcal{F} = \{(\mathcal{X}_n, K_n, \pi_n) : n = 1, 2, \ldots\}$ *be an infinite family of reversible finite chains. Let* $H_{n,t} = e^{-t(I-K_n)}$ *be the corresponding continuous time chain. Let* λ_n *be the spectral gap of* K_n *and set* $t_n = T_2(K_n, \varepsilon)$. *A necessary and sufficient condition for* $\mathcal{F}$ *to present a weak* ℓ^2-*cutoff with critical time* t_n *is that*

$$\lim_{n\to\infty} \lambda_n t_n = \infty. \tag{2.4.8}$$

Furthermore, if (2.4.8) *is satisfied then*

1. $\mathcal{F}$ presents a weak ℓ^∞-cutoff of type $(2t_n, 1/\lambda_n)_1^\infty$.

2. For each $1 < p \leq \infty$ and each $\eta > 0$, $\mathcal{F}$ presents a weak ℓ^p-cutoff of type $(T_p(K_n, \eta), 1/\lambda_n)_1^\infty$.

PROOF: We already now that (2.4.8) is sufficient to have a weak ℓ^2-cutoff. Conversely, if (2.4.8) does not hold there exists $a > 0$ and a subsequence $n(i)$ such that $\lambda_{n(i)} t_{n(i)} \leq a$. To simplify notation assume that this hold for all n. Let ϕ_n be an eigenfunction of K_n such that $\|\phi_n\|_\infty = 1$ and $(I - K_n)\phi_n = \lambda_n \phi_n$. Then

$$\max_{\mathcal{X}_n} \|h_{n,t}^x - 1\|_2 \geq \|(H_{n,t}^x - \pi_n)\phi_n\|_2 = e^{-t\lambda_n}.$$

If follows that, for any $\eta > 0$,

$$\max_{\mathcal{X}_n} \|h_{n,(1+\eta)t_n}^x - 1\|_2 \geq e^{-(1+\eta)t_n\lambda_n} \geq e^{-(1+\eta)a}.$$

Hence

$$\lim_{n \to \infty} \max_{\mathcal{X}_n} \|h_{n,(1+\eta)t_n}^x - 1\|_2 \not\to 0$$

which shows that there is no weak ℓ^2-cutoff.

To prove the assertion concerning the weak ℓ^∞-cutoff simply observe that

$$\max_{\mathcal{X}_n} \|h_{n,t}^x - 1\|_\infty = \max_{\mathcal{X}_n} \|h_{n,t/2}^x - 1\|_2^2.$$

Hence a weak ℓ^2-cutoff of type $(t_n, b_n)_1^\infty$ is equivalent to a weak ℓ^∞-cutoff of type $(2t_n, b_n)$.

For the last assertion use Lemmas 2.4.6 and 2.4.8 to see that (2.4.8) implies $\lambda_n T_p(K, \eta) \to \infty$ for any fixed $\eta > 0$. Then apply Theorem 2.4.7.

The following theorem is based on strong hypotheses that are difficult to check. Nevertheless, it sheds some new light on the cutoff phenomenon.

Theorem 2.4.10 Fix $\varepsilon > 0$. Let $\mathcal{F} = \{(\mathcal{X}_n, K_n, \pi_n) : n = 1, 2, \ldots\}$ be an infinite family of reversible finite chains. Let $H_{n,t} = e^{-t(I - K_n)}$ be the corresponding continuous time chain. Let λ_n be the spectral gap of K_n and set $t_n = T_2(K_n, \varepsilon)$. Let α_n be the log-Sobolev constant of (K_n, π_n). Set

$$A_n = \max \{\|\phi\|_\infty : \|\phi\|_2 = 1, K_n\phi = (1 - \lambda_n)\phi\}.$$

Assume that the following conditions are satisfied.

(1) $t_n\lambda_n \to \infty$.

(2) $\inf_n \{\alpha_n/\lambda_n\} = c_1 > 0$.

(3) $\inf_n \{A_n e^{-\lambda_n t_n}\} = c_2 > 0$.

Then the family $\mathcal{F}$ presents a weak ℓ^p-cutoff with critical time $(t_n)_1^\infty$ for any $1 \leq p < \infty$ and also in Hellinger distance.

PROOF: By Theorem 2.4.9 condition (1) implies a weak ℓ^p-cutoff of type

$$(T_p(K_n, \eta), \lambda_n)$$

for each $1 < p < \infty$ and $\eta > 0$. The novelty in Theorem 2.4.10 is that it covers the case $p = 1$ (and Hellinger distance) and that the critical time $(t_n)_0^\infty$ does not depend on $1 \le p < \infty$. For the case $p > 2$, it suffices to prove that $T_p(K_n, \varepsilon) \le t_n + c(p)/\lambda_n$. Using symmetry, (2.2.2) and hypothesis (2), we get

$$\|h_{n, t_n + s_n}^x - 1\|_p \le \|H_{n, s_n}\|_{2 \to p} \|h_{n, t_n}^x - 1\|_2 \le \varepsilon$$

with $s_n = [\log(p - 1)]/(4\alpha_n) \le [\log(p - 1)]/(4c_1\lambda_n)$, which yields the desired inequality. Observe that condition (3) has not been used to treat the case $2 < p < \infty$.

We now turn to the proof of the weak ℓ^1-cutoff. Since

$$\|h_{n,t} - 1\|_1 \le \|h_{n,t} - 1\|_2$$

it suffices to prove that

$$\liminf_{n \to \infty} \|h_{n, t_n} - 1\|_1 > 0.$$

To prove this, we use the lower bound in (2.4.2) and condition (3) above. Indeed, for each n there exists a normalized eigenfunction ϕ_n and $x_n \in \mathcal{X}_n$ such that $K_n \phi_n = (1 - \lambda_n)\phi_n$ and $\|\phi_n\|_\infty = \phi_n(x_n) = A_n$. It follows that

$$\|h_{n, t_n + s}^{x_n} - 1\|_2 = \sup_{\|\psi\|_2 \le 1} \{\|(H_{n, t_n + s} - \pi_n)\psi\|_\infty\}$$

$$\ge A_n e^{-\lambda_n(t_n + s)} \ge c_2 e^{-\lambda_n s}.$$

Also, for $\sigma_n = (\log 2)/(4\alpha_n)$, we have

$$\|h_{n, t_n + \sigma_n + s}^x - 1\|_3 \le \|h_{n, t_n + s}^x - 1\psi\|_2$$
$$\le \|h_{n, t_n}^x - 1\psi\|_2 \|H_{n, s} - \pi_n\|_{2 \to 2}$$
$$\le \varepsilon e^{-\lambda_n s}.$$

Hence, since $\lambda_n \sigma_n \le [\log 2]/4c_1$,

$$\|h_{n, t_n + \sigma_n + s}^{x_n} - 1\|_1 \ge \|h_{n, t_n + \sigma_n + s}^{x_n} - 1\|_2^2 - \|h_{n, t_n + \sigma_n + s}^{x_n} - 1\|_3^3$$
$$\ge c_2^2 e^{-2\lambda_n(\sigma_n + s)} - \varepsilon^3 e^{-3\lambda_n s}$$
$$\ge (c_2^2 e^{-2\lambda_n \sigma_n} - \varepsilon^3 e^{-\lambda_n s}) e^{-2\lambda_n s}$$
$$\ge (c_3 - \varepsilon^3 e^{-\lambda_n s}) e^{-2\lambda_n s}$$

where $c_3 = c_2^2 2^{-1/4c_1}$. For each fixed n, we now pick $s = s_n = \lambda_n^{-1} \log(c_3/(2\varepsilon^3))$. Hence

$$\|h_{n, t_n}^{x_n} - 1\|_1 \ge \|h_{n, t_n + \sigma_n + s_n}^{x_n} - 1\|_1 \ge c_3/2.$$

The weak cutoff in Hellinger distance is proved the same way using (2.4.3) or (2.4.4). Finally the case $1 < p < 2$ follows from the results obtained for $p = 2$ and $p = 1$.

Chapter 3

Geometric tools

This chapter uses adapted graph structures to study finite Markov chains. It shows how paths on graphs and their combinatorics can be used to prove Poincaré and Nash inequalities. Isoperimetric techniques are also considered. Path techniques have been introduced by M. Jerrum and A. Sinclair in their study of a stochastic algorithm that counts perfect matchings in a graph. See [72]. Paths are also used in [79] in a somewhat different context (random walk on finitely generated groups). They are used in [35] to prove Poincaré inequalities. The underlying idea is classical in analysis and geometry. The simplest instance of it is the following proof of a Poincaré inequality for the unit interval $[0, 1]$:

$$\int_0^1 |f(s) - m|^2 ds \leq \frac{1}{8} \int_0^1 |f'(s)|^2 ds$$

where m is the mean of f. Write $f(s) - f(t) = \int_t^s f'(u) du$ for any $0 \leq t < s \leq 1$. Hence, using the Cauchy-Schwarz inequality, $|f(s) - f(t)|^2 \leq (s-t) \int_t^s |f'(u)|^2 du$. It follows that

$$\int_0^1 |f(s) - m|^2 ds \underset{=}{\leq} \int_0^1 \int_0^1 |f(s) - f(t)|^2 dt ds$$

$$\leq \int_0^1 |f'(u)|^2 \left\{ \int_0^1 \int_0^1 (s - t) 1_{t \leq u \leq s}(u) dt ds \right\} du$$

$$= \int_0^1 |f'(u)|^2 \left\{ \frac{u(1 - u)}{2} \right\} du$$

$$\leq \frac{1}{8} \int_0^1 |f'(u)|^2 du.$$

The constant $1/8$ obtained by this argument must be compared with the best possible constant which is $1/\pi^2$.

This chapter develops and illustrates several versions of this technique in the context of finite graphs.

3.1 Adapted edge sets

Definition 3.1.1 *Let K be an irreducible Markov chain on a finite set $\mathcal{X}$. An edge set $\mathcal{A} \subset \mathcal{X} \times \mathcal{X}$ is say to be adapted to K if $\mathcal{A}$ is symmetric (that is $(x,y) \in \mathcal{A} \Rightarrow (y,x) \in \mathcal{A}$), $(\mathcal{X}, \mathcal{A})$ is connected, and*

$$(x,y) \in \mathcal{A} \Rightarrow K(x,y) + K(y,x) > 0.$$

In this case we also say that the graph $(\mathcal{X}, \mathcal{A})$ is adapted.

Let K be an irreducible Markov kernel on $\mathcal{X}$ with stationary measure π. It is convenient to introduce the following notation. For any $e = (x,y) \in \mathcal{X} \times \mathcal{X}$, set

$$df(e) = f(y) - f(x)$$

and define

$$Q(e) = \frac{1}{2}\left(K(x,y)\pi(x) + K(y,x)\pi(y)\right).$$

We will sometimes view Q as a probability measure on $\mathcal{X} \times \mathcal{X}$. Observe that, by Definition 2.1.1 and (2.1.1), the Dirichlet form $\mathcal{E}$ of (K, π) satisfies

$$\mathcal{E}(f,f) = \frac{1}{2}\sum_{e \in \mathcal{X} \times \mathcal{X}} |df(e)|^2 Q(e).$$

Let $\mathcal{A}$ be an adapted edge set. A path γ in $(\mathcal{X}, \mathcal{A})$ is a sequence of vertices $\gamma = (x_0, \dots, x_k)$ such that $(x_{i-1}, x_i) \in \mathcal{A}$, $i = 1, \dots, k$. Equivalently, γ can be viewed as a sequence of edges $\gamma = (e_1, \dots, e_k)$ with $e_i = (x_{i-1}, x_i) \in \mathcal{A}$, $i = 1, \dots, k$. The length of such a path γ is $|\gamma| = k$. Let Γ be the set of all paths γ in $(\mathcal{X}, \mathcal{A})$ which have no repeated edges (that is, such that $e_i \neq e_j$ if $i \neq j$). For each pair $(x,y) \in \mathcal{X} \times \mathcal{X}$, set

$$\Gamma(x,y) = \{\gamma = (x_0, \dots, x_k) \in \Gamma : x = x_0, \ y = x_k\}.$$

3.2 Poincaré inequality

A Poincaré inequality is an inequality of the type

$$\forall f, \quad \mathrm{Var}_\pi(f) \leq C\mathcal{E}(f,f).$$

It follows from the definition 2.1.3 of the spectral gap λ that such an inequality is equivalent to $\lambda \geq 1/C$. In other words, the smallest constant C for which the Poincaré inequality above holds is $1/\lambda$. This section uses Poincaré inequality and path combinatorics to bound λ from below. We start with the simplest result of this type.

Theorem 3.2.1 *Let K be an irreducible chain with stationary measure π on a finite set $\mathcal{X}$. Let $\mathcal{A}$ be an adapted edge set. For each $(x,y) \in \mathcal{X} \times \mathcal{X}$ choose exactly one path $\gamma(x,y)$ in $\Gamma(x,y)$. Then $\lambda \geq 1/A$ where*

$$A = \max_{e \in \mathcal{A}} \left\{ \frac{1}{Q(e)} \sum_{\substack{x,y \in \mathcal{X}: \\ \gamma(x,y) \ni e}} |\gamma(x,y)| \pi(x)\pi(y) \right\}.$$

PROOF: For each $(x,y) \in \mathcal{X} \times \mathcal{X}$, write

$$f(y) - f(x) = \sum_{e \in \gamma(x,y)} df(e)$$

and, using Cauchy-Schwarz,

$$|f(y) - f(x)|^2 \leq |\gamma(x,y)| \sum_{e \in \gamma(x,y)} |df(e)|^2.$$

Multiply by $\frac{1}{2}\pi(x)\pi(y)$ and sum over all x,y to obtain

$$\frac{1}{2} \sum_{x,y} |f(y) - f(x)|^2 \pi(x)\pi(y) \leq \frac{1}{2} \sum_{x,y} |\gamma(x,y)| \sum_{e \in \gamma(x,y)} |df(e)|^2 \pi(x)\pi(y).$$

The left-hand side is equal to $\mathrm{Var}_\pi(f)$ whereas the right-hand side becomes

$$\frac{1}{2} \sum_{e \in \mathcal{A}} \left\{ \frac{1}{Q(e)} \sum_{\substack{x,y: \\ \gamma(x,y) \ni e}} |\gamma(x,y)| \pi(x)\pi(y) \right\} |df(e)|^2 Q(e)$$

which is bounded by

$$\max_{e \in \mathcal{A}} \left\{ \frac{1}{Q(e)} \sum_{\substack{x,y: \\ \gamma(x,y) \ni e}} |\gamma(x,y)| \pi(x)\pi(y) \right\} \mathcal{E}(f,f).$$

This proves the Poincaré inequality

$$\forall f, \quad \mathrm{Var}_\pi(f) \leq A\mathcal{E}(f,f)$$

hence $\lambda \geq 1/A$.

EXAMPLE 3.2.1: Let $\mathcal{X} = \{0,1\}^n$, $\pi \equiv 2^{-n}$ and $K(x,y) = 0$ unless $|x-y| = 1$ in which case $K(x,y) = 1/n$. Consider the obvious adapted edge set $\mathcal{A} = \{(x,y) : |x-y| = 1\}$. To define a path $\gamma(x,y)$ from x to y, view x,y as binary vectors and change the coordinates of x one at a time from left to right to match the coordinates of y. These paths have length at most n. Since $1/Q(e) = n\, 2^n$ we obtain in this case

$$A \leq n^2 2^{-n} \max_{e \in \mathcal{A}} \left\{ \sum_{\substack{x,y: \\ \gamma(x,y) \ni e}} 1 \right\}$$

$$= n^2 2^{-n} \max_{e \in \mathcal{A}} \#\{(x,y) : \gamma(x,y) \ni e\}.$$

Hence every thing boils down to count, for each edge $e \in A$, how many paths $\gamma(x,y)$ use that edge. Let $e = (u,v)$. Since $e \in A$, there exists a unique i such that $u_i \neq v_i$. Furthermore, by construction, if $\gamma(x,y) \ni e$ we must have

$$
\begin{aligned}
x &= (x_1, \ldots, x_{i-1}, u_i, u_{i+1}, \ldots, u_n) \\
y &= (v_1, \ldots, v_{i-1}, v_i, y_{i+1}, \ldots, y_n).
\end{aligned}
$$

It follows that $i - 1$ coordinates of x and $n - i$ coordinates of y are unknown. That is, $\#\{(x,y) : \gamma(x,y) \ni e\} = 2^{n-1}$. Hence $A \leq n^2/2$ and Theorem 3.2.1 yields $\lambda \geq 2/n^2$. The right answer is $\lambda = 2/n$. The above computation is quite typical of what has to be done to use Theorem 3.2.1. Observe in particular the non trivial cancellation of the exponential factors.

EXAMPLE 3.2.2: Keep $\mathcal{X} = \{0,1\}^n$ and consider the following moves: $x \to \tau(x)$ where $\tau(x)_i = x_{i-1}$ and $x \to \sigma(x)$ where $\sigma(x) = x + (1,0,\ldots,0)$. Let $K(x,y) = 1/2$ if $y = \tau(x)$ or $y = \sigma(x)$ and $K(x,y) = 0$ otherwise. This chain has $\pi \equiv 2^{-n}$ as stationary distribution. It is not reversible. Define $\gamma(x,y)$ as follows. Use τ to turn the coordinates around from right to left. Use σ to ajust x_i to y_i if necessary as it passes in position 1. These paths have length at most $2n$. Let $e = (u,v)$ be an edge, say $v = \sigma(u)$. Pick an integer j, $0 \leq j \leq n-1$. Then, if we assume that τ as been used exactly j times before e, then $x_i = u_{i-j}$ for $j < i \leq n$, $y_i = v_{n-j+i}$ for $1 \leq i \leq j$ and $y_{j+1} = v_1$. Hence, there are 2^{n-1} ordered pair (x,y) such that $e \in \gamma(x,y)$ appears after exactly j uses of τ. Since there are n possible values of j, this shows that the constant A of Theorem 3.2.1 is bounded by $A \leq 4n^2$ and thus $\lambda \geq 1/(4n^2)$.

EXAMPLE 3.2.3: Let again $\mathcal{X} = \{0,1\}^n$. Let τ, σ be as in the preceding example. Consider the chain with kernel $K(x,y) = 1/n$ if either $y = \tau^j(x)$ for some $0 \leq j \leq n-1$ or $y = \sigma(x)$, and $K(x,y) = 0$ otherwise. This chain is reversible with respect to the uniform distribution. Without further idea, it seems difficult to do any thing much better than using the same paths and the same analysis as in the previous example. This yields $A \leq n^3$ and $\lambda \geq 1/n^3$. Clearly, a better analysis is desirable in this case because we have not taken advantage of all the moves at our disposal. A better bound will be obtained in Section 4.2.

EXAMPLE 3.2.4: It is instructive to work out what Theorem 3.2.1 says for simple random walk on a graph $(\mathcal{X}, A)$ where A is a symmetric set of oriented edges. Set $d(x) = \#\{y \in \mathcal{X} : (x,y) \in A\}$ and recall that the simple random walk on $(\mathcal{X}, A)$ has kernel

$$
K(x,y) = \begin{cases} 0 & \text{if } (x,y) \notin A \\ 1/d(x) & \text{if } (x,y) \in A. \end{cases}
$$

This gives a reversible chain with respect to the measure $\pi(x) = d(x)/|A|$. For each $(x,y) \in \mathcal{X}^2$ choose a path $\gamma(x,y)$ with no repeated edge. Set

$$
d_* = \max_{x \in \mathcal{X}} d(x), \quad \gamma_* = \max_{x,y \in \mathcal{X}} |\gamma(x,y)|, \quad \eta_* = \max_{e \in A} \#\{(x,y) \in \mathcal{X}^2 : \gamma(x,y) \ni e\}.
$$

Then Theorem 3.2.1 gives $\lambda \geq 1/A$ with

$$A \leq \frac{d_*^2 \gamma_* \eta_*}{|\mathcal{A}|}.$$

The quantity η_* can be interpreted as a measure of bottle necks in the graph $(\mathcal{X}, \mathcal{A})$. The quantity γ_* as an obvious interpretation as an upper bound on the diameter of the graph.

We now turn to more sophisticated (but still useful) versions of Theorem 3.2.1.

Definition 3.2.2 *A weight function w is a positive function*

$$w : \mathcal{A} \to (0, \infty).$$

The w-length of a path γ in Γ is

$$|\gamma|_w = \sum_{e \in \gamma} \frac{1}{w(e)}.$$

Theorem 3.2.3 *Let K be an irreducible chain with stationary measure π on a finite set $\mathcal{X}$. Let $\mathcal{A}$ be an adapted edge set and w be a weight function. For each $(x, y) \in \mathcal{X} \times \mathcal{X}$ choose exactly one path $\gamma(x, y)$ in $\Gamma(x, y)$. Then $\lambda \geq 1/A(w)$ where*

$$A(w) = \max_{e \in \mathcal{A}} \left\{ \frac{w(e)}{Q(e)} \sum_{\substack{(x,y): \\ \gamma(x,y) \ni e}} |\gamma(x,y)|_w \pi(x) \pi(y) \right\}.$$

PROOF: Start as in the proof of Theorem 3.2.1 but introduce the weight w when using Cauchy-Schwarz to get

$$|f(y) - f(x)|^2 \leq \left(\sum_{e \in \gamma(x,y)} w(e)^{-1} \right) \left(\sum_{e \in \gamma(x,y)} |df(e)|^2 w(e) \right)$$

$$= |\gamma(x,y)|_w \sum_{e \in \gamma(x,y)} |df(e)|^2 w(e).$$

¿From here, complete the proof by following step by step the proof of Theorem 3.2.1. A subtle discussion of this result can be found in [55] which also contains interesting examples.

EXAMPLE 3.2.5: What is the spectral gap of the dog? (for simplicity, the dog below has no ears or legs or tail).

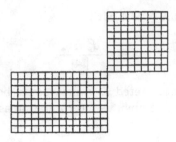

For a while, Diaconis and I puzzled over finding the order of magnitude of the spectral gap for simple random walk on the planar graph made from two square grids, say of side length n, attached together by one of their corners. This example became known to us as "the dog". It turns out that the dog is quite an interesting example. Thus, let $\mathcal{X}$ be the vertex set of two $n \times n$ square grids $\{0, \ldots, n\}^2$ and $\{-n, \ldots, 0\}^2$ attached by identifying the two corners $o = (0,0) \in \mathcal{X}$ so that $|\mathcal{X}| = 2(n+1)^2 - 1$. Consider the markov kernel

$$
K(x,y) = \begin{cases}
0 & \text{if } |x-y| > 1 \\
1/4 & \text{if } |x-y| = 1 \\
0 & \text{if } x = y \text{ is inside or } x = y = 0 \\
1/4 & \text{if } x = y \text{ is on the boundary but not a corner} \\
1/2 & \text{if } x = y \text{ is a corner.}
\end{cases}
$$

This is a symmetric kernel with uniform stationary measure $\pi \equiv (2(n+1)^2-1)^{-1}$ and $1/Q(e) = 4(2(n+1)^2 - 1)$ if $e \in \mathcal{A}$. We will refer to this example as the n-dog.

We now have to choose paths. The graph structure on $\mathcal{X}$ induces a distance $d(x,y)$ between vertices. Also, we have the Euclidean distance $|x - y|$. First we define paths from any $x \in \mathcal{X}$ to o. For definitness, we work in the square lying in the first quadrant. Let $\gamma(x,o)$ be one of the geodesic paths from x to o such that, for any $z \in \gamma(x,o)$, the Euclidean distance between z and the straight line segment $[x, o]$ is at most $1/\sqrt{2}$.

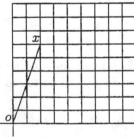

Let $e = (u, v)$ be an edge with $d(o, v) = i$, $d(o, u) = i + 1$. We claim that

$$
\#\{x : \gamma(x, o) \ni e\} \leq \frac{4(n+1)^2}{i+1}.
$$

By symmetry, we can assume that $u = (u_1, u_2)$ with $u_1 \geq u_2$. This implies that $u_1 \geq (i+1)/2$. Let I be the vertical segment of length 2 centred at u. Set

$$\{x : \gamma(x, o) \ni e\} = Z(e).$$

If $z \in Z(e)$ then the straight line segment $[o, z]$ is at Euclidean distance at most $1/\sqrt{2}$ from u. This implies that $Z(e)$ is contained in the half cone $C(u)$ with vertex o and base I (because $(u_1 \geq u_2)$. Thus

$$Z(e) \subset \{(z_1, z_2) \in \{0, \ldots, n\}^2 : z_1 \geq u_1, z_2 \geq u_2\} \cap C(u).$$

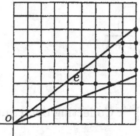

Let $\ell(j)$ be the length of the intersection of the vertical line $U(j)$ passing through $(j, 0)$ with C. Then $\ell(j)/j = \ell(k)/k$ for all j, k. Clearly $\ell(u_1) = 3$. Hence $\ell(j) \leq 3j/u_1$. This means that there are at most $1 + 3j/u_1$ vertices in $U_j \cap Z(e)$. Summing over all $u_1 \leq j \leq n$ we obtain

$$\#Z(e) \leq n + \frac{3n(n+1)}{2u_1} \leq \frac{4n(n+1)}{i+1}.$$

which is the claimed inequality.

Now, if x, y are any two vertices in $\mathcal{X}$, we join them by going through o using the paths $\gamma(x, o), \gamma(y, o)$ in the obvious way. This defines $\gamma(x, y)$. Furthermore, we consider the weight function w on edges defined by $w(e) = i + 1$ if e is at graph distance i from o. Observe that the length of any of the paths $\gamma(x, y)$ is at most

$$2 \sum_0^{2n-1} \frac{1}{i+1} \leq 2 \log(2n+1).$$

Also, the number of times a given edge e at distance i from o is used can be bounded as follows.

$$\begin{aligned} \#\{(x, y) : \gamma(x, y) \ni e\} &\leq (2(n+1)^2 - 1) \times \#\{z : \gamma(z, o) \ni e\} \\ &\leq 4(n+1)^2(2(n+1)^2 - 1)/(i+1). \end{aligned}$$

Hence, The constant A in Theorem 3.2.3 satisfies

$$\begin{aligned} A &\leq \frac{4 \max_{x, y} |\gamma(x, y)|_w}{2(n+1)^2 - 1} \max_e \{w(e) \#\{(x, y) : \gamma(x, y) \ni e\}\} \\ &\leq 16(n+1)^2 \log(2n+1). \end{aligned}$$

318

This yields $\lambda \geq (16(n+1)^2 \log(2n+1))^{-1}$. To see that this is the right order of magnitude, use the test function f defined by $f(x) = \text{sgn}(x) \log(1 + d(0, x))$ where $\text{sgn}(x)$ is $1, 0$ or -1 depending on whether the sum of the coordinates of x is positive 0 or negative. This function has $\pi(f) = 0$,

$$\text{Var}_\pi(f) = \|f\|_2^2 \geq \frac{n(n+1)}{2(n+1)^2 - 1} [\log(n+1)]^2$$

and

$$\mathcal{E}(f, f) \leq \frac{1}{2[2(n+1)^2 - 1]} \sum_{i=0}^{2n-1} [(i+1) \wedge (2n - i + 1)] |\log(i+2) - \log(i+1)|^2$$

$$\leq \frac{1}{2(n+1)^2 - 1} \sum_{i=0}^{n-1} \frac{1}{i+1}$$

$$\leq \frac{\log(n+1)}{2(n+1)^2 - 1}.$$

Hence, $\lambda \leq [n(n+1) \log(n+1)]^{-1}$. Collecting the results we see that the spectral gap of the n-dog satifies

$$\frac{1}{16(n+1)^2 \log(2n+1)} \leq \lambda \leq \frac{1}{n(n+1) \log(n+1)}.$$

One can convince oneself that there is no choice of paths such that Theorem 3.2.1 give the right order of magnitude. In fact the best that Theorem 3.2.1 gives in this case is $\lambda \geq c/n^3$. The above problem (and its solution) generalizes to any fixed dimension d. For any $d \geq 3$, the corresponding spectral gap satisfies $c_1(d)/n^d \leq \lambda \leq c_2(d)/n^d$.

In Theorems 3.2.1, 3.2.3, exactly one path $\gamma(x, y)$ is used for each pair (x, y). In certain situations it is helpful to allow the use of more than one path from x to y. To this end we introduce the notion of flow.

Definition 3.2.4 *Let (K, π) be an irreducible Markov chain on a finite set $\mathcal{X}$. Let A be an adapted edge set. A flow is non-negative function on the path set Γ,*

$$\phi : \Gamma \to [0, \infty[$$

such that

$$\forall x, y \in \mathcal{X}, \ x \neq y, \quad \sum_{\gamma \in \Gamma(x,y)} \phi(\gamma) = \pi(x)\pi(y).$$

Theorem 3.2.5 *Let K be an irreducible chain with stationary measure π on a finite set $\mathcal{X}$. Let A be an adapted edge set and ϕ be a flow. Then $\lambda \geq 1/A(\phi)$ where*

$$A(\phi) = \max_{e \in A} \left\{ \frac{1}{Q(e)} \sum_{\substack{\gamma \in \Gamma: \\ \gamma \ni e}} |\gamma| \phi(\gamma) \right\}.$$

PROOF: This time, for each (x, y) and each $\gamma \in \Gamma(x, y)$ write

$$|f(y) - f(x)|^2 \le |\gamma| \sum_{e \in \gamma} |df(e)|^2.$$

Then

$$|f(y) - f(x)|^2 \pi(x)\pi(y) \le \sum_{\gamma \in \Gamma(x,y)} |\gamma| \sum_{e \in \gamma} |df(e)|^2 \phi(\gamma).$$

Complete the proof as for Theorem 3.2.1.

EXAMPLE 3.2.6: Consider the hypercube $\{0, 1\}^n$ with the chain $K(x, y) = 0$ unless $|x - y| = 1$ in which case $K(x, y) = 1/n$. Consider the set $\mathcal{G}(x, y)$ of all geodesic paths from x to y. Define a flow ϕ by setting

$$\phi(\gamma) = \begin{cases} [2^{2n} \#\mathcal{G}(x, y)]^{-1} & \text{if } \gamma \in \mathcal{G}(x, y) \\ 0 & \text{otherwise.} \end{cases}$$

Then $A(\phi) = \max_e A(\phi, e)$ where

$$A(\phi, e) = n2^n \sum_{\substack{\gamma \in \Gamma: \\ \gamma \ni e}} |\gamma| \phi(\gamma).$$

Using the symmetries of the hypercube, we observe that $A(\phi, e)$ does not depend on e. Summing over the $n2^n$ oriented edges yields

$$\begin{aligned} A(\phi, e) &= \sum_{e \in \mathcal{A}} \sum_{\substack{\gamma \in \Gamma: \\ \gamma \ni e}} |\gamma| \phi(\gamma) \\ &= \sum_{\gamma} |\gamma|^2 \phi(\gamma) \le n^2. \end{aligned}$$

This example generalizes as follows.

Corollary 3.2.6 *Assume that there is a group G which acts on $\mathcal{X}$ and such that*

$$\pi(gx) = \pi(x), \quad Q(gx, gy) = Q(x, y).$$

Let $\mathcal{A}$ be an adapted edge set such that $(x, y) \in \mathcal{A} \Rightarrow (gx, gy) \in \mathcal{A}$. Let $\mathcal{A} = \bigcup_1^k \mathcal{A}_i$, be the partition of $\mathcal{A}$ into transitive classes for this action. Then $\lambda \ge 1/A$ where

$$A = \max_{1 \le i \le k} \left\{ \frac{1}{|\mathcal{A}_i| Q_i} \sum_{x,y} d(x, y)^2 \pi(x)\pi(y) \right\}.$$

Here $|\mathcal{A}_i| = \#\mathcal{A}_i$, $Q_i = Q(e_i)$ with $e_i \in \mathcal{A}_i$, and $d(x, y)$ is the graph distance between x and y.

PROOF: Consider the set $\mathcal{G}(x,y)$ of all geodesic paths from x to y. Define a flow ϕ by setting

$$\phi(\gamma) = \begin{cases} \pi(x)\pi(y)/\#\mathcal{G}(x,y) & \text{if } \gamma \in \mathcal{G}(x,y) \\ 0 & \text{otherwise.} \end{cases}$$

Then $A(\phi) = \max_e A(\phi, e)$ where

$$A(\phi, e) = \frac{1}{Q(e)} \sum_{\substack{\gamma \in \Gamma: \\ \gamma \ni e}} |\gamma| \phi(\gamma).$$

By hypothesis, $A(\phi, e_i) = A_i(\phi)$ does not depend on $e_i \in \mathcal{A}_i$. Indeed, if $g\gamma$ denote the image of the path γ under the action of $g \in G$, we have $|g\gamma| = |\gamma|$, $\phi(g\gamma) = \phi(\gamma)$. Summing for each $i = 1, \ldots, k$ over all the oriented edges in $\mathcal{A}_i$, we obtain

$$
\begin{aligned}
A(\phi, e_i) &= \frac{1}{|\mathcal{A}_i| Q_i} \sum_{e \in \mathcal{A}_i} \sum_{\substack{\gamma \in \Gamma: \\ \gamma \ni e}} |\gamma| \phi(\gamma) \\
&= \frac{1}{|\mathcal{A}_i| Q_i} \sum_{e \in \mathcal{A}_i} \sum_{x,y} \sum_{\substack{\gamma \in \mathcal{G}(x,y): \\ \gamma \ni e}} \frac{d(x,y)\pi(x)\pi(y)}{\#\mathcal{G}(x,y)} \\
&\leq \frac{1}{|\mathcal{A}_i| Q_i} \sum_{x,y} N_i(x,y) d(x,y)\pi(x)\pi(y)
\end{aligned}
$$

where

$$N_i(x,y) = \max_{\gamma \in \mathcal{G}(x,y)} \#\{e \in \mathcal{A}_i : \gamma \ni e\}.$$

That is, $N_i(x,y)$ is the maximal number of edges of type i used in a geodesic path from x to y. In particular, $N_i(x,y) \leq d(x,y)$ and the announced result follows.

EXAMPLE 3.2.7: Let $\mathcal{X}$ be the set of all k-subsets of a set with n elements. Assume $k \leq n/2$. Consider the graph with vertex set $\mathcal{X}$ and an edge from x to y if $\#(x \cap y) = k - 2$. This is a regular graph with degree $k(n - k)$. The simple random walk on this graph has kernel

$$K(x,y) = \begin{cases} 1/[k(n-k)] & \text{if } \#(x \cap y) = k - 2 \\ 0 & \text{otherwise} \end{cases}$$

and stationary measure $\pi \equiv \binom{n}{k}^{-1}$. It is clear that the symmetric group S_n acts transitively on the edge set of this graph and preserves K and π. Here there is only one class of edges, $|\mathcal{A}| = \binom{n}{k} n(n - k)$, $Q = |\mathcal{A}|^{-1}$. Therefore Corollary 3.2.6 yields $\lambda \geq 1/A$ with

$$A = \frac{1}{|\mathcal{A}| Q} \sum_{x,y} d(x,y)^2 \pi(x)\pi(y)$$

$$= \frac{1}{\binom{n}{k}^2} \sum_1^k \ell^2 \binom{n}{k} \binom{k}{\ell} \binom{n-k}{\ell}$$

$$= \frac{1}{\binom{n}{k}} \sum_1^k \ell^2 \binom{k}{\ell} \binom{n-k}{\ell}$$

$$= \frac{k(n-k)}{\binom{n}{k}} \sum_1^k \binom{k-1}{\ell-1} \binom{n-k-1}{\ell-1}$$

$$= \frac{k(n-k)}{\binom{n}{k}} \binom{n-1}{k-1} = \frac{k(n-k)^2}{n}.$$

Hence

$$\lambda \geq \frac{n}{k(n-k)^2}.$$

Here we have used the fact that the number of pair (x, y) with $d(x, y) = \ell$ is $\binom{n}{k} \binom{k}{\ell} \binom{n-k}{\ell}$ to obtain the second inequality. The true value is $n/[k(n-k)]$. See [34].

EXAMPLE 3.2.8: Let $\mathcal{X}$ be the set of all n-subsets of $\{0, \ldots, 2n - 1\}$. Consider the graph with vertex set $\mathcal{X}$ and an edge from x to y if $\#(x \cap y) = n - 2$ and $0 \in x \oplus y$ where $x \oplus y = x \cup y \setminus x \cap y$ is the symmetric difference of x and y. This is a regular graph with degree n. The simple random walk on this graph has kernel

$$K(x, y) = \begin{cases} 1/n & \text{if } \#(x \cap y) = n - 2 \text{ and } 0 \in x \oplus y \\ 0 & \text{otherwise} \end{cases}$$

and stationary measure $\pi \equiv \binom{2n}{n}^{-1}$. This process can be described informally as follows: Let x be subset of $\{0, \ldots, 2n - 1\}$ having n elements. If $0 \in x$, pick an element a uniformly at random in the complement of x and move to $y = (x \setminus \{0\}) \cup \{a\}$, that is, replace 0 by a. If $0 \notin x$, pick an element a uniformly at random in x and move to $y = (x \setminus \{a\}) \cup \{0\}$, that is, replace a by 0.

It is clear that the symmetric group S_{2n-1} which fixes 0 and acts on $\{1, \ldots, 2n - 1\}$ also acts on this graph and preserves K and π. This action is not transitive on edges. There are two transitive classes $\mathcal{A}_1, \mathcal{A}_2$ of edges depending on whether, for an edge (x, y), $0 \in x$ or $0 \in y$. Clearly

$$|\mathcal{A}_1| = |\mathcal{A}_2| = \binom{2n}{n} n, \quad Q_1 = Q_2 = |\mathcal{A}|^{-1} = (2|\mathcal{A}_1|)^{-1}.$$

If x and y differ by exactly ℓ elements, the distance between x and y is 2ℓ if $0 \notin x \oplus y$ and $2\ell - 1$ if $0 \in x \oplus y$. Using this and a computation similar to the one in Example 3.2.7, we see that the constant A in Corollary 3.2.6 is bounded by

$$A = \frac{1}{|\mathcal{A}_1|Q_1} \sum_{x,y} d(x, y)^2 \pi(x) \pi(y)$$

$$\leq \frac{8}{\binom{2n}{n}^2} \sum_{1}^{n} \ell^2 \binom{2n}{n} \binom{n}{\ell}^2$$

$$= 8n^2.$$

Hence $\lambda \geq 1/(8n^2)$. This can be slightly improved if we use the $N_i(x,y)$'s introduced in the proof of Corollary 3.2.6. Indeed, this proof shows that $\lambda \geq 1/A'$ with

$$A' = \max_i \left\{ \frac{1}{|A_i| Q_i} \sum_{x,y} N_i(x,y) d(x,y) \pi(x) \pi(y) \right\}$$

where $N_i(x,y)$ is the maximal number of edges of type i used in any geodesic path from x to y. In the present case, if $x \oplus y = \ell$, then the distance between x and y is atmost 2ℓ with atmost ℓ edges of each of the two types. Hence, $A' \leq 4n^2$ and $\lambda \geq 1/(4n^2)$. The true order of magnitude is $1/n$. See the end of Section 4.2.

Corollary 3.2.7 *Assume that $\mathcal{X} = G$ is a finite group with generating set $S = \{g_1, \ldots, g_s\}$. Set $K(x,y) = |S|^{-1} 1_S(x^{-1}y)$, $\pi \equiv 1/|G|$. Then*

$$\lambda(K) \geq \frac{1}{2|S|D^2}$$

where D is the diameter of the Cayley graph $(G, S \cup S^{-1})$. If S is symmetric, i.e., $S = S^{-1}$, then

$$\lambda(K) \geq \frac{1}{|S|D^2}.$$

PROOF: The action of the group G on its itself by left translation preserves K and π. Hence it also preserves Q. We set

$$A = \left\{ (x, xs) : x \in G, s \in S \cup S^{-1} \right\}.$$

There are at most $s = 2|S|$ classes of oriented edges (corresponding to the distinct elements of $S \cup S^{-1}$) and each class contains at least $|G|$ distinct edges. If S is symmetric (that is $g \in S \Rightarrow g^{-1} \in S$) then $1/Q(e) = |S||G|$ whereas if S is not symmetric, $|S||G| \leq 1/Q(e) \leq 2|S||G|$. The results now follow from Corollary 3.2.6. Slightly better bounds are derived in [24].

Corollary 3.2.8 *Assume that $\mathcal{X} = G$ is a finite group with generating set $S = \{g_1, \ldots, g_s\}$. Set $K(x,y) = |S|^{-1} 1_S(x^{-1}y)$, $\pi \equiv 1/|G|$. Assume that there is a subgroup H of the group of automorphisms of G which preserves S and acts transitively on S. Then*

$$\lambda(K) \geq \frac{1}{2D^2}$$

where D is the diameter of the Cayley graph $(G, S \cup S^{-1})$. If S is symmetric, i.e., $S = S^{-1}$, or if H acts transitively on $S \cup S^{-1}$, then

$$\lambda(K) \geq \frac{1}{D^2}.$$

These results apply in particular when S is a conjugacy class.

PROOF: Let $e_i = (x_i, x_i s_i) \in \mathcal{A}$, $x_i \in G$, $s_i \in S \cup S^{-1}$, $i = 1, 2$ be two edges. If $s_1, s_2 \in S$, there exists $\sigma \in H$ such that $\sigma(s_1) = s_2$. Set $\sigma(x_1) = y_1$. Then $z \to x_2 y_1^{-1} \sigma(z)$ is an automorphism of G which send x_1 to x_2 and $x_1 s_1$ to $x_2 s_2$. A similar reasoning applies if $s_1, s_2 \in S^{-1}$. Hence there are atmost two transitive classes of edges. If there are two classes, $(x, xs) \to (x, xs^{-1})$ establishes a bijection between them. Hence $|\mathcal{A}_1| = |\mathcal{A}_2| = |\mathcal{A}|/2$. Hence the desired results follow from Corollary 3.2.6.

EXAMPLE 3.2.9: Let $\mathcal{X} = S_n$ be the symmetric group on n objects. Let $K(x, y) = 0$ unless $y = x\sigma_i$ with $\sigma_i = (1, i)$ and $i = \{2, \ldots, n\}$, in which case $K(x, y) = 1/(n-1)$. Decomposing any permutation θ in to disjoint cycles shows that θ is a product of at most n transpositions. Further more, any transposition (i, j) can be written as $(i, j) = (1, i)(1, j)(1, i)$. Hence any permutation is a product of at most $3n$ σ_i's and Corollary 3.2.7 yields $\lambda \geq 9n^3$. However, the subgroup $S_{n-1}(1) \subset S_n$ of the permutations that fixe 1 acts by conjugaison on S_n. Set $\psi_h : x \to hxh^{-1}$, $h \in S_{n-1}(1)$ and $H = \{\psi_h : S_n \to S_n : h \in S_{n-1}(1)\}$. This group of automorphisms of S_n acts transitively on $S = \{\sigma_i : i \in \{2, \ldots, n\}\}$. Indeed, for $2 \leq i, j \leq n$, $h = (i, j) \in S_{n-1}(1)$ satisfies $\psi_h(\sigma_i) = \sigma_j$. Hence Corollary 3.2.8 gives the improved bound $\lambda \geq 9n^2$. The right answer is that $\lambda = 1/n$ by Fourier analysis [42].

To conclude this section we observe that there is no reason why we should choose between using a weight function as in Theorem 3.2.3 or using a flow as in Theorem 3.2.5. Furthermore we can consider more general weight functions

$$w : \Gamma \times \mathcal{A} \to (0, \infty)$$

where the weight $w(\gamma, e)$ of an edge also depends on which path γ we are considering. Again, we set $|\gamma|_w = \sum_{e \in \gamma} w(\gamma, e)^{-1}$. Then we have

Theorem 3.2.9 *Let K be an irreducible chain with stationary measure π on a finite set $\mathcal{X}$. Let $\mathcal{A}$ be an adapted edge set, w a generalized weight function and ϕ a flow. Then $\lambda \geq 1/A(w, \phi)$ where*

$$A(w, \phi) = \max_{e \in \mathcal{A}} \left\{ \frac{1}{Q(e)} \sum_{\substack{\gamma \in \Gamma: \\ \gamma \ni e}} w(\gamma, e) |\gamma|_w \phi(\gamma) \right\}.$$

3.3 Isoperimetry

3.3.1 Isoperimetry and spectral gap

It is well known that spectral gap bounds can be obtained through isoperimetric inequalities via the so-called Cheeger's inequality introduced in a different context in Cheeger [12]. See Alon [5], Alon and Milman [6], Sinclair [71, 72], Diaconis and Stroock [35], Kannan [56], and the earlier references given there. See also [58]. This section presents this technique. It emphasizes the fact that isoperimetric inequalities are simply ℓ^1 version of Poincaré inequalities. It follows that in most circumstances it is possible and preferable to work directly with Poincaré inequalities if the ultimate goal is to bound the spectral gap. Diaconis and Stroock [35] compare bounds using Theorems 3.2.1, 3.2.3, and bounds using Cheeger's inequality. They find that, most of the time, bounds using Cheeger's inequality can be tightned by appealing directly to a Poincaré inequality.

Definition 3.3.1 *The "boundary" ∂A of a set $A \subset \mathcal{X}$ is the set*

$$\partial A = \{e = (x,y) \in \mathcal{X} \times \mathcal{X} : x \in A, y \in A^c \text{ or } x \in A^c, y \in A\}.$$

Thus, the boundary is the set of all pairs connecting A and A^c.

Given a Markov chain (K, π), the measure of the boundary ∂A of $A \subset X$ is

$$Q(\partial A) = \frac{1}{2} \sum_{x \in A, y \in A^c} (K(x,y)\pi(x) + K(y,x)\pi(y)).$$

The "boundary" ∂A is a rather large boundary and does not depend on the chain (K, π) under consideration. However, only the portion of ∂A that has positive Q-measure will be of interest to us so that we could as well have required that the edges in ∂A satisfy $Q(e) > 0$.

Definition 3.3.2 *The isoperimetric constant of the chain (K, π) is defined by*

$$I = I(K, \pi) = \min_{\substack{A \subset \mathcal{X}: \\ \pi(A) \leq 1/2}} \left\{ \frac{Q(\partial A)}{\pi(A)} \right\}. \tag{3.3.1}$$

Let us specialize this definition to the case where (K, π) is the simple random walk on an r-regular graph $(\mathcal{X}, \mathcal{A})$. Then, $K(x,y) = 1/r$ if x, y are neighbors and $\pi(x) \equiv 1/|\mathcal{X}|$. Hence $Q(e) = 1/(r|\mathcal{X}|)$ if $e \in \mathcal{A}$. Define the geometric boundary of a set A to be

$$\partial_* A = \{(x,y) \in \mathcal{A} : x \in A, y \in A^c\}.$$

Then

$$I = \min_{\substack{A \subset \mathcal{X}: \\ \pi(A) \leq 1/2}} \left\{ \frac{Q(\partial A)}{\pi(A)} \right\} = \frac{2}{r} \min_{\substack{A \subset \mathcal{X}: \\ \#A \leq \#\mathcal{X}/2}} \left\{ \frac{\#\partial_* A}{\#A} \right\}.$$

Lemma 3.3.3 *The constant I satisfies*

$$I = \min_f \left\{ \frac{\sum_e |df(e)| Q(e)}{\min_\alpha \sum_x |f(x) - \alpha|\pi(x)} \right\}.$$

Here the minimum is over all non-constant fonctions f.

It is well known and not too hard to prove that

$$\min_\alpha \sum_x |f(x) - \alpha|\pi(x) = \sum_x |f(x) - \alpha_0|\pi(x)$$

if and only if α_0 satisfies

$$\pi(f > \alpha_0) \le 1/2 \text{ and } \pi(f < \alpha_0) \le 1/2$$

i.e., if and only if α_0 is a median.

PROOF: Let J be the right-hand side in the equality above. To prove that $I \ge J$ it is enough to take $f = 1_A$ in the definition of J. Indeed,

$$\sum_e |d1_A(e)|Q(e) = Q(\partial A), \quad \sum_x 1_A(x)\pi(x) = \pi(A).$$

We turn to the proof of $J \ge I$. For any non-negative function f, set $F_t = \{f \ge t\}$ and $f_t = 1_{F_t}$. Then observe that $f(x) = \int_0^\infty f_t(x)dt$,

$$\pi(f) = \int_0^\infty \pi(F_t)dt$$

and

$$\sum_e |df(e)|Q(e) = \int_0^\infty Q(\partial F_t)dt. \tag{3.3.2}$$

This is a discrete version of the so-called co-area formula of geometric measure theory. The proof is simple. Write

$$\begin{aligned}
\sum_e |df(e)|Q(e) &= 2 \sum_{\substack{e=(x,y) \\ f(y)>f(x)}} (f(y) - f(x))Q(e) \\
&= 2 \sum_{\substack{e=(x,y) \\ f(y)>f(x)}} \int_{f(x)}^{f(y)} Q(e)dt \\
&= 2 \int_0^\infty \sum_{\substack{e=(x,y) \\ f(y) \ge t > f(x)}} Q(e)dt \\
&= \int_0^\infty Q(\partial F_t)dt.
\end{aligned}$$

Given a function f, let α be such that $\pi(f > \alpha) \le 1/2$, $\pi(f < \alpha) \le 1/2$ and set $f_+ = (f - \alpha) \vee 0$, $f_- = -[(f - \alpha) \wedge 0]$. Then, $f_+ + f_- = |f - \alpha|$ and $|df(e)| = |df_+(e)| + |df_-(e)|$. Setting $F_{\pm,t} = \{x : f_\pm(x) \ge t\}$, using (3.3.2) and the definition of I, we get

$$\begin{aligned}
\sum_e |df(e)|Q(e) &= \sum_e |df_+(e)|Q(e) + \sum_e |df_-(e)|Q(e) \\
&= \int_0^\infty Q(\partial F_{+,t})dt + \int_0^\infty Q(\partial F_{-,t})dt \\
&\ge I \int_0^\infty (\pi(F_{+,t}) + \pi(F_{-,t}))dt
\end{aligned}$$

$$= I \sum_x (f_+(x) + f_-(x)) \pi(x)$$

$$= I \sum_x |f(x) - \alpha| \pi(x).$$

This proves that $J \geq I$.

There is an alternative notion of isoperimetric constant that is sometimes used in the literature.

Definition 3.3.4 *Define the isoperimetric constant I' of the chain (K, π) by*

$$I' = I'(K, \pi) = \min_{A \subset \mathcal{X}} \left\{ \frac{Q(\partial A)}{2\pi(A)(1 - \pi(A))} \right\}. \tag{3.3.3}$$

Observe that $I/2 \leq I' \leq I$.

Lemma 3.3.5 *The constant I' is also given by*

$$I' = \min_f \left\{ \frac{\sum_e |df(e)| Q(e)}{\sum_x |f(x) - \pi(f)| \pi(x)} \right\}$$

where the minimum is taken over all non-constant functions f.

PROOF: Setting $f = 1_A$ in the ratio appearing above shows that the left-hand side is not smaller than the right-hand side. To prove the converse, set $f_+ = f \vee 0$, and $F_t = \{x : f_+(x) \geq t\}$. As in the proof of Lemma 3.3.3, we obtain

$$\sum_e |df_+(e)| Q(e) \geq 2I' \int_0^\infty \pi(F_t)(1 - \pi(F_t)) dt.$$

Now,

$$2\pi(F_t)(1 - \pi(F_t)) = \sum_x |1_{F_t}(x) - \pi(1_{F_t})| \pi(x)$$

$$= \max_{\substack{g; \pi(g)=0 \\ \min_\alpha |g-\alpha| \leq 1}} \sum_x 1_{F_t}(x) g(x) \pi(x).$$

Here, we have used the fact that, for any function u,

$$\sum_x |u(x) - \pi(u)| \pi(x) = \max_{\substack{g; \pi(g)=0 \\ \min_\alpha |g-\alpha| \leq 1}} \sum_x u(x) g(x) \pi(x).$$

See [68]. Thus, for any g satifying $\pi(g) = 0$ and $\min_\alpha |g - \alpha| \leq 1$,

$$\sum_e |df_+(e)| Q(e) \geq I' \sum_x \left(\int_0^\infty 1_{F_t}(x) \, dt \right) g(x) \pi(x)$$

$$\geq I' \sum_x f_+(x) g(x) \pi(x).$$

The same reasoning applies to $f_- = -[f \wedge 0]$ so that, for all g as above,

$$\sum_e |df_-(e)|Q(e) \geq I' \sum_x f_-(x)g(x)\pi(x).$$

Adding the two inequalities, and taking the supremum over all allowable g, we get

$$\sum_e |df(e)|Q(e) \geq I' \sum_x |f(x) - \pi(f)|\pi(x)$$

which is the desired inequality.

Lemmas 3.3.3 and 3.3.5 shows that the argument used in the proof of Theorem 3.2.1 can be used to bound I and I' from below.

Theorem 3.3.6 *Let K be an irreducible chain with stationary measure π on a finite set $\mathcal{X}$. Let $\mathcal{A}$ be an adapted edge set. For each $(x, y) \in \mathcal{X} \times \mathcal{X}$ choose exactly one path $\gamma(x, y)$ in $\Gamma(x, y)$. Then $I \geq I' \geq 1/B$ where*

$$B = \max_{e \in \mathcal{A}} \left\{ \frac{1}{Q(e)} \sum_{\substack{x, y \in \mathcal{X}: \\ \gamma(x,y) \ni e}} \pi(x)\pi(y) \right\}.$$

PROOF: For each $(x, y) \in \mathcal{X} \times \mathcal{X}$, write $f(y) - f(x) = \sum_{e \in \gamma(x,y)} df(e)$ and

$$|f(y) - f(x)| \leq \sum_{e \in \gamma(x,y)} |df(e)|.$$

Multiply by $\pi(x)\pi(y)$ and sum over all x, y to obtain

$$\sum_{x,y} |f(y) - f(x)|\pi(x)\pi(y) \leq \sum_{x,y} \sum_{e \in \gamma(x,y)} |df(e)|\pi(x)\pi(y).$$

This yields

$$\sum_x |f(x) - \pi(f)|\pi(x) \leq B \sum_e |df(e)|Q(e)$$

which implies the desired conclusion. There is also a version of this result using flows as in Theorem 3.2.5.

Lemma 3.3.7 (Cheeger's inequality) *The spectral gap λ and the isoperimetric constant I, I' defined at (3.3.1), (3.3.3) are related by*

$$\frac{I'^2}{8} \leq \frac{I^2}{8} \leq \lambda \leq I' \leq I.$$

Compare with [35], Section 3.C. There, it is proved by a slightly different argument that $h^2/2 \leq \lambda < 2h$ where $h = I/2$. This is the same as $I^2/8 \leq \lambda \leq I$.

PROOF: For the upper bound use the test functions $f = 1_A$ in the definition of λ. For the lower bound, apply

$$\sum_e |df(e)|Q(e) \geq I \min_\alpha \sum_x |f(x) - \alpha|\pi(x)$$

to the function $f = |g - c|^2 \mathrm{sgn}(g - c)$ where g is an arbitrary function and $c = c(g)$ is a median of g so that $\sum_x |f(x) - \alpha|\pi(x)$ is minimum for $\alpha = 0$. Then, for $e = (x, y)$,

$$|df(e)| \leq |dg(e)|(|g(x) - c| + |g(y) - c|)$$

because $|a^2 - b^2| = |a - b|(|a| + |b|)$ if $ab \geq 0$ and $a^2 + b^2 \leq |a - b|(|a| + |b|)$ if $ab < 0$. Hence

$$\sum_e |df(e)|Q(e) \leq \sum_{e=(x,y)} |dg(e)|(|g(x) - c| + |g(y) - c|)Q(e)$$

$$\leq \left(\sum_e |dg(e)|^2 Q(e) \right)^{1/2} \times$$

$$\left(2\sum_{x,y} (|g(x) - c|^2 + |g(y) - c|^2)\pi(x)K(x,y) \right)^{1/2}$$

$$= (8\mathcal{E}(g,g))^{1/2} \left(\sum_x |g(x) - c|^2 \pi(x) \right)^{1/2} .$$

Hence

$$I\sum_x |g(x) - c|^2 \pi(x) = I \min_\alpha \sum_x |f(x) - \alpha|^2 \pi(x)$$

$$\leq \sum_e |df(e)|Q(e)$$

$$\leq (8\mathcal{E}(g,g))^{1/2} \left(\sum_x |g(x) - c|^2 \pi(x) \right)^{1/2} .$$

and

$$I^2 \mathrm{Var}_\pi(g) \leq I^2 \sum_x |g(x) - c|^2 \pi(x) \leq 8\mathcal{E}(g,g).$$

for all functions g. This proves the desired lower bound.

EXAMPLE 3.3.1: Let $\mathcal{X} = \{0, \ldots, n\}^2$ be the vertex set of a square grid of side n. Hence, the edge set $\mathcal{A}$ is given by $\mathcal{A} = \{(x, y) \in \mathcal{X}^2 : |x - y| = 1\}$ where $|x - y|$ denote either the Euclidian distance or simply $\sum_i |x_i - y_i|$ (it does not matter which). Define $K(x, y)$ to be zero if $|x - y| \geq 1$, $K(x, y) = 1/4$ if $|x - y| = 1$, and $K(x, x) = 0, 1/4$ or $1/2$ depending on whether x is interior, on a side, or a corner of $\mathcal{X}$. The uniform distribution $\pi \equiv 1/(n + 1)^2$ is the reversible measure of K. To have a more geometric interpretation of the boundary, we view each vertex in $\mathcal{X}$ as the center of a unit square as in the figure below.

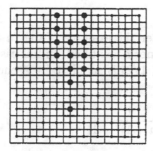 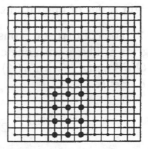

Then, for any subset $A \subset \mathcal{X}$, $\pi(A)$ is proportional to the surface of those unit squares with center in A. Call **A** the union of those squares (viewed as a subset of the plane). Now $Q(\partial A)$ is proportional to the length of the interior part of the boundary of **A**. It is not hard to see that pushing all squares in each column down to the bottom leads to a set $\mathbf{A}^{\downarrow}$ with the same area and smaller boundary.

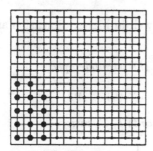 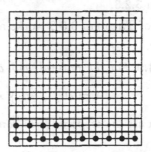

Similarly, we can push things left. Then consider the upper left most unit square. It is easy to see that moving it down to the left bottom most free space does not increase the boundary. Repeating this operation as many times as possible shows that, given a number N of unit squares, the smallest boundary is obtained for the set formed with $[N/(n+1)]$ bottom raws and the $N - (n+1)[N/(n+1)]$ left most squares of the $([N/(n+1)] + 1)^{th}$ raw. Hence, we have

$$\frac{Q(\partial A)}{\pi(A)} = \begin{cases} \frac{N+1}{4N} & \text{if } \#A = N \leq n+1 \\ \frac{n+2}{4N} & \text{if } n+1 \leq \#A = N \text{ and } \#A \text{ does not divide } n+1 \\ \frac{n+1}{4N} & \text{if } \#A = N = k(n+1). \end{cases}$$

Theorem 3.3.8 *For the natural walk on the square grid $\mathcal{X} = \{0, \ldots, n\}^2$ the isoperimetric constants I, I' are given by*

$$I = \begin{cases} \frac{1}{2(n+1)} & \text{if } n+1 \text{ is even} \\ \frac{1}{2n} & \text{if } n+1 \text{ is odd.} \end{cases} \qquad I' = \begin{cases} \frac{1}{2(n+1)} & \text{if } n+1 \text{ is even} \\ \frac{1}{2n(1+(n+1)^{-2})} & \text{if } n+1 \text{ is odd.} \end{cases}$$

Using Cheeger's inequality yields

$$\lambda \geq \frac{1}{32(n+1)^2}.$$

This is of the right order of magnitude.

EXAMPLE 3.3.2: For comparison, consider the example of the "n-dog". That is, two square grids as above with one corner o identified. In this case, it is clear that the ratio $Q(\partial A)/\pi(A)$ (with $\pi(A) \leq 1/2$) is smallest for A one of the two squares minus o. Hence

$$I(n\text{-dog}) = \frac{1}{2[(n+1)^2 - 1]}.$$

In this case Cheeger's inequality yields

$$\lambda(n\text{-dog}) \geq \frac{1}{32(n+1)^4}.$$

This is far off from the right order of magnitude $1/(n^2 \log n)$ which was found using Theorem 3.2.3.

The proof of Theorem 3.3.8 works as well in higher dimension and for rectangular boxes.

Theorem 3.3.9 *For the natural walk on the parallelepiped*

$$\mathcal{X} = \{0, \ldots, n_1\} \times \ldots \times \{0, \ldots, n_d\}$$

with $n_1 = \max n_i$, the isoperimetric constants I, I' satisfy

$$I \geq I' \geq \frac{1}{d(n_1 + 1)}.$$

In this case, Cheeger's inequality yields a bound which is off by a factor of $1/d$.

The above examples must not lead the reader to believe that, generaly speaking, isoperimetric inequalities are easy to prove or at least easier to prove than Poincaré inequalities. It is the case in some examples as the ones above whose geometry is really simple. There are other examples where the spectral gap is known exactly (e.g., by using Fourier analysis) but where even the order of magnitude of the isoperimetric constant I is not known. One such example is provided by the walk on the symmetric group S_n with $K(x,y) = 2/n(n-1)$ if x and y differ by a transposition and $K(x,y) = 0$ otherwise. For this walk $\lambda = 2/(n-1)$ and, by Cheeger's inequality, $2/(n-1) \leq I \leq 4/(n-1)^{1/2}$.

3.3.2 Isoperimetry and Nash inequalities

The goal of this section is to prove the following result.

Theorem 3.3.10 *Assume that (K, π) satisfies*

$$\pi(A)^{(d-1)/d} \leq S\left(Q(\partial A) + \frac{1}{R}\pi(A)\right) \tag{3.3.4}$$

for all $A \subset \mathcal{X}$ and some constants $d \geq 1, S, R > 0$. Then

$$\forall g, \quad \|g\|_{d/(d-1)} \leq S \left(\sum_e |dg(e)| Q(e) + \frac{1}{R} \|g\|_1 \right) \tag{3.3.5}$$

and

$$\forall g, \quad \|g\|_2^{2(1+2/d)} \leq 16 \, S^2 \left(\mathcal{E}(g,g) + \frac{1}{8R^2} \|g\|_2^2 \right) \|g\|_1^{4/d}. \tag{3.3.6}$$

PROOF: Since $|d|g|(e)| \leq |dg(e)|$ it suffices to prove the result for $g \geq 0$. Write $g = \int_0^\infty g_t dt$ where $g_t = 1_{G_t}$, $G_t = \{g \geq t\}$, and set $q = d/(d-1)$. Then

$$
\begin{aligned}
\|g\|_q & \leq \int_0^\infty \|g_t\|_q dt = \int_0^\infty \pi(G_t)^{1/q} dt \\
& \leq S \int_0^\infty \left(Q(\partial G_t) + \frac{1}{R} \pi(G_t) \right) dt \\
& = S \left(\sum_e |dg(e)| Q(e) + \frac{1}{R} \|g\|_1 \right).
\end{aligned}
$$

The first inequality uses Minkowski's inequality. The second inequality uses (3.3.4). The last inequality uses the co-area formula (3.3.2). This proves (3.3.5). It is easy to see that (3.3.5) is in fact equivalent to (3.3.4) (take $g = 1_A$).

To prove (3.3.6), we observe that

$$\sum_e |dg^2(e)| Q(e) \leq [8\mathcal{E}(g,g)]^{1/2} \|g\|_2.$$

Indeed,

$$
\begin{aligned}
\sum_e |dg^2(e)| Q(e) & = \sum_{e=(x,y)} |dg(e)| |g(x) + g(y)| Q(e) \\
& \leq \left(\sum_e |dg(e)|^2 Q(e) \right)^{1/2} \times \\
& \qquad \left(2 \sum_{x,y} (|g(x)|^2 + |g(y)|^2) \pi(x) K(x,y) \right)^{1/2} \\
& = (8\mathcal{E}(g,g))^{1/2} \left(\sum_x |g(x)|^2 \pi(x) \right)^{1/2}.
\end{aligned}
$$

Thus, (3.3.5) applied to g^2 yields

$$\|g\|_{2q}^2 \leq S \left([8\mathcal{E}(g,g)]^{1/2} \|g\|_2 + \frac{1}{R} \|g\|_2^2 \right)$$

with $q = d/(d-1)$. The Hölder inequality

$$\|g\|_2 \leq \|g\|_1^{1/(1+d)} \|g\|_{2q}^{d/(1+d)}$$

and the last inequality let us bound $\|g\|_2$ by

$$\left(S\left([8\mathcal{E}(g,g)]^{1/2}\|g\|_2 + \frac{1}{R}\|g\|_2^2\right)\right)^{1/[2(1+d)]} \quad \|g\|_1^{1/(1+d)}$$

We raise this to the power $2(1+d)/d$ and divide by $\|g\|_2$ to get

$$\|g\|_2^{(1+2/d)} \le S\left([8\mathcal{E}(g,g)]^{1/2} + \frac{1}{R}\|g\|_2\right)\|g\|_1^{2/d}.$$

This yields the desired result.

There is a companion result related to Theorem 2.3.1 and Nash inequalities of type (2.3.1) versus (2.3.3).

Theorem 3.3.11 *Assume that (K,π) satisfies*

$$\pi(A)^{(d-1)/d} \le SQ(\partial A) \tag{3.3.7}$$

for all $A \subset \mathcal{X}$ such that $\pi(A) \le 1/2$. Then

$$\forall g \in \ell^2(\pi), \quad \mathrm{Var}_\pi(g)^{(1+2/d)} \le 8S^2\mathcal{E}(g,g)\|f\|_1^{4/d}.$$

Before proving this theorem, let us introduce the isoperimetric constant associated with inequality (3.3.7).

Definition 3.3.12 *The d-dimensional isoperimetric constant of a finite chain (K,π) is defined by*

$$I_d = I_d(K,\pi) = \min_{\substack{A \subset \mathcal{X}: \\ \pi(A) \le 1/2}} \frac{Q(\partial A)}{\pi(A)^{1/q}}$$

where $q = d/(d-1)$.

Observe that $I \ge I_d$ with I the isoperimetric constant defined at (3.3.1) (in fact $I \ge 2^{1/d}I_d$). It may be helpful to specialize this definition to the case where (K,π) is the simple random walk on a r-regular connected symmetric graph $(\mathcal{X},\mathcal{A})$. Then $Q(e) = 1/|\mathcal{A}| = 1/(r|\mathcal{X}|)$, $\pi \equiv 1/|\mathcal{X}|$ and

$$I_d = \frac{2}{r|\mathcal{X}|^{1/d}} \min_{\substack{A \subset \mathcal{X}: \\ \#A \le \#\mathcal{X}/2}} \frac{\#\partial_* A}{[\#A]^{1/q}}$$

where $\partial_* A = \{(x,y) \in \mathcal{A} : x \in A, y \notin A\}$.

Lemma 3.3.13 *The isoperimetric constant $I_d(K,\pi)$ is also given by*

$$I_d(K,\pi) = \inf\left\{\frac{\sum_e |df(e)|Q(e)}{\|f - c(f)\|_q} : f \text{ non-constant}\right\}$$

where $q = d/(d-1)$ and $c(f)$ denote the smallest median of f.

PROOF: For $f = 1_A$ with $\pi(A) \leq 1/2$, $c(f) = 0$ is the smallest median of f. Hence

$$\frac{\sum_e |df(e)|Q(e)}{\|f - c(f)\|_q} = \frac{Q(\partial A)}{\pi(A)^{1/q}}.$$

It follows that

$$\min_f \left\{ \frac{\sum_e |df(e)|Q(e)}{\|f - c(f)\|_q} \right\} \leq I_d(K, \pi).$$

To prove the converse, fix a function f and let c be such that $\pi(f > c) \leq 1/2$, $\pi(f < c) \leq 1/2$. Set $f_+ = (f - c) \vee 0$, $f_- = -[(f - c) \wedge 0]$. Then $f_+ + f_- = |f - c|$ and $|df(e)| = |df_+(e)| + |df_-(e)|$. Setting $F_{\pm,t} = \{x : f_\pm(x) \geq t\}$ and using (3.3.2) we obtain

$$\begin{aligned}
\sum_e |df(e)|Q(e) &\geq \sum_e |df_+(e)|Q(e) + \sum_e |df_-(e)|Q(e) \\
&= \int_0^\infty Q(\partial F_{+,t})dt + \int_0^\infty Q(\partial F_{-,t})dt \\
&\geq I_d \int_0^\infty \left(\pi(F_{+,t})^{1/q} + \pi(F_{-,t})^{1/q} \right) dt.
\end{aligned}$$

Now

$$\pi(F_{\pm,t})^{1/q} = \|1_{F_{\pm,t}}\|_q = \max_{\|g\|_r \leq 1} \langle 1_{F_{\pm,t}}, g \rangle$$

where $1/r + 1/q = 1$. Hence, for any g such that $\|g\|_r \leq 1$,

$$\begin{aligned}
\sum_e |df(e)|Q(e) &\geq I_d \int_0^\infty \left(\langle 1_{F_{+,t}}, g \rangle + \langle 1_{F_{-,t}}, g \rangle \right) \\
&= I_d \left(\langle f_+, g \rangle + \langle f_-, g \rangle \right) \\
&= I_d \langle |f - c|, g \rangle.
\end{aligned}$$

Taking the supremum over all g with $\|g\|_r \leq 1$ we get

$$\sum_e |df(e)|Q(e) \geq I_d \|f - c\|_q. \tag{3.3.8}$$

The desired inequality follows. Observe that in (3.3.8) c is a median of f.

PROOF OF THEOREM 3.3.11: Fix g and set $f = \text{sgn}(g - c)|g - c|^2$ where c is a median of g, hence 0 is a median of f. The hypothesis of Theorem 3.3.11 implies that $I_d \geq 1/S$. Inequality (3.3.8) then shows that

$$\|g - c\|_{2q}^2 = \|f\|_q \leq S \sum_e |df(e)|Q(e)|.$$

As in the proof of Lemma 3.3.7 we have

$$\sum_e |df(e)|Q(e) \leq [8 \, \mathcal{E}(g, g)]^{1/2} \|g - c\|_2.$$

Hence
$$\|g - c\|_{2q}^2 \le [8S^2\, \mathcal{E}(g,g)]^{1/2}\|g - c\|_2.$$

Now, the Hölder inequality $\|h\|_2 \le \|h\|_1^{1/(1+d)}\|h\|_{2q}^{d/(1+d)}$ yields

$$\|g - c\|_2 \le \left([8S^2\, \mathcal{E}(f,f)]^{1/2}\|g - c\|_2\right)^{d/2(1+d)}\|g - c\|_1^{1/(1+d)}.$$

Thus
$$\|g - c\|_2^{2(1+2/d)} \le 8S^2 \mathcal{E}(f,f)\|g - c\|_1^{4/d}.$$

Since c is a median of g, it follows that

$$\mathrm{Var}_\pi(g)^{1+2/d} \le 8S^2\, \mathcal{E}(f,f)\|g\|_1^{4/d}.$$

This is the desired result.

EXAMPLE 3.3.3: Consider a square grid $\mathcal{X} = \{0,\ldots,n\}^2$ as in Theorem 3.3.8. The argument developed for Theorem 3.3.8 also yields the following result.

Theorem 3.3.14 *For the natural walk on the square grid $\mathcal{X} = \{0,\ldots,n\}^2$ the isoperimetric constant I_2 (i.e., $d = 2$) is given by*

$$I_2 = \begin{cases} \dfrac{1}{2^{3/2}(n+1)} & \text{if } n+1 \text{ is even} \\[2mm] \dfrac{(n+2)^{1/2}}{2^{3/2}n^{1/2}(n+1)} & \text{if } n+1 \text{ is odd.} \end{cases}$$

By Theorem 3.3.11 it follows that, for all $f \in \ell^2(\pi)$,

$$\mathrm{Var}_\pi(f)^2 \le 64(n+1)^2\mathcal{E}(f,f)\|f\|_1^2.$$

By Theorem 2.3.2 this yields

$$\|h_t^x - 1\|_2 \le \min\left\{2^{3/2}(n+1)/t^{1/2}, e^{-[t/64(n+1)^2]+1/2}\right\}.$$

This is a very good bound which is of the right order of magnitude **for all** $t > 0$.

EXAMPLE 3.3.4: We can also compute I_d for a paralellepiped in d-dimensions.

Theorem 3.3.15 *For the natural walk on the parallelepiped*

$$\mathcal{X} = \{0,\ldots,n_1\} \times \ldots \times \{0,\ldots,n_d\}$$

with $n_i \le n_1$, the isoperimetric constant I_d satisfies

$$I_d \ge \frac{1}{d2^{1-1/d}(n_1 + 1)}$$

with equality if $n_1 + 1$ is even. It follows that

$$\mathrm{Var}_\pi(f)^{1+2/d} \le 8 2^{2(1-1/d)}\, d^2\, (n_1 + 1)^2\, \mathcal{E}(f,f)\|f\|_1^{4/d}.$$

In [28] a somewhat better Nash inequality

$$\|f\|_2^{1+2/d} \le 64\,d\,(n+1)^2 \left(\mathcal{E}(f,f) + \frac{8}{d(n+1)^2}\|f\|_2^2 \right) \|f\|_1^{4/d}$$

is proved (in the case $n_1 = \ldots = n_d = n$) by a different argument.

EXAMPLE 3.3.5: We now return to the "n-dog". The Nash inequality in Theorem 3.3.14 yields

$$\|f\|_2^2 \;\le\; \left(64(n+1)^2 \mathcal{E}(f,f)\|f\|_1^2 \right)^{1/2} + \pi(f)^2$$

$$\le\; \left(64(n+1)^2 \left(\mathcal{E}(f,f) + \frac{1}{64(n+1)^2}\|f\|_2^2 \right) \|f\|_1^2 \right)^{1/2}.$$

for all functions f on a square grid $\{0,\ldots,n\}^2$. Now the n-dog is simply two square grids with one corner in common. Hence, applying the above inequality on each square grid, we obtain (the constant factor between the uniform distribution on one grid and the uniform distribution on the n-dog cancel)

$$\|f\|_2^4 \le 128(n+1)^2 \left(\mathcal{E}(f,f) + \frac{1}{32(n+1)^2}\|f\|_2^2 \right) \|f\|_1^2.$$

The change by a factor 2 in the numerical constants is due to the fact that the common corner o appears in each square grid. Recall that using Theorem 3.2.3 we have proved that the spectral gap of the dog is bounded below by

$$\lambda \ge \frac{1}{8(n+1)^2 \log(2n+1)}.$$

Applying Theorem 2.3.5 and Corollary 2.3.5, we obtain the following result.

Theorem 3.3.16 *For the n-dog made of two square grids $\{0,\ldots,n\}^2$ with the corners $o = o_1 = o_2 = (0,0)$ identified, the natural chain satisfies*

$$\forall\, t \le 32(n+1)^2, \quad \|h_t^x\|_2 \le 8e(n+1)/t^{1/2}.$$

Also, for all $c > 0$ and $t = 8(n+1)^2(5 + c\log(2n+1))$

$$\|h_t^x - 1\|_2 \le e^{1-c}.$$

This shows that a time of order $n^2 \log n$ suffices to reach stationarity on the n-dog. Furthermore, the upper bound on λ that we obtained earlier shows that this is optimal since $\max_x \|h_t^x - 1\|_1 \ge e^{-t\lambda} \ge e^{-at/(n^2 \log n)}$.

Consider now all the eigenvalues $1 = \lambda_0 < \lambda_1 \le \ldots \le \lambda_{|\mathcal{X}|-1}$ of this chain. Corrolary 2.3.9 and Theorem 3.3.16 show that

$$\lambda_i \ge 10^{-4}(i+1)n^{-2}$$

for all $i \geq 10^4$. This is a good estimate except for the numerical constant 10^4. However, it leaves open the following natural question. We know that $\lambda = \lambda_1$ is of order $1/(n^2 \log n)$. How many eigenvalues are there such that $n^2 \lambda_i$ tends to zero as n tends to infinity? Interestingly enough the answer is that λ_1 is the only such eigenvalue. Namely, there exists a constant $c > 0$ such that, for $i \geq 2$, $\lambda_i \geq cn^{-2}$. We now prove this fact. Consider the squares

$$\mathcal{X}_- = \{-n, \ldots, 0\}^2, \quad \mathcal{X}_+ = \{0, \cdots, n\}^2$$

and set

$$\psi_\pm(x) = 1_{\mathcal{X}_\pm}(x), \quad x \in \mathcal{X}.$$

These functions span a two-dimensional vector space $E \subset \ell^2(\mathcal{X})$. On each of the two squares $\mathcal{X}_-, \mathcal{X}_+$, we have the Poincaré inequality

$$\sum_{x \in \mathcal{X}_\pm} |f(x)|^2 \leq \frac{1}{4}(n+1)^2 \sum_e |df(e)|^2 \tag{3.3.9}$$

for all function f on $\mathcal{X}_\pm$ satisfying $\sum_{x \in \mathcal{X}_\pm} f(x) = 0$. In this inequality, the right most sum runs over all edge e of the grid $\mathcal{X}_\pm$. There are many ways to prove this inequality. For instance, one can use Theorem 3.2.1 (with paths having only one turn), or the fact that the spectral gap is exactly $1 - \cos(\pi/(n+1))$ for the square grid.

Now, if f is a function in $\ell^2(\mathcal{X})$ which is orthogonal to E (i.e., to ψ_- and ψ_+), we can apply (3.3.9) to the restrictions f_+, f_- of f to $\mathcal{X}_+, \mathcal{X}_-$. Adding up the two inequalities so obtained we get

$$\forall \ f \in E^\perp, \quad \sum_{x \in \mathcal{X}} |f(x)|^2 \pi(x) \leq 2(n+1)^2 \mathcal{E}(f, f).$$

By the min-max principle (1.2.13), this shows that

$$\lambda_2 \geq \frac{1}{2(n+1)^2}.$$

Let ψ_1 denote the normalized eigenfunction associated to the spectral gap λ. For each n, let $a_n < b_n$ be such that

$$\lim_{n \to \infty} a_n n^{-2} = +\infty, \quad \lim_{n \to \infty} b_n [n^2 \log n]^{-1} = 0, \quad \lim_{n \to \infty} (b_n - a_n) = +\infty$$

and set $I_n = [a_n, b_n]$. Using the estimates obtained above for λ_1 and λ_2 together with Lemma 1.3.3 we conclude that for $t \in I_n$ and n large enough the density $h_t(x, y)$ of the semigroup H_t on the n-dog is close to

$$1 + \psi_1(x)\psi_1(y).$$

In words, the n-dog presents a sort of metastability phenomenon.

We finish this subsection by stating a bound on higher eigenvalues in terms of isoperimetry. It follows readily from Theorems 3.3.11 and 2.3.9.

Theorem 3.3.17 *Assume that (K, π) is reversible and satisfies* (3.3.7), *that is,*

$$\pi(A)^{(d-1)/d} \leq SQ(\partial A)$$

for all $A \subset \mathcal{X}$ such that $\pi(A) \leq 1/2$. Then the eigenvalues λ_i satisfy

$$\lambda_i \geq \frac{i^{2/d}}{8e^{2/d}dS^2}.$$

Compare with [14].

3.3.3 Isoperimetry and the log-Sobolev constant

Theorem 2.3.6 can be used, together with theorems 3.3.10, 3.3.11, to bound the log-Sobolev constant α from below in terms of isoperimetry. This yields the following results.

Theorem 3.3.18 *Let (K, π) be a finite reversible Markov chain.*

1. *Assume (K, π) satisfies* (3.3.7), *that is,*

$$\pi(A)^{(d-1)/d} \leq SQ(\partial A)$$

   for all $A \subset \mathcal{X}$ such that $\pi(A) \leq 1/2$. Then the log-Sobolev constant α is bounded below by

$$\alpha \geq \frac{1}{4dS^2}.$$

2. *Assume instead that (K, π) satisfies* (3.3.4), *that is,*

$$\pi(A)^{(d-1)/d} \leq S\left(Q(\partial A) + \frac{1}{R}\pi(A)\right),$$

   for all set $A \subset \mathcal{X}$. Then

$$\alpha \geq \frac{\lambda}{2\left[1 + 8R^2\lambda + \frac{d}{4}\log\left(\frac{dS^2}{2R^2}\right)\right]}.$$

EXAMPLE 3.3.6: Theorem 3.3.18 and Theorems 3.3.14, 3.3.16 prove that the two-dimensional square grid $\mathcal{X} = \{0, \ldots, n\}^2$ or the two-dimensional n-dog have $\alpha \simeq \lambda$. Namely, for the two-dimensional n-grid, α and λ are of order $1/n^2$ whereas, for the n-dog, α and λ are of order $1/[n^2 \log n]$.

EXAMPLE 3.3.7: For the d-dimensional square grid $\mathcal{X} = \{0, \ldots, n\}^d$, applying Theorems 3.3.18 and 3.3.15 we obtain

$$\alpha \geq \frac{2}{d^3(n+1)^2}$$

whereas Lemma 2.2.11 can be used to show that α is of order $1/[dn^2]$ in this case.

3.4 Moderate growth

This section presents geometric conditions that implies that a Nash inequality holds. More details and many examples can be found in [25, 26, 28]. Let us emphasize that the notions of **moderate growth** and of **local Poincaré inequality** presented briefly below are really instrumental in proving useful Nash inequalities in explicit examples. See [28].

Definition 3.4.1 *Let (K, π) be an irreducible Markov chain on a finite state space $\mathcal{X}$. Let A be an adapted edge set according to Definition 3.1.1. Let $d(x, y)$ denote the distance between x and y in $(\mathcal{X}, A)$ and $\gamma = \max_{x,y} d(x, y)$ be the diameter. Define*

$$V(x, r) = \pi(\{y : d(x, y) \leq r\}).$$

(1) We say the (K, π) has (M, d)-moderate growth if

$$V(x, r) \geq \frac{1}{M} \left(\frac{r+1}{\gamma} \right)^d \quad \text{for all } x \in \mathcal{X} \text{ and all } r \leq \gamma.$$

(2) We say that (K, π) satisfies a local Poincaré inequality with constant $a > 0$ if

$$\|f - f_r\|_2^2 \leq ar^2 \mathcal{E}(f, f) \quad \text{for all functions } f \text{ and all } r \leq \gamma$$

where

$$f_r(x) = \frac{1}{V(x, r)} \sum_{y : d(x,y) \leq r} f(y)\pi(y).$$

Moderate growth is a purely geometric condition. On one hand it implies (take $r = 0$) that $\pi_* \geq M^{-1}\gamma^{-d}$. If π is uniform, this says $|\mathcal{X}| \leq M\gamma^d$. On the other hand, it implies that the volume of a ball of radius r grows at least like r^d.

The local Poincaré inequality implies in particular (take $r = \gamma$) that $\text{Var}_\pi(f) \leq a\gamma^2 \mathcal{E}(f, f)$, that is $\lambda \geq 1/(a\gamma^2)$. It can sometimes be checked using the following lemma.

Lemma 3.4.2 *For each $(x, y) \in \mathcal{X}^2$, $x \neq y$, fix a path $\gamma(x, y)$ in $\Gamma(x, y)$. Then*

$$\|f - f_r\|_2^2 \leq \eta(r)\mathcal{E}(f, f)$$

where

$$\eta(r) = \max_{e \in A} \left\{ \frac{2}{Q(e)} \sum_{\substack{x,y : d(x,y) \leq r, \\ \gamma(x,y) \ni e}} |\gamma(x, y)| \frac{\pi(x)\pi(y)}{V(x, r)} \right\}.$$

See [28], Lemma 5.1.

Definition 3.4.1 is justified by the following theorem.

Theorem 3.4.3 *Assume that* (K, π) *has* (M, d) *moderate growth and satisfies a local Poincaré inequality with constant* $a > 0$. *Then* $\lambda \geq 1/a\gamma^2$ *and* (K, π) *satisfies the Nash inequality*

$$\|f\|_2^{2(1+2/d)} \leq C \left(\mathcal{E}(f, f) + \frac{1}{a\gamma^2} \|f\|_2^2 \right) \|f\|_1^{4/d}$$

with $C = (1 + 1/d)^2 (1 + d)^{2/d} M^{2/d} a\gamma^2$. *It follows that*

$$\|h_t^x - 1\|_2 \leq Be^{-c} \quad \text{for } t = a\gamma^2 (1 + c), \ c > 0$$

with $B = (e(1 + d)M)^{1/2} (2 + d)^{d/4}$. *Also, the log-Sobolev constant satisfies* $\alpha \geq \varepsilon/\gamma^2$ *with* $\varepsilon^{-1} = 2a(2 + \log B)$.

Futhermore, there exist constants c_i, $i = 1, \ldots, 6$, *depending only on* M, d, a *and such that* $\lambda \leq c_1/\gamma^2$, $\alpha \leq c_2/\gamma^2$ *and, if* (K, π) *is reversible,*

$$c_3 e^{-c_4 t/\gamma^2} \leq \max_x \|h_t^x - 1\|_1 \leq c_5 e^{-c_6 t/\gamma^2}.$$

See [28], Theorems 5.2, 5.3 and [29], Theorem 4.1.

One can also state the following result for higher eigenvalues of reversible Markov chains.

Theorem 3.4.4 *Assume that* (K, π) *is reversible, has* (M, d) *moderate growth and satisfies a local Poincaré inequality with constant* $a > 0$. *Then there exists a constant* $c = c(M, d, a) > 0$ *such that* $\lambda_i \geq ci^{2/d}\gamma^{-2}$.

Chapter 4

Comparison techniques

This chapter develops the idea of comparison between two finite chains K, K'. Typically we are interested in studying a certain chain K on $\mathcal{X}$. We consider an auxilliary chain K' on $\mathcal{X}$ or even on a different but related state space $\mathcal{X}'$. This auxilliary chain is assumed to be well-known, and the chain K is not too different from K'. Comparison techniques allow us to transfer information from K to K'. We have already encounter this idea several times. It is emphasized and presented in detail in this chapter. The main references for this chapter are [23, 24, 30].

4.1 Using comparison inequalities

This section collects a number of results that are the keys of comparison techniques. Most of these results have already been proved in previous chapters, sometimes under less restrictive hypoheses.

Theorem 4.1.1 *Let* (K, π), (K', π') *be two irreducible finite chains defined on two state spaces* $\mathcal{X}$, $\mathcal{X}'$ *with* $\mathcal{X} \subset \mathcal{X}'$. *Assume that there exists an extention map* $f \to \tilde{f}$ *that associates a function* $\tilde{f} : \mathcal{X} \to \mathbb{R}$ *to any function* $\tilde{f} : \mathcal{X}' \to \mathbb{R}$ *and such that* $\tilde{f}(x) = f(x)$ *if* $x \in \mathcal{X}$. *Assume further that there exist* $a, A > 0$ *such that*

$$\forall f : \mathcal{X} \to \mathbb{R}, \quad \mathcal{E}'(\tilde{f}, \tilde{f}) \leq A\mathcal{E}(f, f) \quad and \quad \forall x \in \mathcal{X}, \ a\pi(x) \leq \pi'(x).$$

Then

(1) The spectral gaps λ, λ' *and the log-Sobolev constants* α, α' *satisfy*

$$\lambda \geq a\lambda'/A, \quad \alpha \geq a\alpha'/A.$$

In particular

$$\|h_t^x - 1\|_2 \leq e^{1-c} \quad for \ all \quad t = \frac{Ac}{a\lambda'} + \frac{A}{2a\alpha'} \log_+ \log \frac{1}{\pi(x)} \quad with \ c > 0.$$

(2) If (K, π) and (K', π') are reversible chains, and $|\mathcal{X}| = n$, $|\mathcal{X}'| = n'$,

$$\forall i = 1, \ldots, n-1, \quad \lambda_i \geq a\lambda'_i/A$$

where $(\lambda_i)_0^{n-1}$ (resp $(\lambda'_i)_0^{n'-1}$) are the eigenvalues of $I - K$ (resp. $I - K'$) in nondecreasing order. In particular, for all $t > 0$,

$$\|h_t - 1\|^2 \leq \|h'_{at/A} - 1\|^2 = \sum_1^{n'-1} e^{-2at\lambda'_i/A}$$

where

$$\|h_t - 1\|^2 = \sum_{x,y} |h_t(x,y) - 1|^2 \pi(x)\pi(y) = \sum_x \|h_t^x - 1\|_2^2 \pi(x).$$

(3) If (K, π) and (K', π') are reversible chains and that there exists a group G that acts transitively on $\mathcal{X}$ with $K(gx, gy) = K(x,y)$ and $\pi(gx) = \pi(x)$ then

$$\forall x \in \mathcal{X}, \quad \|h_t^x - 1\|_2^2 \leq \sum_1^{n'-1} e^{-2at\lambda'_i/A}.$$

(4) If (K, π) and (K', π') are invariant under transitive group actions then

$$\forall x \in \mathcal{X}, \, x' \in \mathcal{X}', \quad \|h_t^x - 1\|_2 \leq \|h'^{x'}_{at/A} - 1\|_2.$$

PROOF: The first assertion follows from Lemma 2.2.12 and Corollary 2.2.4. The second uses Theorem 1.2.11 and (1.2.12). The last statement simply follows from (2) and the fact that $\|h_t^x - 1\|_2$ does not depend on x under the hypotheses of (3). Observe that the theorem applies when $\mathcal{X} = \mathcal{X}'$. In this case the extention map $f \to \tilde{f} = f$ is the identity map on functions.

These results shows how the comparison of the Dirichlet forms $\mathcal{E}, \mathcal{E}'$ allows us to bound the convergence of h_t towards π in terms of certain parameters related to the chain K' which we assume we understand better. The next example illustrates well this technique.

EXAMPLE 4.1.1: Let $\mathcal{Z} = \{0,1\}^n$. Fix a nonnegative sequence $\mathbf{a} = (a_i)_1^n$ and $b \geq 0$. Set

$$\mathcal{X}(\mathbf{a}, b) = \mathcal{X} = \left\{ x = (x_i)_1^n \in \mathcal{Z} : \sum a_i x_i \leq b \right\}.$$

On this set, consider the Markov chain with Kernel

$$K_{\mathbf{a},b}(x,y) = K(x,y) = \begin{cases} 0 & \text{if } |x-y| > 1 \\ 1/n & \text{if } |x-y| = 1 \\ (n - n(x))/n & \text{if } x = y \end{cases}$$

where $n(x) = n_{\mathbf{a},b}(x)$ is the number of $y \in \mathcal{X}$ such that $|x-y| = 1$, that is, the number of neighbors of x in $\mathcal{Z}$ that are in $\mathcal{X}$. Observe that this definition makes sense for any (say connected) subset of $\mathcal{Z}$. This chains is symmetric and has the uniform distribution $\pi \equiv 1/|\mathcal{X}|$ as reversible measure.

For instance, in the simple case where $a_i = 1$ for all i,

$$\mathcal{X}(1, b) = \left\{ x \in \{0, 1\}^n : \sum_i x_i \leq b \right\}$$

and

$$K_{1,b}(x, y) = \begin{cases} 0 & \text{if } |x - y| > 1 \\ 1/n & \text{if } |x - y| = 1 \\ (n - b)/n & \text{if } x = y \text{ and } |x| = b. \end{cases}$$

As mentioned in the introduction, proving that a polynomial time $t = O(n^A)$ suffices to insure convergence of this chain, uniformly over all possible choices of $\mathbf{a}, b$, is an open problem.

Here we will prove a partial result for $\mathbf{a}, b$ such that $\mathcal{X}(\mathbf{a}, b)$ is big enough. Set $|x| = \sum_1^n x_i$. Set also $x \leq y$ (resp. $<$) if $x_i \leq y_i$ (resp. $<$) for $x, y \in \mathcal{Z}$. Clearly, $y \in \mathcal{X}(\mathbf{a}, b)$ and $x \leq y$ implies that $x \in \mathcal{X}(\mathbf{a}, b)$. Furthermore, if $|x - y| = 1$, then either $x < y$ or $y < x$. Set

$$V^{\downarrow}(x) = \{y \in \mathcal{Z} : |x - y| = 1, y < x\}.$$

Now, we fix $\mathbf{a} = (a_i)_1^n$ and b. For each integer c let $\mathcal{X}_c$ be the set

$$\mathcal{X}_c = \mathcal{X} \bigcup \left\{ z \in \mathcal{Z} : \sum x_i \leq c \right\}.$$

Hence $\mathcal{X}_{c+1}$ is obtained from $\mathcal{X}_c$ by adding the points z with $\sum z_i = c + 1$. On each $\mathcal{X}_c$ we consider the natural chain defined as above. We denote by

$$\mathcal{E}_c(f, f) = \frac{1}{2n|\mathcal{X}^c|} \sum_{\substack{x, y \in \mathcal{X}^c \\ |x - y| = 1}} |f(x) - f(y)|^2$$

its Dirichlet form. We will also use the notation π_c, Var_c, λ_c, α_c.

Define ℓ to be the largest integer such that $\sum_{i \in I} a_i \leq b$ for all subsets $I \subset \{1, \ldots, n\}$ with $\#I = \ell$. Observe that $\mathcal{X}_c = \mathcal{X}$ for $c \leq \ell$. Also, $\mathcal{X}_n = \mathcal{Z} = \{0, 1\}^n$. We claim that the following inequalities hold between the spectral gaps and log-Sobolev constants of the natural chains on $\mathcal{X}^c$, $\mathcal{X}^{c+1}$.

$$\lambda_{c+1} \leq \left(1 + \frac{2(n - c)}{c + 1}\right) \lambda_c \tag{4.1.1}$$

$$\alpha_{c+1} \leq \left(1 + \frac{2(n - c)}{c + 1}\right) \alpha_c. \tag{4.1.2}$$

If we can prove these inequalities, it will follow that

$$\frac{2}{n} \leq e^{2\frac{(n-\ell)^2}{\ell+1}} \lambda(\mathbf{a}, b) \tag{4.1.3}$$

$$\frac{1}{n} \leq e^{2\frac{(n-\ell)^2}{\ell+1}} \alpha(\mathbf{a}, b) \tag{4.1.4}$$

where $\lambda(a, b)$ and $\alpha(a, b)$ are the spectral gap and log-Sobolev constant of the chain $K = K_{a,b}$ on $\mathcal{X} = \mathcal{X}_{a,b}$. To see this use

$$\sum_{c=\ell}^{n-1} \frac{n-c}{c+1} \leq (n-\ell) \sum_{\ell}^{n-1} \frac{1}{c+1} \leq \frac{(n-\ell)^2}{\ell+1}.$$

To prove (4.1.1), (4.1.2) we proceed as follows. Fix $c \geq \ell$. Given a function $f : \mathcal{X}_c \to \mathbb{R}$ we extend it to a function $\tilde{f} : \mathcal{X}_{c+1} \to \mathbb{R}$ by the formula

$$\tilde{f}(x) = \begin{cases} f(x) & \text{if } x \in \mathcal{X}^c \\ \frac{1}{c+1} \sum_{y \in V^+(x)} f(y) & \text{if } x \in \mathcal{X}_{c+1} \setminus \mathcal{X}_c \end{cases}$$

(observe that $\#V^+(x) = c+1$ if $|x| = c+1$). With this definition, we have

$$\begin{aligned}
\text{Var}_c(f) &\leq \sum_{x \in \mathcal{X}_c} |f(x) - \pi_{c+1}(\tilde{f})|^2 \frac{1}{|\mathcal{X}_c|} \\
&\leq \frac{|\mathcal{X}_{c+1}|}{|\mathcal{X}_c|} \sum_{x \in \mathcal{X}_{c+1}} |\tilde{f}(x) - \pi_{c+1}(\tilde{f})|^2 \frac{1}{|\mathcal{X}_{c+1}|} \leq \frac{|\mathcal{X}_{c+1}|}{|\mathcal{X}_c|} \text{Var}_{c+1}(\tilde{f})
\end{aligned}$$

and, similarly, $\mathcal{L}_c(f) \leq [|\mathcal{X}_{c+1}|/|\mathcal{X}_c|] \mathcal{L}_{c+1}(\tilde{f})$. We can also bound $\mathcal{E}_{c+1}(\tilde{f}, \tilde{f})$ in terms of $\mathcal{E}_c(f, f)$.

$$\begin{aligned}
\mathcal{E}_{c+1}(\tilde{f}, \tilde{f}) &= \frac{1}{2n|\mathcal{X}_{c+1}|} \sum_{\substack{x, y \in \mathcal{X}_{c+1}: \\ |x-y|=1}} |\tilde{f}(x) - \tilde{f}(y)|^2 \\
&\leq \frac{|\mathcal{X}_c|}{|\mathcal{X}_{c+1}|} \left(\frac{1}{2n|\mathcal{X}_c|} \sum_{\substack{x, y \in \mathcal{X}_c: \\ |x-y|=1}} |f(x) - f(y)|^2 \right. \\
&\qquad\qquad\qquad \left. + \frac{1}{n|\mathcal{X}_c|} \sum_{x:|x|=c+1} \sum_{y \in V^+(x)} |\tilde{f}(x) - f(y)|^2 \right) \\
&= \frac{|\mathcal{X}_c|}{|\mathcal{X}_{c+1}|} \left(\mathcal{E}_c(f, f) + \frac{1}{n|\mathcal{X}_c|} \mathcal{R} \right).
\end{aligned}$$

We now bound $\mathcal{R}$ in terms of $\mathcal{E}_c(f, f)$. If $|x - y| = 1$, let $x \wedge y$ be the unique element in $V^+(x) \cap V^+(y)$.

$$\begin{aligned}
\mathcal{R} &= \sum_{x:|x|=c+1} \sum_{y \in V^+(x)} |\tilde{f}(x) - f(y)|^2 \\
&\leq \sum_{x:|x|=c+1} \frac{1}{2(c+1)} \sum_{y, z \in V^+(x)} |f(z) - f(y)|^2 \\
&\leq \sum_{x:|x|=c+1} \frac{1}{c+1} |f(z) - f(z \wedge y)|^2 + |f(z \wedge y) - f(y)|^2
\end{aligned}$$

$$\leq \sum_{x:|x|=c+1} \frac{2}{c+1} \sum_{\substack{v \in V^\downarrow(x) \\ u \in V^\downarrow(v)}} |f(v) - f(u)|^2$$

$$\leq \frac{2n(n-c)|\mathcal{X}_c|}{c+1} \mathcal{E}_c(f,f).$$

Hence

$$\mathcal{E}_{c+1}(\tilde{f}, \tilde{f}) \leq \frac{|\mathcal{X}_c|}{|\mathcal{X}_{c+1}|} \left(1 + \frac{2(n-c)}{c+1}\right) \mathcal{E}_c(f,f).$$

Now, Lemmma 2.2.12 yields the claimed inequalities (4.1.1) and (4.1.2). We have proved the following result.

Theorem 4.1.2 *Assume that* $\mathbf{a} = (a_i)_1^n$, b *and* ℓ *are such that* $a_i, b \geq 0$ *and* $\sum_{i \in I} a_i \leq b$ *for all* $I \subset \{1, \dots, n\}$ *satisfying* $\#I \leq n - n^{1/2}$. *Then the chain* $K_{\mathbf{a},b}$ *on*

$$\mathcal{X}(\mathbf{a}, b) = \left\{ x = (x_i)_1^n \in \{0,1\}^n : \sum_i a_i x_i \leq b \right\}$$

satisfies

$$\lambda(\mathbf{a}, b) \geq \frac{2\epsilon}{n}, \quad \alpha(\mathbf{a}, b) \geq \frac{\epsilon}{n} \quad \text{with} \quad \epsilon = e^{-4}$$

The associated semigroup $H_t = H_{\mathbf{a},b,t} = e^{-t(I-K_{\mathbf{a},b})}$ *satisfies*

$$\|h_t^x - 1\|_2 \leq e^{1-c} \text{ for } t = (4\epsilon)^{-1} n (\log n + 2c).$$

These are good estimates and I believe it would be difficult to prove similar bounds for $\|h_t^x - 1\|_2$ without using the notion of log-Sobolev constant (coupling is a possible candidate but if it works, it would only give a bound in ℓ^1).

In the case where $a_i = 1$ for all i and $b \geq n/2$, we can use the test function $f(x) = \sum_{i<n/2}(x_i - 1/2) - \sum_{i>n/2}(x_i - 1/2)$ to bound $\lambda(1,b)$ and $\alpha(1,b)$ from above. Indeed, this function satisfies $\pi_{1,b}(f) = \pi_{\mathcal{Z}}(f) = 0$ (use the symmetry that switches $i < n/2$ and $i > n/2$) and $\mathrm{Var}_{1,b}(f,f) \geq 2\frac{|\mathcal{Z}|}{|\mathcal{X}(\mathbf{a},b)|}\mathrm{Var}_{\mathcal{Z}}(f,f)$ (use the symmetry $x \to x+1 \mod (2)$). Also $\mathcal{E}_{\mathbf{a},b} \leq \frac{|\mathcal{X}(\mathbf{a},b)|}{|\mathcal{Z}|}\mathcal{E}_{\mathcal{Z}}$. Hence $\lambda(\mathbf{a}, b) \leq 4/n$, $\alpha(\mathbf{a}, b) \leq 2/n$ in this particular case.

4.2 Comparison of Dirichlet forms using paths

The path technique of Section 3.1 can be used to compare two Dirichlet forms on a same state space $\mathcal{X}$. Together with Theorem 4.1.1 this provides a powerful tool to study finite Markov chains that are not too different from a given well-known chain. The results presented below can be seen as extentions of Theorems 3.2.1, 3.2.5. Indeed, what has been done in these theorems is nothing else than comparing the chain (K, π) of interest to the "trivial" chain with kernel $K'(x, y) = \pi(y)$ which has the same stationary distribution π. This chain K' has Dirichlet form

$\mathcal{E}'(f, f) = \text{Var}_\pi(f)$ and is indeed well-known: It has eigenvalue 1 with multiplicity 1 and all the other eigenvalues vanish. Its log-Sobolev constant is given in Theorem 2.2.9. Once the Theorems of Section 3.2 have been interpreted in this manner their generalization presented below is straight-forward.

We will use the following notation. Let (K, π) be the unknown chain of interest and

$$Q(e) = \frac{1}{2}\left(K(x, y)\pi(x) + K(y, x)\pi(y)\right) \quad \text{if } e = (x, y).$$

Let A be an adapted edge-set according to Definition 3.1.1 and let

$$\Gamma = \bigcup_{x,y} \Gamma(x, y)$$

where $\Gamma(x, y)$ be the set of all paths from x to y that have no repeated edges.

Theorem 4.2.1 *Let K be an irreducible chain with stationary measure π on a finite set $\mathcal{X}$. Let A be an adapted edge-set for K. Let (K', π') be an auxilliary chain. For each $(x, y) \in \mathcal{X} \times \mathcal{X}$ such that $x \neq y$ and $K'(x, y) > 0$ choose exactly one path $\gamma(x, y)$ in $\Gamma(x, y)$. Then $\mathcal{E}' \leq A\mathcal{E}$ where*

$$A = \max_{e \in A}\left\{\frac{1}{Q(e)} \sum_{\substack{x,y \in \mathcal{X}: \\ \gamma(x,y) \ni e}} |\gamma(x, y)| K'(x, y)\pi'(x)\right\}.$$

PROOF: For each $(x, y) \in \mathcal{X} \times \mathcal{X}$ such that $K'(x, y) > 0$, write

$$f(y) - f(x) = \sum_{e \in \gamma(x,y)} df(e)$$

and, using Cauchy-Schwarz,

$$|f(y) - f(x)|^2 \leq |\gamma(x, y)| \sum_{e \in \gamma(x,y)} |df(e)|^2.$$

Multiply by $\frac{1}{2}K'(x, y)\pi'(x)$ and sum over all x, y to obtain

$$\frac{1}{2}\sum_{x,y} |f(y) - f(x)|^2 K'(x, y)\pi'(x) \leq \frac{1}{2}\sum_{x,y} |\gamma(x, y)| \sum_{e \in \gamma(x,y)} |df(e)|^2 K'(x, y)\pi(x).$$

The left-hand side is equal to $\mathcal{E}'(f, f)$ whereas the right-hand side becomes

$$\frac{1}{2}\sum_{e \in A}\left\{\frac{1}{Q(e)} \sum_{\substack{x,y: \\ \gamma(x,y) \ni e}} |\gamma(x, y)| K'(x, y)|\pi'(x)\right\} |df(e)|^2 Q(e)$$

which is bounded by

$$\max_{e \in \mathcal{A}} \left\{ \frac{1}{Q(e)} \sum_{\substack{x,y: \\ \gamma(x,y) \ni e}} |\gamma(x,y)| K'(x,y) \pi'(x) \right\} \mathcal{E}(f,f).$$

Hence

$$\forall f, \quad \mathcal{E}(f,f) \leq A \mathcal{E}(f,f)$$

with A as in Theorem 4.2.1.

Theorems 4.1.1, 4.2.1 are helpful for two reasons. First, non-trivial informations about K' can be brought to bear in the study of K. Second, the path combinatorics that is involved in Theorem 4.2.1 is often simpler than that involved in Theorem 3.2.1 because only the pairs (x,y) such that $K'(x,y) > 0$ enter in the bound. These two points are illustrated by the next example.

EXAMPLE 4.2.1: Let $\mathcal{X} = \{0,1\}^n$. Let $x \to \tau(x)$, be defined by $[\tau(x)]_i = x_{i-1}$, $1 < i \leq n$, $[\tau(x)]_1 = x_n$. Let $x \to \sigma(x)$ be defined by $\sigma(x) = x + (1,0,\ldots,0)$. Set $K(x,y) = 1/n$ if either $y = \tau^j(x)$ for some $1 \leq j \leq n$ or $y = \sigma(x)$, and $K(x,y) = 0$ otherwise. This chain is reversible with respect to the uniform distribution. In Section 3.2, we have seen that $\lambda \geq 1/n^3$ by Theorem 3.2.1. Here, we compare K with the chain $K'(x,y) = 1/n$ if $|x-y| = 1$ and $K(x,y) = 0$ otherwise. For (x,y) with $|x - y| = 1$, let i be such that $x_i \neq y_i$. Let

$$\gamma(x,y) = (x, \tau^j(x), \sigma \circ \tau^j(x), \tau^{-j} \circ \sigma \circ \tau^j(x) = y)$$

where $j = i$ if $i \leq n/2$ and $j = n - i$ if $i > n/2$. These paths have length 3. The constant A of Theorem 4.2.1 becomes

$$A = 3 \max_{e \in \mathcal{A}} \# \{(x,y) : K'(x,y) > 0, \ \gamma(x,y) \ni e\}.$$

If $e = (u,v)$ with $v = \tau^j(u)$, there are only two (x,y) such that $e \in \gamma(x,y)$ depending on whether σ appears after or before e. If $v = \sigma(u)$, there are n possibilities depending on the choice of $j \in \{0,1,\ldots,n-1\}$. Hence $A = 3n$. Since $\lambda' = 2/n$ and $\alpha' = 1/n$, this yields

$$\lambda \geq \frac{2}{3n^2}, \quad \alpha \geq \frac{1}{3n^2}.$$

Also it follows that

$$\max_x \|h_t^x - 1\|_2 \leq e^{1-c} \quad \text{for} \quad t = \frac{3n^2}{4}(2c + \log n), \ c > 0.$$

EXAMPLE 4.2.2: Consider a graph $(\mathcal{X}, \mathcal{A})$ where $\mathcal{A}$ is a symmetric set of oriented edges. Set $d(x) = \#\{y \in \mathcal{X} : (x,y) \in \mathcal{A}\}$ and

$$K(x,y) = \begin{cases} 0 & \text{if } (x,y) \notin \mathcal{A} \\ 1/d(x) & \text{if } (x,y) \in \mathcal{A}. \end{cases}$$

This is the kernel of the simple random walk on $(\mathcal{X}, \mathcal{A})$. It is reversible with respect to the measure $\pi(x) = d(x)/|\mathcal{A}|$. For each $(x, y) \in \mathcal{X}^2$ choose a path $\gamma(x, y)$ with no repeated edges. Set

$$d_* = \max_{x \in \mathcal{X}} d(x), \quad \gamma_* = \max_{x, y \in \mathcal{X}} |\gamma(x, y)|, \quad \eta_* = \max_{e \in \mathcal{A}} \#\{(x, y) \in \mathcal{X}^2 : \gamma(x, y) \ni e\}.$$

We now compare with the chain $K'(x, y) = 1/|\mathcal{X}|$ which has reversible measure $\pi'(x) = 1/|\mathcal{X}|$ and spectral gap $\lambda' = 1$. Theorem 4.2.1 gives $\lambda \geq a/A$ with

$$A \leq \frac{|\mathcal{A}|\gamma_*\eta_*}{|\mathcal{X}|^2} \quad \text{and} \quad a = \frac{|\mathcal{A}|}{d_*|\mathcal{X}|}.$$

This gives

Theorem 4.2.2 *For the simple random walk on a graph $(\mathcal{X}, \mathcal{A})$ the spectral gap is bounded by*

$$\lambda \geq \frac{|\mathcal{X}|}{d_*\gamma_*\eta_*}.$$

Compare with Example 3.2.4 where we used Theorem 3.2.1 instead. The present result is slightly better than the bound obtained there. It is curious that one obtains a better bound by comparing with the chain $K'(x, y) = 1/|\mathcal{X}|$ as above than by comparing with the $\widetilde{K}(x, y) = \pi(y)$ which corresponds to Theorem 3.2.1.

It is a good exercise to specialize Theorem 4.2.1 to the case of two left invariant Markov chains $K(x, y) = q(x^{-1}y)$, $K'(x, y) = q'(x^{-1}y)$ on a finite group G. To take advantage of the group invariance, write any element g of G as a product

$$g = g_1^{\epsilon_1} \cdots g_k^{\epsilon_k}$$

with $q(g_i) + q(g_i^{-1}) > 0$. View this as a path $\gamma(g)$ from the identity id of G to g. Then for each (x, y) with $q'(x^{-1}y) > 0$, write

$$x^{-1}y = g(x, y) = g_1^{\epsilon_1} \cdots g_k^{\epsilon_k}$$

(where the g_i and ϵ_i depend on (x, y)) and define

$$\gamma(x, y) = x\gamma(g) = (x, xg_1, \ldots, xg_1 \ldots g_{k-1}, xg(x, y) = y).$$

With this choice of paths Theorem 4.2.1 yields

Theorem 4.2.3 *Let K, K' be two invariant Markov chains on a group G. Set $q(g) = K(\text{id}, g)$, $q'(g) = K'(\text{id}, g)$. Let π denote the uniform distribution. Fix a generating set S satisfying $S = S^{-1}$ and such that $q(s) + q(s^{-1}) > 0$. for all $s \in S$. For each $g \in G$ such that $q'(g) > 0$, choose a writing of g as a product of elements of S, $g = s_1 \ldots s_k$ and set $|g| = k$. Let $N(s, g)$ be the number of times $s \in S$ is used in the chosen writing of g. Then $\mathcal{E} \leq A\mathcal{E}'$ and $\lambda \geq \lambda'/A$ with*

$$A = \max_{s \in S} \left\{ \frac{2}{q(s) + q(s^{-1})} \sum_{g \in G} |g|N(s, g)q'(g) \right\}.$$

Assume further that K, K' are reversible and let λ_i (resp. λ_i'), $i = 0, \ldots, |G| - 1$ denote the eigenvalues of $I - K$ (resp. $I - K'$) in non-decreasing order. Then $\lambda_i \geq \lambda_i'/A$ for all $i \in \{1, \ldots, |G| - 1\}$ and

$$\forall x \in G, \quad \|h_t^x - 1\|_2 \leq \|h_{t/A}'^x - 1\|_2.$$

PROOF: (cf. [23], pg 702) We use Theorem 4.2.1 with the paths described above. Fix an edge $e = (z, w)$ with $w = zs$. Observe that there is a bijection between

$$\{(g, h) \in G \times G : \gamma(g, h) \ni (z, w)\}$$

and

$$\{(g, u) \in G \times G : \exists\, i \text{ such that } s_i(u) = s, z = g s_1(u) \cdots s_{i-1}(u)\}$$

given by $(g, h) \to (g, g^{-1}h) = (g, u)$. For each fixed $u = g^{-1}h$, there are exactly $N(s, u)$ $g \in G$ such that (g, u) belongs to

$$\{(x, u) \in G \times G : \exists\, i \text{ such that } s_i(u) = s, z = xx s_1(u) \cdots s_{i-1}(u)\}.$$

Hence

$$\sum_{(g,h) \in G \times G : \gamma(g,h) \ni (z,w)} |\gamma(g, h)| = \sum_{u \in G} |u| N(s, u).$$

This proves the desired result. See also [24] for a more direct argument.

We now extend Theorem 4.2.1 to allow the use of a set of paths for each pair (x, y) with $K'(x, y) > 0$.

Definition 4.2.4 *Let (K, π), K', π' be two irreducible Markov chains on a same finite set $\mathcal{X}$. Let A be an adapted edge-set for (K, π). A (K, K')-flow is non-negative function $\phi : \Gamma(K') \to [0, \infty[$ on the path set*

$$\Gamma(K') = \bigcup_{\substack{x,y: \\ K'(x,y) > 0}} \Gamma(x, y)$$

such that

$$\forall x, y \in \mathcal{X}, \ x \neq y, \ K'(x, y) > 0, \quad \sum_{\gamma \in \Gamma(x,y)} \phi(\gamma) = K'(x, y) \pi'(x).$$

Theorem 4.2.5 *Let K be an irreducible chain with stationary measure π on a finite set $\mathcal{X}$. Let A be an adapted edge-set for (K, π). Let (K', π') be a second chain and ϕ be a (K, K')-flow. Then $\mathcal{E}' \leq A(\phi)\mathcal{E}$ where*

$$A(\phi) = \max_{e \in A} \left\{ \frac{1}{Q(e)} \sum_{\substack{\gamma \in \Gamma(K'): \\ \gamma \ni e}} |\gamma| \phi(\gamma) \right\}.$$

PROOF: For each (x, y) such that $K'(x, y) > 0$ and each $\gamma \in \Gamma(x, y)$ write

$$|f(y) - f(x)|^2 \le |\gamma| \sum_{e \in \gamma} |df(e)|^2.$$

Then

$$|f(y) - f(x)|^2 K'(x, y)\pi'(x) \le \sum_{\gamma \in \Gamma(x, y)} |\gamma| \sum_{e \in \gamma} |df(e)|^2 \phi(\gamma).$$

¿From here, complete the proof as for Theorem 4.2.1.

Corollary 4.2.6 *Assume that there is a group G which acts on $\mathcal{X}$ and such that*

$$\pi(gx) = \pi(x), \quad \pi'(gx) = \pi'(x), \quad Q(gx, gy) = Q(x, y), \quad Q'(gx, gy) = Q'(x, y).$$

Let A be an adapted edge-set for (K, π) such that $(x, y) \in A \Rightarrow (gx, gy) \in A$. Let $A = \bigcup_1^k A_i$, be the partition of A into transitive classes for this action. Then $\mathcal{E}' \le A\mathcal{E}$ where

$$A = \max_{1 \le i \le k} \left\{ \frac{1}{|A_i|Q_i} \sum_{x, y} N_i(x, y) d_K(x, y) K'(x, y)\pi(x) \right\}.$$

Here $|A_i| = \#A_i$, $Q_i = Q(e_i)$ with $e_i \in A_i$, $d_K(x, y)$ is the distance between x and y in $(\mathcal{X}, A)$, and $N_i(x, y)$ is the maximum number of edges of type i in a geodesic path from x to y.

PROOF: Consider the set $\mathcal{G}(x, y)$ of all geodesic paths from x to y. Define a (K, K')-flow ϕ by setting

$$\phi(\gamma) = \begin{cases} K'(x, y)\pi'(x)/\#\mathcal{G}(x, y) & \text{if } \gamma \in \mathcal{G}(x, y) \\ 0 & \text{otherwise.} \end{cases}$$

Then $A(\phi) = \max_e A(\phi, e)$ where

$$A(\phi, e) = \frac{1}{Q(e)} \sum_{\substack{\gamma \in \Gamma: \\ \gamma \ni e}} |\gamma| \phi(\gamma).$$

By hypothesis, $A(\phi, e_i) = A_i(\phi)$ does not depend on $e_i \in A_i$. Indeed, if $g\gamma$ denote the image of the path γ under the action of $g \in G$, we have $|g\gamma| = |\gamma|$, $\phi(g\gamma) = \phi(\gamma)$. Summing for each $i = 1, \dots, k$ over all edges in A_i, we obtain

$$
\begin{aligned}
A(\phi, e_i) &= \frac{1}{|A_i|Q_i} \sum_{e \in A_i} \sum_{\substack{\gamma \in \Gamma: \\ \gamma \ni e}} |\gamma| \phi(\gamma) \\
&= \frac{1}{|A_i|Q_i} \sum_{e \in A_i} \sum_{x, y} \sum_{\substack{\gamma \in \mathcal{G}(x, y): \\ \gamma \ni e}} \frac{d(x, y) K'(x, y)\pi'(x)}{\#\mathcal{G}(x, y)} \\
&\le \frac{1}{|A_i|Q_i} \sum_{x, y} N_i(x, y) d(x, y) K'(x, y)\pi'(x).
\end{aligned}
$$

This proves the desired bound.

EXAMPLE 4.2.3: Let $\mathcal{X}$ be the set of all the n-sets of $\{0, 1, \ldots, 2n-1\}$. On this set, consider two chains. The unknown chain of interest is the chain K of Example 3.2.8:

$$K(x, y) = \begin{cases} 1/n & \text{if } \#(x \cap y) = n - 2 \text{ and } 0 \in x \oplus y \\ 0 & \text{otherwise} \end{cases}$$

This is a reversible chain with respect to the uniform distribution $\pi \equiv \binom{2n}{n}^{-1}$. Let $\mathcal{A}_K = \{e = (x, y) : K(x, y) \neq 0\}$ be the obvious K-adapted edge-set.

The better known chain K' that will be used for comparison is a special case of the chain considered of Example 3.2.7:

$$K'(x, y) = \begin{cases} 1/n^2 & \text{if } \#(x \cap y) = n - 2 \\ 0 & \text{otherwise} \end{cases}$$

The chain K' is studied in detail in [34] using Fourier analysis on the Gelfand pair $(S_{2n}, S_n \times S_n)$. The eigenvalues are known to be the numbers

$$\frac{i(2n - i + 1)}{n^2} \quad \text{with multiplicity} \quad \binom{2n}{i} - \binom{2n}{i-1}, \quad 0 \leq i \leq n.$$

In particular, the spectral gap of K' is $\lambda' = 2/n$. This chain is known as the Bernoulli-Laplace diffusion model.

As in Example 3.2.8, the symmetric group S_{2n-1} which fixes 0 acts on $\mathcal{X}$ and preserves both chains K, K'. There are two classes A_1, A_2 of K-edges for this action: those edges (x, y), $x \oplus y = 2$, with $0 \in x \oplus y$ and those with $0 \notin x \oplus y$. Hence, we have $\mathcal{E}' \leq A\mathcal{E}$ with

$$A = \frac{2}{n^2 \binom{2n}{n}} \max_{i=1,2} \left\{ \sum_{\substack{x,y \\ x \oplus y = 2}} N_i(x, y) d_K(x, y) \right\}.$$

Now, if $x \oplus y = 2$ then

$$d_K(x, y) = \begin{cases} 1 & \text{if } 0 \in x \oplus y \\ 2 & \text{if } 0 \notin x \oplus y. \end{cases}$$

Moreover, in both cases, $N_i(x, y) = 0$ or 1. This yields

$$A \leq \frac{4}{n^2 \binom{2n}{n}} \sum_{\substack{x,y \\ x \oplus y = 2}} 1 = 4.$$

Thus

$$\mathcal{E}' \leq 4\mathcal{E}.$$

This shows that

$$\lambda \geq \frac{1}{2n}$$

improving upon the bound obtained in Example 3.2.8.

In their paper [34], Diaconis and Shahshahani actually show that

$$\|h_t'^x - 1\|_2 \le be^{-c} \quad \text{for} \quad t = \frac{1}{4}n(2c + \log n).$$

Using the comparison inequality $\mathcal{E}' \le 4\mathcal{E}$ and Theorem 4.1.1(2) we deduce from Diaconis and Shahshahani result that

$$\|h_t - 1\| \le be^{-c} \quad \text{for} \quad t = n(2c + \log n).$$

Furthermore, the group S_{2n-1} fixing 0 acts with two transitive classes on $\mathcal{X}$. A vertex x is in one class or the other depending on whether or not x contains 0. The two classes have the same cardinality. Since $\|h_t^x - 1\|_2$ depends only of x through its class, we have

$$\|h_t - 1\|^2 = \frac{1}{2}\left(\|h_t^{x_1} - 1\|_2^2 + \|h_t^{x_2} - 1\|_2^2\right)$$

where $x_1 \ni 0$ and $x_2 \not\ni 0$ are fixed elements representing their class. Hence, we also have

$$\max_x \|h_t^x - 1\|_2 \le 2be^{-c} \quad \text{for} \quad t = n(2c + \log n).$$

This example illustrates well the strength of the idea of comparison which allows a transfer of information from one example to another.

Bibliography

[1] Aldous D. (1983) *Random walks on finite groups and rapidly mixing Markov chains.* In Séminaire de Probabilités, XVII, LNM 986, Springer, Berlin.

[2] Aldous D. (1987) *On the Markov-chain simulation method for uniform combinatorial simulation and simulated annealing.* Prob. Eng. Info. Sci., 1, 33-46.

[3] Aldous D. and Fill J. (1996) Preliminary version of a book on finite Markov chains available via homepage http://www.stat.berkeley.edu/users/aldous

[4] Aldous D. and Diaconis P. (1987) *Strong uniform times and finite random walks.* Adv. Appl. Math. 8, 69-97.

[5] Alon N. (1986) *Eigenvalues and expanders.* Combinatorica 6, p.83-96.

[6] Alon N. and Milman V. (1985) λ_1, *isoperimetric inequalities for graphs and superconcentrators.* J. Comb. Th. B, 38, 78-88.

[7] Bakry D. and Emery M. (1985) *Diffusions hypercontractive.* Séminaire de probabilité XIX, Springer LNM 1123, 179-206.

[8] Bakry D. (1994) *L'hypercontractivité et son utilisation en théorie des semi-groups.* In Ecole d'été de Saint Flour 1992, Springer LNM 1581.

[9] Bakry D., Coulhon T., Ledoux M., Saloff-Coste L. (1995) *Sobolev inequalities in disguise.* Indian Univ. Math. J., 44, 1043-1074.

[10] Bonami A. (1970) *Étude des coefficients de Fourier des fonctions de $L^p(G)$.* Ann. Inst. Fourier, 20, 335-402.

[11] Carlen E., Kusuoka S. and Stroock D. (1987) *Upper bounds for symmetric Markov transition functions.* Ann. Inst. H. Poincaré, Prob. Stat. 23, 245-287.

[12] Cheeger J. (1970) *A lower bound for the smallest eigenvalue of the Laplacian.* Problems in Analysis, Synposium in Honor of S. Bochner. Princeton University Press. 195-199.

[13] Chung F. and Yau S-T. (1994) *A harnack inequality for homogeneous graphs and subgraphs*. Communication in Analysis and Geometry, 2, 627-640.

[14] Chung F. and Yau S-T. (1995) *Eigenvalues of graphs and Sobolev inequalities*. Combinatorics, Probability and Computing, 4, 11-25.

[15] Davies E.B. (1989) *Heat kernels and spectral theory*. Cambridge University Press.

[16] Deuschel J-D. and Stroock D. (1989) *Large deviations*. Academic Press, Boston.

[17] Diaconis P. (1986) *Group representations in probability and statistics*. IMS, Hayward.

[18] Diaconis P. (1996) *The cutoff phenomenon in finite Markov chains*. Proc. Natl. Acad. Sci. USA, 93, 1659-1664.

[19] Diaconis P. and Fill J. (1990) *Strong stationary times via a new form of duality*. Ann. Prob. 18, 1483-1522.

[20] Diaconis P., Graham R. and Morrison J. (1990) *Asymptotic analysis of a random walk on a hypercube with many dimensions*. Random Structures and Algorithms, 1, 51-72.

[21] Diaconis P. and Gangolli A. (1995) *Rectangular arrays with fixed margins*. In Discrete Probability and Algorithms, (Aldous et al, ed.) 15-41. The IMA volumes in Mathematics and its Applications, Vol. 72, Springer-Verlag.

[22] Diaconis P. and Holmes S. (1995) *Three Examples of Monte-Carlo Markov Chains: at the Interface between Statistical Computing, Computer Science and Statistical Mechanics*. In Discrete Probability and Algorithms, (Aldous et al, ed.) 43-56. The IMA volumes in Mathematics and its Applications, Vol. 72, Springer-Verlag.

[23] Diaconis P. and Saloff-Coste L. (1993) *Comparison theorems for reversible Markov chains*. Ann. Appl. Prob. 3, 696-730.

[24] Diaconis P. and Saloff-Coste L. (1993) *Comparison techniques for random walk on finite groups*. Ann. Prob. 21, 2131-2156.

[25] Diaconis P. and Saloff-Coste L. (1994) *Moderate growth and random walk on finite groups*. G.A.F.A., 4, 1-36.

[26] Diaconis P. and Saloff-Coste L. (1995) *An application of Harnack inequalities to random walk on nilpotent quotients.*, J. Fourier Anal. Appl., Kahane special issue, 187-207.

[27] Diaconis P. and Saloff-Coste L. (1995) *Random walks on finite groups: a survey of analytical techniques*. In Probability on groups and related structures XI, H. Heyer (ed), World Scientific.

[28] Diaconis P. and Saloff-Coste L. (1996) *Nash inequalities for finite Markov chains.*, J. Th. Prob. 9, 459-510.

[29] Diaconis P. and Saloff-Coste L. (1996) *Logarithmic Sobolev inequalities and finite Markov chains.* Ann. Appl. Prob. 6, 695-750.

[30] Diaconis P. and Saloff-Coste L. (1995) *Walks on generating sets of Abelian groups.* Prob. Th. Rel. Fields. 105, 393-421.

[31] Diaconis P. and Saloff-Coste L. (1995) *What do we know about the Metropolis algorithm.* J.C.S.S. To appear.

[32] Diaconis D. and Shahshahani M. (1981) *Generating a random permutation with random transpositions.* Z. Wahrsch. Verw. Geb., 57, 159-179.

[33] Diaconis P. and Sahshahani M. (1987) *The subgroup algorithm for generating uniform random variables.* Probl. in Engin. Info. Sci., 1, 15-32.

[34] Diaconis P. and Shahshahani M. (1987) *Time to reach statinarity in the Bernoulli–Laplace diffusion model.* SIAM Jour. Math. Anal., 18, 208-218.

[35] Diaconis P. and Stroock D. (1991) *Geometric bounds for eigenvalues for Markov chains.* Ann. Appl. Prob. 1, 36-61.

[36] Dinwoodie I. H. (1995) *A probability inequality for the occupation measure of a reversible Markov chain.* Ann. Appl. Prob., 5, 37-43.

[37] Dinwoodie I. H. (1995) *Probability inequalities for the occupation measure of a Markov chain.*

[38] Dyer M., Frieze A., Kannan R., Kapoor A., Perkovic L., and Vazirani U. (1993) *A mildly exponential time algorithm for approximating the number of solutions to a multidimensional knapsack problem.* Combinatorics, Probability and Computing, 2, 271-284.

[39] Dyer M. and Frieze A. (1991) *Computing the volume of convex bodies: a case where randomness provably helps.* Probabilistic Combinatorics and its applications, Proceedings of the AMS Symposia in Applied Mathematics 44, 123-170.

[40] Feller W. (1968) *An introduction to probability theory and its applications.* Vol. I, third edition, John Wiley & Sons, New-York.

[41] Fill J. (1991) *Eigenvalue bounds on convergence to stationarity for non-reversible Markov chains, with application to the exclusion process.* Ann. Appl. Probab., 1, 62-87.

[42] Flatto L., Odlyzko A. and Wales D. (1985) *Random shuffles and group representations.* Ann. Prob. 13, 151-178.

[43] Frieze A., Kannan R. and Polson N. (1994) *Sampling from log concave distributions*. Ann. Appl. Prob. 4, 812-837.

[44] Gillman D. (1993) *Hidden Markov chains: rates of convergences and the complexity of inference*. Ph.D. thesis, Massachusets Institute of Technology, Department of mathematics.

[45] Gluck D. (1996) *Random walk and character ratios on finite groups of Lie type*. Adv. Math.

[46] Gross L. (1976) *Logarithmic Sobolev inequalities*. Amer. J. Math. 97, 1061-1083.

[47] Gross L. (1993) *Logarithmic Sobolev inequalities and contractivity properties of semigroups*. In Lecture Notes in Math. 1563. Springer.

[48] Higuchi Y. and Yoshida N. (1995) *Analytic conditions and phase transition for Ising models*. Lecture notes in Japanese.

[49] Hildebrand M. (1992) *Genrating random elements in $SL_n(F_q)$ by random transvections*. J. Alg. Combinatorics, 1, 133-150.

[50] Holley R. and Stroock D. (1987) *Logarithmic Sobolev inequalities and stochastic Ising models*. J. Stat. Phys. 46, 1159-1194.

[51] Horn R. and Johnson Ch. (1985) *Matrix analysis*. Cambridge University Press.

[52] Horn R and Johnson Ch. (1991) *Topics in Matrix analysis*. Cambridge University Press.

[53] Jerrum M. and Sinclair A. (1993) *Polynomial time approximation algorithms for the Ising model*, SIAM Journal of Computing, 22, 1087-1116.

[54] Jerrum M. and Sinclair A. (1997) *The Markov chain Monte Carlo method: an approach to approximate counting and integration*. In Approximation algorithms for NP-hard problems, D.S. Hochbaum (Ed.), PWS Publishing, Boston.

[55] Kahale N. (1995) *A semidefinite bound for mixing rates of Markov chains*. To appear in Random Structures and Algorithms.

[56] Kannan R. (1994) *Markov chains and polynomial time algorithms*. Proceedings of the 35th IEEE Symposium on Foundations of Computer Science, Computer Society Press, 656-671.

[57] Kemeny J. and Snell L. (1960) *Finite Markov chains*. Van Nostrand company, Princeton.

[58] Lawler G. and Sokal A. (1988) *Bounds on the L^2 spectrum for Markov chains and Markov processes: a generalization of Cheeger inequality*. Trans. AMS, 309, 557-580.

[59] Lezaud P. (1996) *Chernoff-type bound for finite Markov chains*. Ph.D. Thesis in progress, Université Paul Sabatier, Toulouse.

[60] Lovász L. and Simonovits M. (1993). *Random walks in a convex body and an improved volume algorithm*. Random Structures and Algorithms, 4, 359-412.

[61] Mann B. (1996) *Berry-Essen central limit theorems for Markov chains*. Ph.D. Thesis, Harvard University, Department of Mathematics.

[62] Metropolis N., Rosenbluth A., Rosenbluth M., Teller A. and Teller E. (1953) *Equations of state calculations by fast computing machines*. J. Chem. Phys. 21, 1087-1092.

[63] Miclo L. (1996) *Remarques sur l'hypercontractivité et l'évolution de l'entropie pour des chaînes de Markov finies*. To appear in Séminaire de Probabilité XXXI. Lecture notes in Math. Springer.

[64] Nash J. (1958) *Continuity of solutions of parabolic and elliptic equations*. Amer. J. Math. 80, 931-954.

[65] Rothaus O. (1980) *Logarithmic Sobolev inequalities and the spectrum of Sturm-Liouville operators*. J. Funct. Anal., 39, 42-56.

[66] Rothaus O. (1981) *Logarithmic Sobolev inequalities and the spectrum of Schrödinger operators*. J. Funct. Anal., 42 , 110-120.

[67] Rothaus O. (1981) *Diffusion on compact Riemannian manifolds and logarithmic Sobolev inequalities*. J. Funct. Anal., 42 , 102-109.

[68] Rothaus O. (1985) *Analytic inequalities, Isoperimetric inequalities and logarithmic Sobolev inequalities*. J. Funct. Anal., 64, 296-313.

[69] Saloff-Coste L. (1996) *Simple examples of the use Nash inequalities for finite Markov chains*. In Semstat III, Current Trends in Stochastic Geometry and its Applications. W.S. Kendall, O.E. Barndorff-Nielsen and MC. van Lieshout, Eds. Chapman & Hall.

[70] Senata E. (1981) *Non negative matrices and Markov chains* (2nd ed.) Springer.

[71] Sinclair A. (1992) *Improved bounds for mixing rates of Markov chains and multicommodity flow*. Combinatorics, Probability and Computing, 1, 351-370.

[72] Sinclair A. (1993) *Algorithms for random generation and counting: a Markov chain approach*. Birkhäuser, Boston.

[73] Stein E. and Weiss G. (1971) *Introduction to Fourier analysis in Euclidean spaces*. Princeton Univ. Press, Princeton.

[74] Stong R. (1995) *Random walks on the groups of upper triangular matrices* Ann. Prob., 23, 1939-1949.

[75] Stong R. (1995) *Eigenvalues of the natural random walk on the Burnside group $B(3,n)$.* Ann. Prob., 23, 1950-1960.

[76] Stong R. (1995) *Eigenvalues of random walks on groups.* Ann. Prob., 23, 1961-1981.

[77] Swendsen R. H. and Wang J-S. (1987) *Nonuniversal critical dynamics in Monte-Carlo simulations,* Physical review letters, 58, 86-88.

[78] Varopoulos N. (1985) *Semigroupes d'opérateurs sur les espaces L^p.* C. R. Acad. Sc. Paris. 301, Série I, 865-868.

[79] Varopoulos N. (1985) *Théorie du potentiel sur les groupes et les variétés.* C. R. Acad. Sc. Paris. 302, Série I, 203-205.